本书研究得到
中国科学院科技服务网络计划（STS）
"丝绸之路经济带的资源环境承载力研究"项目群
"西北地区生态变化综合评估"项目（KFJ-EW-STS-004）
国家重点基础研究发展计划"973"项目
"植物固沙的生态水文过程机理与调控"（2013CD429900）项目
资助

西北地区生态变化评估报告

主　编　丁永建

副主编　张世强　李新荣　赵文智

科学出版社

北京

内 容 简 介

本书依据已有的研究文献、数据和资料，对西北地区近60年的生态变化进行了系统评估。在总结过去2000多年环境演变与社会发展中人地关系的基础上，重点对近60年来森林、草地、湖泊与湿地、荒漠植被、绿洲与农业、土壤侵蚀、沙漠化、冰冻圈及河川径流等生态与环境要素的变化进行了评估，分析了其驱动因素；并通过典型案例的剖析，总结了西北地区生态恢复和治理中的得与失；最后还总结了西北地区生态变化的总体特征，量化了各生态和环境要素变化的驱动力，提出了一些科学认识。

本书可供生态、环境、地理、地质、大气、水文、水利、农业、林业等方面科技人员及相关管理和决策人员参考；同时也可供高等院校相关专业师生阅读。

图书在版编目（CIP）数据

西北地区生态变化评估报告／丁永建主编 . —北京：科学出版社，2017. 2
ISBN 978-7-03-051981-8

Ⅰ. ①西⋯　Ⅱ. ①丁⋯　Ⅲ. ①生态环境–环境生态评价–研究报告–西北地区　Ⅳ. ①X821. 24

中国版本图书馆 CIP 数据核字（2017）第 042169 号

责任编辑：林　剑／责任校对：钟　洋
责任印制：张　伟／封面设计：耕者工作室

科 学 出 版 社 出版

北京东黄城根北街 16 号
邮政编码：100717
http://www.sciencep.com

北京京华虎彩印刷有限公司 印刷
科学出版社发行　各地新华书店经销

＊

2017 年 2 月第 一 版　开本：787×1092　1/16
2017 年 2 月第一次印刷　印张：24 1/4
字数：600 000

定价：158.00 元
（如有印装质量问题，我社负责调换）

中国科学院科技服务网络计划（STS）
"丝绸之路经济带的资源环境承载力研究"项目群
"西北地区生态变化综合评估"项目课题组

项目负责人　丁永建　研究员　　中国科学院寒区旱区环境与工程研究所
　　　　　　张世强　教　授　　西北大学
项目主要成员　李新荣　研究员　　中国科学院寒区旱区环境与工程研究所
　　　　　　赵文智　研究员　　中国科学院寒区旱区环境与工程研究所
　　　　　　何　忠　副研究员　中国科学院水利部水土保持研究所
　　　　　　王光鹏　助理研究员　中国科学院青藏高原研究所

《西北地区生态变化评估报告》编委会

前言

　　"一带一路"国家战略的提出为西部发展再次带来了动力和机遇，面对干旱、高寒的自然环境，西北地区生态环境在"一带一路"建设中无疑是优先考虑的因素。过去 60 年，西北地区生态环境已经发生了巨大变化，这些变化有好有坏，有自然原因，也有人为因素，如何正确评价西北地区过去 60 年来生态环境变化带来的"利"与"弊"，从中总结成功的经验和吸取失败的教训，为未来丝绸之路经济带建设提供良好的生态保障，需要对西北地区过去 60 多年的生态环境变化进行系统梳理，开展综合评估。为此，2014 年中国科学院科技服务网络计划（STS）启动了"西北地区生态变化评估"项目，其宗旨是以过去的研究积累为基础，以已发表的文献和遥感监测等研究成果的进一步集成分析为依托，在综合分析现有研究文献主要结论的基础上，提升对主要生态问题的科学认识，凝练关键结论。

　　项目启动后，组织了由中国科学院寒区旱区环境与工程研究所、中国科学院水利部水土保持研究所、中国科学院古脊椎动物与古人类研究所、中国科学院西北高原生物研究所、浙江大学、复旦大学、西北大学等单位专家参加的评估队伍，并进一步确立了评估的指导思想，即本次评估是对本领域国内外研究成果的综合和提炼，而不是本人或本团队（当然可包括）研究成果的总结；评估是再研究，不是文献的综述。评估的重点是针对西北地区的主要生态问题，围绕某一个或几个关键问题，进行系统、深入的文献分析，通过科学认识的提升，达到认识的深度和广度，既立足于文献基础之上、又高于原有结论和认识的评估目的。

　　本评估报告由中国科学院寒区旱区环境与工程研究所丁永建研究员和西北大学的张世强教授策划并组织实施，在 2 年的报告编写过程中，先后召开了 9 次研讨会，通过多次分析、讨论甚至争论，突出了各章评估的主题，厘清了各章评估的主线，凝练出了核心结论和主要科学认识。

　　本评估报告共由 14 章组成。第 1 章为引言，由丁永建、张世强、张永民、韩添丁、王光鹏完成，主要从西北地区自然环境的脆弱性、社会经济的特殊性、生态与环境评估重点关注问题及生态评估的概念框架与分析方法 4 个方面对西北地区生态与环境的基本特点和评估要点进行了简述。第 2 章由何忠、费杰和周新郢完成，主要论述了近 2000 年来中国西北地区环境演变与社会发展，在分析近 2000 年西北地区气候变化特点的基础上，评估了社会发展和环境变化。第3章由杨国靖负责完成，针对西北地区森林变化进行了评估，重点针对近60年西北地区森林资源变化及其动因开展了分析，并通过典型案例分析提出了一些科学思考。第4章由周国英、王顺忠完成，评估了西北地区草地变化，重点围绕草地变化特征及驱动力开展了综合分析。第5章由姚晓军完成，主要评估了西北地区湖泊与湿地变化，并针对保护对策进行了分析。第6章由曹宇、杨国靖完成，主要针对西北地区植被遥感宏观变化，利用遥感资料近30年植被变化特征及驱动力进行了分析。第7章~第12章，主要针对西北地区影响突出的生态与环境问题开展评估。第7章对西北地区荒漠植被变化进行了评估，对荒漠植被的变化及动因、尤其是恢复途径进行了分析，由李新荣、刘立超、王增如完成；第8章对西北地区绿洲及农业生态系统变化进行了评估，在分析其变化特点的基础上，对绿洲可持续经营潜力进行了评估，由赵文智，刘鹄完成；第9章针对西北地区土壤侵蚀变化进行了评估，重点对风蚀强度和水蚀强度变化及驱动因素进行了分析，由孙义文完成；第10章对西北地区冰冻圈变化进行了评估，对过去60年来西北地区冰川、冻土和积雪的变化特征进行了归纳总结，对其重要影响进行了分析，由车涛、吴通华、戴礼云、许君利、赵林、刘时银完成；第11章针对西北地区河川径流变化进行了系统评估，针对径流变化特点、影响因素，尤其是冰冻圈变化和山区降水变化对径流的影响程度开展了综合分析，由陈仁升、阳勇、韩添丁、秦甲等完成；第12章针对西北地区土地沙漠化问题开展了评估，并重点通过典型案例分析，总结了沙漠化防治中的成功模式，由郭坚、段翰晨、周立华完成。第13章通过对西北地区生态治理中典型案例中成功经验与失败教训的分析，总结了生态治理中的得与失，为今后生态治理提供借鉴，由周立华、陈勇完成。第14章由丁永建、张世强撰写，主要对上述各章主要结论和认识进行了总结，归纳出了西北生态变化的总体特征，综合并力图定量分析变化的驱动因素，提出了一些基本认识。

为了便于读者阅读，本评估报告每章开始给出了导读，主要从评估意义、评估重点和评估结论几方面提示性地给出了该章评估的主要内容。本评估报告的另一特点是每章最后在给出核心结论的同时，还提出了立足于评估基础之上的一些科学认识，是对现有科学结论的提升和延伸，期望通过这些科学认识的提升，能对未来西北地区生态保护和建设提供一些具有科学指导意义的战略和战术思想。当然，许多观点也只是评估者的认识，不完全正确，但可以借鉴。本评估报告由丁永建、张世强、李新荣和赵文智统稿，并重点对导读及核心结论与认识进行了修改和提炼。

本评估报告得到中国科学院科技服务网络计划"西北地区生态变化综合评估"项目（KFJ-EW-STS-004）和国家重点基础研究发展计划"973"项目"植物固沙的生态水文过程机理与调控"的资助。中国科学院科技促进发展局原副局长冯仁国、处长周桔、副处长赵涛、研究员杨萍在项目立项、启动、实施的各个阶段给予了建设性的指导、支持和帮助，深表感谢！项目主持单位中国科学院寒区旱区环境与工程研究所给予了大力支持，西北大学在项目实施中给予了多方面支持，在此谨表谢忱！

编　者

2016年6月18日

目　录

第 1 章

导读：作为本评估报告的开卷，本章力图从西北地区自然环境的脆弱性入手，阐述生态与环境-社会经济的关系；从经济和社会特殊性的视角，分析西北地区自然资源、民族社会及经济发展受制于脆弱生态环境条件下的主要特点；从西北地区地缘战略地位重要性的高度，勾画出西北地区在国家及地区发展中的战略地位。通过以上论述，简要给出生态保护与建设在西北可持续发展中的基础作用。最后，从生态与环境要素变化的角度，提出西部面临的生态与环境问题，这也是本次评估的重点内容。

000380

本次评估涉及中国西北包括陕西、甘肃、宁夏、青海、新疆西北五省（自治区）及内蒙古中西部地区（图1.1），这一地区处于青藏高原、蒙新高原和黄土高原交汇地域，生态脆弱、自然环境复杂。

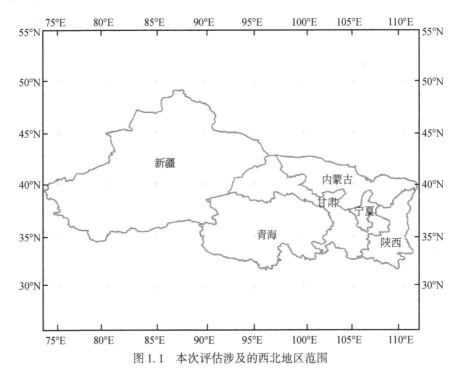

图 1.1　本次评估涉及的西北地区范围

1.1

西北地区自然环境的脆弱性

中国西北地区自然环境复杂多样，高寒区与干旱区相依并存，黄土高原与青藏高原阶梯相连，内陆河流与大漠相伴为伍，长江黄河水系同源于冰雪高山，生物多样性资源独特稀有。在这一广阔的地域内，有许多与生态和自然环境有关的世界之最，如青藏高原是世界第三极，黄土高原面积居世界第一，沙漠面积居世界第一，山地冰川面积居世界第一，多年冻土面积居世界第三，喀斯特面积居世界第三。以这些世界之最为背景形成了许多颇具特色的生态单元：以青藏高原为主体的寒区生态系统，以干旱区内陆河流域为单元的绿洲—荒漠生态系统，以黄土高原为主体的半干旱区生态系统，以农牧交错带为主体的农牧生态系统等。生态与环境以地理单元为背景的独特性并由此而导致的多样性构成了西北生态与环境的基本格局。

1.1.1　干旱少雨的气候条件

西北地区由于地处亚欧大陆腹地，大部分地区降水稀少，全年降水量多数在 500mm

以下，属干旱半干旱地区，其中黄土高原年降水量在 300~500mm，柴达木盆地在 200mm 以下，河西走廊少于 100mm，敦煌只有 29.5mm，吐鲁番不足 20mm，若羌 10.9mm，几乎终年无雨。西北地区地处青藏高原、黄土高原和蒙新高原，地形以高原、盆地为主，主要包括：内蒙古高原及其中的呼伦贝尔高原、河套平原、宁夏平原、鄂尔多斯高原；秦巴山地与其相隔的渭河平原与汉中盆地；祁连山地及其南北的河西走廊、柴达木盆地；被天山、昆仑山、喀喇昆仑山环抱的塔里木盆地；新疆北部与阿尔泰山和天山相间的准噶尔盆地。

西北地区由于气候和自然地理环境的限制，生态功能低下，具有较高生态功能的生态组分数量极低。就整个西部地区相比较而言，只有局部地区的生态功能较高，但难以弥补整体生态功能低下所形成的天然不足。青藏高原地区受高寒气候影响，植被稀少，除西藏东南地区分布着森林和高覆盖度的草地外，其他地区的植被覆盖率较低，生态组分指标较差。总之，西北地区自然环境先天不足，生态功能总体处于全国最低的水平，高寒干旱的自然环境，对人类活动和气候变化的影响十分敏感。

1.1.2　高寒干旱并重的地理环境

我国西部冰冻圈分布区是亚洲 10 条大江大河（长江、黄河、塔里木河、怒江、澜沧江、伊犁河、额尔齐斯河、雅鲁藏布江、印度河、恒河）的水资源形成区（图 1.2），冰川、积雪和冻土对水资源持续利用、生态变化、经济社会发展、边疆稳定以及国际关系均有着十分突出的影响。实际上正是由于冰川和积雪的存在，才使得我国深居内陆腹地的干旱区形成了许多人类赖以生存的绿洲，也使得我国干旱区有别于世界上其他地带性干旱区。这种冰川积雪–绿洲景观及其相关的水文和生态系统得以稳定和持续存在的核心是冰雪。没有冰雪就没有绿洲，也就没有在那里千百年来生息的人民。

受冰冻圈影响的跨境河流众多，如何系统认识冰冻圈变化的水资源和生态源效应，不仅关系到我国西部的可持续发展，而且也涉及中亚周边国家的水资源利用，处于上游的我国冰川水资源的些许变化，将会导致下游河流径流变化，引发国际问题。目前这一问题已引起了广泛的关注，一些国际组织纷纷发出警示，如联合国环境发展署发布的《人类发展报告》中指出（UNDP，2006），中亚、南亚和我国青藏高原的 "未来 50 年冰川融化可能是对人类进步和粮食安全最严重的威胁之一"；世界银行在《世界发展指数 2005》中也指出，未来 50 年喜马拉雅山冰川变化将严重影响那里的河川径流（World Bank，2005）。

极端干旱的气候条件，导致了广阔的荒漠生态景观，全国 90% 的荒漠化土地集中在西北地区。降水在西北广大平原区一般没有产汇流，除区域内荒漠生态系统以外，降水不能维持绿洲生态系统的稳定。水土资源不匹配，水是西北地区土地资源利用的最大制约因素，无灌不植，土壤干旱严重，不足总土地面积 10% 的人工灌溉绿洲区支撑了该区域 85% 以上的人口和 93% 的 GDP 产出。经济社会与生态环境之间的用水矛盾异常尖锐，伴随着经济社会的发展，区域生态环境急剧恶化。西北地区水土资源的上述特征决定了该区域的先天性水资源短缺和生态系统的脆弱性，决定了资源利用的特殊性及其对水资源的高度依赖性，经济社会的持续发展需要在水资源、环境变化、经济发展和生态健康中寻求动态平衡。

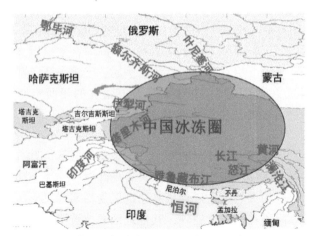

图 1.2　中国西部冰冻圈是欧亚众多河流的发源地

西北干旱区是我国主要的沙尘源地，其影响不仅在中国，而且也漂洋过海，影响区域乃至全球。同时，与之相邻的、具有类似地理环境的中亚、蒙古国等的沙尘也会影响我国。这种地理环境上的相似性是人为划定的国界无法阻挡的，在宏观地缘地理环境下审视这些问题，对区域发展和国际战略均具有重要意义。

1.1.3　高度敏感性的生态与环境

生态与环境脆弱性是作为一种在时空尺度上，特定生态系统相对于外界干扰的响应而存在的，它是自然因素或人类短期经济行为作用的结果。严格的生态脆弱性概念侧重于突出生态系统偏离原生环境的程度，即生态与环境受外界干扰后所表现出的不稳定特征，即敏感程度。

中国西北地区的自然环境决定了生态系统结构上"先天不足"，即生态系统结构型脆弱性表现突出，也正是由于生态系统结构型上所导致的生态系统稳定性较差，其抗外界干扰的能力较弱，使得西北地区生态与环境胁迫型脆弱性表现得更加突出。其主要反映在其对人类活动和气候变化的敏感性上，即同等人类活动或气候变化强度影响下，西北地区的生态与环境变化要显著得多。西北地区脆弱生态与环境的分布在宏观上主要与自然地理环境密切关联。

1.1.3.1　西北地区生态环境对气候与环境变化的敏感性

当生态环境受到外部扰动（气候变化、人类活动）时，生态系统内部在外部扰动压力下会产生相应的反应，反应的强弱体现了生态系统对外部扰动的敏感程度。在宏观上，生态系统对压力反应的程度主要表现为土地退化，因此，用退化土地覆盖率作为生态环境对外部扰动的敏感性指标，可在一定程度上反映区域生态环境对扰动的敏感性（图 1.3）。如图 1.3 所示，生态环境相对较差表示退化土地覆盖率高，生态系统对变化环境的敏感性强［图 1.3（a）］。生态环境质量综合评价［图 1.3（b）］以定性分析为主，综合反映了生态结构、系统活力、外界压力、有无生态异常表现、生态功能、系统稳定性等因素。可见,无论是生态系统敏感性、还是生态环境质量综合评价,西北地区均处于极差或较差区。

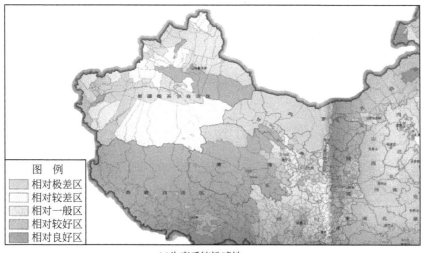

(a)生态系统敏感性

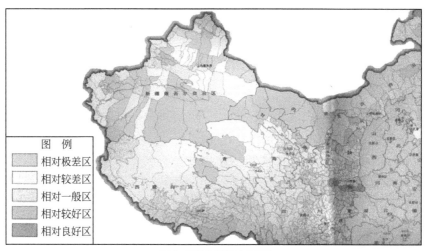

(b)生态环境质量综合评价

图1.3 中国西部地区生态系统敏感性及生态环境质量综合评价(国家环境保护总局,2002)

伴随着全球气候的变化,西北地区气候过去50多年来也发生了显著变化。1960年以来,中国西北地区基本都表现为显著的增温趋势,增温速率普遍为0.2~0.9℃/10a,大部分地区高于0.22℃/10a的全国平均水平,与全球变暖的大背景相一致。近50年来西北地区水面蒸发量表现为显著的减少趋势,且在1976年左右发生了减少突变。整个西北地区平均地面风速减少、日照时数减少、平均日较差减少、相对湿度增加及平均低云量增加(王鹏祥等,2007)。总体来看,近50年来,西北地区气温呈显著的上升趋势,降水变化空间差异突出,尽管西北中西部地区降水增加,但干燥指数变化不显著,说明西北中西部地区变湿不明显,而西北东部地区暖干化趋势明显。西北地区整体暖干化趋势明显,局部出现暖湿现象。

由于西北地区生态环境的高度敏感性，过去几十年来，在气候变化和人类活动影响下西北地区生态环境已经发生了显著变化。由于干旱少雨，植被变化空间强度在宏观上受降水影响突出。江河源区脆弱的生态环境对气候的响应强烈，牧草生长高度较 20 世纪 80 年代下降了 30%～50%，产草量下降，覆盖度降低，草地严重退化。中国西北地区植被覆盖变化是大部分地区植被退化，但陕西、宁夏大部分地区植被增加。新疆天山山区由于受暖湿化气候变化的影响，1961～2006 年该地区的自然植被净第一性生产力呈较明显增长。气象灾害增加了牧草生长的脆弱性，甘肃草地退化率为 45%，草地退化面积占西北地区草地总面积的 88%（李晓东等，2011）。众多研究给出类似结论，西北地区湖泊、湿地、冰川、冻土、河流、生态、物候及水土流失等均发生了显著变化，不论是人类活动所致，还是气候变化驱动，均反映出西北地区生态环境对外界扰动的高度敏感性。这也是西北地区生态环境脆弱性在不同生态环境因子上的共同反映。气候变化对西北地区脆弱的自然环境的影响也突出表现在水资源、粮食和食品安全方面。粮食产量下降、食品营养性降低、土壤环境不断恶化、雨水资源利用率下降及痕量元素利用率降低等成为受影响最为显著的表现（张强等，2012）。

由于西北地区高原与盆地并存、高山与平原相依，气候变化对西北地区生态环境的影响是多尺度、全方位、多层次的，正面和负面影响并存，并且影响范围广，时效性长（李晓东等，2011）。通过从不同地区气候变化后生态环境变化层次的多样性、复杂性方面着手，研究各地区气候变化对本地区生态环境各个指标的影响，综合分析各个地区的统一性和非统一性，是正确认识西北地区气候和人类活动影响的科学途径。

1.1.3.2　以青藏高原为主体的寒区生态与环境

青藏高原冰川、冻土、湖泊、湿地及相伴而生的高寒生态系统决定了高原生态与环境对气候变化的极度敏感性和对人类活动影响的高度脆弱性。青藏高原是我国冰川、多年冻土、湖泊和湿地最集中的分布区。青藏高原冰川面积占我国冰川总面积的 80% 以上，多年冻土面积占全国冻土总面积的 73%，青藏高原是我国湖泊分布最多的地区，湖泊面积占全国湖泊总面积的 61%，占西部地区湖泊总面积的 75%。

这些以不同形态广布于高原之上的水环境要素是气候环境影响下的产物，与气候变化有着直接的联系，冰川的进退、冻土的萎扩、湖泊的消长、湿地的生灭均在宏观尺度上受气候变化的控制。另外，这些水环境要素的波动又影响着高寒生态系统变化，生态系统的变化又会导致高原下垫面的改变，下垫面的改变又会影响高原水量和能量循环过程的变化，进而又影响气候的变化。

大气–生态–水文相互作用是高原生态与环境形成和演变的自然特征。由于高寒生态系统极易受到外部扰动而变化，在人类活动影响下，生态系统变化的快速特性及其恢复的缓慢特性将会导致高原能量和水量循环自然过程的改变，从而加速了高原生态与环境的变化进程。

高原生态与环境变化的最大特点就是其退化过程对外界扰动（气候和人为）的敏感性及其恢复（进化过程）的缓慢性，即高原生态与环境（冰川、冻土、湖泊、湿地和生态系统）在气候变化或人类活动的影响下，可以根据影响的程度迅速地由一个状态退化到另一个状态，但是这种变化的逆过程（恢复到原来状态）却需要很长的时间，这种正逆过程变化在时间上的巨大差异也正是高原生态与环境脆弱性的本质所在。

1.1.3.3 以黄土高原为主体的半干旱区生态与环境

黄土高原生态与环境的脆弱性主要表现在构成黄土高原的基质——黄土自身极差的抗侵蚀特性方面。黄土高原地处我国半干旱区，年降水量为 300～500mm，且主要集中在夏季，相对干燥的气候、集中的雨期、疏松的土质、特殊自然环境下的生态系统，加之悠久的人类活动历史，使得这一地区成为黄河泥沙的主源区、水土流失的重灾区。

黄土高原生态脆弱区与社会经济发展水平在空间上有着密切关系。相关研究表明，黄土高原生态脆弱度和贫困度有着较好的空间一致性（图1.4），其生态与环境脆弱程度、贫困程度及其耦合关系在空间表现如下：沿东北—西南走向以黄土高原半湿润与半干旱地区分界线为界，越趋向西北，生态与环境脆弱程度、贫困程度越高或趋向不协调；反之，越趋向东南，生态与环境脆弱程度、贫困程度越低或趋向协调。从地形特征看，黄土丘陵沟壑区生态与环境脆弱程度、贫困程度相对较高或为不协调型；台塬区生态与环境脆弱程度、贫困程度中等或为调和型；河谷平原区生态与环境脆弱程度、贫困程度相对较低或为易协调型。总之，黄土高原生态与环境脆弱程度、贫困程度最高或不协调型地区集中分布于其丘陵沟壑地区。由此可见，黄土高原生态脆弱区生态与环境脆弱性、贫困性问题是自然与人为共同作用的结果。

黄土高原生态与环境脆弱性驱动力主要包括人口承载、产业结构、生态与环境背景、土地与耕地坡度结构、农业生产投入、植被状况等。近十多年来，人口增长、生态与环境压力加大、植被保护与农业水利基本建设滞后一直是导致黄土高原生态与环境脆弱的重要因素；产业结构调整和结构水平的提高，生态型工农业生产模式的转换，退耕还林还草以及农业生态投入的加强对缓解本区生态与环境脆弱性起到了重要作用。黄土高原生态脆弱区贫困性驱动力主要包括人口承载与结构、土地生产率、粮食生产状况、牧业生产状况、经济收入状况、第二产业发展水平状况、贫困规模状况、财政状况、医疗教育状况等。

1.1.3.4 以农牧交错带为主体的半干旱区生态与环境

农牧交错带这一概念是20世纪50年代早期由赵松乔提出的（赵松乔，1953），经过几十年的演变，逐渐由原来以自然属性为主的气候学、地理学概念发展为现今以经济、社会属性为主的生态学定义。虽然如此，目前这两种以不同属性为主的概念仍共同存在，前者认为农牧交错带是指农业区与牧业区之间所存在的一个农牧过渡地带，在这个过渡带内种植业和草地畜牧业在空间上交错分布，时间上相互重叠，一种生产经营方式逐步被另一种生产经营方式所替代；后者认为农牧交错带在中国北方的形成完全是一种以人文因素起主要作用的独特现象，主要是人类活动干预下的产物，更多地带有经济、社会等方面的属性，并不主要表现出生态过渡带的特征，而是一种发生在半干旱地区且带有从森林草原向典型草原群落类型过渡特征的，主要受人类长期农耕活动干预和影响所形成的，边际性种植业和草地畜牧业并存的特殊生态-经济-社会复合生态系统。显然农牧交错带不仅具有生态交错带的概念，也蕴含着人文的因素。在这一本来就脆弱的生态区域内，强烈的人类活动导致了一系列的生态与环境问题。

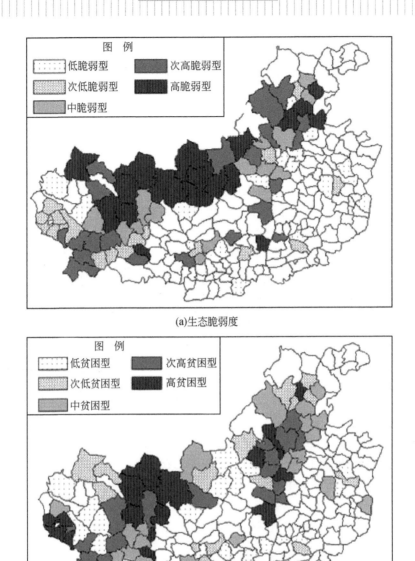

(a)生态脆弱度

(b)贫困度

图1.4 黄土高原生态脆弱区生态脆弱度和贫困度（2000年）空间分布特征

　　农牧交错带也是季风影响的过渡区，南亚季风和东亚季风登陆我国后向北推移，到这一地带已是强弩之末，根据季风的强度在这一地带来回摆动，影响着这一地带的水热状况（图1.5）。

　　总而言之，农牧交错带是气候波动与人文因素耦合作用的产物，其位于半干旱气候区，北边界基本上是我国干旱与半干旱的界线。它自东北向西南纵贯我国中部，是我国东西部之间的一条生态与环境过渡带。就其土地利用方式与经济发展水平而言，该带以东以南为我国集约化农业区和经济发达区，以西以北是我国广阔的牧业区和少数民族聚居的欠发达地区；在自然环境上，该带东南是湿润、半湿润地区，地势相对平坦，海拔较低，环

8

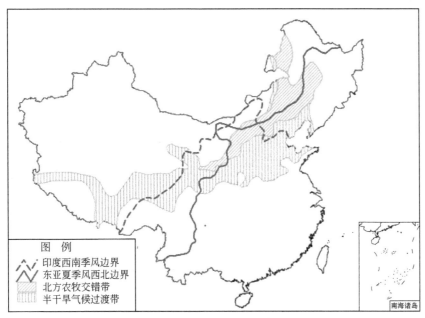

图 1.5 半干旱气候过渡带和北方农牧交错带区域位置与亚洲季风边界示意图

境条件较优，而以西以北则分布着我国主要的沙漠、高原和山地，地形复杂而生态脆弱。因此，这一地带也是我国地域经济的一条重要分界线和中东部农区生态安全的重要屏障带。农牧交错带因其特殊的地理位置、重要的生态屏障作用以及支持相当密度人口的生存、发展功能而令人关注。

农牧交错带主要生态问题包括土地沙漠化、土壤退化、草地退化、水土流失以及整个生态与环境恶化，自然灾害频繁。这些问题是在 20 世纪 90 年代随着环境问题的大量涌现、人口与资源矛盾日益突出而出现的。总之，这一地带由于气候作用的敏感性、农牧交错的特殊性以及人类活动的日益频繁，使得其生态与环境表现出明显的脆弱性特征。

1.1.3.5 以内陆河流域为主体的绿洲-荒漠生态与环境

内陆河主要分布在西北干旱区。相对湿润的山地和极端干旱的盆地构成了流域基本的自然环境格局。山区冰雪带和森林带为两个主要的水源形成和补给区；山前平原区人工绿洲和尾闾区天然绿洲以及广阔的荒漠构成了荒漠-绿洲生态系统。我国西北内陆河流域绿洲的分布必然对应着山区冰雪带的存在，山区森林水源涵养对绿洲的发展起着重要的作用，这种冰雪-森林-绿洲-荒漠景观形成了世界上独特的内陆河流域生态与环境系统（图 1.6）。

维系内陆河流域社会经济和生态与环境的核心是水，流域水循环过程与水资源的转化直接影响着流域内的人地关系，同时人地关系的变化也对流域水循环和水资源产生重要影响。在极度干旱的内陆河流域，水环境的轻微改变就会引发生态与环境的较大反应。因此，内陆河流域生态与环境的脆弱性是不言而喻的。在有限的水资源和不断发展的绿洲经济之间的失衡及不协调情况下，中游人工绿洲区（主要是边缘区）的沙漠化、尾闾区天然绿洲区的湖泊干涸及生态退化就成了脆弱生态与环境的具体表现。

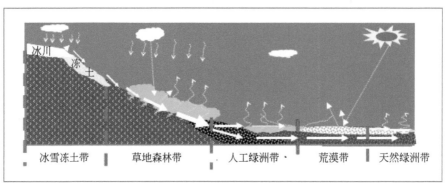

图 1.6　典型内陆河流域垂直分带

1.2

西北地区社会经济的特殊性

丰富的自然资源、多民族的社会、深厚的人文积淀、具有战略地位的国防要地、落后的经济现状，使得西部生态与环境的经济和社会属性也显示出其区域特殊性和地域独特性。

1.2.1　国家战略地位突出

西北地区面积占全国陆地面积的 30% 以上，但人口仅为全国总人口的 7%，地广人稀。棉花、瓜果久负盛名，旅游资源得天独厚。

西北地区资源丰富。在目前已发现的 171 种矿产资源中，90% 以上在西北地区均有发现。矿产资源潜在价值为 33.7 万亿元，在全国总份额中约占 36.4%。西北地区能源矿产资源储量丰富，煤、石油、天然气富集区带明显。其中煤炭保有储量达 3009 亿 t，占全国总量的 30% 左右，主要分布在陕西、新疆和宁夏。新疆全区煤炭资源预测储量为 2 万亿 t，居全国之首，探明保有储量为 20 多亿 t，居全国第二位（储茂东和师守祥，1997）。西北地区将是我国煤炭最具有开发潜力的地区。石油储量为 5.1 亿 t，占全国陆上石油总量的近 23%，天然气储量为 4354 亿 m^3，占全国陆上总量的 58.5%。黑色金属中铬铁矿保有储量的 27.8% 集中在新疆、甘肃和青海 3 省（自治区）；有色金属和贵金属是西北地区的优势矿产资源；西北地区铜储量占全国保有储量的 13.4%；甘肃集中了全国 61.8% 的镍和57.0% 的铂族金属储量。此外，金矿储量占全国的 14.2%，银矿储量占全国的 10.9%。西北地区还是化工原料的重要产地。全国 7.1% 的钾盐、80.9% 的钠盐均分布在该地区。

中国太阳能资源最丰富的一类地区，年太阳辐射总量为 6680 ~ 8400MJ/㎡。这些地区包括宁夏北部、甘肃北部、新疆东部、青海西部和西藏西部等地。除西藏外，西北是中国太阳能资源最丰富的地区（图 1.7）。

西北地区是中国风能资源十分丰富的地区，开发利用潜力巨大，风电产业发展具有一定的基础，风电行业也已步入快速发展的重要时期。据不完全统计，2007 年已建和在建的风电场 23 个，总装机容量达到 140 万 kW，预计到 2020 年有望达到 3200 万 kW，约占全国预计装机容量的 30%（图 1.8）（刘海燕等，2008）。

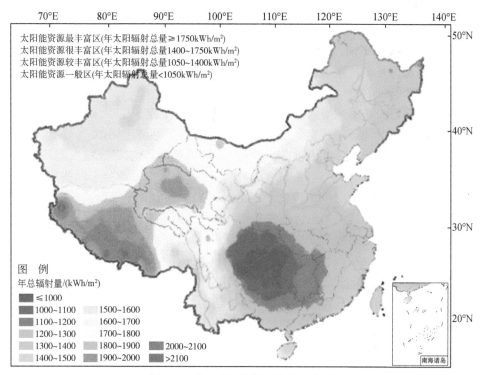

图 1.7 中国太阳能资源分布示意图

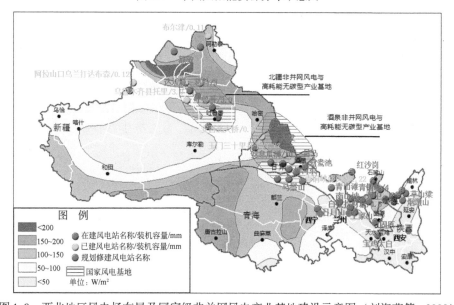

图 1.8 西北地区风电场布局及国家级非并网风电产业基地建设示意图（刘海燕等，2008）

丰富的自然资源使得西北地区成为我国战略资源储备和利用的大后方，"西气东送""西电东输"已经使得这一地区在全国能源使用中起到举足轻重的作用。未来其在全国资源利用中的作用将越来越突出，同时其比邻中亚各国的重要地缘优势，在中国西进的资源利用战略中的作用也不言而喻。

西北地区有回族、维吾尔族、哈萨克族、东乡族、土族、锡伯族、柯尔克孜族、撒拉族、塔吉克族、乌孜别克族、俄罗斯族、裕固族、保安族、塔塔尔族等 14 个少数民族。西北地区既是边疆又是多民族地区的历史与现实决定了西北地区的民族关系具有与中国其他地区不同的显著特征。第一，从整个西北地区来说，汉族、回族与其他少数民族的关系问题是当前西北民族关系的主要问题，在西北各省（自治区）内部则存在大民族与小民族之间的矛盾。这与西北地区的民族居住格局和民族接触程度密切相关。对于整个中国来说，少数民族的居住格局是"大分散、小聚居"，但对于西北地区来说，少数民族的居住格局则是"小分散、大聚居"。这种居住格局决定了民族关系只产生于那些接触比较多的民族之间。第二，各种矛盾交织、转化。西北地区经济发展相对滞后，贫富分化在加快，矛盾相对突出。第三，民族关系与边疆安全息息相关。西北边疆地区是少数民族家乡的事实决定了边疆民族安全就是边疆安全。第四，西北民族关系与相邻国家关系、局部国际关系交织在一起，导致了民族与国家关系、国家和地区国际关系紧密联系在一起。中国近 1/4 的边界线在西北，有 9 个民族与中亚、东欧和中东等国跨国而居。中亚、南亚的恐怖势力给中国带来的负面影响已经十分显著。恐怖活动与民族问题密切相关，其带来的国家安全、地区稳定乃至国际关系等一系列问题，使得西北民族关系呈现出复杂性（徐黎丽，2009）。

1.2.2 "丝绸之路"是沟通东西的桥梁

地理环境是自然地理环境加上由之衍生的人文地理环境，对于人类从事基本经济社会活动的城乡市场以及城乡市场网络结构的形成与发展演变起着重大的基础和支撑作用。

西北干旱区从甘肃省祁连山下的河西走廊，到新疆天山脚下的南疆、北疆，主要是高山-盆地结构，山地高大险峻，冰川、冻土广为分布，对人类活动形成极大限制。反之，山前平原广阔，冰雪融水滋润和调节下的片片绿洲，为人类生存提供了优质而有限的空间。绿洲之外是辽阔无垠的沙漠戈壁。

高山极寒、平原极旱、地域广阔，适于人类生存的空间却十分有限。古丝绸之路的形成，与这种环境不无关系。从兰州向西，丝绸之路在黄土高原的穿行基本结束，向西只能从青藏高原北缘山麓平坦地带前行，自然会进入河西走廊，由此而始的干旱区地域广阔，但可西行的选择路线却十分有限，只有沿绿洲穿行。严酷环境下形成的狭窄生存空间却为打通漫长而艰难的丝绸之路提供了方便。现今人类活动的所有中心均以此为纽带，通过中国，穿越中亚，连接欧洲。欧亚廊道就是在这样的环境下发展、演化而来的。今日之新欧亚大陆桥也立足于这一自古以来形成的走廊之上。

山盆结构地形对民族、政治、经济等影响重大。以新疆为例，习惯上我们把新疆按天山为界划分为"南疆"和"北疆"。这两个地区换个概念也就是北边的"环准噶尔盆地区"和南边的"环塔里木盆地区"。这两个盆地自然地理环境有很多相似之处,盆地内地域广阔但极端干旱,盆地周边的高山冰雪及山区降水形成干旱区的湿岛,滋补着环盆地的绿洲。但其地理环境又有很大差异。"环塔里木盆地区"三面高山环绕,只有东部沿阿尔金山—祁连山一线连通河西走廊,形成相对开阔的通道。而其与西部的中亚地区以及南部的印巴之间的联系,基本都要通过帕米尔高原南北两条狭窄艰险的谷地,南通道即为"瓦罕走廊",也就是阿富汗与中国相接的狭窄地带(图1.9)。这样就造成了南疆地区相对封闭的环境。而北疆地区除了能够向东与河西走廊相接以外,与中亚地区的分割线由于其属于断续的山脉区,相对来说有更多的山口通行,这也就使得准噶尔盆地更为开放。此外,由于其与蒙古高原相邻,那些高原上的游牧民族或从东跨越阿尔泰山的余脉,或从西绕经哈萨克丘陵,也经常光顾这一地区。这种不尽相同的地缘结构也造成了现在天山南北不同的民族结构。维吾尔族主要集中在南疆,而北疆则大多数为汉族、哈萨克族、回族、蒙古族等民族杂居地。

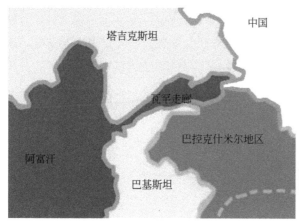

图 1.9　环塔里木盆地南通道——"瓦罕走廊"

甘肃河西走廊东西地势平坦,交流便利。历史上一直是民族迁徙、征战、交流和融合的大舞台。先后在这个舞台担纲主演的有鬼方、猃狁、羌、月氏、乌孙、匈奴、吐蕃、党项、蒙古等。西汉张骞出使西域,打通丝绸之路后,突厥、回纥、波斯、鲜卑、吐谷浑等,曾于走廊或战或守,或进或出,在这块古老的土地上留下了不同文明的深深印记。这里从西汉开始"军屯",后在唐、明、清等朝代均经历了由"军屯"到"军转民"的过程,为多民族融合起到了重要作用。今日之河西走廊虽以汉民族为主,但这其中的所谓汉民族又有多少是真正意义上的"纯汉民族",实际上是多民族融合后形成的具有地方特质、认同中华文化的地方居民。从地理环境的角度来看,交通便利、经济发达,利于周边的交流,民族的心态也就相对开放,包容性也就较强;反之,在交通不便、经济落后的闭塞环境中,人自然会产生拒外心理,民族冲突就易于发生。河西走廊今日之局面,可为未来新疆、尤其是南疆未来解决民族问题提供历史借鉴。

西北地区深居内陆的自然地理位置在带来诸多天然不利因素的同时,地处欧亚大陆中心又使其成为连接欧亚大陆的纽带,成为欧亚大陆走廊上西去东来的中心。西北地区是欧洲通过中亚进入中国的门户，也是中国西出中亚，直通欧洲的桥头堡。古丝绸之路的兴起、新欧亚大陆桥的连通，都体现出西北在连通欧亚大陆中的重要地缘作用。

在东亚、中亚、欧洲的陆地联系中，西北地区是沟通中亚、连接欧洲的重要陆路通道，古丝绸之路盛极一时的主要原因就在于此。尽管随着海、空交通运输的快速发展，古丝绸之路光辉不再，但其承接东西、连接欧亚的纽带作用仍然十分重要，这是其自然地理环境赋予的天然秉性所决定的，也是外界条件永远也无法改变的。1992 年建成的新欧亚大陆桥东起连云港，西至鹿特丹，穿越西北和中亚腹地，为中欧和北美贸易往来提供了更加合理的运输通道，成为沟通东、西方的新丝绸之路（图 1.10）。沿新丝绸之路，新疆到中欧的平均距离约为 6000km，仅为现在海运距离的 25%。新疆经新欧亚大陆桥到欧洲，比经西伯利亚大陆桥在运输时间上节约 38%，在运输费用上节省 36%；比海运节约时间 61%，费用少 21% ~ 38%，竞争优势明显。但由于沿线各国的利益以及基础设施等问题，使新欧亚大陆桥难以实现预期经济效益。这也是我国在未来拓展地缘环境、促进西部经济发展的重要着力点，其重点应放在欧亚走廊段，即新疆至中亚地区段。这一区段一方面中国能源安全、国家安全、经济发展与产品出口等需要加强与中亚的合作；另一方面中亚地区为实现大国均衡、贸易和通道多元化以及经济社会发展，也需要中国的支持。建设和发展向西大通道，是中国与中亚共同的战略选择（王旭梅和原帼力，2011）。

图 1.10 欧亚大陆桥示意图

从我国地缘政治经济的现实和国家安全战略的高度出发，西部发展战略应与开拓我国和欧亚大陆国家间经贸关系、构筑我国地缘政治经济安全同步进行，在对资源的开发规划上应树立可持续发展意识、超前意识和资源安全战略意识。西北干旱区的整体发展，应是维护国家生态安全的大型环保工程，应确立自己的比较优势和竞争优势，其目标应是西部走向世界、融入国际大市场、参与国际经济分工与合作的过程（丁志刚和张志军，2000）。

从西北干旱区整体地理环境来看，其面积广阔，人口密度小，从绝对意义上看人类生存的环境容量很大。但是，因为波动性大，土地生产力和承载力低，使有效容量大大减小。此外,气候干旱使地表地理过程中物理过程占绝对优势,而化学过程微弱,这又使受污染环境的自净能力减弱,也使有效环境容量大大减小。

从全国的角度看,西北地区的地理环境对全国地理环境有着重要影响:①我国是荒漠化不断加剧的中心源地。由于自然与人为等多方面的原因,干旱半干旱区的荒漠化已向半湿润区扩展,使半湿润区的荒漠化危险大大增加,这已成为学术界及社会广泛关注的问题。②我国是风沙性灾害的主要策源地。由于干旱半干旱地区地表植被稀疏且遭受破坏严重,区域内沙暴日趋严重,灾害损失加重,尘暴频度增大,影响范围也越来越大。③我国是水土流失最严重的地区。西北地区以我国地势第二阶梯为主,山地、高原、盆地相间,地表切割严重,再加上地表物质粗糙,因而水土流失非常严重,这使得发源于或流经于该地区大河的输沙量大大增加,同时对河流下游的水环境质量和河道淤积等造成消极影响。④我国是地表径流最贫乏的地区。由于受气候干旱影响,河流径流量很小,而城镇发展、农业灌溉,对地表径流的依赖性却越来越大,耗水量也越来越多。从河流的整体来讲,上游过量取水往往导致下游缺水甚至断流,致使整个流域水量循环失衡,造成各方面损失重大(何雨和贾铁飞,1999)。

1.2.3 东西部巨大差距成为共同富裕瓶颈

相对全国而言,西北地区经济落后。改革开放初期,我国确立了东部地区率先发展的"非均衡发展战略",打破了计划经济时代"撒胡椒面"式的工业布局的局面,东部经济开始腾飞,区域差距逐渐拉大。据统计,1978~2000年,东部经济增速比其他地区要快2%以上,尤其是在"八五"时期(1990~1995年),东部经济增速比其他地区高5%。2007年,我国西部经济增速首次超过东部;2008年,中、西部和东北地区经济增速全面超过东部地区,这一趋势一直保持至今。这种现象表明,我国区域发展差距不断扩大的势头已经得到初步遏制。虽然西部地区与东部地区的经济相对增长速度差距在缩小,但绝对差距仍在扩大。据统计数据显示,2000年西部和东部的人均GDP相差7000元,2010年这一差距拉大到了21 000元。西部地区相对落后、欠发达的状况不可能在十年内得到解决。在生产总值、地区财政收入水平、人均生产总值水平上,再经过100年西部地区也不一定能够和东部地区拉平。表1.1为2013年全国34个省级行政区生产总值情况,从中可以看出西北地区远远落后于全国。

表1.1 2013年全国34省级行政区生产总值一览表

地区	地区生产总值/亿元			2013年增速/%		占全国比重/%		美元生产总值/亿美元		
	2012年	2013年	增量	名义增速	实际增速	2012年	2013年	2012年	2013年	增量
北京	17 801.02	19 500.60	1 699.58	9.5	7.7	3.09	3.10	2 819.96	3 148.71	328.75
天津	12 885.18	14 370.20	1 485.02	11.5	12.5	2.24	2.28	2 041.22	2 320.32	279.10
河北	26 575.01	28 301.40	1 726.39	6.5	8.2	4.61	4.49	4 209.90	4 569.75	369.85
山西	12 112.81	12 602.20	489.39	4.0	8.9	2.10	2.00	1 918.86	2 034.84	115.98
内蒙古	15 988.34	16 832.40	844.06	5.3	9.0	2.77	2.67	2 532.81	2 717.88	185.08

地区	地区生产总值/亿元			2013 年增速/%		占全国比重/%		美元生产总值/亿美元		
	2012 年	2013 年	增量	名义增速	实际增速	2012 年	2013 年	2012 年	2013 年	增量
辽宁	24 801.30	27 077.70	2 276.40	9.2	8.7	4.30	4.30	3 928.92	4 372.17	443.25
吉林	11 937.82	12 981.50	1 043.68	8.7	8.3	2.07	2.06	1 891.14	2 096.09	204.95
黑龙江	13 691.57	14 382.90	691.33	5.0	8.0	2.37	2.28	2 168.96	2 322.37	153.41
上海	20 101.33	21 602.10	1 500.77	7.5	7.7	3.49	3.43	3 184.37	3 488.04	303.67
江苏	54 058.22	59 161.80	5 103.58	9.4	9.6	9.38	9.39	8 563.68	9 552.70	939.02
浙江	34 606.30	37 568.50	2 962.20	8.6	8.2	6.00	5.96	5 482.19	6 066.09	583.90
安徽	17 212.05	19 038.90	1 826.85	10.6	10.4	2.99	3.02	2 726.66	3 074.16	347.50
福建	19 701.78	21 759.60	2 057.82	10.4	11.0	3.42	3.45	3 121.07	3 513.47	392.39
江西	12 948.48	14 338.50	1 390.02	10.7	10.1	2.25	2.28	2 051.24	2 315.20	263.96
山东	50 013.24	54 684.30	4 671.06	9.3	9.6	8.68	8.68	7 922.89	6 829.73	906.84
河南	29 810.14	32 155.90	2 345.76	7.9	9.0	5.17	5.10	4 722.40	5 192.13	469.73
湖北	22 250.16	24 668.50	2 418.34	10.9	10.1	3.86	3.92	3 524.78	3 983.16	458.38
湖南	22 154.23	24 501.70	2 347.47	10.6	10.1	3.84	3.89	3 509.58	3 956.23	446.85
广东	57 067.92	62 164.00	5 096.08	8.9	8.5	9.90	9.87	9 040.46	10 037.46	997.00
广西	13 031.04	14 378.00	1 346.96	10.3	10.2	2.26	2.28	2 064.32	2 321.58	257.28
海南	2 855.26	3 146.50	291.24	10.2	9.9	0.50	0.50	452.32	508.06	55.74
重庆	11 459.00	12 656.70	1 197.70	10.5	12.3	1.99	2.01	1 815.29	2 043.64	228.36
四川	23 849.80	26 260.80	2 411.00	10.1	10.0	4.14	4.17	3 778.19	4 240.26	462.08
贵州	6 802.20	8 006.80	1 204.60	17.7	12.5	1.18	1.27	1 077.58	1 292.84	215.26
云南	10 309.80	11 720.90	1 411.10	13.7	12.1	1.79	1.86	1 633.24	1 892.54	259.31
西藏	695.58	807.70	112.12	16.1	12.1	0.12	0.13	110.19	130.42	20.23
陕西	14 451.18	16 045.20	1 594.02	11.0	11.0	2.51	2.55	2 289.30	2 590.78	301.48
甘肃	5 650.20	6 268.00	617.80	10.9	10.8	0.98	0.99	895.08	1 012.08	117.00
青海	1 884.54	2 101.10	216.56	11.5	10.8	0.33	0.33	298.54	339.26	40.72
宁夏	2 326.64	2 565.10	238.46	10.2	9.8	0.40	0.41	368.58	414.18	45.60
新疆	7 466.32	8 360.00	893.88	12.0	11.0	1.30	1.33	1 182.78	1 349.90	167.12
台湾	30 000.60	30 300.60	300.00	1.0	2.1	5.78	5.33	4 752.57	4 892.56	139.99
香港	16 579.31	16 948.26	368.95	2.2	2.9	3.19	2.98	2 626.43	2 736.59	110.17
澳门	2 713.19	3 205.23	492.04	18.1	11.9	0.52	0.56	429.81	517.54	87.73
内地省份汇总	576 498.46	630 009.70	53 511.24	9.3	9.5	110.98	110.75	91 326.49	101 726.04	10 399.55
内地 + 港澳台汇总	625 791.56	680 463.79	54 672.23	10.4	9.0	120.47	119.62	99 135.30	109 872.73	10 737.43
内地核算数	519 470.10	568 845.21	49 375.11	7.7	7.7	100.00	100.00	82 292.29	91 849.97	9 557.87
内地 + 港澳台核算数	568 763.19	619.299.30	50 536.10	9.0	7.3	109.49	108.87	90 101.10	99 996.66	9 895.58

注：2013 年为初步核算数。占全国比重为内地各省份占全国（内地）汇总数的比重，港澳台比重为三地相当于全国核算数比重

资料来源：国家统计局，香港特区政府统计处，澳门普查暨统计局，台湾主计处

英国《经济学人》杂志网站2011年刊发了一组图表，把中国的2010年经济状况和世界各国进行对比，指标包括国内生产总值（GDP）、人均GDP、人口和出口总额。从图表上看，中国东西部省份经济实力差距较大，上海的GDP可以和芬兰等发达国家相提并论，而宁夏的GDP则仅相当于埃塞俄比亚（图1.11）。

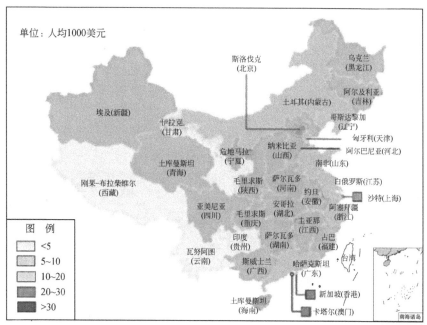

(a)中国各省份2010年人均GDP与世界国家的比较(台湾地区资料暂缺)

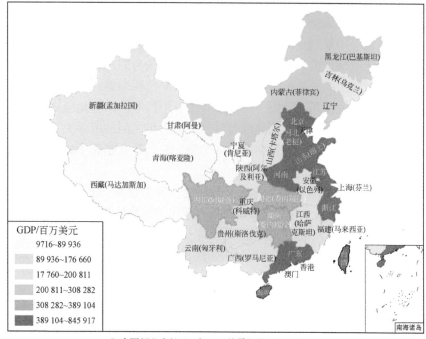

(b)中国部分省份2010年GDP总量与世界国家的比较

图1.11 中国各省份2010年经济状况和世界国家进行比较所处的位置

2011 年，中国城镇居民人均可支配收入最高的上海达到 36 230 元，最低的甘肃只有 14 989 元，两者之比为 2.4∶1，即由 1978 年的 1.6∶1 扩大到 2011 年的 2.4∶1。2011 年，中国农村居民家庭人均纯收入最高的上海达到 16 054 元，而甘肃则只有 3909 元，东西部地区农村居民人均纯收入之比由 1978 年的 2.1∶1 扩大到 2011 年的 4.1∶1（中国统计年鉴，2012）。

消费需求是最终需求，对国民经济持续发展起着决定性作用，也是经济持续增长的动力。分区域看，中西部地区消费水平与东部地区存在很大差距，全国占比 2008~2011 年仅上升了 0.35%。青海、宁夏、云南、新疆等这样的欠发达地区消费需求更为低迷，增速也较为缓慢。2010 年东西部居民消费支出相差 2.6 倍，并且西部地区城镇与农村消费水平差距普遍高于东部地区。

从现代化重要指标——信息化程度来看，中国中东西部发展差异较大，网民分布差距显著。我国网民主要分布在沿海、江浙一带，该区域各省份网民数均占全国的 12% 以上；其次是山东省和北京市；西部地区网民分布最少。数据差异显示出东部地区拥有绝大部分的网络资源，而中西部地区互联网的发展仍较落后。

西北地区经济发展相对落后主要受制于自然环境影响、生态和环境的脆弱及深居内陆的不利条件，其严重制约着西北地区的经济发展，西北地区的发展应在充分认识生态和环境变化规律的基础上，创新思路，跨越发展。丝绸之路经济带战略的实施无疑为此提供了新的机遇。

1.2.4 在中亚地缘经济合作中的作用无可替代

中亚位于几大文明板块与几大地缘板块的结合部，特殊的地缘位置及其丰富的油气资源在一定程度上决定了中亚的命运。冷战后，在全球化和多极化的世界新形势下，中亚展现出前所未有的地缘战略价值。各大战略力量尤其是美俄两国围绕这里的地缘和能源利益进行激烈的角逐，大国间的分化组合、合作竞争以及对抗妥协错综复杂、变化多端。新的大国角逐包含了美国、俄罗斯、欧盟、印度、日本、中国等国家和地区之间的多层次的竞争与合作，也包含了中亚这一独立的地缘整体与各大力量之间的博弈关系。在这样的背景下，一个矛盾交织、利益多元的力量格局，一个隐含着局势紧张和矛盾激化的国际战略焦点在中亚正在形成（高家祥，2008）。

21 世纪初中亚的主要民族是哈萨克、乌兹别克、吉尔吉斯、土库曼、塔吉克、卡拉卡尔帕克等世居民族（图 1.12）。乌兹别克人出自突厥化的钦察汗国，哈萨克人由乌兹别克人分离而来，吉尔吉斯人出自突厥别部黠戛斯，土库曼人出自突厥乌古斯部，塔吉克人出自波斯人。苏联时期，有大量俄罗斯及其他斯拉夫居民迁入，另外还有一些民族，如鞑靼人、德意志人、朝鲜人是被政府当局以强行手段迁入中亚的。目前，中亚各共和国都成为多民族国家。据苏联 1989 年人口统计资料，在中亚地区生活着 130 多个大大小小的民族。

中亚各国在国家独立后，又产生许多新的民族问题。这包括俄罗斯人与当地民族之间的矛盾以及因为经济问题（如水资源、土地利用等）产生的问题，同一民族生活在中亚各国引发的族际矛盾问题，在政治和其他利益分配中引发的部族矛盾问题，等等。据粗略统计，在苏联解体前夕的 1990 年，中亚五国共有俄罗斯人 970 万人。苏联时期，他们在中亚各共和国政界和经济部门一般都占据重要岗位。而随着苏联解体和中亚各国独立，本地民族开始得势，俄罗斯人逐渐丧失了原来的优越地位，较少在这些国家重要、体面的部门中任职，文化语言的发展也遇到障碍。正是在这种情况下，俄罗斯人与当地民族之间的对立情绪日渐明显，尤其在俄罗斯人居住比较集中的哈萨克斯坦。中亚各国独立后，各国领导人都把维护民族团结作为维护国家政局稳固的一项大事来抓。因此，总体上内部的民族矛盾并没有造成国内的不稳定或较大的动荡。

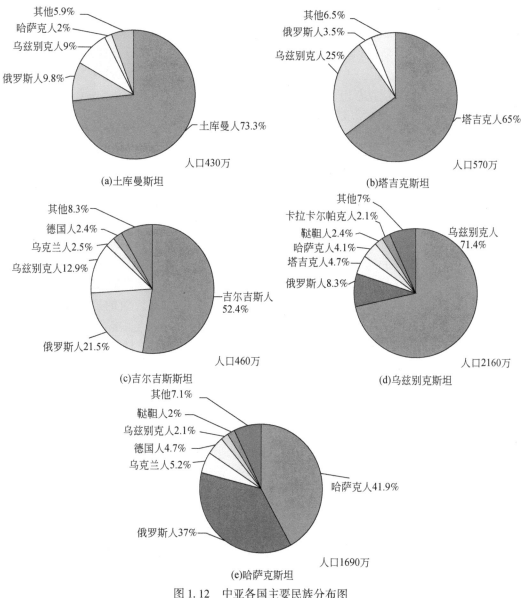

图 1.12 中亚各国主要民族分布图

相较民族问题，对我国影响较大的是宗教问题。中亚地区每个民族都有自己的宗教信仰。这里教徒众多，教派林立。该地区五大主体民族哈萨克人、乌兹别克人、吉尔吉斯人、土库曼人、塔吉克人以及鞑靼人、维吾尔人和东干人等民族都信奉伊斯兰教；生活在中亚地区的俄罗斯人、白俄罗斯人和乌克兰人主要信奉东正教；朝鲜人信奉佛教和基督教；德意志人信奉基督教；犹太人信奉犹太教，等等。中亚各国独立以来，伊斯兰教势力活跃，教派林立，穆斯林和清真寺数目猛增，1991年中亚五国独立时有清真寺160座，到1993年已增至5000座。在此背景下，泛伊斯兰主义和泛突厥主义两大思潮的暗潮涌动，对我国安全构成威胁。

中亚五国矿产资源丰富，油气、石油、煤炭、铁、锰、铬、铜、钼、金、锑、锌、铝土等矿种的储量和产量均位居世界前列，而且从成矿的地质背景和优势矿种的矿集区分析，资源潜力巨大。①能源矿产。该区域能源矿产分布相对集中，石油和天然气主要分布在哈萨克斯坦、土库曼斯坦和乌兹别克斯坦。石油储量为42.8亿t，占世界总量的2.1%；天然气储量为11.8万亿m^3，占世界总量的6.2%（何国琦和朱永峰，2006）。铀矿主要分布在哈萨克斯坦和乌兹别克斯坦。可靠铀资源量为41.22万t（回收成本≤130美元/kg），占全球总量的11.7%。煤矿主要分布在哈萨克斯坦。共49个煤矿床列入国家矿产储量平衡表，探明储量为336亿t，居全球第八位。其中，烟煤和无烟煤探明储量为215亿t，次烟煤和褐煤探明储量为121亿t。②黑色金属。中亚五国的黑色金属矿产以铁、锰和铬三种矿产为优势矿产，主要分布在哈萨克斯坦，在世界所占比重分别是4.9%、13.5%和51.4%。③有色金属。中亚地区钨、钼、铜、锌、锑和铝土矿6个矿种的储量在世界上占有突出地位。铜和钼主要分布在哈萨克斯坦、吉尔吉斯斯坦和乌兹别克斯坦。铜的储量分别为1800万t、223万t和800万t；钼的储量分别为13万t、10万t和6万t，均位列世界前十位；哈萨克斯坦锌的储量为1600万t，居全球第四位；铝土矿以哈萨克斯坦最为丰富，探明储量为3.6亿t，居全球第十一位；锑矿是塔吉克斯坦唯一在世界范围内占优势的矿种，储量达5万t，居世界第五位。④金。金矿在中亚地区广泛的、成群带的分布，探明金矿储量达4333t，占全球总量的8.5%（陈正和蒋峥，2012）。丰富的矿产资源在地缘上为中国开发利用提供了良好的条件和机遇，同时也是美、欧、日等地区垂涎的重要资源战略要地，俄罗斯作为传统盟国也不可能坐视。因此，这一地区对中国具有重要的战略地位，同时也充满潜在的矛盾和冲突。

中国西北干旱区，在地理环境上与这一地区具有相似性，在民族成分上，具有相同性，利用西北的地缘优势，开拓中亚具有得天独厚的条件。

在世界经济全球化浪潮中，开展中国与中亚的地缘经济合作有其独特的经济和政治意义。中国国内生产和市场进一步拓展的限制性因素在增多。西部大开发战略是开发西部潜在市场和拓展我国西缘国际空间的重要举措，新亚欧大陆桥的开通又使我国西北地区成为向西开放的前沿阵地。西北周边中亚五国处在经济转型时期，有参与国际经济合作、充分融入东亚经济的强烈愿望与基础。合作、发展、稳定相辅相成，加强我国西北地区与中亚的合作同我国新时期努力维护中国自身和周边国家的和平与稳定的外交战略目标是一致的。中国与中亚地区国家间存在着巨大的经贸合作空间。中亚地区各国获得独立后，为中国的经济发展提供了一个巨大的原料来源地和产品销售市场。中国对中亚投资规模和领域的扩大，也刺激了中亚地区的经济发展，增强了其经济的造血功能（徐亚清和秦伟江，2006）。根据中亚地区和西北地区的比较优势和我国西向战略的目标，在继续加强边贸合作的基础上,与中亚地区各国进行能源和交通运输方面的合作是双方目前及今后合作的重点;根据合作方式从边贸到建立国际经济技术合作区的由低向高地推进,合作范围由小到大地扩展。西北地区与中亚五国今后开展经济合作需要探讨新模式,可依托边境地区和新亚欧大陆桥进行"点轴"开发,建立跨国的三角经济增长区,在经济区内区外充分协调的基础上实行区域联合开发,将合作的范围扩展至整个欧亚大陆(徐艳,2008)。

1.3
西北地区生态与环境评估重点关注问题

根据上述分析不难看出,西北地区十分突出的地缘战略地位是以生态与环境的保障为基点的,生态与环境的变化对地缘战略地位具有十分显著的影响;丰富资源条件下的落后经济也受制于生态的高度脆弱性与自然环境的不利因素;同时,在自然环境约束下的历史演进中形成了西北地区民族分布与聚集特点。由此可见,自然生态环境奠定了西北地区今天的人文背景与经济和社会基础,生态与环境的变化也必将影响西北地区的经济发展、社会稳定和地缘政治。

因此,通过对已有研究资料的系统评估,从已有成果中凝练提升,深化科学认识,从中汲取自然–社会和谐共进的历史经验与科学结论,为指导西北未来发展和建设可持续的丝绸之路经济带提供科学参考和支撑,是本次评估的主要目的所在。

1.3.1 西北地区生态环境问题与未来可能影响

(1)气候变化在宏观上对生态环境具有显著影响。气候变化已经对西北地区冰冻圈、植被生态系统、水资源、农业等产生显著影响,未来气候变化影响的潜在作用也十分巨大。需要在多尺度、多要素、多学科、多手段综合评估和分析的基础上,不断深化科学认识,寻求可持续应对之策。

(2)冰冻圈变化对生态、水文与经济社会的影响。冰冻圈变化显著,对生态、水文与经济社会的影响尚缺乏定量评估。

(3)人工绿洲与沙漠化的关系。绿洲化与沙漠化进退矛盾突出,应根据未来可持续发展的绿洲规模需要进行科学评估。

(4)资源开发需要生态良性发展做保护,总结资源开发中的经验教训。

(5)生态研究与实践中的许多成功经验需要总结和提升。具体需要不断总结干旱区生态自然恢复、绿洲边缘固沙植被建设、沙化土地的封育保护的相关经验,确保西北地区生态环境的可持续发展。

1.3.2 开展评估已有基础

(1)已有的评估为本次评估奠定了坚实基础。2000年开展了《中国西部生态环境演变评估》，这是中国最早参照国际评估程序，针对西部生态环境问题开展的评估研究，影响很大。此后，在西部生态环境评估基础上，2003 年完成了《中国气候与环境演变》评估，其成为第一次中国气候与环境变化的评估工作，2008 年又开展了第二次中国气候与环境变化科学评估工作，评估报告为《中国气候与环境演变：2012》。这些评估研究或多或少地涉及西北地区的生态与环境问题，为开展本次评估提供了重要的科学参考。

（2）国内外已有大量相关研究文献是开展评估的重要依据。过去几十年，尤其是2000 年以来，有关西北地区生态环境的研究文献数量急剧增加。在中国知网（CNKI）中查询有关文献，以"西北地区"和"生态环境"为检索词，在全文中同时出现的文献高达 78 000 多条，在主题中同时出现的文献也多达 2000 多条，其中 2000 年以后的文献数占90% 以上（图 1.13）。如果查询相关的"冰冻圈""水文""水资源""干旱区""沙漠化""黄土高原""水土流失""人类活动""气候变化影响"等条目，文献数量就更大。因此，已有的研究成果已经提供了较为丰富的科学积累，在此基础上，如何充分利用好已有研究文献，凝练出具有深度和广度的科学评估结论，是本次评估报告努力的方向。

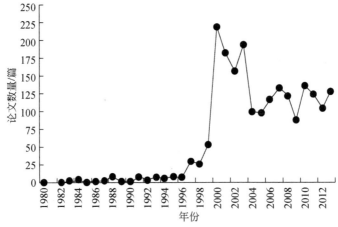

图 1.13　中国知网中有关西北地区生态环境主题的文献数

（3）中国科学院的生态观测网络为评估提供了可靠的数据保障。中国科学院生态观测网络在西北地区涉及青藏高原、黄土高原、内陆河流域、沙漠等不同地理环境下的不同生态类型；同时，中国科学院及相关研究所的一些特殊环境站，如冰川、冻土等观测台站也有着长期的观测数据，是本次评估认识西北地区生态变化规律的重要依据。

（4）一批国家重大研究项目为本次评估提供了最新研究成果。过去和最近几年，我国先后启动了一批与生态变化相关的重大基础性研究项目（"973"计划和"全球变化国家重大研究计划"），也为本项目开展提供了最新研究成果。

1.3.3　评估的思路与方法

本次评估的基本思路是以过去的研究积累为基础，以已发表的文献和遥感监测等研究成果为依托，组织自然科学、社会-经济-人文科学领域的有关专家及管理专家，综合各学科成果，凝练结论，对西北地区过去 2000 年生态变化的关键科学问题进行梳理和系统分析，对重要历史事件和政策对生态变化过程的影响进行综合评估；针对我国丝绸之路经济带存在的生态问题及其发展趋势，就下一步的区域生态环境建设方向、可持续发展对策等提出对策建议。

本次评估重点围绕"丝绸之路经济带"这一主题，开展生态过程专题评估，在科学上不断深化对生态变化的时空过程及其驱动力的综合认识水平，以强化科学基础对社会可持续发展的支撑能力，辨识社会变革与生态变化关系中重大政策对生态系统影响的利与弊，从政策与生态变化关系中汲取生态文明建设的经验与借鉴。

评估的总体实施路线如图 1.14 所示。

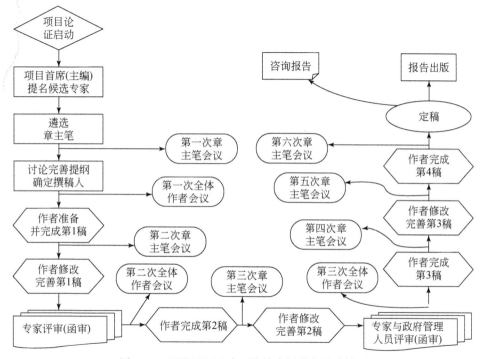

图 1.14　西北地区生态环境综合评估实施路线图

1.4

生态评估的概念框架与分析方法

1.4.1　生态评估案例及对我国的启示

1.4.1.1　生态评估案例

近几十年来，随着人口数量的急剧增加和社会经济发展水平的提高，以及气候变化等自然因素的影响，世界各地许多生态系统已经发生巨大变化。一方面，生态系统为人类提供谷物和牲畜等产品的数量和能力大幅增加，对社会经济发展做出了巨大的贡献；另一方面，土地荒漠化、水土流失、冰川退缩、植被退化、生物多样性丧失、生境资源短缺等生态问题日趋加重，许多生态系统生产人类所需的产品与服务（如清新空气、清洁水和食物）的能力已经下降或者丧失，未来可能难以满足人们对生态系统服务日益增长的需求（赵士洞和张永民，2006）。

因此，为了向决策者和公众提供生态系统状况及其变化的科学信息，帮助他们完善对生态系统的管理，确保对生态系统的保育和可持续利用，国内外实施了大量的生态系统评估项目（表1.2）。本节的目的是总结这些案例的成功经验，为开展"西北地区生态变化综合评估"提供借鉴和参考。

表1.2 国内外的生态系统评估项目

	生态评估案例	评估方法和创新意义
国内	中国西部生态系统综合评估（刘纪远等，2006）	（1）参照国际千年生态系统评估计划（MA）的概念框架，采用系统模拟和地球信息科学相结合的方法； （2）建立生态系统服务功能与人类生计的定量关系，模拟分析西部生态系统的未来情景，提出生态系统保护与修复方面的政策建议
	全国生态环境十年变化（2000~2010年）遥感调查与评估（欧阳志云等，2014）	（1）提出生态系统"格局-质量-功能-问题-胁迫"的总体框架，构建了多源遥感数据驱动的调查评估模型方法体系； （2）建立遥感和地面结合的"天地一体化"调查评估技术体系，形成多尺度多专题相结合的调查评估模式，奠定定期生态环境调查评估基础
	中国主要陆地生态系统服务功能与生态安全（傅伯杰等，2009）	（1）运用站点生态系统尺度的长期观测和实验研究，区域尺度的系统调查、尺度关联和模型耦合，开展全国尺度的生态遥感反演、生态系统网络数据挖掘和空间模型模拟； （2）建立基于景观格局和生态过程的区域生态系统服务功能集成模型，建立生态遥感反演与环境信息结合的国家尺度生态系统服务功能综合评估模型，揭示近30年来我国主要陆地生态系统服务功能的格局及演变
国外	千年生态系统评估（Millennium Ecosystem Assessment）（United Nations，2000）	（1）建立第一个针对全球陆地和水生生态系统开展的多尺度、综合性评估项目，为分析导致生态系统服务和人类福祉变化的驱动力提供研究重点，为后续政策干预提供参考； （2）总体评估全球生态系统状态和变化趋势，其研究成果为各行各业和各学科提供了丰富资料和大量证据
	美国国家生态系统状况（The State of The Nation's Ecosystems）（Heinz and Centerscience，2002）	（1）确定生态系统范围和状态、生态资产、生态功能三类共13个生态指标；单独列出10个国家核心指标；为公众和决策者提供全美生态系统状态的信息； （2）建立一个能科学、客观反映美国生态系统状态的指标体系，为后续政策制定提供科学基础
	英国国家生态系统评估（UK National Ecosystem Assessment）（Bateman et al，2011）	（1）明确英国生态系统的现状、挑战，分析近60年以来的变化趋势及面临问题，建立6种未来发展情景模式，提出并推荐两种社会发展的理想模式； （2）定量评估自然环境的综合价值使政府和经济界在制定决策时统筹考虑自然环境的价值，有利于改变自然环境持续恶化的趋势

1.4.1.2 对我国的启示

联合国千年评估（MA）认为人类与生态系统之间存在一种动态的相互作用：一方面人类活动直接或间接影响着生态系统的变化；另一方面生态系统的变化又会引起人类福祉的变化。MA以生态系统服务和人类福祉为核心，回答了生态系统变化对人类福祉的影响；不仅评估了全球生态系统的状态，还对未来几十年全球生态系统的多种可能发展轨迹进行了评估。虽然一些评估结论存在不确定性，但其对相关问题的不确定性进行了量化，细分为：非常确定（大于或等于98%的概率）、确定性高（概率为85%～98%）、确定性中等（概率为65%～85%）、确定性低（概率为52%～65%）和非常不确定（概率为50%～52%）。这种提高评估报告可信度的处理方式也值得后续评估借鉴（周杨明等，2008）。

2002年，美国海因茨中心（The Heinz Center）发布了第一份《美国国家生态系统状况》（也叫海因茨报告），从国家尺度上评估了美国生态状况和变化趋势（Schiller et al.，2001）。其首次确定了生态系统范围和状态、生态资产、生态功能三类共13个生态指标，从理论上推荐的指标可以很好地反映生态的状态和变化趋势，但是海因茨报告没有应用所选择的指标来真正评估全美的生态系统状况，因此，很难评估这些指标在实践中的表现。

英国国家生态系统评估（NEA）说明：改善生态系统管理，实现社会的持续发展，就必须将其与社会经济紧密联系在一起，让公众和决策者都深刻地认识到生态系统对人类福祉的贡献（刘桂环等，2014）。英国生态系统评估采用的是基于MA框架的评估体系，为了更好地体现生态系统的真实状态，根据英国具体情况进行了适当的调整。与英国相比，我国领土幅员辽阔，生态系统种类多样，影响其变化的驱动因子也非常多，对社会经济系统的影响更为复杂。因此，要实现高质量的评估工作，我国也需要因地制宜地根据类型区的特点仔细推敲评价方法。

从以上评估可以看出，这些评估体系都有其合理的概念性评估框架，其中最具代表性的概念性评估框架以生态系统服务为纽带，采用数理模型将生态系统和社会经济系统有机联系起来，以便服务于后继的政府决策。例如，尽管2002年出版的海因茨报告并没有构建一个概念性评估框架，但在随后2008年发布的报告中补充了一个评估框架（董贵华等，2013）。2001年，由联合国启动的MA对我国进行生态系统评估，这为我国保护资源与环境，实现社会的可持续发展提供了一个良好的契机。生态变化评估并不是一次性的事情，评估所表征的仅是评估时期某个尺度范围内生态系统的状况，即其所提供的信息具有极强的时效性和地域性。生态变化评估需要根据时间的发展进行及时的调整，这就需要建立定期评估的制度，利用标准化的评估方法和指标，定期或不定期地对我国的生态系统状况及其变化趋势进行评估，以供决策者和相关参与人员使用。

1.4.2 国内外生态系统评估的成功经验

1.4.2.1 跨学科和跨部门的通力合作，以及用户和利益方的参与

生态系统评估是将生态系统变化的原因、变化对人类福祉产生的影响，以及生态系统的管理与政策对策等方面的科学研究成果用于满足决策者的信息需求的一个社会过程（MA，2003）。它不仅仅属于科学研究的范畴，而且还需要社会对其作出价值判断。因此，生态评估的成功通常依赖于跨学科和跨部门的通力合作，以及用户和利益方的参与。例如，MA 的成功取决于由来自国际公约、联合国下属机构、国际科学组织和政府的代表及来自私营机构、非政府组织和原住民团体的负责人组成的评估理事会的领导，同时还有来自 95 个国家的 1360 位知名学者的共同努力。我国最近完成的"全国生态环境十年变化（2000—2010 年）遥感调查与评估项目"的成功是依赖于环境保护部和中国科学院的有关部门的领导，以及各省、自治区、直辖市环境保护厅（局），新疆生产建设兵团环境保护局，中国科学院相关院所，环境保护部相关直属单位的众多评估人员的通力合作。

第一，生态系统通常具有难以量度的复杂性，生态变化不仅涉及自然生态过程，而且包含社会人文过程，只有通过生态、生物、气候和地理等领域的自然科学工作者与人口、经济和管理等领域的社会科学工作者开展密切合作，才能够找出生态变化的原因、对人类福祉的影响，以及避免或者减缓不利影响的对策，向决策者提供可靠的科学信息，从而提高生态评估的可信度。第二，鉴于生态变化的复杂性和各地生态系统的特殊性，生态评估难免要侧重某些方面的内容，而忽略许多其他方面的内容。但是，由于价值观念的作用，不同的利益方（或者社会阶层）对生态系统及其服务的重要性的认识往往不同，有的主要关注生态系统的食物生产功能，而有的主要关注生态系统的调节功能（如调节气候、调节水文）。因此，只有通过科研单位、政府部门、工商业组织，民间团体以及原住民等利益方的合作与协商才能确定评估的预期目标、关键问题和具体内容，从而提高生态评估的针对性。第三，生态评估无疑需要收集和使用大量的资料，用户和利益方的参与不仅有助于资料的收集，而且如果他们提供的资料得到使用，那么还将有助于提高他们对评估结果的接受程度，从而提高评估的适用性。

1.4.2.2 确定合适的评估框架

如前所述，一方面，生态系统的组分之间、生态系统与人类活动以及外界环境之间存在着千丝万缕的复杂的联系，生态变化极其复杂；另一方面，生态评估通常是由来自不同学科、不同部门，以及用户和利益方的众多人员通力合作来完成。因此，评估人员在评估过程中必须认同一个基本的概念框架，对相关问题形成全面而又统一的认识，生态评估才能顺利开展并取得成功。例如，MA 重点关注生态系统与人类福祉之间的联系，尤其重视对生态系统服务的评估，通过分析生态系统与人类福祉之间的联系，构建了以"间接驱动力、直接驱动力、生态系统及其服务、人类福祉与减贫"为核心的评估框架。我国的"全国生态环境十年变化（2000—2010 年）遥感调查与评估"根据"摸清家底、找出原因、

提出对策"的目的建立了以"生态系统的分布与格局、质量、服务功能、问题、胁迫"为主要内容的评估框架。

评估框架是生态系统评估的理论基础、逻辑结构和主要内容的集中体现。目前,常用的评估框架可以归纳为 2 种类型:即"压力–状态–影响–响应"(PSIR)框架(实际上是经济合作组织和欧洲环境局在 20 世纪 90 年代中期提出的"压力–状态–响应"模式的扩展版)和 MA 提出的以生态系统服务与人类福祉为核心的框架。PSIR 框架是针对压力(驱动力)对环境的影响和为改变不利影响而采取的对策而设计的,在较早的环境评估中,如在 1995 年由联合国环境规划署启动的全球环境展望(global environment outlook,GEO)项目中,该评估模型主要为定期评估和回答环境状况及其变化、原因和实现可持续发展的对策。而最初的 PSIR 框架是单向的因果链结构,缺少反馈关系,不能全面反映生态变化的动态特征,不过最近的版本已经加以完善。相对来说,MA 的框架迄今为止还是较为完善的,在学术界颇受欢迎。例如,近年来英国等欧洲国家开展的国家生态系统评估,还有我国开展的三江源区草地生态系统综合评估等都是采用 MA 的评估框架。

MA 的评估框架具有以下几个重要特征:①具有多尺度结构,包含了 3 个地理尺度(局地、区域和全球)和 2 个时间尺度(短期和长期),能够反映生态变化与人类福祉的时空动态特征;②不同于通常使用的相对线性的"压力–状态–影响–响应"(PSIR)框架,而是通过纳入各种反馈关系,如环境变化对生态系统与人类福祉的作用,具有更强的动态特征,能够较为全面地反映生态变化的复杂性;③不同于一般的环境影响评价侧重于人类活动对环境的影响,MA 的框架更加重视生态系统变化对人类福祉的影响,更能为生态系统的保育和可持续利用决策提供有价值的科学信息;④借鉴 IPCC(联合国政府间气候变化专门委员会)的做法,运用专家对已有知识的评价,MA 对主要评估结果的不确定性进行了评判,评估结果更易被决策者接受和应用。

1.4.2.3　确定合适的生态指标和模型

生态指标是生态系统的组成、结构和机能方面的可度量的特征,它能够帮助人们从庞杂的数据中分离出重要的信息,并以一种易于理解和交流的方式传递给公众和决策者(周杨明等,2013)。正如通常借助国内生产总值(GDP)、居民消费价格指数(CPI)和就业率等经济指标判断社会经济系统的运行状况一样,也可以通过构建合适的生态指标来衡量生态系统的健康状况。例如,美国"国家生态系统状况"项目的主要目的就是构建一组能够得到广泛认可并经过充分检验的、稳健的国家生态系统状况指标,为将来实现定期、高质量、超党派地报道国家生态系统状况奠定基础。项目的设计委员会首先确定表征国家生态系统及其产品与服务的 10 个方面的关键特征。根据这 10 个关键特征,6 个工作组分别负责确定表征 6 种生态系统的生态指标(每种生态系统的生态指标为 15～20 个),并共同确定一组表征国家生态系统(由 6 种生态系统组成的整体)的"国家核心指标"。毋庸置疑,生态指标在生态评估中具有至关重要的作用,但现有的生态指标大多是科研人员独自构建的,由于缺乏与决策者和公众沟通而难以直接服务于决策。在当今的世界中,一方面人口增长和经济发展已经成为生态系统变化的重要驱动因素;另一方面,生态变化反过来对经济社会持续繁荣发展具有显著的制约作用。因此,加强与决策者和公众合作,融合生态、人口、经济和福祉等因素，构建能够直接服务于决策的生态指标已经成为生态评估的重要挑战。

和生态指标相似，模型在生态系统评估中也具有不可或缺的作用。一般来说，生态系统的变化都是人文与自然因素综合作用的结果，通过模型模拟各种相关过程及其相互作用是找出生态变化的原因，以及预测未来的可能变化的重要手段。尤其是对于生态评估中的情景分析来说，集生物物理过程与人文经济过程于一体的综合模型的集成作用更为突出（MA，2005）。此外，模型模拟还可以解决生态评估通常存在的数据缺失问题，如数据的时空范围不完整，核算标准不一致等。

1.4.2.4 分析评估结果的不确定性

生态系统的复杂性和科学认知的局限性决定了生态系统评估得出的结果难免具有不确定性，如数据不完备、对已知现象的不同理解等都是导致不确定性的重要因素。此外，生态系统评估在一定程度上是一个基于价值判断的社会过程，判断过程中的意见分歧也会导致不确定性的产生。目前科学界已经明白，如果评估人员不对评估结果中存在的不确定性进行分析与处理，那么用户就会自己对其中的不确定性进行估算。因此，受联合国政府间气候变化专门委员会（IPCC）的影响，通过透明的、系统一致的方法识别和评判评估结果的不确定性已经成为生态系统评估的共识。由生态与环境各方面的专家为主要作者，在观测资料和大量已发表的学术文献的基础上进行进一步的集成创新，对同一生态过程的判断进行甄别和判断，既是 IPCC 评估报告的成功经验，也是减少不确定性的有效手段。

生态系统是由植物、动物和微生物群落及其无机环境相互作用形成的动态的、复杂的功能单元。生态系统的生态过程通常具有非线性和时滞特征，外界对生态系统的干扰往往需要经过一定的时间才会显著地表现出来，因此只有通过持续的定期评估才能准确地掌握生态系统不同阶段的真实状况与变化趋势，进而为决策者和公众提供有价值的科学信息。

1.4.2.5 集成评估方法和同化多源数据

生态系统评估是综合应用多种技术方法对多学科、多过程、多尺度和网格化的观测数据开展集成评估。多源观测数据是生态系统综合评估的基础，数据信息的准确性和丰富度直接影响生态系统评估结论的可靠程度。生态系统观测方法通常分为地面观测、遥感监测和模型模拟。地面观测是通过定位观测技术实现样点或样方尺度上的生态系统长期观测，或者通过移动式观测技术实现样方、样带的生态系统抽样观测；遥感监测主要利用遥感技术（RS）技术，结合地理信息系统（GIS）和全球定位系统（GPS）等技术手段，获取区域信息；模型模拟分为以水文学和气象学模型为主和以遥感技术为主的两类；同时结合水利、气息、环保、统计等多个部门数据，对生态环境状况进行评估。集成生态系统观测方法，是为生态系统综合评估提供全面、科学、有效信息技术支撑的关键，同时构建生态环境监测大数据平台，利用生态环境监测信息传输网络，开展大数据关联分析，为生态变化评估提供数据支持。

1.4.3　本评估的概念框架与分析方法

中国西北地区不仅生态脆弱而且经济落后，既不能依靠牺牲经济来保育生态，也不能依靠牺牲生态来发展经济（秦大河，2002）。本次评估的预期目的是本着兼顾保育生态和发展经济的双赢目标，为决策者和公众改善对西北地区生态系统的管理提供科学依据。为此，借鉴国内外生态评估的成功经验，结合西北地区生态地理条件和经济社会发展需求的实际情况提出了本次评估的核心问题、概念框架与分析方法。

1.4.3.1　评估的核心问题

本次评估拟解决以下五个方面的核心问题。

（1）西北地区的生态本底与时空演变。掌握西北地区过去 2000 年的生态本底状况、时空变化规律，以及与经济社会过程的相互作用，为评估近期的生态问题、未来的可能变化，以及解决对策提供宏观背景。

（2）过去 60 年来生态系统的变化过程与现状。

（3）导致生态系统变化的关键驱动力。

（4）未来生态系统的可能变化。

（5）重大政策与重大事件对生态过程的影响如何？其对进一步生态建设有什么启示？

1.4.3.2　评估的概念框架

生态变化是一个涉及众多因素的复杂过程，而生态评估是向决策者和公众提供科学信息以完善生态系统管理的社会过程。为了统一评估人员对以上核心问题的科学认识，使评估工作形成合理的逻辑结构，本次评估制定了以“生态变化、人文与自然驱动力和生态问题”为主要内容的概念框架（图 1.16）。框架中的生态问题是指对经济社会发展以及生态系统自身具有不利影响的生态变化。根据该框架，本次评估认为生态系统与生态问题的变化是各种人文与自然驱动力共同作用的结果；而且生态系统与生态问题的变化也会对人文与自然驱动力产生反作用，如草地退化会对当地的经济发展造成影响，从而促使畜牧业生产技术进行革新或者迫使人们改变以往对草地的利用方式。同时，本次评估认为以上相互作用可能跨越不同的时空尺度，并且可能导致不同的生态变化。例如，从空间上看，20世纪后几十年西北地区的生态状况是局部有所好转，但整体仍在恶化；从时间上看，不同时间尺度沙漠化的成因也不一样（秦大河，2002）。因此，为了全面评估不同时空尺度上的生态系统的正向变化和负向变化，拟从区域和局地这两个空间尺度以及长期（近 2000年）和短期（近几十年）这两个时间尺度开展评估。此外，面对各种不同的生态问题，长期以来人们也在采取各种不同的对策，如建立自然保护区、植树造林、在黄土沟壑区修建缓洪拦泥淤地工程（淤泥坝）及新疆修建的用于收集水资源的“坎儿井”等，但是，这些对策在当地产生的效果良莠不一，因此，对正在实施的以及将来可能实施的主要对策进行评估也是本次评估的重要内容。

如图 1.15 所示的概念框架列出了本次评估的核心内容，并通过图解的形式表现了它们之间的相互关系。但需要说明的是，框架中各部分之间相连的直线箭头未能深刻揭示出不同时空尺度上的相互作用的复杂性。事实上，生态系统通常具有复杂性，各组分之间的相互作用一般不是简单的线性关系，西北地区脆弱的生态系统更是如此，而且人类过度干预自然界和土地利用不合理（如滥垦、滥伐、滥牧、滥采等）是其生态恶化的症结（伍光和和潘晓玲，2002），所以生态系统的变异性、弹性和阈值始终是本次评估关注的重要问题。

1.4.3.3 本次评估的分析方法

综合利用各种资料及大量已发表的学术文献，对生态变化过程及其驱动力进行综合评估。获取与使用的数据资料包括：①实地调查的数据、定位站的生态参数观测数据及正式出版的论著（文）文献及相关数据，这些数据主要用于建立卫星影像反演模型和生态评估模型；②遥感影像，这是用于评估生态系统的组成、分布、空间格局与变化，以及生态系统服务、生态问题及变化的核心数据；③统计数据（包括社会、经济、农业、土地资源开发等）、部门监测数据（包括水文、气象等）及生态系统管理方面的保育和修复措施（图1.16）。

生态变化评估首先需要对生态系统功能有所了解，其本质是生态系统与生态过程所形成及所维持的人类赖以生存的自然环境条件与效应。基本分为四大类：调节功能（维护地球生物圈的作用）、支持功能（地球上的生物提供生活空间，是所有生态资源存在的前提）、生产功能（提供各种类型的生产资源）和信息功能（提供各种机会，如科研、教育等）。这些功能由生境、物种、生物学性状和生态过程所产生的物质通过直接或间接地提供产品和服务，这种由自然资本的信息流所构成的生态系统功能和非自然资本结合在一起为人类提供福利（Brendan et al. ，2009）。

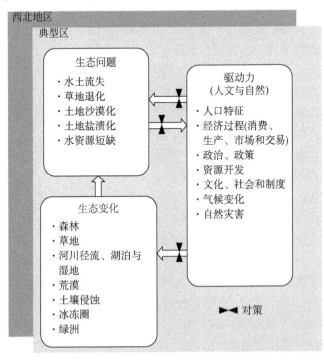

图1.15 西北地区生态变化评估的概念框架

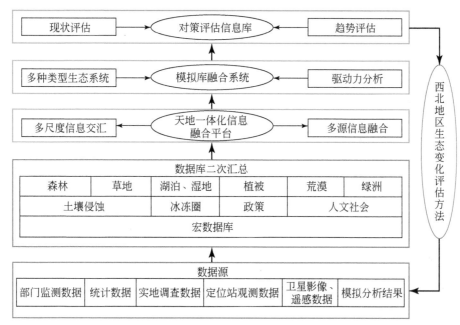

图 1.16　西北地区生态变化评估方法

由于生态系统的复杂性和运用经济学方法评估自然生态系统的局限性,至今生态系统变化评估仍然没有一个公认的理论框架体系和精确的评估方法。目前在西北地区生态系统功能及其评估方面仍存在如下问题。

（1）由于西北地区生态系统功能的不确定性,人们并没有完全认识其作用程度、影响范围以及区域内、区域间和区域外的差异性和时空的动态异质性,这必然给西北地区生态系统的准确评估带来很大困难。

（2）目前的评估大多以自然资本形态和背景性质相同的假设为前提,没有反映动态变化。构建的静态区域生态系统计量模型没有考虑边际变化的影响,而生态系统功能具有复杂性和多维性,容易被忽略。

（3）由于在不同地理环境、不同人文环境中生态系统所承担的主要职能、地位、功用和对社会经济发展的贡献大小不同,其随时空和区域变化有较大的差异,在同一生态系统内不同变化水平的资源样本,其评估结果也不同,从而使评估结果的可信度低。

因此,我们针对以上问题,选择生态与环境方面的有关专家,充分发挥评估人的专业优势,在不同生态过程大量已发表成果的基础上,结合多源数据,对各生态过程及生态问题与对策进行甄别、凝练与提升,获得对同一问题的共性认识;充分发挥多源遥感数据的优势,对生态变化的动态过程进行精细化刻画与分析,体现生态过程的动态性和现势性;重视重大政策或事件对生态变化过程的推动作用,评估其长效影响,总结生态建设工程中的得失,为进一步生态文明建设提供借鉴。具体包括以下几点。

1）典型区研究

基于整个区域分析结果,选取生态变化剧烈、生态问题突出,从而受到政府和社会各界严重关注的局部区域作为典型区开展深入分析，评估问题的症结，以及生态建设工程中的得失，如黄土高原区、三江源区、毛乌素沙地等。

2）界定生态系统类型和重点生态问题

为了便于评估的开展以及与用户（决策者）及利益方的交流，需要对评估的生态系统类型和主要生态问题进行界定（表1.3和表1.4），但需要说明的是，不同的生态系统类型和生态问题不是截然分开的，可能存在一定的重叠。例如，草地和荒漠之间可能没有明确的分界线，而是存在一个过渡区，这个过渡区既属于草地也属于荒漠。

表1.3 生态系统类型的界定及特点

生态系统类型	界定及特点
草地	生长草本和灌木植物为主的土地（土地利用现状分类国家标准，2007）
森林	生长乔木、灌木的土地
湖泊与湿地	多水或过湿土地。自然湿地包括沼泽地、泥炭地、湖泊、河流、盐沼和间歇性的湖床等；人工湿地主要有水稻田、水库、池塘等
荒漠	气候干燥、降水稀少、蒸发量大、植被贫乏的地区，由沙漠、砾漠、泥漠和盐漠组成。国际上荒漠生态系统的定义，是指年降水量小于250 mm的区域自然植被系统，以及典型的人工植被系统
绿洲	干旱区人类通过灌溉建立的适合从事农牧业活动的人工生态系统。有史以来西北干旱区始终存在着绿洲化与沙漠化两个基本过程（王绍武和董光荣，2002）
冰冻圈	地球表层连续分布并具有一定厚度的负温圈层，该圈层内的水体处于自然冻结状态（IPCC WG1，2007）。自然界的地表水和其他物质混合而成的冻结体也属于冰冻圈的范畴

表1.4 主要生态问题的界定及特点

主要生态问题	界定及特点
水土流失	土壤及其他地表组成物质，在内、外营力和人力作用下发生的风化、运移和堆积的全过程。水土流失是陆地型生态破坏，但并不是所有的水土流失都是在灾害性的。国际上规定，土壤侵蚀模数或者每年冲蚀表土量达到一定程度才成为灾害性水土流失（秦大河，2002）
草地退化	天然草地在干旱、风沙、水蚀、盐碱、内涝、地下水位变化等不利影响下，或过度放牧与割草等不合理利用，或滥挖、滥割、樵采破坏草地植被，引起草地生态环境恶化，草地牧草生物产量降低，品质下降，草地利用性能降低，甚至失去利用价值的过程（刘纪远等，2009）
土地沙漠化	土地沙漠化指在干旱半干旱和部分半湿润地区，在干旱多风和疏松沙质地表条件下，由于人为强度利用土地等因素，破坏了脆弱的生态平衡，使原非沙质荒漠的地区出现风沙活动的土地退化过程。沙漠化过程大体包括沙地（丘）活化、草原灌丛沙漠化、土壤风蚀粗化以及土地的不均匀切割4种过程（郑度，2007）。土地沙漠化是西北干旱区突出的环境问题
土地盐渍化	土地盐渍化又称盐碱化，指盐分在土壤中积聚，形成盐渍化土壤或盐渍土的过程。土地盐渍化现象主要发生于干旱、半干旱地区，由于地面蒸发作用较大，地下水的矿化度高，使底层土和地下水中所含的盐分随着土壤毛细管水上升并积聚于表土。在不合理的耕作灌溉条件下，易溶盐类在表土积聚，也能引起土壤盐渍化，称为土壤次生盐渍化

3）确定生态系统发生变化的驱动力

驱动力是指通过直接或者间接方式引起生态系统变化的自然或人为因素（MA，2003）。其中，自然驱动力包括气候变化和各种自然灾害等；人文驱动力包括人口、经济、社会政治、文化与宗教，以及资源开发等。就目前人类自身能力而言，要想对气候变化等自然驱动力的变化进行预测和干预比较困难，但适当控制和消除导致生态系统和生态问题发生不利变化的人文因素则是可以做到的。因此，区分人文和自然驱动力的主要目的就是针对不同的驱动力确定不同的生态系统管理对策和方案。

4）选取表征生态系统状况、生态问题和驱动力的指标

选取一组指标对生态系统的主要特征、生态问题，以及驱动力进行评估，如草地的面积、生产力、压力等。"调查与评估"使用调查数据构建了 4 类评估指标：①分布与格局类指标，主要用于分析生态系统的时空分布及变化；②生态服务类指标，主要用于评估调节服务（如涵养水源、保育土壤等）的状况及变化；③生态问题类指标，主要用于分析生态退化的程度和范围；④胁迫类指标，主要分析自然条件和人类活动作用于生态系统的压力，找出生态系统变化的原因。

5）评估生态系统与生态问题和驱动力的历史变化趋势和现状

收集相关数据对表征生态系统状况、生态问题和驱动力的指标进行量化分析。对历史变化趋势和现状的评估一般是根据量化指标通过系统模型进行模拟，或者使用其他方式进行分析。另外，"现状"有些情况下是指收集的最新数据，但是对大多数生态系统和生态问题来说，对现状的分析却要结合动态变化或者合理的参照点，因为对有的指标（如河流径流）仅仅给出某一特定年份的数值可能没有实际意义。

6）评估生态系统与生态问题未来的可能变化

评估不仅关注生态系统与生态问题的历史变化趋势和现状，而且关注它们未来的可能变化，这是预测生态系统的临界变化和制定对策所不可缺少的重要信息。为此，本次评估将着重结合未来的气候变化情景模拟西北地区的生态变化。

7）评估可供选择的对策

对策是指为了应对特定议题、需求、机遇或难题而采取的行动（包括政策、策略和干预等）。在生态系统管理中，对策涵盖法律、技术、制度、经济和行为等各个层面，并且作用于多个不同的时空尺度。本次评估拟借鉴 MA 的方法，从制度与治理、经济与激励、社会与行为、技术、知识与认知等方面分析防止生态系统退化和解决生态问题的对策，重点总结我国过去几十年生态建设中的经验教训，为进一步生态建设提供借鉴。

8）分析并确定评估中存在的不确定性

生态系统极其复杂，生态变化无论调查或者评估都存在不确定性。参照 IPCC 对不确

定性的评估方法，依靠两种衡量标准表述重要结果的确定性程度：①根据证据的类型、数量、质量、一致性（如对机理认识、理论、数据、模式、专家判断），以及达成一致的程度，对某个结果有效性的信度，以定性方式表示，给出信度水平；②对某个结果的不确定性进行量化衡量，用概率表示（基于对观测资料或模式结果的统计分析或专家判断），（孙颖等，2012）。需要说明的是，可能性表述的是自然界一个确定结果的发生概率，它是由专家判断估算出来的；信度则是表述专家之间理解和/或达成一致的程度，它是专家判断的一种陈述。这两种方法在描述不确定性时是互补的（戴晓苏，2006）。

此外，通过对文献数据或结果的再分析，来评估不同类型生态系统功能的相对价值，以及评估的误差来源等，应用的主要方法是 Meta 分析法。Meta 分析的基本思想产生于 20 世纪 30 年代，基本方法是依靠搜集已有或未发表的具有某一可比特性的文献，应用特定的设计和统计学方法进行分析与综合评价，对具有不同设计方法及不同案例数的研究结果进行综合比较。Meta 分析法主要有两种类型：一种是利用文献的原始数据，另一种是直接利用它们的结果。Meta 分析的基本方法是相同的，很多研究都采用价值产值作为应变量，而自变量是每个研究的特征和特点。Meta 分析还包括由于环境效应所引起的价值特征评估。利用 Meta 分析法对以往的生态系统评估进行研究的目的是可以从中得出该生态系统评估的趋势，并且能够阐明是哪些因子决定了生态系统功能的价值。

第 **2** 章

近 2000 年中国西北地区环境演变与社会发展

　　导读：西北地区作为古丝绸之路的要道，经历了长时间自然和人类活动侵扰的积淀，分析近 2000 年中国西部地区环境演变与社会发展，可为深入认识和理解现代环境问题和人类活动影响提供重要参照。本章在综合分析考古资料、历史文献及地质环境指标等信息的基础上，综合评估了过去 2000 年西北地区生态变化、人口规模和社会发展与气候变化的关系。评估结果认为人类活动的影响逐渐加强，并在明清以后成为生态环境变化的主要因素。从历史演变的角度来看，恢复和重建受损生态系统仍具有较大空间。

　　中国西北地区地处亚洲内陆，属温带干旱-半干旱带气候，生态环境脆弱，对气候变化敏感。研究过去较长时间尺度西北地区气候变化、生态环境演变特征，探讨过去人类活动与生态环境变化的相互关系，分析区域历史时期特征时段生态环境变化的自然与人为驱动因素分量，是模拟、预测未来气候变化情景下生态环境变化的重要参照，也可为政府应对未来气候变化制定区域政策提供科学依据。

　　近 2000 年以来中国西北地区的气候变化、生态环境演化、人类活动研究是其中必不可少的重要组成部分。一方面，近 2000 年来的全球气候系统沿袭了全新世的基本变化特征，在千年—百年时间尺度上具有显著的周期性波动，这种周期性的气候波动，曾经影响了全球大部分地区文明与区域文化的发展进程（Cullen et al.，2000；deMenocal，2001；Mayewski et al.，2005）。而西北地区干旱-半干旱带脆弱敏感的生态环境，更加强烈地受到了全球气候系统变化的影响（张丕远，1996；葛全胜等，2011）。

　　过去的 2000 年也是人类社会文明逐步走向成熟的时段。在近 2000 年里，中国西北地区作为连接东西方文明的桥梁，其人口数量大规模增长（葛剑雄等，2005；方荣和张蕊兰，2005），这对西北地区生态环境的承载能力产生了巨大压力。尤其是最近数百年来，随着人类活动日益频繁，西北地区生态环境受到人类活动的影响日益增加，如对自然资源的高强度开采利用，农业开垦对地下水的高强度开采，高密度牧业对草场的破坏等，人类活动已经成为影响区域自然生态系统最重要的因子，影响西北地区的植被、湖泊、沙漠分布等各个方面（程弘毅等，2011）。

　　研究过去全球气候变化与中国西北地区生态环境演变及丝绸之路兴衰历史的相互关系为深入了解中亚、西亚大范围的气候变化与人类活动关系奠定了重要的历史基础，在政治、经济、文化等多方面都具有重要的现实意义。本章综合了已有的古气候学、古生态学、历史地理学等材料，探讨过去 2000 年以来中国西北地区的生态环境演变过程，分析各时期的重要生态环境事件，揭示生态环境变化自然与人为因素驱动的时间点，为理解人类活动与自然环境的相互作用机制，应对未来全球变化与资源短缺问题，制定相应的对策措施提供理论支持。

2.1

近 2000 年西北地区气候变化

2.1.1　全球气候背景

　　全新世中期（公元前 3000 年）以来，随着地球轨道周期的变化，北半球夏季太阳辐射强度逐渐减弱，导致了热带辐合带（intertropical convergence zone）南移，北半球夏季温度下降，亚洲与非洲季风系统减弱，使得亚洲与非洲的季风控制区开始干旱化，并伴随着厄尔尼诺效应增强与北大西洋环流的减弱（Wanner et al.，2008）。类似于末次冰消期百年尺度的气候变化（如 Dansgaard/ Oeschger 震荡）也贯穿于整个全新世时期（Bond et al.，1997，2001；Mayewski et al.，2004），这种数百年尺度的快速气候变化事件对自然生态环境与人类发展历史都产生过重大影响（许靖华，1998；Weiss and Bradley，2001；Zhang et al.，2008）。整体而言，近 2000 年来全球气候变化主要表现为以下 4 个特征。

1）具有周期性

全新世以来全球气候变化具有突出的 1300～1500 年，即千年尺度的准周期。Bond 等（1997）在对北大西洋冰筏事件的研究中发现了全新世北大西洋系统存在的 1500 年、500 年与 200 年的准周期（Bond et al.，2001）。尽管，在全球范围全新世以来的高分辨率的古气候记录里 500 年与 200 年周期内未能达到统一，而准千年周期是被广为接纳的（Wanner et al.，2008）。

2）具有突变性

快速气候变冷事件虽然没有末次冰消期时期新仙女木事件（younger dryas）那样剧烈的幅度的震荡，但是气候子系统内仍可能在数十年内发生快速变化（Bond et al.，2001；Mayewski et al.，2004）。

3）影响广泛

不仅仅在欧亚大陆，在非洲、北美与南美洲都发现有具准千年（1500 年±500 年）周期的百十年尺度的快速气候变化（deMenocal et al.2000；Baker et al.，2005；Yu et al.，2006；Wanner et al.，2008）。

4）具有破坏性

百年尺度的全球气候突变事件是社会剧烈动荡的重要原因之一，在已有的研究中，曾造成全球范围内文明毁灭、文化衰退（Dalfes et al.，1996；许靖华，1998；deMenocal，2001；Weiss and Bradley，2001）。

这种影响广泛的气候系统百年—千年尺度周期性快速变化的主要驱动因素，在大多数研究中被归结为太阳活动强度变化，如火山活动等（Wanner et al.，2008）。其中，太阳活动的准千年，500 年、200 年周期被认为是驱动近几千年气候快速变化的主要因素，该作用通过全球大洋环流机制，如北大西洋环流变化、厄尔尼诺等，将该周期性的气候变化扩大到全球范围（Bond et al.，2001；Wang et al.，2005）。

如著名的公元 1645～1715 年太阳活动蒙德最小期与广布于北半球地区的小冰期中最寒冷时段的显著对应关系。其驱动机制可能是，太阳辐射量减弱驱动北极地区温度降低，导致北大西洋温盐环流强度的减弱，进而影响相关的季风乃至西风气候系统减弱，致使欧亚大陆、北非及中美洲地区严重干旱。而综合近 2000 年来全球 50 余处气候环境记录的综合研究显示，在约公元 600 年，公元 1050～1150 年，公元 1300～1850 年为主要寒冷时段，主要表现为两极变冷，中低纬度地区干旱，大气环流改变，以及全球范围内山岳冰川的发展（Mayewski et al.，2004；Wanner et al.，2008）。

然而，如图 2.1 所示，由于地球系统本身的复杂性，以及太阳活动驱动的气候周期性变化，导致的各子系统反馈效应不同，而且在时间上也并不能达到完全同步（Wanner，et al.，2008）。例如，中世纪暖期及小冰期的开始与结束时间在全球范围内还可能存在100年左右的差异，因此各地区的区域气候-环境变化特征，温度-降水变化特征也不尽相同。因此探讨研究一个区域的气候环境特征还需要依赖于地区的地质及历史文献记录，并将温度与降水两个环境因素分开讨论。

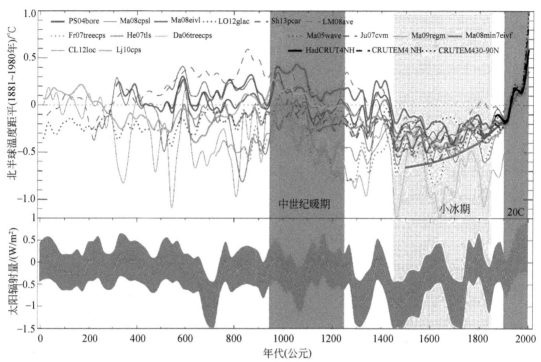

图 2.1　最近 2000 年（1881～1980 年）全球温度变化及树轮 C^{14} 与 Be^{10} 反映的同期太阳辐射

注：上为最近 2000 年（1881～1980 年）全球温度变化（图例及数据详见 IPCC，2014）；下为树轮 C^{14} 与 Be^{10} 反映的近 2000 年（1881～1980 年）太阳辐射

资料来源：Steinhilber et al.，2012

中国西北地区近 2000 年来的气候变化记录已有相当多的研究积累，大量如湖泊、泥炭、石笋、冰芯等地质记录的气候指标与全球变化相对应。其中，温度变化的气候代用指标有冰芯氧同位素、湖泊氧同位素、山地上部林线树轮，而石笋氧同位素、湖泊碳同位素、泥炭等碳同位素变化则反映了区域降水的变化。而近 2000 年来，在太阳活动、火山活动驱动下，全球气候的周期性变化对西北地区的区域环境，如温度、降水、植被的影响以及对人类社会的效应，是本章节需要重点讨论的部分。

2.1.2　近 2000 年西北地区温度变化

中国西北地区温度记录主要集中在青藏高原北部地区，主要的指标为树轮和冰芯，以及基于树轮和冰芯的分析数据（姚檀栋等，1996；姚檀栋，1997；刘晓宏等，2004）。如图 2.2 所示，根据古里雅冰芯、祁连山树轮，以及多项综合评价得出的西北地区温度变化特征。在公元 0～50 年，即东汉前期时期，西北地区普遍温度偏低，随后升高，在东汉中后期达到最高，相对于三国及两晋时期西北地区在约公元 200 年前后有较显著的降温过程，低温期持续了 200 年左右。在南北朝时期温度有所回升。公元 600～1000 年的温度记录表现有所差异，古里雅冰芯在公元 700 年、公元 900 年、公元 950 年具有 3 次显著的降温，而使这一时期呈现出相对寒冷的气候状态，而基于树轮的综合研究显示在公元 800～1000 年反映了一段相对温暖的气候时期。近 1000 年里的温度记录相对一致，公元 1000～1200 年古里雅冰芯和祁连山中段树轮都记录了比较显著的中世纪温暖期，公元 1400～1800 年的小冰期十分显著，近现代升温过程也同样都表现显著（葛全胜等，2011）。

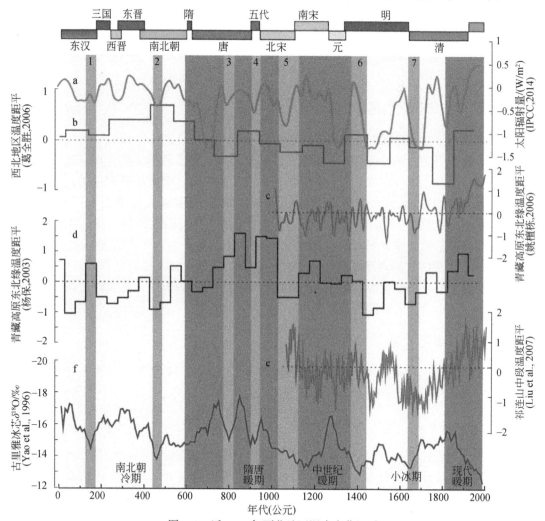

图 2.2　近 2000 年西北地区温度变化记录

注：a. 太阳辐射量变化（IPCC，2014）；b. 西北地区温度距平（葛全胜，2006）；c. 青藏高原东北缘冰芯反映的温度变化（姚檀栋等，2006）；d. 青藏高原东北缘多指标集成反映的温度距平（杨保，2003）；e. 祁连山中段树轮宽度和碳同位素反映的温度距平（Liu et al.，2007）；f. 古里雅冰芯氧同位素变化（Yao et al.，1996）

　　综合已有的数据（图 2.2），并与全球综合记录相对比，可以将西北地区气候温度变化大致划分为 4 个阶段。

第一阶段：公元 0~600 年寒冷期，多数冰川（如内蒙古岱海大西山地区和甘肃马衔山等地）均在这一时期大幅扩张，有冰缘发育，该时段大致相当于东汉–南北朝冷期。

第二阶段：公元 600~1400 年气候相对温暖期，大致相当于隋唐暖期与中世纪暖期。

第三阶段：公元 1350~1850 年气候总体寒冷，相当于小冰期。

第四阶段：公元 1850~2000 年，气候总体上温暖，与全球 20 世纪整体回暖一致。

由此可见，西北地区在每个千年尺度的冷暖波动，通常包括一个持续时间较短的寒冷事件，以及十年尺度的快速降温，其中最为显著的降温事件有 7 次（图 2.2）：①公元 150 年前后东汉末年降温事件；②公元 450 年前后南北朝中期降温事件；③公元 800 年唐中期降温事件；④公元 900 年前后唐末–五代降温事件；⑤公元 1050 年前后，北宋降温事件；⑥公元 1400 年前后，元末明初降温事件；⑦公元 1650 年前后明末清初降温事件，而其中大多数降温事件均与太阳活动强度减弱有关（图 2.2）。

2.1.3 近 2000 年西北地区降水变化

中国西北地区整体都属于亚洲内陆干旱–半干旱区，与温度变化的相对一致相比，西北地区降水具有明显的区域性特征。由于西北地区的降水通道各不相同，其控制的气候系统存在差异，如西北地区东部的降水来源主要来自孟加拉湾、南海和西太平洋；西北地区西部除了受西风带的影响外，来自北方西伯利亚的水汽输送在夏季也有一定的作用（Wang and Zhou，2005）。因此，西北地区降水强度的变化与西太平洋、印度洋、北大西洋，西风环流等全球子系统都有关，区域差异性较大。另外，由于西北地区地貌起伏巨大，从平均海拔 5000m 的青藏高原北部及天山地区，到海拔 1000m 左右的河西走廊沙漠，以及海平面以下的吐鲁番盆地，其降水分布都存在强烈的地貌效应，使其即使在面对同样的气候过程时，也会产生不同的反馈。

2.1.3.1 百年尺度的降水变化特征

根据控制其降水的主要气候系统及地貌地形，以及水汽来源情况，可将西北地区整体分为东部、西部及青藏高原区 3 个主要部分加以讨论（图 2.3）。

1）西北地区东部（季风边缘区）

东部的甘青地区，包括甘肃、青海、内蒙古的西段，属亚洲季风边缘带，其降水主要受亚洲季风气候系统与西风系统共同影响。该区域整体的降水与温度变化基本同步。例如，对西北地区东部万象洞石笋的研究结果表明，在过去 2000 年的时段，在百年尺度的气候变化中存在 5 次显著的普遍干旱时期：公元 200~400 年、公元 800~900 年、公元 1050~1100 年、公元 1400~1500 年、公元 1600~1700 年（Zhang et al.，2008）。可以分别对应于 2.1.2 节中所述的降温事件［2）~7）］，只是唐朝中期与唐末时期的降温事件共同表现为公元 800~900 年的干旱。

而与之类似，根据历史文献记录整理，重建的甘肃东部旱涝指数变化显示在近千年里西北季风边缘区地区出现了 5 次大的干旱期和 4 次湿润期（Tan et al.，2008）。干旱期为

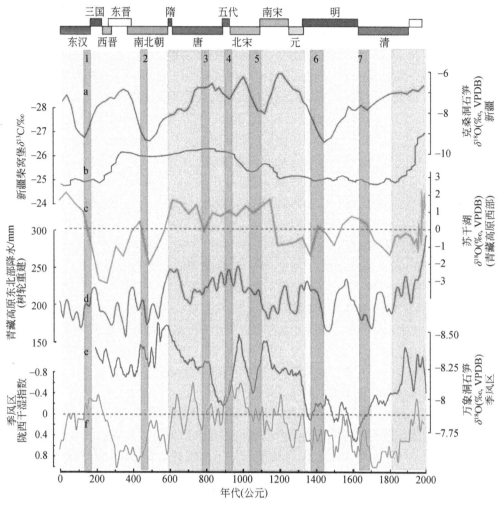

图 2.3 西北地区近 2000 年降水

注: a. 克桑洞 (Cheng et al., 2012); b. 柴窝堡 (Hong et al., 2014); c. 苏干湖 (强明瑞等, 2005);
d. 青藏高原东北部 (Yang et al., 2014); e. 万象洞 (Zhang et al., 2008); f. 陇西干湿指数 (Tan et al., 2008)

公元 1070~1080 年、公元 1130~1150 年、公元 1460~1490 年、公元 1580~1620 年; 在十年尺度上近 400 年来, 西北地区东部出现了 3 次严重的干旱时段, 分别为公元 1631~1645 年、公元 1924~1931 年和公元 1990~2003 年。同样, 这个干湿序列存在 114、16、9–11 的周期变化, 显示了区域降水与太阳活动的世纪周期和黑子周期的密切关联。

2) 新疆地区 (西风区)

西北地区西部主要以新疆地区为主, 其降水主要受西风环流及西段印度季风的影响。新疆乃至中亚地区的气候–生态环境关系及与北大西洋暖流、蒙古高压、印度季风等的关系未有定论。但受控于北大西洋洋流的西风环流, 在近年全新世气候变化研究中被认为是影响新疆地区最为重要的因素。西风环流将北大西洋的水汽由西向东经欧洲及哈萨克草原, 送入中国西北地区, 对北疆盆地影响尤为重要 (Vandenberghe et al., 2006; Li et al.,

2012）。而印度季风的西支影响了亚洲内陆干旱带的南部地区，即南疆盆地的西部及与其临近的阿姆河流域等区域，因为这里的冰川发育及河流水量都受控于由印度洋绕过喜马拉雅山脉从东南向西北方向注入的水汽通道（Owen et al.，2012）。

已有大量研究显示以新疆为代表的低峰控制区在中世纪暖期与小冰期存在温湿反向现象，即在中世纪暖期气候炎热干旱，而在小冰期的寒冷期新疆地区的湿度增加（周刚，2011；蒋庆丰等，2010；Chen et al.，2006）。例如，艾比湖有机质碳同位素（吴敬禄等，2003），塔里木盆地南缘策勒绿洲、达木沟、塔格勒沉积地层（钟巍和熊黑钢，1999）都显示了暖干、冷湿式的气候组合。而这样的现象可能不仅局限于新疆地区，还可能包括了河西走廊西部与青藏高原西北部地区（张振克等，1998；Campo et al.，1996）。

而来自伊犁克桑洞石笋和柴窝堡泥炭碳同位素（Chen et al.，2012；Hong et al.，2014）的降水重建反映了新疆地区古降水绝对量。这些研究表明，新疆地区的干湿变化在千年尺度上与全球乃至西北地区温度保持基本一致，其主要的干旱事件为公元 50～150年、公元 350～600年、公元 1350～1500年，与全球降温事件（2.1.2节）中的事件 1、事件 2与事件 6有良好吻合；而公元 150～350年、公元 600～1350年、公元 1800年至今则属于相对湿润的时期，其中公元 600～1350年可能存在一次重要的干旱事件，与降温事件 5（图 2.2）相对应。同样，在乌鲁木齐附近柴窝堡泥炭植物纤维素 $\delta^{13}C$ 指示的降水量变化也没有显示出遵循温湿反向关系，而是整体与温度同步，即在中世纪温暖期降水较多，在小冰期降水较少，并在近现代增温过程中降水迅速增加。

这样的矛盾现象在新疆的古气候重建中较为常见，其主要原因可归结为两个因素：第一，由于在降温与升温时期西风带控制区域不同导致的降水带的摆动，造成了区域性特征，如北疆与南疆盆地，在小冰期的降水变化可能存在不同趋势。第二，温度、降水的湿度平衡关系。通常与生物相关的重建指标实际记录反映的是有效降水，在温度较高的时段，蒸发量也相对较高，而导致有效降水，即湿度的降低；而在小冰期等温度较低的时间段，区域有效湿度增加。

因此，尽管可能存在时间上数十年尺度的滞后性，但由于全球大洋环流的纽带效应，不论是西风环流还是印度季风都随着 Bond周期有显著的变化，从而很可能使新疆地区的绝对降水产生同步变化。但在有效湿度上，新疆地区在中世纪暖期—小冰期这样的冷暖波动中大范围出现温湿变化的反向关系。

3）青藏高原区

青藏高原区主要包括青藏高原东北部的青海地区。该地区的降水来源也同样复杂，一方面来自西太平洋的水汽可以由亚洲季风带来，另一方面西风环流也同样可以影响到该地区。由于关于青藏高原东北缘、祁连山—阿尼玛卿山一线的树轮研究，以及青海湖等湖泊，还有山岳冰川的研究开展较多，该地区的降水资料相对丰富。

目前青藏高原区树轮研究数据表明青藏高原东北部最显著的干旱时期为公元 200～400年、公元 1450～1550年两个时期，最显著的湿润期为公元 600～1100年、公元 1320～1420年、公元 1550～1600年、公元 1850～2000年四个时期（Sheppard et al.，2004；Yang et al.，2014）。该区域与季风区降水变化趋势较为一致，同时也与温度变化非常一致。西部干旱区相近的祁连山中部地区在公元1410～1500年也表现出显著的干旱特征（Yang et al.，2014），但在其他时期的干旱事件段存在十年尺度的差异（Yang et al.，2014）。

综合以上研究显示，中国西北地区在过去2000年的降水变化与温度变化基本对应，在百年尺度上粗略分为4个阶段，即东汉—南北朝冷干时期、隋唐两宋暖湿期、明清冷干期及公元1800年至今的暖湿期（图2.3）。在第一个冷干期，东汉—南北朝冷干时期，其最强烈的普遍干旱发生在公元200～500年，第二个冷干期，明清冷干期，其最强烈而普遍的干旱发生在公元1450～1700年；分别对应于公元450年前后南北朝中期的降温事件与公元1400年前后元末明初的强降温事件。

2.1.3.2 十年尺度的降水变化特征

如图2.3所示，高分辨率的气候记录指示了在数十年的时间尺度上，西风区、季风区及青藏高原地区存在滞后或者反向关系。例如，在公元200～400年，东部地区明显偏干，而西部地区则属于降水较多的时期；公元600年前后，唐朝初年季风区降水较多，而西风区则整体干旱，中世纪暖期西风与季风气候湿润，而青藏北部地区降水较少。同样，中世纪温暖期和小冰期两段最具有代表性的时期在西部与东部地区降水的阶段性也表现出了一定的差异性。

最近300年每50年年代降水距平分布也很好地反映了这种在十年及数十年时间尺度上降水变化的区域不均衡性（王绍武等，2002）（图2.4）。例如，公元1700～1750年，在甘宁地区、青藏高原东部湿润化明显，降水增加，而青藏高原西部、河西走廊、北疆地区干旱趋势明显。而公元1750～1800年，降水普遍下降，但西北地区西部新疆等地略有上升。公元1800～1850年，除内蒙古西部，以及甘宁地区降水有所增加，其他地区进一步下降。公元1850年后降水表现出了显著的差异性，先是西北东部地区的甘肃、宁夏、内蒙古、北疆盆地公元1850～1900年普遍增加，然后公元1900～1950年全区基本持平，而西部南疆地区继续降低，最后公元1850～1990年西部南疆盆地降水大幅度增加。

这种现象指示了西北地区正由明清冷干期（小冰期）向现代暖湿期转变中，虽然降水整体上处于增加状态，但在较长时间上仍存在区域不均衡分布，以及时间的不同步现象。

2.1.3.3 西北地区降水变化的周期性

尽管中国西北地区，尤其是西部的新疆地区在千年尺度的气候环境变化趋势上仍然存在争议，但无论是东部的甘青地区，还是在新疆地区的高分辨率气候研究中都显示出了强烈的百年期的气候周期性回旋特征，而每次降温事件（如图2.3中蓝色标记的1–7事件）均对应于西北地区较强的干旱期。

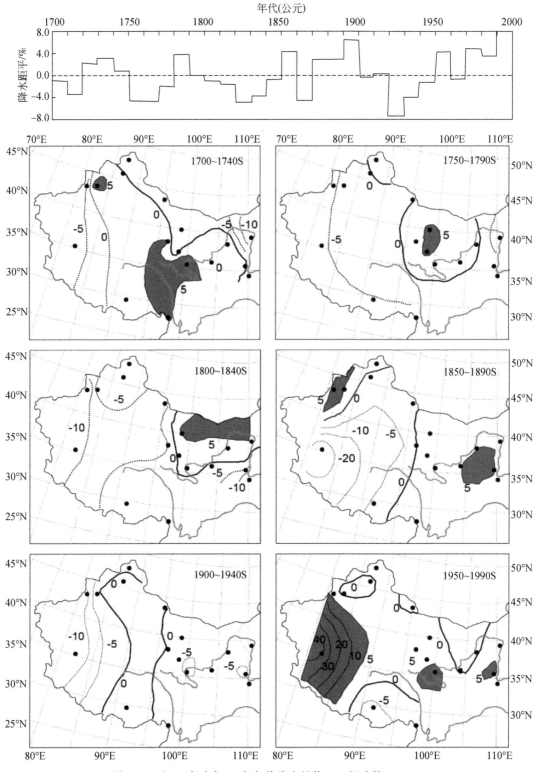

图 2.4　近 300 年来每 50 年年代降水趋势（王绍武等，2002）

在青藏高原北部地区降水的 200 年周期，以及近 100 年的变化周期，在祁连山树轮，古里雅冰芯，青海湖泊沉积记录中都普遍存在（表 2.1）。更精细的 11 年、22 年周期也在冰芯与树轮中有所表现。这种降水的周期性变化与太阳活动密切相关，太阳活动变化推动东亚季风、印度季风、西风、极地水汽发生了同步变化，这种同步变化的共振效应对区域内的生态环境有巨大的改变作用。

表 2.1 西北地区高分辨率气候代用指标反映的气候周期性变化

记录	代用指标	周期/年	文献
青藏高原北部降水（1437 年）	树轮	200, 8～100	邵雪梅等（2006）
古里雅冰芯积累量（2000 年）	冰芯	200, 11	姚檀栋等（1996）
黑河流量（1300 年）	树轮	200, 80～100, 35, 22	康兴成等（2002）
青海树轮宽度（513 年）	树轮	22, 11	王振宇等（2005）
青海湖水位（600 年）	湖泊沉积	200	冯松等（2000）

综上所述，西北地区近 2000 年降水变化显示，区域降水的增加与减少在空间上存在年际及十年尺度的差异，但在数十年—百年尺度上与全球温度变化有较高一致性，普遍具有 200 年左右的周期性变化，并与太阳活动密切相关。

2.2
近 2000 年西北地区社会发展

西北地区的社会发展和较大规模的人类活动最早起源于黄土高原西部半湿润期的新石器农业时代。从新石器早期（约公元前 6000 年）左右，天水地区的大地湾、西山坪、师赵村等遗址发现有前仰韶时期的农业文化。公元前 3000 年左右的马家窑文化时期的中后段，农业村落出现在洮河流域，并向西扩展至黄河河曲（国家文物局，1996）。青铜时代（公元前 2000 年）以后，农业文化进一步深入亚洲内陆，到达新疆东部的哈密及博斯腾湖地区（国家文物局，2012）。大约在公元前 1000 年前后，西北地区的主要农业区都开始得到开垦，并在不同的地区形成了适应各自气候环境的农业体系。农业活动的开展，使区域人口规模迅速得到增长（图 2.5）。公元前 500 年前后，东部地区处于春秋战国的战乱时期，西北地区由塔里木盆地内印欧人建立的绿洲城邦国家如鄯善、龟兹、楼兰、疏勒、且末等在这一时期逐渐出现。而在北疆盆地，巴里坤草原及内蒙古等地区，匈奴、月氏、乌孙等游牧民族兴起，并逐渐统一开始形成早期的国家。

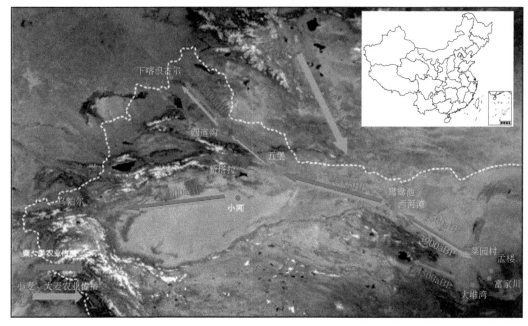

图2.5 西北地区农业化过程示意图

2.2.1 近2000年西北地区社会及人口发展

在近2000年里，西北地区的社会经济发展大致可以分为以下7个时段（图2.8）。

1）汉代稳定期（约公元0~200年）

自公元前60年西汉政府在新疆地区建立西域都护府，西北地区首次整体纳入中原王朝的统治下。经过西汉末年短暂的战乱，东汉在公元25年建立，并重新控制了西域地区。一方面西北地区东部的农业生产得到恢复，另一方面在国家政策推动下，大量的商人携带中原的丝织品涌入中亚地区，丝绸贸易大规模发展（图2.6）。当时关中等地推广种植小麦，人口数量从东西汉之间的混乱时期迅速回升，仅陕西地区的人口数量在公元2年就达到359万（图2.9），平均密度为17.5人/km²。在新疆地区塔里木盆地此时河网纵横，发展有鄯善、且末、精绝、于阗、疏勒、龟兹等36国，其中大国人口数量为5~10万人，小国人口数千人，估计新疆整体人口数量为80万人左右。

2）三国-南北朝的战争期（约公元200~600年）

这段时期西北地区东部受到气候灾害及战争的影响，中原地区流民四起，战乱不断，农业生产遭到严重破坏，秃发鲜卑、羌、氐等少数民族大量出现在黄土高原西部—河西走廊一线。这段时间人口规模迅速下降，甘陕地区人口低于100万人，下降幅度达70%以上。此时西域与中原地区也断绝了联系，丝绸之路上的贸易也开始进入一段漫长的衰落期。此外，即使地处沙漠边缘幸存的如于阗、龟兹、焉耆等国，也先后遭到了东方和北方的游牧民族如吐谷浑、柔然、嚈哒等的相继入侵和破坏，人口规模也相应缩减。

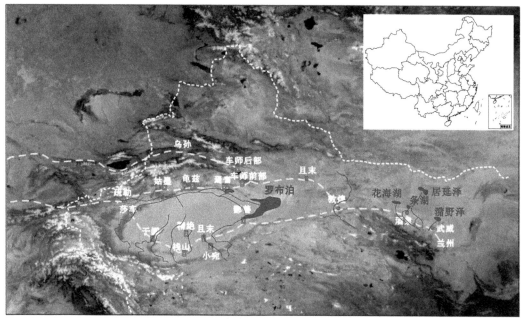

图 2.6 汉代西北地区的古地理示意图

3) 隋唐代稳定期（约公元 600 ~ 755 年）

隋建国后，经历了隋唐之交的短期战争后西北地区社会经济再度繁盛。陕西地区人口数量在公元 609 年与公元 742 年，分别达到 379 万人与 424 万人，平均密度为 18.42 人/km²（图 2.7），甘宁地区也发展到 150 万人上下。而公元 640 年（贞观十四年），唐朝

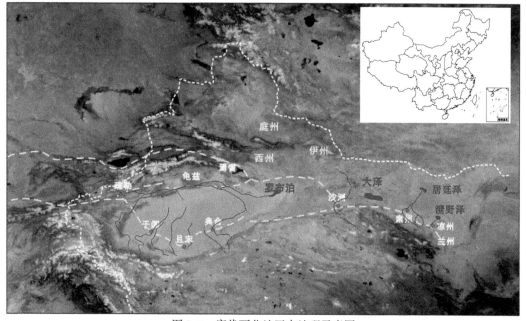

图 2.7 唐代西北地区古地理示意图

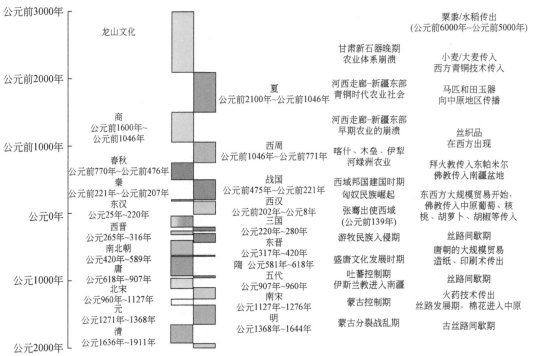

图 2.8　西北地区开发与发展重要事件

再次完全控制西北地区，结束了丝绸之路在公元 4～5 世纪长期分裂的局面。在新疆地区南疆盆地发展有疏勒、于阗、龟兹、焉耆等城市绿洲，北疆有庭州、西州、伊州等城市，估计人口规模恢复到汉代水平。

4）唐中期-五代战乱期（约公元 755～960 年）

公元 755～763 年安史之乱爆发，关陕一带人口因为战乱大量减少，再次降低到不足 100 万人，尽管经过了唐朝中期有一定复苏，但随后唐末及五代时期的战争使得西北地区社会经济持续得不到发展，陕甘宁总人口规模一直维持在 100 万人上下。同时唐安西都护府、北庭都护府与中原隔绝，公元 790 年被回纥、吐蕃攻占，西北地区再次处于割据状态。

5）宋代稳定期（约公元 951～1200 年）

此时西北地区仍然处于宋、辽、西夏吐蕃等国的割据中，虽然时有战争发生，但整体处于稳定发展阶段。关陕一带在北宋时期人口数量达到历史高值，为 527 万人，密度达到 25.7 人/km²，甘肃宁夏也达到了 250 万人左右。尽管在公元 1126～1130 年关陕一带被金军占领，但社会经济及农业生产持续发展，并未遭到严重破坏。

6）元代的衰退期（公元 1200～1368 年）

公元 1214 年开始的蒙古入侵战争导致西北地区社会经济衰退，加上气候变化等因素的影响使得人口数量大幅度减少至 100 万人以下，甘肃宁夏人口数量下降至 50 万人左右。但元代中期成吉思汗西征（公元 1219～1260 年），使蒙古控制了从地中海东岸到西太平洋广阔的欧亚大陆，促进了丝路的商品贸易，并使火药、指南针、活字印刷术传播到西方。

7）明清以来高速发展期（约公元 1650 年～现代）

明朝时期引种了玉米、土豆、红薯等新作物，使农业经济结构发生了革命性变化，人口数量再次大规模增长，在明朝后期关陕人口数量突破 1000 万人，甘肃宁夏突破 500 万人，新疆地区的人口也达到 100 万人左右。而陕西在公元 1851 年达到了 1320 万人。值得注意的是，明清之间及清代末期回民起义战争对西北区域社会经济也曾经造成大规模破坏，曾使陕甘宁地区人口下降了 50%～70%。新中国成立后，陕甘宁地区人口数量在 1953 年达到 1580 万人，在 2008 年达到 3762 万人。甘肃、宁夏地区的社会规模与陕西地区的发展经历了类似的过程（图 2.9）。而现代陕甘宁人口规模约是汉、唐鼎盛时期的 10 倍，是明清鼎盛时期的 2～3 倍。

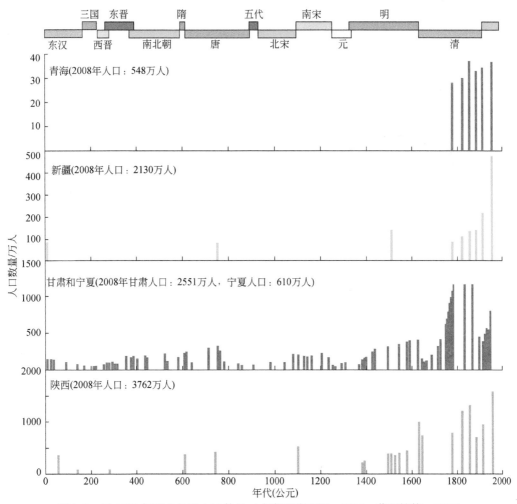

图 2.9 近 2000 年西北地区人口数量（方荣和张蕊兰，2005；葛剑雄等，2005）

另外，由于新疆、青海地区历史文献资料不足，据估计新疆地区在汉唐时期总人口数约为80万人，明朝时期为130万~150万人，经过清初战争，公元1776年减少至约为86万人，随后增长，在公元1880年达到139万人，在20世纪初突破了200万人，新中国成立初期为476万人，现今为2130万人。同样，青海地区在清代中期约为28万人，清末到新中国成立前后为35万~37万人，现今为548万人。现代新疆与青海的人口规模约是汉、唐鼎盛时期的50倍，是明清鼎盛时期的10~15倍。

2.2.2 近2000年西北地区周期性气候灾害及社会影响

已有研究显示气候变化中的突变事件对人类社会具有重要影响，当气候状况发生较大改变时，对人类社会的影响也可能具有决定性意义（Ortloff and Kolata，1993；Hassan，1997；Binford et al.，1997；许靖华，1998；Cullen et al，2000；Weiss，2001；Haug et al.，2003；An et al.，2005）。绝大多数研究表明了一个广泛而普遍的现象：当气候处于温暖湿润期，降水的增加和温暖的气候条件使适宜居住的地区和居住点大量增加，同时也带来区域内人口的大幅度增长；当气候条件向干冷化发展时，则会引发人类社会经济、社会文化及结构的巨大改变以及人口的大规模减少和迁徙（Wilkinson et al.，2007；Kohler et al.，1999）。

如3.1节所述，至少在过去的2000年时间里，西北地区气候变化与全球变化紧密联系，其千年尺度上周期性的冷暖变化，可以大致分为东汉-南北朝冷期、隋唐-中世纪暖期、小冰期、近现代温暖期四个时间段，而其中显著的百-十年降温事件至少有7次，而每次降温事件又与区域的降水减少密切相关，进而影响西北地区植被面貌及湖泊、水文等多方面的变化。那么这种千年尺度的气候格局的转变以及百十年的气候快速变冷对西北地区社会与经济产生过什么影响？我们在此通过结合前面两节的获得的数据及历史文献资料，对千年时间段冷暖割据及百十年的气候事件进行分析。

2.2.2.1 千年周期气候格局转变的影响

千年大尺度气候格局的转变会在区域范围内造成温度梯度、降水梯度的改变，从而影响农业-牧业经济的分布，进一步影响古代地缘政治的格局。另外，气候格局变化导致气候不稳定性的改变则造成了灾荒发生频率的改变。

首先从农业分布带的变化来看，近2000年来西北地区农业分布的北界在气候波动、人为因素的影响下南北跳动（陈新海，1990；葛全胜 等，2011）。以东汉南北朝寒冷期至隋唐温暖期为例（图2.10），在东汉时期渭河流域、泾河、汾河流域的中游地区都从事粮食生产。到了东汉至公元350年，随着气候干冷化发展，北方战乱等诸多因素影响，农牧交错带南移，大致维持在敦煌—酒泉—武威—兰州—泾源—西安—宜阳一线。而公元360~440年，南北朝中期湿润阶段，这一时段是魏晋南北朝期间最温暖湿润的时候。由于气候回暖，北魏逐渐统一北方，农牧带向北移动，分布在敦煌—酒泉—武威—兰州—吴忠—杭锦后旗一线。

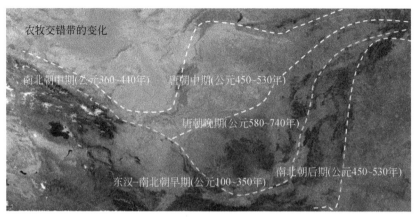

图 2.10　公元 100~740 年农牧交错带北界的变化（葛全胜等，2011）

公元 450~530 年气温大幅度下降，西北大部分地区连年干旱，北方农业歉收，北魏迁都至洛阳，农牧交错带显著南移，其分布大体在太行山东麓直达黄河（陈新海，1990；葛全胜等，2011）。至唐代公元 580~740 年，气候回暖，降水增加，国家安定，西北地区东部农牧交错带又恢复到甘肃南部，黄土高原的陇西、天水、泾川、宁县、富县、五原、榆林一带。而到公元 750~900 年，受到安史之乱、吐蕃入侵的影响，西北地区农牧经济带再度南移。西段回返至静宁—固原，中部回返至吴忠—横山一线。期间农牧交错带北界南北移动过程与期间气候冷暖变化几乎一致（葛全胜等，2011）。

中世纪暖期，气温大幅度增加，西北地区降水增加，北方农业边界扩展至当时辽国境内。大麦、小麦等在黄土高原普遍种植，河西走廊等地则种植有春小麦（郝志新等，2009）。在元代以后，气候向小冰期转变，西北地区农牧交错带再度南移，直到明代开始在宁夏、榆林、固原一带实施军垦，并引种了玉米、土豆、红薯等新作物才再度回复。但随着小冰期在公元 1400~1500 年与公元 1581~1644 年的强烈降温事件，明代边垦再度南迁。

除了使农业分布区域的改变外，气候格局的变化也会影响粮食的产量。历史时期中国西北地区的小麦产量随着气候的波动也有较大幅度变化。例如，在唐代暖期小麦平均产量可以达到 2.5t/hm^2，而在相对寒冷的北宋时期，小麦产量下降平均仅为 1.5t/hm^2，而即使在明、清两朝生产力得到了高度发展，其平均产量也仅为 2.2t/hm^2（吴慧，1985）。而可耕作土地与粮食产量的变化直接影响了区域的人口数量。

而从灾荒发生频率来看，根据《中国三千年气象记录总集》（张德二和蒋光美，2004）记录的西北地区旱灾的爆发次数，统计数据如图 2.11 所示。西北地区整体旱灾爆发频繁，隋至民国时期（公元 581~1949 年）1368 年中，陕西地区发生旱灾 652 次，甘宁青地区发生旱灾 601 次，大致两年中有一年旱灾。旱灾发生具有一定阶段性，魏晋南北朝冷期（约公元 200~400 年）和小冰期旱灾发生较多。

对比旱灾发生频次与近 2000 年来温度、降水及人口变化如图 2.11 所示。可以看出旱灾发生频次的峰值均对应于冷期，如魏晋南北朝冷期和小冰期，以后者最为显著，而暖期旱灾频次较低。西北干旱区温度的降低伴随着降水的减少，因而近 2000 年西北地区旱灾变化主要受气候冷干化的影响。15世纪中叶以来旱灾发生频次与人口变化具有相似的变化规律，且伴随人口的快速增长，旱灾频次大幅度增加，表明这一阶段人类活动的增加加剧了旱灾的发生。

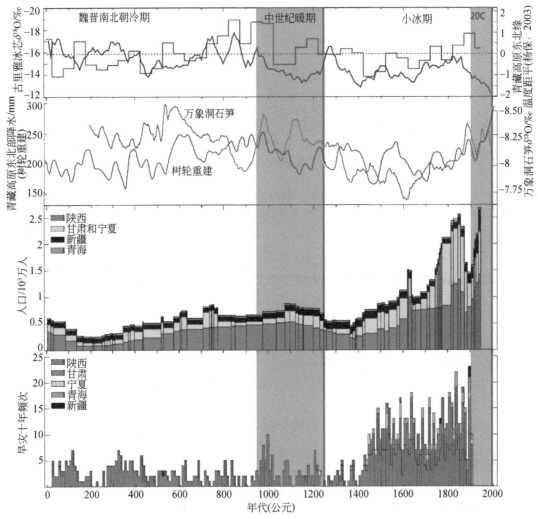

图2.11 近2000年西北地区旱灾频次与温度、降水及人口对比（张德二和蒋光美，2004）

2.2.2.2 百十年尺度降温事件的影响

相比于千年-数百年时间尺度的气候格局的变化，百十年尺度的突变事件对社会的影响也同样显著。因为，气候格局一旦形成，在较长时间里人口与自然资源的关系会趋于稳定，而快速的气候恶化就会打破原有的稳定状态。因此不论在暖期还是在冷期，快速的气候恶化会同样具有破坏力。

如2.1.2节所述，在近2000年至少存在的7次气候的快速变冷事件：①公元150年前后东汉末年降温事件，②公元450年前后南北朝中期降温事件，③公元800年唐中期降温事件，④公元 900 年前后唐末–五代降温事件，⑤公元 1050 年前后，北宋降温事件，⑥公元 1400 年前后，元末明初降温事件，⑦公元 1650 年前后明末清初降温事件。对比这些事件与西北地区历史，可以发现尽管不是每次降温事件都会产生区域的动乱，但是每次大规模的流民产生，都是因为这种百十年尺度的气候突变造成的（图 2.11）。

区域粮食短缺，造成人口相对过剩，在西北地区则表现出大量的流民出现，进而引发局部冲突，而这些冲突的积累往往会形成较大规模的战争（Zhang et al.，2008）。东汉末年的黄巾军运动、唐代黄巢军运动、明朝的李自成起义，则分别对应于前述的降温事件①、④、⑦。而对比人口历史，这种由百十年尺度的气候突变引发的区域战乱，如东汉末年、唐代末年、明代末年的严重饥荒与动乱，可以使区域人口减少30% ~70% 不等。

综上所述，近 2000 年来西北地区人口与社会规模逐步增加，现代西北地区东部的陕甘宁人口规模约是汉唐鼎盛时期的 10 倍，是明清鼎盛时期的 2 ~3 倍；而新疆与青海地区的人口规模约是汉唐鼎盛时期的 50 倍，是明清鼎盛时期的 10 ~15 倍。周期性气候灾害对西北地区社会经济及人口产生过显著的阻碍作用，旱灾发生频次的峰值均对应于冷期，如魏晋南北朝冷期和小冰期，以后者最为显著，而暖期旱灾频次较低。15 世纪中叶以来旱灾发生频次与人口变化具有相似的变化规律，且伴随人口的快速增长，旱灾频次大幅度增加。调查结果显示除气候变化因素外，高密度的区域人口导致的区域资源紧缺也是加剧旱灾的发生频率及危害的重要因素。

2.3 近 2000 年西北地区生态环境变化

如 2.1.2 节所述，西北地区近 2000 年来经历了四个主要时期段的冷暖阶段，即公元 0 ~600年寒冷期、公元 600 ~1400 年的相对温暖期、公元 1350 ~1850 年的小冰期、公元 1850 年至今的温暖期，而随着温度的冷暖变化，区域降水及湿度也显示出相对的变化特征，在西风控制区显示出了暖干–冷湿的变化，在东部则呈现出暖湿–冷干的变化。而区域社会经济发展也随着区域政治军事格局的变化及气候环境的变化而相应的出现稳定期与战乱期的反复更迭，人口也相应地自汉代—宋代一直在 200 万 ~800 万人波动，直到明代以后，随着土豆、红薯、玉米等新作物引进以后出现显著的大幅度上涨，在明代中期突破 1000 万人，在清代达到 2500 万人，新中国成立后进一步达到约 7000 万人。

在气候变化与区域人类活动的共同作用下，西北地区生态环境过程将会为我们理解现代生态环境问题提供重要的理论依据。本节将通过历史文献，地质环境指标记录的信息重建西北地区的植被、湖泊、绿洲的变化历史，探讨过去 2000 年气候变化及人类活动在不同时期对西北地区的生态环境变化的影响。

2.3.1　近 2000 年西北地区植被变化

作为亚洲内陆干旱–半干旱区，在平原区及高原原面上西北地区由东南的黄土高原向河西走廊，再到新疆地区，其植被分布由灌丛草原逐渐过渡到温带草原，再到荒漠草原及灌丛。而森林仅在祁连山、天山、昆仑山等山地及山麓地区的中海拔（1500~2500m）地区存在。早在新石器时代，黄土高原及周边地区的居民就强烈地改造了居址周边的植被（Li et al.，2007）。因此，历史时期人类活动对不同植被的影响效应、影响程度并不相同（Zhou et al.，2011，2012）。已有的研究显示森林区人类的砍伐与开垦活动所造成的破坏是难以恢复的，而草原与灌丛草原由于其生长周期相对较短，则往往在人类活动消失或者减弱后会很快恢复（Zhou et al.，2012）。因此，过去2000年内林地的消失多归于人类活动的影响，而草原及荒漠草原形态的转变则多由于自然环境，尤其是有效降水的变化控制。

在季风控制区（黄土高原西部及其临近地区），在近6000年以来，西北地区的林地都是在逐渐萎缩的。在中全新世时期，西北地区东南部接近于现今亚热带与暖温带过渡区的植被生态状况，河西走廊地区中段公元1500年还是较为茂密的岛状乔木灌丛（Li et al.，2007）。这些地区都显现出了较现代更好的植被生态环境。这种渐次由甘肃东南部地区、河西走廊东段、河西走廊西段呈现出的亚热带–暖温带混交林地、温带森林草原区、温带灌丛带，在随后的几千年的冷干化进程中逐渐对应演化成今天的温带森林草原带、温带半荒漠草原及温带荒漠的分布状况，而林地的衰退过程在近2000年来的变化尤为显著。

如图2.12所示，近2000年来，与近2000年温度及降水的周期性波动不同，区域内乔木比例显出了趋势性的持续下降，东部季风区以云杉为代表的温带针阔叶混交林的分布大规模减少。原来分布在黄土高原西部沟谷地带、青海湖湖盆、六盘山、河西走廊山麓地区的岛状云杉林，在近2000年内消失殆尽（Zhou et al.，2012）。以近2000年来六盘山天池花粉记录为例（图2.13），约公元0~500年周边植被还发育有针阔叶混交林，随后其乔木花粉比例持续减少，公元500~1000年转变为森林草原，在公元1000年以来进一步退化为草原植被，其中公元850~1200年、公元1600年至今两个时段六盘山天池地区林地快速退缩（张科，2010）。这样的现象用气候变化不足以解释，而对比人类活动则容易

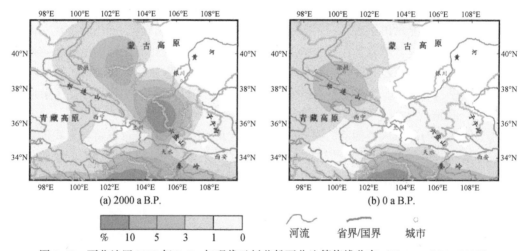

图2.12　西北地区2000年B.P.与现代云杉花粉百分比等值线分布（Zhou and Li，2012）

看出，公元 850～1200 年、公元 1600 年这两个林地加速消失的时段，正好与唐宋时期及明清时期农业的快速发展相对应，而公元 1250～1600 年区域植被的恢复与元朝、明朝早期的农业荒废有关。

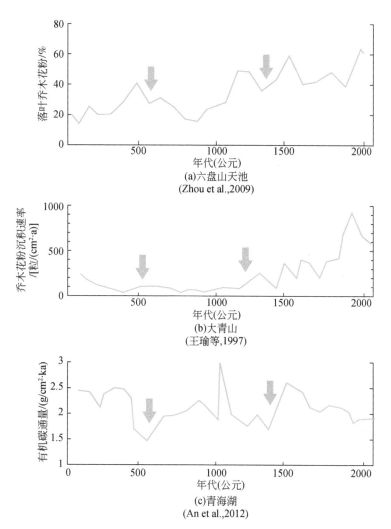

图 2.13　近 2000 年西北地区东部乔木植被变化趋势

注：花粉浓度、有机碳通量代表区域植被整体丰度，乔木花粉百分比代表林地面积比例

与六盘山记录的情况大致相当，在大青山、贺兰山、祁连山的针阔叶混交林，以及河西走廊绿洲边缘的乔灌丛林地都在近 2000 年来迅速消失，其中南北朝冷期与小冰期的几次干冷事件可能起到一定作用，但人类活动，尤其在最近几百年时间里是控制西北地区东部半湿润与半干旱区植被变化，尤其是多年生乔木植被变化的主要因素（Zhou et al.，2012）。

历史文献资料记录的不同历史时期黄土高原地区古植被分布情况也显示出在过去 2000 年里林地发生过强烈的萎缩（史念海，2001），如图 2.14 所示，从面积上看，近 2000 年来黄土高原地区森林植被的面积减少达到90%。秦汉及唐宋时期，在黄土高原吕梁山、陕北横山、阴山、子午岭、六盘山以及黄土高原西部和中部的沟谷区都广布有茂密的森林。但在唐宋以后森林持续缩减。最显著的缩减发生在明清时期，在吕梁山、六盘山、子午岭及黄土高原中部北部与西部的林地大范围消失，或缩减成斑块状分布，而到了近现代，仅有吕梁山、贺兰山等人居稀少的山地还保有少量林地（图2.14）。

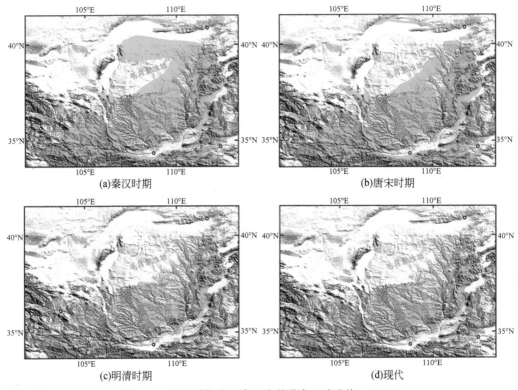

图2.14 历史时期黄土高原森林分布（史念海，2001）

相比林地的分布，干旱–半干旱地区草原植被如南北疆盆地、青藏高原柴达木盆地等地区，由于历史上人类活动较少，其植被与生态环境变化与气候变化关系更加密切。草地植被变化主要受控于降水及温度的变化，有效降水是其中最重要的指标。例如，苏干湖纹层花粉研究显示，在公元前700～300年气候干旱，柴达木盆地以藜科为主的荒漠占主要成分，公元300～1200年气候相对湿润期，草原开始发育，公元1100～1200年蒿属/藜科（A/C）比值由0.9迅速升高到3.9，指示了柴达木盆地由荒漠草原植被向草甸草原的转变，而这一时期处于中世纪暖期的最湿润时期（张科，2010）。而来自赛里木湖、巴里坤湖、玛纳斯湖等湖泊的花粉总浓度，蒿属/藜科（A/C）比值（图2.15）也表明，这些湖盆周边的草原植被变化与气候变化关系最为紧密，通常在公元300～1200年有一段湿润化草原阶段，然后在小冰期时段有荒漠化的趋势（陶士臣等，2009；纪中奎和刘鸿雁，2009；蒋庆丰等，2013）。

而新疆干旱区的湖盆记录的草地及荒漠的转变却与区域的降水记录并不相符，在中世纪暖期则更多地呈现出荒漠的结构，而在小冰期反而以草原占据优势（周刚，2011；蒋庆

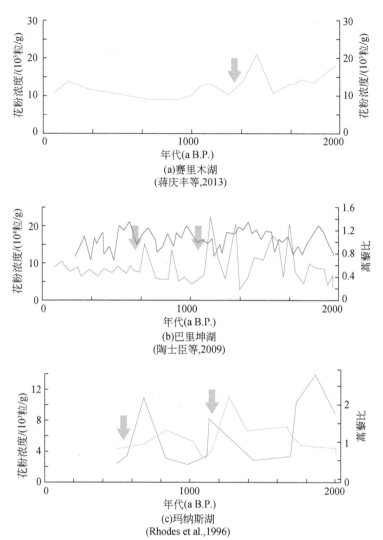

图2.15 西北地区西部湖泊记录的草原植被变化趋势

注：花粉浓度代表区域植被整体丰度，蒿藜比代表干旱化程度，越低代表越干旱

丰等，2010）。这极可能是因为在温度较高的时段，蒸发量也相对较高，在新疆地区可能引起整体植被垂直带差异增加，而较寒冷的时期，植被的垂直植被带差异性降低，而且这种有效降水的记录，很可能只在局部的地貌形式或者环境单元中出现。

总体而言，近2000年西北地区植被受自然与人类因素共同控制。其中干旱-半干旱草原植被受到气候变化的影响更加强烈，草原及荒漠草原地区的植被变化与气候周期性影响下，有效降水的波动相关。在气候温暖湿润时期，草地扩张，荒漠面积减少，而干旱期荒漠面积扩张。森林的分布在近2000年具有显著的萎缩趋势，整体萎缩达到90%，其中大部分发生在明清以后，人口及人类活动强度增加是其主要影响因素。

2.3.2 近2000年西北地区湖泊水域变化

在自然条件下湖泊水域的变化取决于流域径流量与流域的蒸发量之间的平衡,因此地质历史时期的湖泊水面的变化因素较为复杂,主要由降水、温度及河流地貌变化等因素共同影响。近2000年来西北地区的湖泊数量、面积及水量的变化多来源于历史文献记载及依靠树轮重建的河流径流量,以及依靠湖泊阶地及湖泊岩心中生物指标重建的湖泊水位等。

大部分西北地区古湖泊地质与文献记录表明,在中国西北地区的湖泊面积的变化主要受控于降水,如气候寒冷期高山冰川融水减少,河流径流下降,河流长度、流域面积下降,其尾闾湖泊面积减小或消失,而在温暖期,降水与冰川融水增加,河流发育,下游湖泊数量及水域面积增加(杨小平,2001;王苏民和冯敏,1991;Chen et al.,2003)。

例如,在西汉时期,西北地区气候温暖,降水充沛,冰川融水充沛,黄土高原区岱海面积达200 km²,青海湖湖面比现代高7~10m(王苏民和冯敏,1991);南疆地区河网密度远高于现代,克里雅河、车尔臣河、和田河等自昆仑山下由南往北横穿塔克拉玛干沙漠,盆地内河网发达,湖泊密布,著名城国如楼兰、且末、精绝、尼雅等都位于现今塔克拉玛干沙漠内的古河道边,在盆地东部还发育有大型湖泊,古蒲昌海(今罗布泊),估计面积约达1200km²(杨小平,2001;李江风,1985)。此外,在祁连山一线也发育有数量众多的大小湖泊,如敦煌附近的寿昌泽,玉门附近的疏勒河流域的冥泽,酒泉以北的白亭海,黑河尾闾的居延泽,石羊河下游的休屠泽和潴野泽等,这些湖泊大的如冥泽(东西130km,南北30km),面积约100km²,小的如寿昌泽也有10km²左右(图2.16)。

但在东汉时期,包括西北地区在内的全国范围内河水水量及湖泊面积开始减少,到魏晋南北朝期间,湖泊数量与面积都持续减少(Fang,1993)。在大约公元3世纪前后,塔克拉玛干盆地里的河湖系统,也发生了重大的改道和干涸过程,原来深处沙漠腹地的楼兰、且末、精绝、尼雅等古城水源断绝,人民离散,农田荒芜。同样,公元230~580年河西走廊的猪野泽分解为东海与西海,6世纪又分解为更小的湖泊(尹泽生等,1992)。随后在隋唐暖期,湖水面积再度增加,公元460~1040年内蒙古西部居延海盐度降低,湖面相对偏高(张振克等,1998)。青海湖在唐代周及八百余里,较今天范围广大得多,而近600年来青海湖湖面高度的变化与乌兰树轮指数(周陆生和汪青春,1997)的对比也显示,青海湖水面高度与区域降水一致(冯松等,2000)。

然而,自公元1850年以来,随着小冰期的结束与近现代的升温过程,区域降水在西北地区大范围增加,尽管西北地区也出现了如洪碱淖这样的新生湖泊,但是总体上湖泊面积、湖泊数量并没有随气候的暖湿化而再次扩张,与之相反,西北地区的各大湖泊相继消失和萎缩(Fang,1993),如表2.2所示。例如,潴野泽由清代前期的210 km²,缩减为清末民国时期的70 km²,到现代已基本消失,同时居延海、花海、罗布泊、冥泽等著名的湖泊也迅速缩减消失(Fang,1993)。而且不只是西北地区,全国范围内的大型湖泊如洞庭湖、白洋淀、鄱阳湖的面积都大规模萎缩,人类活动无疑在此起到了至关重要的作用(Fang,1993)。

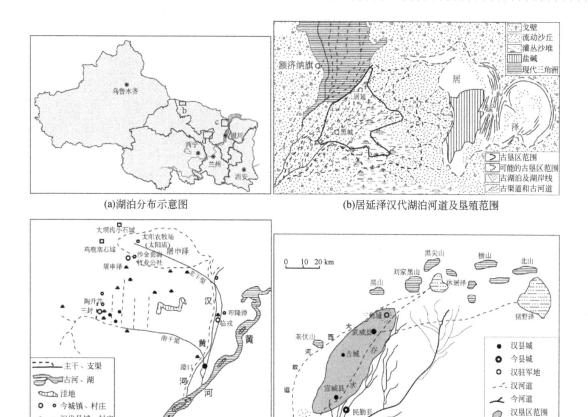

(a)湖泊分布示意图

(b)居延泽汉代湖泊河道及垦殖范围

(c)屠申泽汉代古湖、城址及古河分布

(d)石羊河尾闾汉代湖泊、垦殖及沙漠分布图

图 2.16　西北地区古湖面积及分布范围

表 2.2　西北地区湖泊变迁　　　　　　　　　　　　　（单位：km²）

湖泊	先秦两汉	清代前期	清末民国	20 世纪 60 年代	目前状况
潴野泽	2100～1830	210	70	干涸	干涸
花海	445	49	10	>3	干涸
居延泽	2084	695	352	50	干涸
罗布泊	5350		显著缩小	660	干涸

　　卤阳湖位于富平县和蒲城县南部，包括富平县东南的盐池泽，蒲城县南部的东、西两个湖盆，属于古三门湖的残留，延续时间为 1000 万年以上。文献记录的卤阳湖，在公元 600～1200 年时期周长为 10km，有显著湖面（费杰，2012）。但公元 1200～1500 年退化为盐碱滩（称为明水滩、东滩），大约从公元 1600～1800 年逐渐干涸，但仍有水面存在。到公元 1900 年前后民国时期，两个湖盆基本干涸（费杰，2012）。

　　根据卤阳湖由湖变滩乃至干涸的年代、同期气候变化（以西安干湿指数曲线代替降水）及流域人类活动强度指标（人口和耕地面积变化）显示：自公元 1470 年以来该地区并无干旱化趋势，反而存在微弱的湿润化趋势，但随着富平、蒲城两县人口总数及耕地面积在清代中期（18 世纪至 19 世纪中叶）快速增长，以及 20 世纪后半叶再次快速增长，湖面才逐渐开始干涸（图2.17）。其过程可能是，一方面是滩地的开垦直接导致湖面减少；另一方面流域耕地面积增加会加速土壤侵蚀，入湖泥沙增多，导致湖泊的淤浅和干涸。

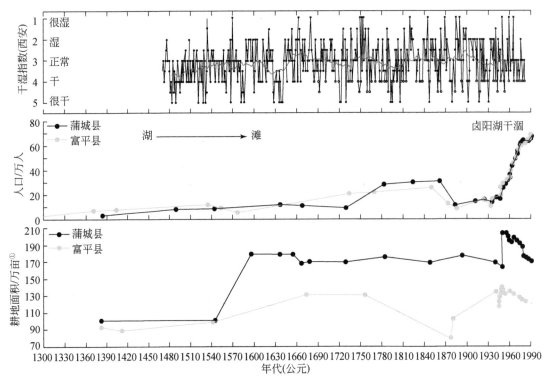

图 2.17　卤阳湖环境变化及其与气候变化及流域人类活动指标对比
①1 亩≈666.67m²

在过去的 2000 年里气候变化，尤其是降水的变化是西北地区湖面变化的主要影响因素，总体来说在隋唐-中世纪温暖期湖面上升，河流水域发育，而南北朝，小冰期寒冷期，西北地区湖泊数量及面积萎缩。而近现代（公元 1800 年以来）西北地区湖泊面积与总数的减少，是由于西北地区人口的大规模增加，人类的大规模开垦、引渠灌溉、围湖造田等活动可能影响区域水文环境，进而导致区域湖泊的消亡。

2.3.3　近2000年西北地区土地沙漠化

我国的沙漠-沙地主要分布在西北干旱区，主要是由于深居内陆，兼受青藏高原、帕米尔高原及天山等地形屏障的包围和阻挡，缺乏外来水汽，降水极少。下覆基岩风化物、古河湖沉积物及源于周边山脉的冲洪积物为沙漠化提供了物质供应。地质历史时期，受控于气候变化，西北地区沙漠曾经历了多次正逆过程，气候变冷伴随降水减少、冰川融水减少、河流流程缩减、湖泊萎缩干涸、绿洲萎缩、植被覆盖率降低，沙源物质活化，沙漠扩张。而且冷期冬季风强盛，也是沙漠化发生发展的一个重要条件。历史时期人类活动的加剧也在一定程度上造成了沙漠化。伴随着人口增加，过度采伐、放牧和农垦及水资源利用率的提高，不仅破坏了地表植被和土壤，同时水资源的短缺也限制了植被的恢复，导致了风蚀、风力搬运及风沙堆积等沙漠化正过程。

人类活动和气候变化两个因素在沙漠演化过程中是相互影响、相互作用的。气候变化会导致人类生存环境的变化，如气候干旱会导致水资源紧张，迫使人类放弃耕作土地，原生地表植被结构一旦被破坏就很难在短时间恢复，同时干旱化也增加了恢复的难度，在风力作用下极易发生沙漠化。

例如，新疆地区塔里木盆地内的古代城国如楼兰、精绝、且末等也遭到气候干旱化及人为活动带来的沙漠化的强烈影响。《汉书·西域传》中记载楼兰原本有 44 100 人，东汉以后，由于气候干旱化以及塔里木河中游的注滨河改道，导致楼兰绿洲严重缺水；后来又从注滨河开槽人工引水，引水进入楼兰，才暂时缓解了楼兰缺水困境（出自《水经注》，作者为郦道元）。此后有 3 万多楼兰人为了躲避战乱逃到且末，且末本是有 1500 人口的小国，而随着降水的持续减少，且末古城也消失了。在唐代以后塔里木盆地中心地区的绿洲基本消失，而主要居民点则形成了今天主要分布在山前地带的格局。

河西地区历史时期沙漠化面积约为 9719 km²，约占土地面积的 4.30%。沙漠化类型又可分为古绿洲沙漠化和古湖泊沙漠化，前者空间发展模式表现为溯源发展和随河摆动模式，后者表现为环状收缩-扩大模式。其中石羊河流域约为 1424 km²，约占沙漠化面积的 14.65%，约占流域面积的 3.42%；黑河流域约为 6105 km²，约占沙漠化面积的 62.82%，约占流域面积的 4.27%；疏勒河流域约为 2190km²，约占沙漠化面积的 22.53%，约占流域面积的 5.30%。其中古绿洲沙漠化类型约为 6447km²，约占沙漠化面积的 66.33%；古湖泊沙漠化类型约为 3272 km²，约占沙漠化面积的 33.67%（图 2.18）。

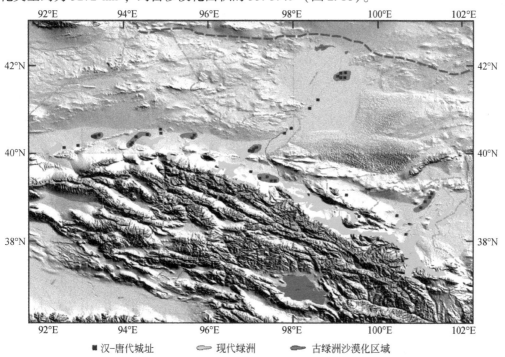

图 2.18　河西走廊历史时期沙漠化土地分布示意图（程弘毅，2007；李并成，2002）

近2000年以来，河西地区沙漠化过程的主要发生发展过程集中在三个历史时期，即南北朝时期、唐末五代以及明清时期，南北朝时期沙漠化面积约为 1070 km²，约占 11.01%，唐末五代时期沙漠化的面积约为 1765 km²，约占 18.16%，明清时期沙漠化的面积约为 6884km²，约占 70.83%。而这三个时期分别对应了魏晋南北朝、唐末五代及小冰期三个冷期（图2.19），同时伴随着降水的显著减少，这三个时期也是西北地区湖泊萎缩，古城废弃的主要时代。这表明气候变化是河西地区沙漠化的主控因素之一，沙漠化逐渐加剧是由于中全新世大暖期以来千年尺度上气候的干冷化趋势所决定的，而具体的历史时段沙漠化则是由百年尺度上气候的冷暖干湿变化引起的。近300年来人口快速增加，清

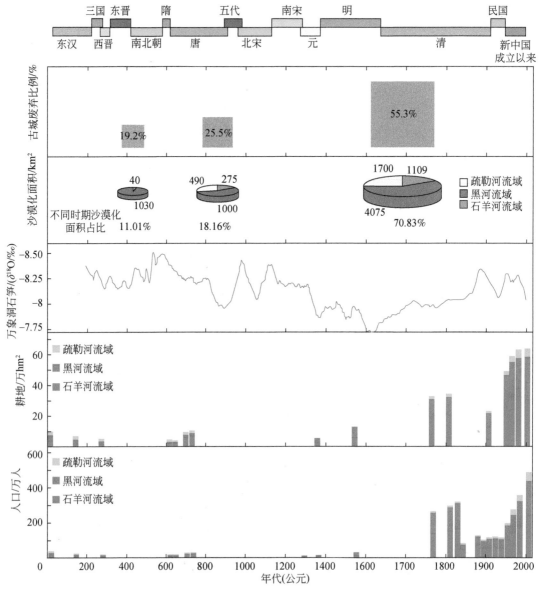

图2.19　过去2000年河西走廊地区古城废弃、沙漠化面积及其与降雨、人口、耕地对比

（程弘毅，2007；李并成，2002）

代中前期，河西地区人口突破 250 万人，人口密度突破 7 人/km²，耕地面积超过 30 万 hm²，土地利用强度达到 1.45%，水资源利用率突破 40%，人类活动的影响已经超过了气候变化的影响，对沙漠化贡献率达到 48.9%，近 45 年人类活动的贡献率更高达 81.6%（程弘毅等，2011）。

2.3.4　近 2000 年黄土高原水土流失及黄河泥沙

由于黄土高原的土质易侵蚀、集中的降雨、自然植被变化等因素，导致入黄河泥沙变化幅度较大，至使黄河河道变化频繁。历史时期黄河曾多次决溢，大量的泥沙堆积在冲洪积平原及河口三角洲。黄河下游及河口沉积带对于黄土高原侵蚀带的响应十分灵敏。受控于气候变化与人类活动影响下的流域植被和土地利用方式的变化是影响黄河下游河道及河口沉积加速的主导因素（许炯心和孙季，2003）。图 2.20 展示了近 2000 年来黄河下游沉积速率的变化及其对黄土高原气候及人类活动的响应。

（1）公元前 300 年至公元 600 年，相当于从战国时代到南北朝时期。此时段虽然黄河中游降雨、植被及农牧交错带位置均发生了较大变化，但下游沉积速率相对较低，随时间变化不明显，黄河决溢次数较少。这主要是由于当时人口基数少，对流域植被及土地利用方式影响有限，天然植被生态系统尚未遭到人为破坏，其抵抗气候变化干扰能力较强，故气候变化所导致的侵蚀产沙强度变化不大。

（2）公元 600 年至公元 1000 年，对应于隋唐至北宋早期。虽然中间数据缺少，但对比前后可以发现此阶段黄河下游沉积速率呈明显上升趋势。此阶段陕西北部水旱灾害频发，气候恶化，不利于植被生长；农牧边界带北移，人口数量增加，人类进行了大量的农垦；同时唐代为黄土高原政治、经济、文化发展的鼎盛时期，为获取建筑所需木材和生活所需薪柴砍伐了大量森林。因此这一时段黄河下游沉积速率的跳跃发展以及黄河决溢次数的增加与中游气候恶化和人类活动关系密切。

（3）公元 1000 年至公元 1850 年，相当于北宋中晚期至清代中期。这一阶段因气候逐渐冷干化，旱灾频发，沉积速率变化不大。隋唐时期开垦的坡耕地破坏了自然生态环境，后期持续为黄河提供泥沙，虽然农牧边界带经历了数次南北移动，人口数量也出现波动，但这一阶段黄河下游的沉积速率居高不下，黄河决溢除初期和晚期较低外一直保持较高的频次，初期较低可能与人口数量及降水减少有关，晚期主要是由于明朝后期采取了"束水治沙"措施。

（4）公元 1850 年以来，黄河下游沉积速率急剧上升，由 2.0cm/a 左右激增至 8.0cm/a。虽然气候回暖、降雨增多对下游泥沙有一定的贡献，但黄河中游人口激增，大量开垦破坏自然植被是这一阶段黄河下游泥沙沉积速率剧增的主要原因，相应的黄河决溢频次也大幅增加。

近 60 年来，黄土高原进行了大规模的水土流失治理，包括大规模的退耕还林还草及坝库梯田等工程措施，黄土高原植被覆盖率从 1978 年的 25% 增加到 2010 年的 46%（Wang et al.，2016），生态环境逐渐恢复，黄河泥沙逐渐减少至历史时期的本底值。这一方面证实黄土高原人类活动破坏自然植被及生态环境是黄河泥沙增加的主要原因；另一方

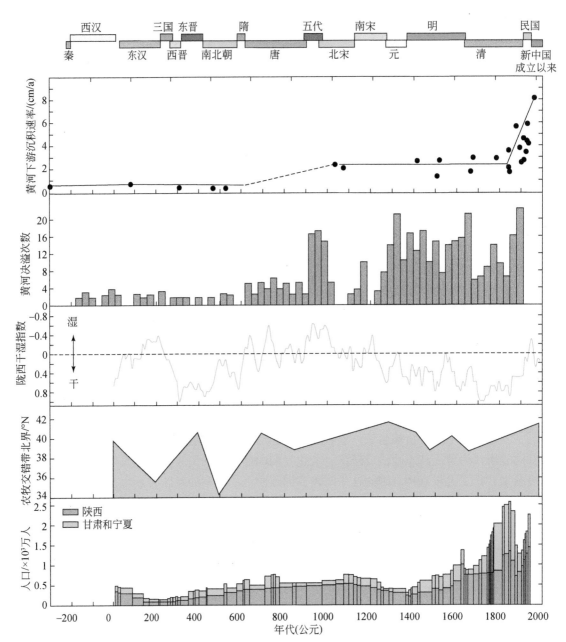

图 2.20　黄河下游沉积速率、决溢次数及中游干湿指数、农牧交错带迁移和人口变化

资料来源：许炯心和孙季，2003；水利部黄河水利委员会《黄河水利史述要》编写组，1982；Tan et al，2008；
陈新海，1990；张丕远，1996；方荣和张蕊兰，2005；葛剑雄等，2005

面也表明通过有效的正干预能够改善恶化的生态环境。

综上所述，近2000年来西北地区随着人口数量的大幅度增加，使相对脆弱的生态系统遭到了严重的考验。总体而言，森林的分布在近2000年一直具有显著的萎缩趋势，人类活动是其发展的主控因素。而随着明清以后人口与人类活动强度的进一步增加，进而对湖泊、草地与沙漠的生态变化产生了深刻的影响，成为湖泊、草地及沙漠变化的主控因子。

2.4

西北地区过去气候变化过程对未来的指示意义

2.4.1　未来太阳活动减弱可能导致的环境问题

近年来随着大气 CO_2 浓度的不断攀升，预期中的全球变暖过程可能将逐年加剧，但由于 CO_2 温室效应强度对全球气候影响的反馈效应具有不确定性，目前发表的基于 CO_2 目前发表的预测模型具有较大差异（IPCC，2014）。而除了大气 CO_2 浓度外对全球气候系统最为重要的驱动因素即太阳活动的周期性变化，与其相关的区域气候的周期性变化在全球范围内都有记录（Bond et al.，2001；Neff et al.，2001；Mayewski et al.，2004；Wang et al.，2005）。

如 2.1.2 节所述，过去 2000 年的气候变化显示我国西北地区的温度及降水的变化与过去太阳活动至少在百年尺度上具有相似的变化周期及较高的同步性（图 2.21；图 2.22）。与地球内部复杂的气候系统相比，太阳活动的变化具有显著的规律性，因此以现代太阳活动在其变化过程中的相位关系，参照过去西北地区生态环境对其变化的反馈规律，来探讨未来气候变化趋势是目前较为可靠的方法。

目前的研究显示，在百年尺度上，西北地区的干湿及温度变化与太阳活动的强弱变化具有高度的相关性。在太阳活动的准千年周期中，现阶段及未来的 100 ~ 200 年内仍然将处于活动较强的相位阶段，这可能意味着全球在未来的 200 年内仍将处于较为温暖的阶段，而不至于进入由于太阳活动减弱而带来的类似于小冰期的气候状态，而西北地区可能也因此将保持整体相对温暖湿润的气候环境。

但值得注意的是现代太阳黑子观测的结果显示，最近的几个 11 年周期里（第 21、第 22、第 23、第 24）太阳活动的均值变化趋势显示目前正在处于太阳活动强度逐渐走弱的阶段。在未来的第 25 个太阳活动周期可能延续 24 周期相对较弱的活动强度（图 2.21；图 2.22），而这个阶段的谷底可能出现在 2030 年前后。在此谷底，太阳黑子活动减弱幅度可能达到 60%，从而将地球带入十年尺度的小冰期（Zharkove，2015）。但由于人类活动排放的 CO_2 增多，温室效应将使全球温度进一步上升，不会出现小冰期气候。

事实上，不论 CO_2 导致的温室效应将会在多大程度上影响全球气候，上述这种太阳活动的持续减弱也应该得到强烈关注。从过去 2000 年西北地区的气候变化来看，即使是在历史时期相对较暖的隋唐及中世纪温暖期，这种数十年尺度的太阳周期性活动的持续减弱也曾导致了较强烈的区域干旱事件（Zhang et al.，2008）。同样，对比公元 1800 年与公元 1900 年前后的太阳活动减弱时期，根据西北地区干旱事件的数量及分布区域来看，其在太阳活动减弱期旱灾的发生频率都有较大幅度的提升，而发生区域主要集中在西北地区东部。由此我们认为未来 2020 ~ 2040 年，在我国西北地区东部干旱事件的发生频率会有增加的趋势。

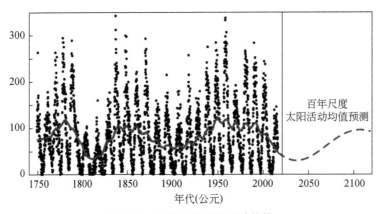

图 2.21　百年尺度太阳活动趋势

数据来源：http：//solarscience. msfc. nasa. gov/SunspotCycle. shtml

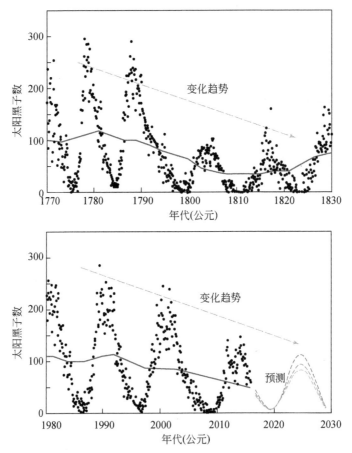

图 2.22　十年尺度的未来太阳活动变化趋势及其与 1800 年前后对比

数据来源：http：//solarscience. msfc. nasa. gov/SunspotCycle. shtml

　　整体而言，西北地区太阳活动的准千年周期中，现阶段及未来的 100～200 年内仍然将处于活动较强的相位阶段，而西北地区可能也因此将保持整体相对温暖湿润的气候环境。而百年周期变化中，十年尺度的太阳活动在减弱，也极很有可能造成区域性的较为严重的干旱事件。2020～2040 年，我国西北地区东部旱灾事件的发生频率将会有增加的趋势。

2.4.2 未来生态恢复的潜力评估

如前文所述，最近 2000 年西北地区生态环境在气候作用与人类活动的双重作用下发生了巨大改变。从历史时期森林分布来看，2000 年前黄土高原周边山地及黄土高原的沟谷区曾经发育有大面积的森林，而随着区域人口数量的增加，农业开垦范围的不断扩张，黄土高原原生植被被开垦殆尽，导致现存森林仅存于少数山地地区，其面积不足原有的10%。该现象从另外一个角度也可以看出，黄土高原现有的退耕还林还草工程仍然有巨大的发展潜力。通过在历史时期森林生长茂盛的黄土高原北部及周边山区推广进行限耕限牧政策，可以使该地区植被向原生自然植被发展，使其植被覆盖率更上一个台阶，即使只恢复到明清时期的植被盖度，也可以使现有林地增加50%以上的面积。这样一方面可以提高区域生态质量，促进区域生物多样性发展，增加区域生态环境对气候灾害的防御能力；另一方面也可以进一步减少水土流失、降低泥石流等地质灾害的风险。

从西北地区湖泊-绿洲发展历史来看，在过去 2000 年里仅河西走廊地区绿洲的沙漠化面积就达到约 10 000 km²；新疆地区目前缺乏翔实的资料，但从塔里木盆地中间消失的绿洲古国及相应的人口规模估算，该地区在历史时期沙漠化面积应该至少与河西走廊地区相当，甚至更多。其中气候变化因素在明清以前为主导因素，但明清以来人类活动逐渐成为导致土地荒漠化的主要因子。河流上游农田的开垦和人工绿洲的发展导致中游和下游地区水量减少，河流含沙量增加，导致其湖泊与绿洲的萎缩及土地沙漠化。因此在河西走廊及新疆地区发展推广节水农业，提供水分利用效率，同时保护现有的天然绿洲及植被系统，才能为应对未来气候变化提供良好的生态储备与技术支持。

2.5

核心结论与认识

（1）西北地区近 2000 年来温度变化与北半球基本一致，经历了汉末-南北朝冷期、唐宋暖期、小冰期及现代升温过程，其中显著的降温事件有 7 次。冷干气候与战乱存在着某种联系，这种周期性气候灾害及其诱发的战争对西北地区社会发展与人口规模有着显著影响。区域人口密度增长导致区域资源紧缺也是加剧旱灾发生及危害的重要因素。新作物如土豆、红薯、玉米的引进及广泛栽培对区域经济及人口规模有强烈影响，促使明代中期人口突破 1000 万人，在清代达到 2500 万人。

（2）近 2000 年来，西北地区森林、湖泊及绿洲面积存在趋势性减少，现存森林面积不足原有的 10%。在河西走廊地区绿洲的沙漠化面积达约 10 000 km²，新疆地区沙漠化面积至少与河西走廊地区相当，同时西北地区湖泊消失面积至少为 9000 km²。气候变化可能促进了近2000年来西北地区林地、绿洲及湖面的快速缩减，但明清以后人类活动是该变化的主要因素。

（3）总体上看，过去2000年西北地区生态环境变化巨大。在明清以前，尽管局部地区人类活动影响突出，但总体上气候因素主导着西北地区生态环境演变的进程乃至社会经济的稳定程度。明清及以后，生态环境退化加速，人口增加导致的人类活动加剧是主要因素。

（4）纵观西北地区2000年自然环境与人类社会共同演进的过程，人类为了在这一辽阔而又脆弱的土地上扩展生存空间，尽管采取了诸如引进农业新品种等一系列革命性适应措施，带来了阶段性的以人口急速增长为标志的繁荣，甚至为今天社会发展奠定了最基本的农业基础，但同时也看到，其代价是自然环境的退化、生态服务功能的丧失。从某种意义上来说，这也是西北地区生态恢复的潜力所在。

第 **3** 章

西北地区森林变化

　　导读：西北地区森林覆盖率低，且主要分布于少数高山区，有限的森林面积是河川径流的天然调节器，对稳定中下游地区的水源和生态起着关键作用。本章通过对西北地区森林近 60 年变化的评估，发现从 20 世纪 50 ~ 70 年代末的 30 年间，森林面积锐减；自 1980 年以来的近 30 年，人工林面积增加显著，天然林变化不明显，森林单位面积蓄积量仍较低；人类活动是西北地区森林变化的直接原因；人工造林的综合效益显著，但部分地区应慎重考虑大面积造林的科学性。

3.1

西北地区森林概况

西北地区的森林覆盖率只有 5.86%（国家林业局，2014），与东北、华北、华南和西南地区相比是最低的，且主要集中分布在少数高山区，但是正是由于这些森林的存在，才使得平原区有独特而稳定的水源补给，使得西北地区的生态环境和经济发展得以保证。然而由于新中国成立初期至 70 年代末近 30 年的毁林开荒和不合理的开发利用，使得森林面积不断减少，森林蓄积量锐减，甚至带来了沉重的生态灾难。虽然自 20 世纪 80 年代改革开放以来，各级领导和政府部门高度重视森林资源的培育，大力开展"植树造林""退耕还林"等政策措施，尤其是自 1978 年"三北防护林"工程开展以来，使近 30 年的森林面积和蓄积量一直呈增加的趋势，人工林面积和蓄积量的快速增加，使得森林的生态效益和经济效益显著。

3.1.1 西北地区森林类型及分布

森林的乔木树种对于环境中温度和水分供应要求较高，是典型的"中生"植被，一般分布于最热月均温不低于 10℃ 且年降水不低于 400mm 的地区。在没有地下水补给和灌溉能力的条件下，森林只能生存在大气降水大于或等于蒸发力的地带性生境。西北地区降水量小，多为干旱或半干旱区，使得森林植被的分布和发育受到极大限制。森林多分布于高大的山地和水量充沛的河谷地带，或有充分流动的地下水供应的地段，形成山地森林植被垂直带或非地带性的隐域植被。

西北地区成片的森林资源主要分布在秦岭南坡（汉中、甘肃白龙江流域）、天山、阿尔泰山、祁连山、青海东南部等高山地区，这里为原始高山林区，并有国有林业局分布（图 3.1，表 3.1）。陕甘陇东地区（小陇山、子午岭），陕西黄龙山、桥山等均为次生林

图 3.1　西北高山森林主要分布区

区。平原区大面积的天然林则主要为河岸胡杨林。人工林主要分布于耕地周围，如以防风固沙为主要目的的沙枣林等。

表3.1 西北地区的主要高山林区与森林类型

主要山地天然林区	森林面积/万 hm^2	森林分布海拔高度/m	森林区降水量/mm	主要优势种
天山北坡针叶林	253	1600～2700	420	雪岭云杉
阿尔泰山西南坡针叶林	225	1500～2600	470	西伯利亚冷杉、西伯利亚落叶松
祁连山北坡针叶林	43.6	2300～3600	500	青海云杉、祁连圆柏
秦岭山区针阔混交林	317	600～3500	800～1200	麻栎、栓皮栎、红桦、巴山冷杉、太白落叶松、竹林
贺兰山林区	22.9	2000～3000	420	油松、青海云杉

除以上高山林区，在西北地区的内陆河沿岸还分布有大面积的胡杨林或梭梭林。河岸胡杨林集中分布于南疆塔里木河与黑河沿岸，形成走廊状河岸林。分布区气候具有中温带、暖温带极端干旱特征，年均温 10～11℃，大于或等于10℃年积温 4000～4300℃，年降水量为 25～50mm，蒸发量为 2000～3000mm。胡杨林生长基本脱离自然降水和地表水影响，主要靠漫溢洪水和地下水生存。土壤由河滩冲积土和山麓扇缘坡积土母质发育的荒漠森林土组成，质地为细质沙土，普遍含盐分，有盐碱化特征。胡杨林组成单纯，结构简单，具有中亚荒漠特征，以旱生、沙生和盐生植物为优势。常见植被种类有胡杨、灰杨柳、多枝柽柳、尖果沙枣、甘草、骆驼刺、白刺、黑果枸杞和盐穗木等，其中以菊科最多，其次有豆科、柽柳科与藜科等并列。

3.1.2 西北地区森林特点

1）西北地区森林资源分布极不均衡，森林覆盖率低

西北地区森林面积约为 1811.65 万 hm^2，70%以上的天然林分布在降水量较高的少数山区（表3.2），空间分布极不均衡。本区的森林覆盖率也极低，只有 5.86%，远低于全国平均森林覆盖率（21.63%）。目前除陕西省的森林覆盖率高于全国平均水平外，其他地区均低于12%，特别是新疆的森林覆盖率仅为 4.24%，为全国最低的省份。

表3.2 西北各省区森林资源主要指标

地区	森林面积/万 hm^2（全国排序）	森林覆盖率/%（全国排序）	森林蓄积量/万 m^3（全国排序）
陕西	853.24（10）	41.42（10）	39 593（10）
甘肃	507.45（18）	11.28（27）	21 454（18）
青海	406.39（20）	5.63（30）	4331（27）
宁夏	61.80（28）	11.89（26）	660（29）

续表

地区	森林面积/万 hm² （全国排序）	森林覆盖率/% （全国排序）	森林蓄积量/万 m³ （全国排序）
新疆	698.25 （14）	4.24 （31）	33 654 （12）
上述地区合计	1 811.65	5.86	99 692
全国	20 768.73	21.63	1 513 730

注：内蒙古自治区的森林主要分布在东部，属于东北林区，没有统计在内

资料来源：国家林业局，2014

2）植被类型复杂多样

西北地区地域辽阔，地形条件复杂，高原、深谷、高山、盆地、平原交错，东（南）西（北）气候差异显著，孕育了多样的植被类型和复杂的生态系统。从北亚热带的常绿落叶阔叶林、暖温带的落叶阔叶林、温带的针阔混交林、亚高山针叶林到多种类型的灌丛、草原、荒漠、草甸，几乎包括了中国植被的大多数类型（吴征镒和王荷生，1985）。根据《中国植被》（吴征镒，1980），全国共有 29 个植被型（含 3 个非地带性植被型），西北地区就有 19 个植被型，占全国植被型的 65.6%。全国共有 540 个群系类型，而西北地区就拥有 252 个群系类型，占全国群系类型的 46.7%。

3）单位面积天然林蓄积量较高，生态功能强，人工林单位面积林蓄积量低

从林龄结构看，西北林区的森林以中龄林所占比例最大（29.90%），其次为近熟林（19.45%）；林分郁闭度也以中等郁闭度（0.5~0.7）的森林面积最大（56.76%），疏林（0.2~0.4）次之（31.50%），密林最少（11.74%）。胸径分组统计结果是以小径组所占比例最大（54.91%），平均胸径为 19.8cm。西北林区森林单位面积蓄积量天然林为 125.56m³/hm²，人工林为 23.49 m³/hm²。

3.2

近 60 年西北地区森林资源总体变化特征

3.2.1 森林面积与蓄积量变化特征

1949 年至 20 世纪 70 年代末，"大跃进"时期的"大炼钢铁""大办食堂"和"向荒山要粮"等运动在西北地区先后掀起了多次毁林毁草垦荒的高潮，其规模及范围均大大超过了历史时期，致使西北天然林资源损耗惨重。20 世纪 80 年代以来近十几年间，又在经济利益的驱动下，一些省份毁林毁草的垦荒热，又烽烟再起，造成大面积的土地荒漠化。由于对森林资源的功能认识不清，盲目的政策导致对森林的多次不合理开发，使森林面积和蓄积量呈下降趋势，到 20 世纪 80 年代初期降到最低点。仅秦岭、大巴山区的森林在"大跃进"运动期间毁林开荒面积就在 13.3 万 hm² 以上。据森林资源清查，秦岭林区 33

个县中，7 个县的有林地面积减少了 4.73 万 hm²，15 个县的林木蓄积量减少了 1.4 万多 m³，不少地方年消耗量都超过了年生长量。青海省 1958～1960 年，开荒面积达 40 万 hm²，尤其是在柴达木地盆地这些生态环境本底脆弱的区域，不适当的开荒行为造成高寒荒漠灌丛被毁掉，对当地生态环境造成严重破坏。据历次全国森林清查资料分析，西北地区森林面积由 20 世纪 50 年代的 1187 万 hm² 减至 70 年代末的 1080 万 hm²，30 年间减少近 110 万 hm²（图 3.2）。蓄积量也由 20 世纪 50 年代的 6.5 亿 m³ 减至 70 年代末的 5.3 亿 m³，30 年间减少 1.2 亿 m³（图 3.3）。

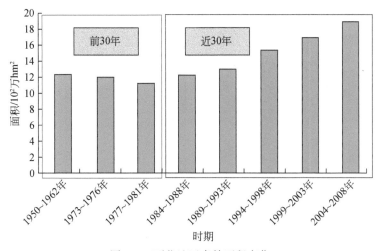

图 3.2　西北地区森林面积变化

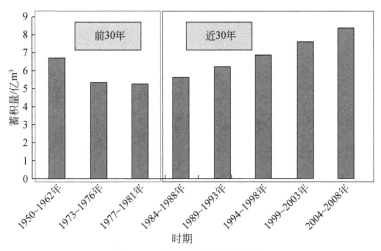

图 3.3　西北森林蓄积量变化

跟森林的经济价值相比，西北地区的森林在维护生态平衡，保障西北地区人民生存环境安全和社会经济发展方面的作用更为重要。森林资源的流失，不但使得西北地区燃料缺乏、木材短缺、林产品减少，人民生活、居住条件相当艰苦，而且影响和制约着西北地区的交通、邮电、水利等基础设施的建设以及工业、手工业、矿业等事业的发展；同时还使得西北地区风景旅游资源流失，社会效益不能有效发挥；加剧了西北地区水土流失、水资源短缺、气候恶化、沙漠扩大、滑坡和泥石流灾害增多等恶果。这些因素综合作用的结果，使得西北地区社会经济和文化更为落后，构成了对西北各族人民生存的极大挑战。

自改革开放的近 30 年来，西北地区森林面积与蓄积量在绝对量上有增加趋势（图 3.2，图 3.3），西北地区森林面积由 1977 年的 1080 万 hm² 增至 2008 年的 1850 万 hm²，30 年间增加了 770 万 hm²（图 3.2）。蓄积量也由 1977 年的 5.3 亿 m³ 增至 2008 年的 8.2 亿 m³，30 年间增加了 2.9 亿 m³（图 3.3）。但从天然林和人工林各自的比重来看，近 30 年来森林面积增加的主要原因则是人工林面积比例的增加（图 3.4）。新中国成立初期普查

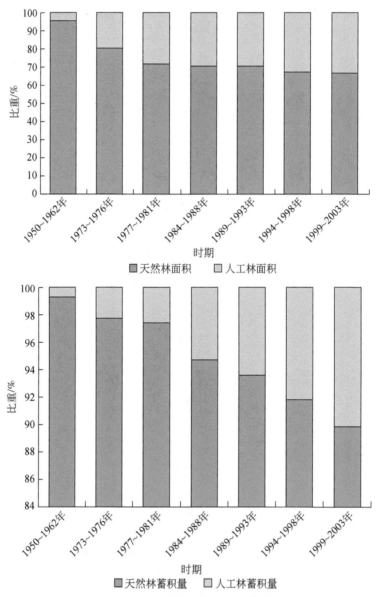

图 3.4　人工林与天然林面积与蓄积量比重

结果显示天然林面积比重为 95.5%，到 2003 年，天然林比重为 66.2%，森林蓄积量比重也是持续下降，人工林蓄积量比重不断上升。因此，20 世纪 80 年代以后，森林面积和蓄积量的增加主要是由于大面积植树造林造成的。

总体看，20 世纪 50～70 年代森林面积与蓄积量锐减，近 30 年来森林面积与蓄积量呈增加趋势，人工林面积快速增长。

3.2.2　西北地区森林质量及其生态效益尚未恢复

如图 3.5 所示，从森林结构组成变化来看，在 20 世纪 70 年代前，针叶林所占比例较高，面积比重达 72.2%，蓄积量比重达 77.1%；80 年代后到 2003 年针、阔叶林面积比接近 1：1，针叶林蓄积占优势，但比重减少，从 74.2% 下降到 55.8%，之后比重下降速度缓慢，到 2003 年下降到 53%。可见，1977～1981 年是森林采伐大消耗的时段，针叶林采伐消耗较为严重。

从森林各龄组的实际变化面积看（图 3.6），幼、中林面积基本上呈不断增加的趋势，到 2003 年，幼、中龄林的面积分别是 1950 年的 1.6 倍和 2.7 倍。近成过熟林的面积在 1950～1981 年大幅度减少，到 1981 年，仅占 1950 年的 60%；1982～2003 年，近成过熟林面积逐渐增长。但从各森林龄级面积的比重看，2003 年与 1950 年相比，幼龄林面积比重变化较小，由 34% 降为 33%；中龄林面积比重由 19% 增长为 34%；近成过熟林面积比重大幅度下降，由 47% 减少到 32%，1989～1993 年最低值为 29%（图 3.7）。这说明，人工造林和自然更新保证了幼龄林的面积没有减少，而近成过熟林采伐显著大于中龄林的自然成熟速度。

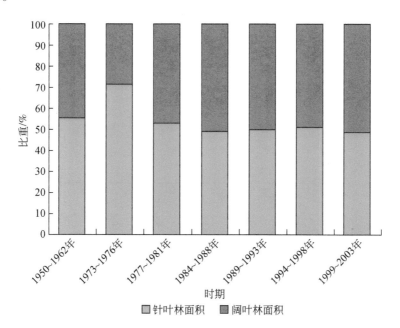

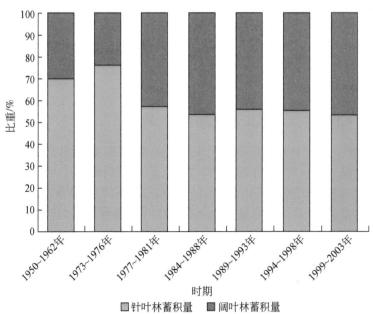

图 3.5　各森林类型面积与蓄积量比重

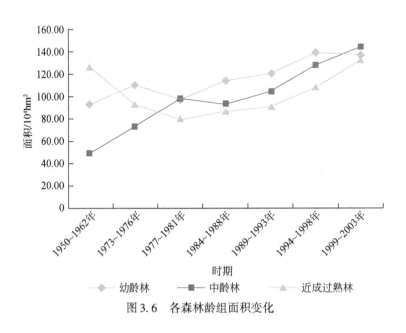

图 3.6　各森林龄组面积变化

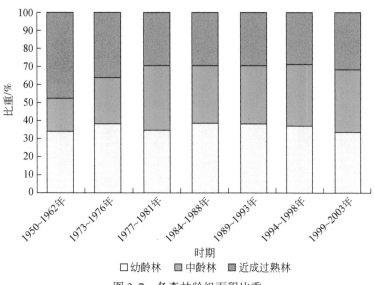

图3.7 各森林龄组面积比重

各龄组的森林蓄积变化情况与面积变化基本类似，近成过熟林蓄积从1950年开始急剧下降，于1981年达最低点（图3.8），其后又逐渐增加，但其单位面积蓄积量一直低于1950年的单位蓄积量。从森林各龄组的蓄积量比重分析，近成过熟林蓄积一直占森林蓄积的主体，1950年其比重为80%，到2003年减少到60%。幼、中龄林的蓄积比重大幅度上升，分别由1950年的6%和13%上升到2003年的11%和28%（图3.9）。显然，1981年之后，西北地区森林面积和蓄积总量都有了较大提高，但主要人工林面积的增加，且主要为幼、中龄林面积和蓄积量的增加。

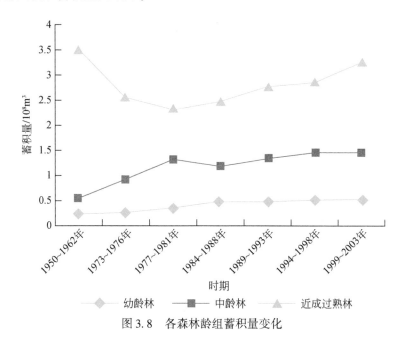

图3.8 各森林龄组蓄积量变化

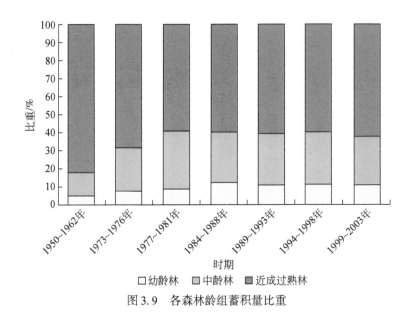

图 3.9　各森林龄组蓄积量比重

3.3

西北地区森林变化的影响因素分析

1）政策失误对森林资源变动的影响

"以粮为纲"的发展政策，造成大面积的毁林开荒，使包括西北地区在内的全国森林资源遭到严重破坏（贺庆堂，1999）。之后大规模移民的过度农业垦殖、林业开发等活动极大地破坏了原本保持完好的天然森林。错误的发展政策是导致森林面积和蓄积量变小的直接因素。

2）人口增长过快对森林资源的影响

人口的爆炸性增长给人类自身带来了一系列困难，同时也给生态环境带来了严重危害。表现在对森林环境上为：在人口激增的压力下，为解决粮食、住房和燃料等需要，人们不断地开垦荒地、砍伐森林。人口数量的增长是一种恒定的负面压力，人口密度与森林采伐率有显著的相关关系，相关系数在中国为 0.65（李并成，2000）。国有森工企业社会负担过重和大规模土地开发是导致天然林区森林破坏的主导因素。

3）林区产权制度和管理制度对森林资源的影响

近 20 年，在国家施行经济体制改革的过程中，国有林区变化缓慢。僵化的林地产权制度限制了国有林区最丰富的资本要素的有效利用，结果产业结构过于集中于森林产品的利用，而且对于森林资源恢复和保护工作的评价缺乏切实可行的措施。所有这些都限制了森林资源的进一步发展。

　　4）教育和科技发展水平对森林资源的影响

　　人口素质直接影响林业的发展，而民众的素质取决于一个国家或地区命中受教育程度，与科学教育环境有直接关系。科学技术的提高，有助于森林资源利用效率的大大提高，也将使森林经营管护水平提高，从而使森林资源的数量和质量得以提高。

　　5）气候变化对森林资源的影响

　　气候条件决定了森林植被的现状，气候条件好的地带，森林自我恢复能力强，资源自然增长速度快，易于形成稳定的森林生态系统。而在西北地区，气候条件本身就不利于森林植被的恢复与发展，由于投资成本高，不利于社会力量的主动参与。此外，随着全球气候变暖趋势的影响，山区林线表现出上移的趋势（He et al.，2013）。

　　6）森林火灾、森林病虫害等对森林资源的影响

　　森林火灾和森林病虫害作为生态因子存在于森林生态系统中，并对森林环境产生多种多样的影响。森林火灾能改变森林生存的环境条件，与森林的生长发育和兴衰存亡关系密切。森林病虫害直接影响林木的正常生长。

　　一般来说，影响森林资源消长变化的因素主要可归结为四类：自然因素、经济因素、社会因素和政策因素。自然因素是森林资源存在和发展的基础，经济因素关系到社会发展对森林资源的要求及社会对其提供的投资能力，社会因素则包括人口、文化教育水平等。有研究应用面板数据模型（panel data model）对全国不同区域 1995～2003 年的森林资源变动影响因素进行分析。在四大影响因素中选择了 10 个解释变量，检验结果初步判定复种指数、林业用地面积、退耕还林工程投资三个变量对全国森林面积与蓄积的变动均存在显著的正向影响（在 10% 显著水平上）；农民家庭人均收入与森林面积存在正相关关系，天然林保护工程投资与森林蓄积也存在正相关关系，文盲率对森林蓄积有负面影响（在 10% 显著水平上）；而人地禀赋（农业人口/耕地总面积）对森林蓄积的影响是正向的（在 10% 显著水平上）。在西北地区，影响森林变化最显著的因素是退耕还林工程投资、人地禀赋和文盲率（陈学琴，2007）。

3.4

西北地区森林建设典型案例与科学思考

　　在西北地区区域内大部分地区年均降水量在 400mm 以下，由于自然力和种种不合理的人为因素，使这里的植被遭到破坏，土地沙漠化、水土流失十分严重。沙漠、戈壁和沙漠化土地总面积达 149 万 km²，黄土高原水土流失严重区有 90% 面积分布在这一区域内。风沙危害、水土流失和干旱所带来的生态危害严重制约着西北地区的经济和社会发展。

　　总结历史经验，党中央、国务院对于改变这一地区的自然面貌和经济条件极为重视。

1978 年 11 月，国务院批准了在东北、西北、华北地区建设大型防护林工程（三北防护林工程）的重大战略决策，并特别强调："我国西北、华北及东北西部，风沙危害和水土流失十分严重，木料、燃料、肥料、饲料俱缺，农业生产低而不稳。"大力种树种草，特别是有计划地营造带、片、网相结合的防护林体系，这一措施的实施，改善了这一地区农牧生产条件。

　　近十几年来，为治理黄土高原的水土流失，西北地区大规模植树造林，先后启动了"三北防护林""退耕还林"等重大林业生态工程，森林覆盖率显著增加，土壤侵蚀也得到一定程度的控制。然而近些年的研究发现，黄土高原造林后出现了土壤干化和径流减少等现象，使本已短缺的水资源更加紧缺，并可能威胁当地及下游的供水安全。因此，急需评估植树造林对黄土高原区域产水的影响，确定合理的区域（流域）森林覆被率，以保障区域协调发展。

3.4.1　"三北防护林"森林建设

　　三北防护林体系工程已走过 30 多年的历程，取得了巨大成就，超额完成了三北防护林体系一期（1978～1985 年）、二期（1986～1995 年）、三期（1996～2000 年）和四期（2001～2007 年）工程建设。其中在西北地区涉及 279 个县市（不包括内蒙古自治区），到 2007 年，合计造林保存面积达 $1032 \times 10^4 hm^2$（国家林业局，2008）。这些树木成林后，西北地区的森林覆盖率由建设前的 2.62% 提高到 6.28%。重点治理区的环境质量也有较大改善，生态、经济、社会效益明显，有力地促进了农村经济的发展和人民生活水平的提高。三北防护林分布如图 3.10 所示。

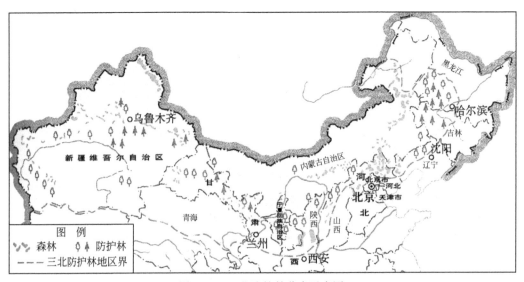

图 3.10　三北防护林分布示意图

1) 西北地区 "三北防护林" 工程造林保存情况

西北地区 "三北防护林" 工程 30 年累计完成造林保存面积 1032.6 万 hm²。其中：人工造林保存面积为 578.4 万 hm²，占造林保存面积的 56%；封山育林保存面积为 423.7 万 hm²，占造林保存面积的 41%；飞播造林保存面积为 30.6 万 hm²，占造林保存面积的 3% （图 3.11）。

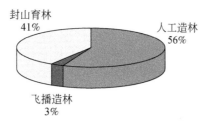

图 3.11　西北地区 "三北防护林" （1978～2007 年） 造林保存面积比例结构

在造林保存面积中，防护林为 1010.5 万 hm²，占造林保存面积的 75%；经济林为 157.1 万 hm²，占造林保存面积的 15%；用材林为 76.1 万 hm²，占造林保存面积的 7%；薪炭林为 17.7 万 hm²，占造林保存面积的 2%；特用林为 4.9 万 hm²，占造林保存面积的 1% （图 3.12）。

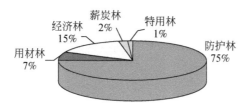

图 3.12　西北地区 "三北防护林" （1978～2007 年） 分林种造林保存情况

西北地区造林保存面积最大的为新疆，约为 338 万 hm²；其次为甘肃和陕西，分别为 267 万 hm² 和 263 万 hm²；宁夏最少，约为 70 万 hm² （图 3.13） （表 3.3）。

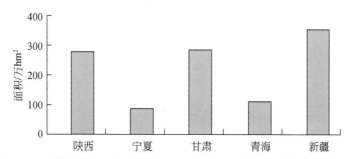

图 3.13　西北地区 "三北防护林" （1978～2007 年） 分省造林保存面积

表 3.3　西北地区"三北防护林"工程造林保存面积统计（1978～2007 年）

（单位：hm²）

地区	按造林方式分				按林种分							用材林	经济林	薪炭林	特用林
	合计	人工造林	封山育林	飞播造林	防护林										
					合计	防风固沙林	水土保持林	水源涵养林	农牧防护林	其他防护林					
陕西	2 629 534	2 202 011	274 091	153 432	1 743 863	505 552	937 244	224 672	43 010	33 385		321 581	548 476	13 649	1 963
宁夏	700 828	584 312	54 814	61 703	530 400	163 542	121 066	65 696	114 640	65 456		49 340	111 102	9 298	688
甘肃	2 673 720	1 368 262	1 247 303	58 156	1 951 020	710 222	808 195	264 119	139 043	29 440		238 802	387 136	63 155	33 608
青海	945 338	347 235	597 096	1 006	801 777	176 161	430 736	163 804	14 906	16 170		66 315	9 637	66 535	1 073
新疆	3 376 690	1 281 727	2 063 476	31 486	2 518 620	1 248 853	86 019	10 220	1 048 906	124 623		85 277	514 992	24 762	12 038

资料来源：《三北防护林体系建设 30 年发展报告（1978～2008 年)》

2) 森林资源变化

经过 30 年的建设，西北地区"三北防护林"工程建设区森林面积和蓄积量有较大幅度的增加，乔木和灌木面积分别由 1977 年的 379.49 万 hm²、337.98 万 hm² 提高到 2007 年的 642.5 万 hm²、1014 万 hm²，分别增加了 0.7 倍和 2 倍（图 3.14）。乔木林蓄积量也由 1977 年的 3.7 亿 m³ 提高到 2007 年的 6.6 亿 m³，增加了近 0.8 倍。森林覆盖率由 1977 年的 2.62% 提高到 2007 年的 6.28%。

灌木林面积增加较快，主要原因是灌木林耐干旱、抗风沙、耐瘠薄、天然更新好、萌蘖力强、根系发达，适合西北地区的气候特点，特别是在降水量低于 400mm 的地区，灌木林发展空间广阔。

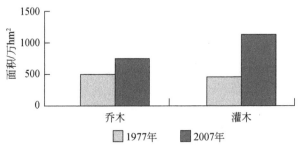

图 3.14　西北地区"三北防护林"工程森林变化情况

3.4.2　"三北防护林"工程的生态经济效益

"三北防护林"工程建设 30 年来，把增加林草植被作为防护林体系建设的首要任务，扩绿、治沙、固土、保水、护田并举，防护林体系框架基本完成，生态系统得到初步修复，同时也改善了这一区域的生态环境和经济发展条件。西北地区在"三北防护林"工程建设中不但森林面积和蓄积量有较大提高，同时也使西北地区的土地沙化得到有效控制，局部区域的水土流失和空气质量得到改善，生物多样性得到保护，还带来一定的经济效益（表 3.4，表 3.5）。

1）重点治理区的风沙侵害得到有效控制

毛乌素沙地治理是"三北防护林"工程建设的重点项目之一。30 年来，完成造林保存面积 223.56 万 hm²，森林覆盖率由工程初期的 15.6% 提高到 33.63%。其中宁夏已累计治理毛乌素沙地 46.7 万 hm²，沙漠化面积由 165 万 hm² 减少为 118.3 万 hm²。

陕西省榆林沙区的林草覆盖率由工程建设前的 15.6% 提高到 2007 年的 33.5%，建成了总长达 2000 多千米的大型防风固沙林带，在沙漠腹地建成万亩以上的成片林 165 块，沙区面貌发生了巨大变化。与 20 世纪末相比，沙化土地减少了 2.08 万 hm²，流动沙地和半固定沙地的比重由 29.9% 下降到 15.9%。

甘肃省河西走廊 5 地市 30 年来累计完成造林保存面积 87.6 万 hm²，沙化土地面积比 1999 年减少了 8.36 万 hm²，平均每年减少 1.67 万 hm²。其中流动沙丘（地）减少近 2 万 hm²，半固定沙丘（地）增加了 15 万 hm²，固定沙丘（地）增加了 12 万 hm²，使 1400 多个村庄免遭流沙危害。

2）局部地区的水土流失得到有效治理

黄土高原地区沟壑纵横，土壤质地松软贫瘠，植被稀少，生态脆弱，水土流失严重，也是"三北防护林"工程建设的重点项目之一。30 年来，黄土高原水土流失区营造水土保持林和水源涵养林 723 万 hm²，治理水土流失面积由工程前的 540 万 hm² 增加到 2007 年的 3860 万 hm²，约有 50% 的水土流失面积得到不同程度的治理，土壤侵蚀模数大幅度下降，年入黄河泥沙减少 3 亿 t 多。其中，甘肃省在黄土高原区营造各类防护林 70 万 hm²，新增治理水土流失面积 408 万 hm²，治理率为 58.09%，输入河流和水库的泥沙由 1977 年的 2.2 亿 t 下降到 2007 年的 1.4 亿 t，水土流失面积也呈逐年减少的趋势。

3）空气质量提高，小气候明显改变

通过 30 年的建设，西北地区新增森林蓄积量为 2.9 亿 m³，可以固化 CO_2 5.3 亿 t，释放 O_2 4.7 亿 t。森林面积的增加也净化了空气，减少了空气中的可吸入颗粒含量，提高了空气质量。据测算，西北地区"三北防护林"工程新增造林面积每年可吸收 NO_2 166.8 万 t、SO_2 183 万 t、NO 929.4 万 t、CO 1223.4 万 t。兰州过去是西北地区污染最为严重的城市，近些年来开展的南北两山绿化工程，造林 45 万 hm²，森林面积得到快速增长，吸收 CO_2 等各种有害气体，同时加大节能减排力度，空气质量明显改变。兰州 1977 年空气可吸入颗粒物、SO_2 平均浓度分别为 2.44mg/m³、0.61mg/m³，超过国家标准的 15 倍和 3 倍，2007 年空气可吸入颗粒物、SO_2 年平均浓度分别为 0.129mg/m³、0.06mg/m³，达到国家二级标准。

2000 年以来，陕西宝鸡市造林 23.47 万 hm²，森林覆盖率由 42.1% 增长到 48.6%，这些森林每年可吸收 807.9 万 tCO_2，释放 596.1 万 tO_2，结合节能减排措施，宝鸡市的空气质量改善明显。1996 年宝鸡空气中 SO_2、氧氮化物、可吸入颗粒物年平均浓度分别为

表3.4 西北地区"三北防护林"工程效益统计(1978~2007年)

地区	森林资源								防风固沙				控制水土流失				农田防护林					
	乔木面积/万hm²		乔木林蓄积/万m³		灌木林面积/万hm²		森林覆盖率/%		沙化土地面积/万hm²		治理沙化面积/万hm²		治理水土流失面积/万hm²		保护农田面积/万hm²		农田林网化程度/%		粮食单产产量/kg		保护牧场面积/万hm²	
	1977年	2007年	1977年	2007年	1977年	2007年	1977年	2007年	1977年	2007年	1977年	2007年	1977年	2007年	1977年	2007年	1977年	2007年	1977年	2007年	1977年	2007年
陕西	143.41	220.71	5 498.60	17 900	61.66	139.43	12.90	27.37	224	143.44	57.2	124.59	11.76	606.98	31.71	89	0.2	31.8	91.3	254.8	10.75	19.66
宁夏	8.11	13.45	361.9	306.02	3.96	39.98	2.4	9.84	165	118.3	0.72	47.50	53.37	195.08	0.9	30	12.7	91	148.5	260.5	—	—
甘肃	90.40	147.99	6 561.8	11 533.5	60.06	159.31	4.03	9.41	1 428.9	1 203.46	10.21	118.38	178	729	49.6	160.68	24.98	55.98	183.09	355.38	240.17	321.42
青海	13.42	35.84	1 398.09	2 858.7	69.94	184.38	2.47	5.65	790	1 004.3	0.11	10.31	—	79.67	1.15	17.13	30	75	138.5	226.2	—	—
新疆	124.15	224.51	23 170.11	33 738.87	182.27	491.56	1.03	2.94	8 113.68	8 555.94	477.4	654	0.93	18.86	118.66	465.22	28	95	100	427.5	92.23	100

资料来源:《三北防护林体系建设30年发展报告(1978~2008年)》

表3.5 西北地区"三北防护林"工程林业产业统计(1978~2007年)

地区	木材								经济林						森林旅游			
	商品材				农民自用材				面积/万hm²		干鲜果品				接待游客/万人次		产值/万元	
	产量/万m³		产值/万元		产量/万m³		产值/万元				产量/万t		产值/万元					
	1977年	2007年	1977年	2007年	1977年	2007年	1977年	2007年	1977年	2007年	1977年	2007年	1977年	2007年	1977年	2007年	1977年	2007年
陕西	17.58	—	527.34	—	—	—	—	—	10.46	82.34	34.5	696.5	36 200	631 000	—	389.95	—	6 370
宁夏	0.02	—	1.09	—	—	—	—	—	0.83	18.67	6.47	80	5 176	400 000	—	96.1	—	7 134
甘肃	23.23	39.09	31 859.9	33 303.2	4.52	39.89	1 543.99	1 094.5	7.13	52.81	32.1	854.97	20 166.62	244 282.18	15.6	750.1	74.5	51 673.1
青海	12.3	7.7	117.6	447.5	2	8.7	555.8	1 981.4	0.16	0.42	0.74	2.15	863.4	35 516.7	0.3	201.8	6.7	7 036
新疆	0.9	72.51	240.1	1 804.5	11.3	49.32	4.34	96.4	1.12	53.14	2.13	511.6	1 593.76	1 362 037.1	—	1 661.35	—	1 491 410

资料来源:《三北防护林体系建设30年发展报告(1978~2008年)》

$0.042mg/m^3$、$0.047mg/m^3$、$0.408\ mg/m^3$；2007年，SO_2、氧氮化物、可吸入颗粒物年平均浓度分别为$0.024mg/m^3$、$0.026mg/m^3$、$0.110\ mg/m^3$，均达到国家二级标准。

此外，森林面积的增加和沙化土地的减少，使区域小气候也明显好转，有效提高了人们对自然灾害的抵御能力。1998年，席卷全新疆的特大沙尘暴损失严重区主要集中在缺林少林地区。在3.22亿元的总损失中，和田、喀什防护林比较完备的地区损失仅为1320万元，防护林发挥了明显的减灾效果。据新疆林业科学研究院测定，在防护林网的保护下，绿洲内部风速可降低45%~55%，盛夏日均气温降低3.2~4.4℃，空气相对湿度提高5%~19%，水分蒸发减少20%~30%。在风沙严重的地区和年份，防护林网可使粮食增产45%~118%，一般年份可使粮食增产16%~29%，棉花增产24%左右。

新疆库车县30年来共营造防护林0.91万hm^2，绿洲森林覆盖率达34.1%，随着森林面积的扩大，空气湿度也逐渐加大，大风、浮尘和沙尘暴天气减少，自然灾害的危险程度逐渐降低；降水量由20世纪70年代的67.4mm上升到2000年后的70.3mm；大风天数由20世纪70年代的年均18天减少到2000年以后的6天；浮尘天气由20世纪70年代的年均91.3天下降到2000以后的年均21.8天；沙尘暴天气由20世纪70年代的年均11.3天下降到2000年以来的年均2.2天。

4）生物多样性得到有效保护

西北地区近30年来，通过人工造林、封山（沙）育林，乔灌草、多林种、多树种相结合的方法促使近自然森林生态系统修复和形成，野生动物、植物群种和数量都均有所增长，有效地维护了生物多样性。据调查，甘肃省安西县通过荒漠植被建设，荒漠内生物种树明显增加，新增野生植物15种；绝迹多年的蒙古野驴又现身影；岩羊、雪鸡种群数量明显增加。此外，还发现了白头鹟、红翅悬壁雀等鸟类新种，生态系统的生物资源得到有效保护。

5）培植了产业资源，发展了地方经济，增加了农民收入

西北地区在"三北防护林"工程建设中，在坚持生态优先的前提下，把防护林体系建设同培育特色资源产业结合起来，发挥区域优势，建设了一批用材林和经济林，促进了农村产业结构调整和农村经济发展。据统计，新疆全区到2007年人工活立木蓄积量为2950万m^3，以200元/m^3的价格计算，价值为59亿元，每年可提供300万m^3木材，以450元/m^3的价格计算，价值可达13.5亿元。经济林总面积为86.67万hm^2，年产果品约450万t，价值为114亿元，基本形成了南疆环塔里木盆地、东疆、北疆三大各具特色的林果生产基地。甘肃省天水市大力发展经济林，面积达11.96万hm^2，年产果品70万t，分别为1977年的18倍和35倍，年产值达11亿元，农民人均收入的1/4来自林果业。同时，宁夏的枸杞产业，陕西的苹果和红枣产业均已成为当地经济的重要支柱之一，成为农民收入的主要来源。

6) 西北各省区三北防护林综合效益评价

有研究利用能值分析法，对西北地区"三北防护林"工程的综合效益进行量化分析。结果表明陕西、甘肃及青海三省的"三北防护林"工程所产生的生态效益及经济效益是并重的；而对于宁夏回族自治区来讲，"三北防护林"工程所产生的生态效益要比经济效益高一些；对于新疆维吾尔自治区，"三北防护林"工程主要发挥了生态效益，与生态效益相比，其产生的经济效益可以忽略不计。西北地区"三北防护林"工程建设的全要素生产率在波动中趋于下降的趋势，且除陕西省外，其余省及自治区在工程建设过程中，投入的要素存在较大的冗余，可以有针对性地进行改善从而提高工程建设的效率。从系统能值的主要指标进行分析，西北地区五省（自治区）的环境资源比率与工业辅助比率均表现为此消彼长的变化趋势，这说明对于西北地区三北工程建设来讲，建设手段过于现代化则会造成对生态环境的破坏，但过于追求对于生态的保护则会造成建设过程的粗放化，造成资源的浪费，因此在两者之间找到一个较好的平衡点至关重要。除了宁夏以外，其他四个省（自治区）的"三北工程防护系统"稳定性良好（于金娜，2010）。

3.4.3 黄土高原森林建设

近十几年来，黄土高原作为我国水土保持的重点区域，国家投入了巨额资金，当地群众也投入了难以计量的劳动，使重点治理区域的治理取得了一些成效。最新对中国黄土高原进行的水土保持生态考察结果显示：通过植被恢复与重建，黄土高原植被覆盖度已从1999年的31.6%增加到2013年的59.6%。黄河的年均输沙量已从16亿t减少到21世纪的3亿t左右，减幅达80%。虽然输沙量减幅显著，但黄土高原土壤侵蚀模数依然保持在4000~6000t/($km^2 \cdot a$)，土壤侵蚀量仍在生态红线的四倍以上（张素，2015）。黄土高原侵蚀模数仍未达标，水土流失问题依然严重。而且，黄土高原大面积造林后，出现了土壤干化和径流减少现象，这可能会进一步加剧当地水资源紧张状况，使本已短缺的水资源更加紧缺，并可能威胁当地及下游的供水安全（Wang et al.，2011）。

反思之一：过分夸大森林在黄土高原水土流失治理中的作用。

近年来，随着对黄土高原治理研究的加强，关于森林在保持生态平衡，防止水土流失方面的作用论述颇多，部分学者认为，黄土高原历史上原本有着茂密的原始森林，只是由于近代人类的毁林开荒打破了生态平衡，从而造成了难以抑制的水土流失，于是大力宣扬大面积植树造林。实际上，据黄土高原所处的地理位置以及自然界的地带性规律和我国季风气候的特点，黄土高原大多处于从半干旱向干旱地区过渡的地带，除了黄土高原东部边缘以及中西部局部山地由于地形的影响，降水较多，孕育一些森林外，其他大部分地区属半干旱草原景观。在年降水量低于400mm的半干旱地区，降水量不能满足森林自身生长的需要，人工林植被耗水使黄土高原部分地区3~8m土层土壤含水量降低到长期接近或低于凋萎湿度，形成难以恢复的深厚土壤干层，从而导致人工植被生态系统非常不稳定。有研究发现，黄土高原造林平均减少年径流深23mm，虽然这个数值不很大，但其却占到非林地年径流深的58%，这说明大规模造林会引起流域产流的大幅降低（穆兴民等，

2007）。大量的造林投入不能达到涵养水源之功能，反而减少了径流量，使当地用水更为紧张。

反思之二：寓治理于开发之中才是治理水土流失的正确选择。

黄土高原范围为 62.9 万 km²，在这辽阔的土地之上，蕴藏着丰富的煤、铁、铝土、白云岩、石灰岩、石英、铜、钾盐、石棉、耐火黏土、稀土、重晶石、石膏、煤、天然气等多种矿产资源，而且生物资源、旅游资源也有很大的发展潜力。但是多年来，由于只注重土地资源的开发，致使其他多种类型的资源开发程度很低，或者处于未被开发的原始状态，这种封闭的以单纯土地资源开发为主的地区是一种最低层次的经济地域类型，不利于资源的综合利用，不利于产品增值，难以取得显著的经济效益，尤其在目前我国工农业产品的剪刀差不断加大的情况下更是如此，从而与其他地区形成强烈的经济反差。在一个经济贫困，资金严重不足的地区，水土保持工作很难落到实处（王国梁和张继红，1991）。只注重单一资源的开发，不注重生态保护，缺乏综合发展战略，使水土保持工作事倍功半。

反思之三：机修梯田比造林种草在水土保持方面更为有效。

机修梯田是一种用推土机修建梯田的方法，这种方法投资少、周期短、见效快，水土保持效果明显。一般是选择立地条件较好的缓坡地进行。据调查，每亩机修梯田需投资 20~30 元，单位面积的粮食产量可比坡地增加 2~3 倍，4~5 年即可收回投资，其经济效益和水土保持效益均比造林种草更为显著（杨挺博，2014）。同时，由于单产的提高，每修建一亩梯田可相应退耕 1~2 亩陡坡地，这样既可提高农业生产率，又可收到良好的水保效果，此为比造林种草更为有效的水土保持途径。

在水循环过程中，梯田使得降雨入渗作用迅速加强，甚至使梯田内的全部降雨就地入渗。在黄土高原地区，由于土壤具有高渗透性和高蓄水的固有属性，为降雨入渗提供了顺畅的通道。其结果是，梯田为植被的生长提供了充裕的水分因子，为"水文生态"的良性发展提供了支持作用（李仕华，2011）。梯田水文生态系统的作用机制在于在坡地条件下，坡面径流系统及其伴随着土壤（体）非稳定性产生的土壤易流失性发生了改变，进而改变了水循环的路径和空间分布储存的特征，从而产生对生态环境的支配机制（吴发启等，2004）。

3.5

核心结论与认识

（1）近 60 年来，西北地区森林面积和蓄积量呈先减少后增加的趋势。20 世纪 80 年代以前，面积和蓄积量均呈减少趋势，80 年代以来，森林面积和蓄积量均呈明显增长状态，其主要原因是人工林增加显著。

（2）"量增质次"是目前西北地区森林的总态势。西北森林近 60 年的组成结构变化表明，前期的森林消耗主要以山地针叶林损失为主，对近成过熟林的采伐强度显著大于中龄林的自然成熟速度，导致森林单位面积蓄积量较低，树种单一、多样性差、森林质量及其生态效益一直没有得到恢复。

（3）西北地区"三北防护林"工程建设生态效益显著，不但重点治理区的风沙侵害得到控制，黄土高原水土流失严重区也得到有效治理，同时还带来一定的经济效益。但近期研究表明，黄土高原大规模的植树造林导致土壤干化和径流减少等现象，威胁到当地和下游地区的用水安全。急需评估造林对黄土高原区域产水的影响，确定合理的区域（流域）森林覆被率，以保障区域协调发展。

（4）尽管西北地区森林面积覆盖率较低，但其水源涵养和防风阻沙效果显著。适于森林稳定生长的立地条件、土壤环境、气候因素等具有较大限制性，明确以"水土定植被"的生态建设原则，对森林植被恢复的可持续性具有决定性作用。

第 **4** 章

导读：草地不仅是西北地区畜牧业的生产基地，还是主要的生态屏障，对维护生态安全具有不可替代的作用。本章在综合分析现有文献的基础上，从西北地区草地资源概况、草地面积和质量变化方面，结合案例和驱动力分析，评估了西北地区草地变化。评估结果认为草地目前仍处于严重退化状态，虽然 2000 年后退化趋势得到了整体遏制，但局部恶化的问题依然严重。开垦和超载过牧为草地退化的主要驱动力，草地保护与建设仍然面临挑战。

4.1

西北地区草地概况

　　草地是草本和木本饲用植物与其所着生的土地构成的具有多种功能的自然综合体（苏大学，2013）。内蒙古、新疆、青海、甘肃、陕西和宁夏是我国草地分布的主要区域（表4.1）。以天然草地面积大小而论，内蒙古、新疆和青海居全国第二、第三、第四位。西北地区六省（自治区）天然草地占全国的比例为50.56%，可利用面积为全国的50.20%。我国的人工草地面积较小，全国约有608万 hm²，仅为天然草地面积的1.55%，内蒙古、甘肃、新疆和陕西四省（自治区）分别居我国人工草地面积的前四位，人工草地面积之和占全国人工草地总面积的68.23%，是我国重要的饲料生产基地（中华人民共和国农业部畜牧兽医司等，1994）。

表4.1　西北地区各省草地概况

地区	天然草地			人工草地	
	面积/万 hm²	占全国比例/%	可利用面积/万 hm²	面积/万 hm²	占全国比例/%
内蒙古	7 880.45	20.06	6 359.11	241.40	39.66
新疆	5 725.88	14.58	4 800.68	50.00	8.21
青海	3 636.97	9.26	3 153.07	21.94	3.6
甘肃	1 790.42	4.56	1 607.16	76.23	12.52
陕西	520.62	1.33	434.92	47.73	7.84
宁夏	301.41	0.77	262.56	13.64	2.24
全国	39 283.26	100	33 099.55	608.76	100

4.1.1　草地类型

　　草地类型指在一定的时间、空间范围内，具有相同自然和经济特征的草地单元，是对草地中不同生境的饲用植物群体，以及这些群体的不同组合的高度抽象和概括（苏大学，1996a）。中国草地可分为18个类、21个亚类、124个组和830个型（苏大学，1996a，1996b）。

　　18个草地类中，除非地带性草甸类（低地草甸类、山地草甸类和沼泽类）外，其他各类的降水和热量都有其对应的具体范围（王红霞，2013），主要以高寒草甸类、温性荒漠类、高寒草原类和温性草原类为主，占全国草地的比例分别为16.22%、11.47%、10.60%和10.46%（表4.2）。

　　西部地区六省（自治区）拥有除干热稀树灌草丛类的所有类型草地。内蒙古草地由温性草原类、温性荒漠类、低地草甸类、温性荒漠草原类、温性草甸草原类、温性草原化荒漠类、山地草甸类和沼泽类8种类型组成，以温性草原类和温性荒漠类为主，所占比例达到 34.87% 和 21.48%。新疆草地由温性荒漠类、低地草甸类、温性荒漠草原类、温性草原化荒漠类、高寒草原类、高寒草甸类、温性草原类、山地草甸类、温性草甸草原类、高寒荒漠类、高寒荒漠草原类和沼泽类 12 种类型组成，温性荒漠类所占比例达 37.03%。青海由高寒草甸类、高寒草原类、温性草原类、温性荒漠类、低地草甸类、山地草甸类、温性荒漠草原类、高寒荒漠类、高寒草甸草原类和温性草甸草原类 10 种类型组成，高寒草甸类和高寒草原类所占比例分别为 63.81% 和 16.00%。甘肃由温性荒漠类、山地草甸类、温性草原类、温性荒漠草原类、高寒草甸草原类、高寒草甸类、暖性灌草丛类、低地草甸类、温性草原化荒漠类、高寒荒漠草原类和温性草甸草原类 11 种类型组成，温性荒漠类、山地草甸类和温性草原类所占比例分别为 26.83%、21.12% 和 17.25%。陕西由温性草原类、暖性草丛类、暖性灌草丛类、热性草丛类、低地草甸类、山地草甸类、温性草甸草原类、沼泽类和热性灌草丛类 9 种类型组成，温性草原类占优势，所占比例达 17.50%。宁夏由温性荒漠草原类、温性草原类、温性草原化荒漠类、低地草甸类、温性草甸草原类、山地草甸类、温性荒漠类和沼泽类 8 种类型组成，温性荒漠草原类、温性草原类和温性草原化荒漠类占优势，所占比例分别为 47.07%、25.95% 和 18.09%（中华人民共和国农业部畜牧兽医司等，1994）。

表 4.2　全国和西北地区六省（自治区）草地类型　（单位：万 hm²）

类型	内蒙古	新疆	青海	甘肃	陕西	宁夏	全国
温性草甸草原类	868.25	231.80	0.15	9.42	1.94	6.54	1 451.93
温性草原类	2 747.79	321.78	211.79	308.84	91.12	78.21	4 109.66
温性荒漠草原类	881.95	641.46	53.55	130.12	0.00	141.86	1 892.16
高寒草甸草原类	0.00	0.00	4.01	123.97	0.00	0.00	686.57
高寒草原类	0.00	386.15	582.01	0.00	0.00	0.00	4 162.32
高寒荒漠草原类	0.00	62.83	0.00	25.90	0.00	0.00	956.60
温性草原化荒漠类	535.41	414.61	0.00	52.10	0.00	54.51	1 067.34
温性荒漠类	1 692.48	2 120.51	203.85	480.44	0.00	4.26	4 506.08
高寒荒漠类	0.00	156.06	52.55	0.00	0.00	0.00	752.78
暖性草丛类	0.00	0.00	0.00	0.00	35.44	0.00	665.71
暖性灌草丛类	0.00	0.00	0.00	90.75	19.13	0.00	1 161.59
热性草丛类	0.00	0.00	0.00	0.00	15.04	0.00	1 423.72
热性灌草丛类	0.00	0.00	0.00	0.00	0.08	0.00	1 755.13
干热稀树灌草丛类	0.00	0.00	0.00	0.00	0.00	0.00	86.31
低地草甸类	903.71	688.58	112.35	68.07	13.72	9.34	2 521.96
山地草甸类	148.63	291.22	67.20	378.13	3.72	5.85	1 671.89
高寒草甸类	0.00	384.23	2 320.90	122.68	0.00	0.00	6 372.05
沼泽类	82.09	26.66	0.00	0.00	0.24	0.82	287.38
零星草地	20.14	0.00	28.63	0.00	340.19	0.00	3 658.77
未划分类型草地	0.00	0.00	0.00	0.00	0.00	0.00	93.29
合计	7 880.45	5 725.88	3 636.97	1 790.42	520.62	301.41	39 283.26

4.1.2 草地分布规律、特征

4.1.2.1 水平分布

我国天然草地在纬向、经向地带性和青藏高原地带性多重因素的影响下，形成了水平分布的总格局。我国草原自东向西随距离海洋远近不同，降水量和温度变化很大，自东向西降水量逐渐减小，温度降低，大陆性气候逐步加强的特点十分明显，草原植被表现出明显的地带性变化。受地形的影响，这种地带性的变化主要是自东南向西北发生变化，在东部为草甸草原带，向西为温性草原带，最西部为荒漠草原带。

内蒙古天然草地从东到西分布有草甸草原、典型草原、荒漠草原、草原化荒漠和荒漠5类水平地带性草地（白可喻和彭秀芬，2000）。宁夏地带性草地类型由南向北依次为草甸草原、干草原、荒漠草原和草原化荒漠（赵爱桃和郭思加，1996）。陕西天然草地由南到北依次呈现山地稀树灌木草地、山丘暖性灌木草地、山地稀树温性灌木草地、温性灌木草地、丘陵草甸草原、丘陵干草原和梁塬干草原7种地带性草地植被（张彦平，2007）。甘肃天然草地西—西北、东—东南水平方向上随着经纬度的递增和递减依次分布荒漠、半荒漠、草原、森林草原、温带草丛、暖性草丛等草地带和亚带；西南部青藏高原东北部边缘地带（甘南高原和北祁连山地），由荒漠、草原和森林向山原高寒草甸和高寒草原过渡的多种类型（师尚礼，2003）。青海省天然草地类型从东南向西北呈现高寒草甸、高寒草甸草原、高寒草原、高寒荒漠草原和高寒荒漠草地的地带性更替分布，草地类型经向的变化由东部的湟水流域向西，地势逐步抬升，经青海湖盆地、共和盆地，到柴达木盆地和青南高原，天然草地植被由局部的疏林灌丛草甸和以长芒草、冷蒿、蒙古蒿为优势种的温性草原为基带逐步向温性荒漠、高寒草原、高寒荒漠类草地过渡（辛有俊，2013）。新疆山区高山、中山草地以草甸为主，低山和山前以草原及荒漠草原为主，从山前平原延伸至沙漠前缘为极端干旱荒漠草地（赵万羽，2002）。

4.1.2.2 垂直地带性分布

草地类型随海拔高度增加，发生有规律变化，形成垂直分布地带性。以青海省为例进行说明，青海省地域辽阔，地形复杂，由北到南有祁连山、昆仑山和唐古拉山等山脉构成高原的山川骨架，由于各地区海拔高度的差异，在山地的不同位置发育着不同类型的草地，并且表现出一定的垂直分布带谱，如图4.1所示。

4.1.2.3 非地带性草地的分布

地表或地下水影响改变了气候地带内局部地区的水分状况，会出现隐域性草地，形成非地带性草地的分布。

以青海省非地带性草地分布来说明。

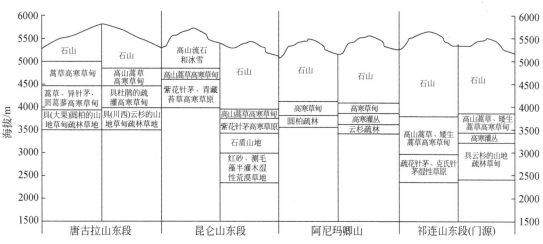

图 4.1　青海省部分山体天然草地垂直带谱示意图

1）低地草甸草地

低地草甸类草地多分布在柴达木盆地中部海拔 2600~2900m 的沮洳地和盐湖外分布区，气候极度干旱，地表蒸发强烈，地势低洼，排水不畅，地下水位较高，在雨季多形成地表积水，干旱时又蒸发强烈，地下水位下降。草地土壤为盐化草甸土或草甸盐土，矿化度较高，产生不同程度的盐渍化现象，甚至形成盐结皮，给耐盐、抗盐或泌盐性植物造成良好的生长发育条件。青海湖流域以及其他地表径流或地下水位较高，土壤富含盐分的河床两侧、河岸阶地、湖盆周围、山麓潜水溢出处都有斑块状分布。

该类草地以根茎、疏丛型禾草和杂类草为主，常见优势种有芦苇、赖草、马蔺和大叶白麻等。草群盖度为 10%~90%，草层高度为 14~168cm，牧草产量较高，是青海的优良放牧草地。

2）沼泽化高寒草甸亚类草地

沼泽化高寒草甸亚类草地在三江源地区有大面积分布，是青藏高原面上分布最广、面积最大的沼泽化高寒草甸亚类分布区。除三江源分布区外，该类草地在青海湖流域、祁连山地区的河流源头区也有大面积分布。青海省沼泽化高寒草甸亚类草地约占全国同类草地的 60% 左右，是沼泽化高寒草甸亚类草地分布最多的省份。

沼泽化高寒草甸亚类草地，植物种类较为丰富，多为湿生、湿中生、中生植物，以西藏蒿草、粗嘌苔草和华扁穗草为优势种，草群密度大，覆盖度为 70%~90%。

总之，西北地区是我国草地的主体，类型丰富。内蒙古、新疆、青海、甘肃、陕西和宁夏天然草地占全国的比例为 50.56%，可利用面积为全国的 50.20%，拥有除干热稀树灌草丛类的所有类型，呈现明显的水平和垂直地带性分布。

4.2

草地变化

4.2.1 西北地区草地面积变化

自 20 世纪 50 年代初至 2001 年，我国累计开垦了 1930 万 hm² 天然草地，占我国草地总面积的 4.8%，全国耕地面积的 18.2% 来自草地开垦（樊江文等，2002）。

西北地区草地从 1990~2010 年呈现先减少后增加的趋势，2010 年的面积依然低于 1990 年。甘肃省草地 1990~2010 年呈现先减少后增加的趋势，2010 年的面积高于 1990 年；其中 1990~2000 年年均减少 2458.6hm²，主要表现为转化为耕地、其他和林地；2000~2010 年草地年均增加 21 132.1 hm²，主要由耕地和湿地转化。内蒙古西部地区草地 1990~2010 年呈现先减少后增加的趋势，2010 年的面积依然低于 1990 年；其中 1990~2000 年年均减少 955hm²，主要表现为转化为其他用地和耕地；2000~2010 年草地年均增加 364.8 hm²，主要由湿地和耕地转化。宁夏 1990~2010 年草地呈现先减少后增加的趋势，2010 年的面积依然高于 1990 年；其中 1990~2000 年年均减少 1047.8hm²，主要表现为转化为耕地；2000~2010 年草地年均增加 7090.2hm²，主要由耕地和湿地转化。青海省 1990~2010 年草地一直在增加，其中 1990~2000 年年均增加 1132.3 hm²，2000~2010 年草地年均增加 7817.6 hm²，增加速度在加快，主要由耕地转化。陕西省草地面积 1990~2010 年一直在增加，1990~2000 年年均增加 29 427.7hm²，2000~2010 年草地年均增加 9010.5hm²，增加速度在降低，主要是退耕还草的结果。新疆草地面积从 1990~2010 年一直在减少，1990~2000 年年均减少 95 068.2hm²，2000~2010 年草地年均减少 17 745.6hm²，减少速度在降低，人工开垦是其减少的主要原因（图 4.2）。

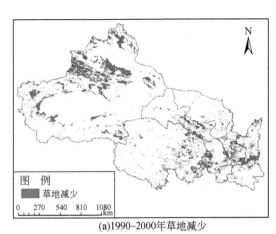

(a)1990~2000年草地减少　　　　　　　　　　(b)1990~2000年草地增加

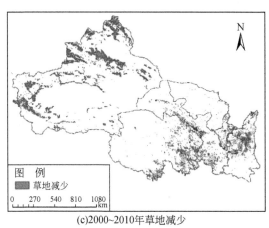
(c)2000~2010年草地减少

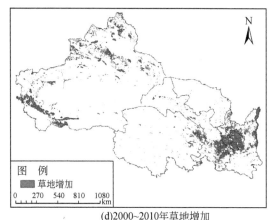
(d)2000~2010年草地增加

图4.2　西北地区草地变化

总之，甘肃、内蒙古西部和宁夏草地面积均为先减少后增加，而青海和陕西为一直增加，虽然减少速度在降低，但是新疆草地面积仍在减少。草地与耕地的相互转化是草地增减的主要方式。

1995~2000年西北地区的草地面积呈减少趋势，各省（自治区）减少程度不同，其中内蒙古变化最大，甘肃变化最小（邹亚荣等，2002）（表4.3）。颜长珍等（2005）认为2000年陕甘宁青草地面积为6169.4万 hm²，1986~2000年全区新增草地279.028万 hm²，同期减少草地534.071万 hm²，增减抵消草地净减少255.043万 hm²，全区草地减少的主要原因是草地被开垦为耕地，其次是为恢复植被而将部分草地植树变为林地以及草地沙漠化变为沙地和草地变为水域；而草地增加的主要来源是沙地变为草地，其次是林地变为草地以及耕地和水域变为草地；不同省份草地变化相差较大，除陕西为净增加外，其余三省（自治区）都是净减少，其中以宁夏减少最多；陕西绝大部分增加的草地是由沙地治理而变为草地，此部分占草地增加量的84.83%，但是新增草地的植被覆盖度低，有97.83%是低覆盖度草地，另外2.17%是中覆盖度草地；甘肃省草地增加主要是林地变为草地，占草地新增加量的63.97%；宁夏草地增加的主要组成部分是沙地转为草地，占草地新增加量的31.29%；青海草地增加主要是水域变为草地，占草地新增加量的33.42%（颜长珍等，2005）。

表4.3　西北地区六省（自治区）1995~2000年草地变化

省（自治区）	1995 年	2000 年
内蒙古	5716.64	5299.49
陕西	799.26	779.21
甘肃	1387.11	1371.8
青海	3809.95	3699.76
宁夏	245.46	238.26
新疆	4850.33	4746.24

4.2.2 西北地区草地质量变化

据侯向阳（2005）统计，西北地区草地退化严重，退化草地面积最大的是内蒙古，为4673.1 hm²，但其所占比例为59.3%仅属中等；比例最小的是甘肃，为47.8%；而宁夏高达97%。西北地区草地退化以轻度和中度退化为主，但重度退化比例也较高，最小的内蒙古达11%，而宁夏高达31.0%。同时，草地退化速度正在加剧，尤以沙化速度最快。据统计，20世纪七八十年代，沙化草地每年扩展21万hm²，但是90年代以来，每年以24.6 hm²的速度扩展（表4.4）。

表4.4 西北地区草地退化状况

省 （自治区）	草地总 面积 /hm²	退化草地 面积/hm²	比例/%	不同退化程度的草地面积和比例					
				轻度退化		中度退化		重度退化	
				面积/hm²	比例/%	面积/hm²	比例/%	面积/hm²	比例/%
宁夏	301.4	292.4	97.0	84.4	29.0	117.6	40.0	90.4	31.0
新疆	5725.8	3466.7	60.6	1666.7	48.0	1333.3	38.5	466.7	13.5
内蒙古	7880.4	4673.1	59.3	2440.9	52.0	1719.5	37.0	512.7	11.0
青海	3637.0	2036.7	56.0	863.7	42.0	733.0	36.0	440.0	22.0
甘肃	1790.4	855.8	47.8	312.5	36.5	340.2	39.8	203.1	23.7

1995~2000年西北地区除了甘肃、青海和新疆高覆盖草地以及青海和陕西中覆盖草地增加外，其他均为减少（表4.5）（邹亚荣等，2002）。

表4.5 西北地区1995~2000年不同覆盖度草地的变化

省 （自治区）	高覆盖度草地		中覆盖度草地		低覆盖度草地	
	1995年	2000年	1995年	2000年	1995年	2000年
内蒙古	2612.52	2373.74	2026.31	1862.68	1077.8	1063.1
宁夏	24.08	10.51	105.61	101.87	2525.5	2422.7
陕西	172.39	170.68	464.53	465.14	162.3	143.4
甘肃	250.82	251.06	553.15	550.44	583.1	570.3
青海	9.73	281.01	1248.42	1255.45	2320.8	2163.2
新疆	1134.77	1150.83	1190.01	1172.73	2525.5	2422.7

内蒙古牧区20世纪60年代和80年代、1990年、1999年、2002年、2006年草地退化率依次为18%、39%、40%、60%、62.31%和73.5%，呈现逐渐增加的趋势（陈秋红，2013）。内蒙古草地退化较为明显，草地退化度指数从1.38增加到1.68，而2005年退化度指数最低为1.28。1980年后，内蒙古草地退化与恢复同时发生，但是草地退化是内蒙古草原变化的主要趋势。内蒙古草地退化面积由1980年的18.08万km²增加到2010年的22.47万km²，且分布范围由内蒙古中东部的呼伦贝尔草原和锡林郭勒草原区逐渐向西部的鄂尔多斯和阿拉善草原区延伸，内蒙古草地退化面积1980~1995年呈现增加趋势，后

逐渐减少到 2005 年的 10.8 万 km²，2005 年后又有增加趋势，且草地退化明显区域主要分布在锡林郭勒草原的西部地区。由于受到温度、降水等自然因素和放牧等人为因素的影响，内蒙古草地退化日趋明显，其不仅表现为草地面积的减少，更表现在草地覆盖度的下降（Zhang et al.，2013）。

青海省目前有退化草地 3131.04 万 hm²，占全省天然草地可利用面积的 81.03%。其中，轻度退化面积为 1318.10 万 hm²，占退化草地面积的 42.10%；中度退化草地为 802.36 万 hm²，占退化草地面积的 25.63%；重度退化草地面积为 1010.58 万 hm²，占退化草地面积的 32.27%（辛有俊，2013），与 2005 年统计相比，退化面积和重度退化草地面积呈现增加的趋势。

新疆草地退化率从 1980 年的 5.83% 增加至 2007 年的 80.00%，退化面积从 466.67 万 hm² 增加至 4580 万 hm²。在不到 30 年的时间里，新疆草地退化面积扩大了近 10 倍。严重退化草地面积也在扩大，2007 年新疆草地严重退化面积占退化草地面积的 37%。不管是退化率还是退化面积的绝对量都是非常巨大的，而且并没有缓和的趋势，新疆的草地退化势态非常严峻（董智新和刘新平，2009）。

20 世纪 80 年代以来，北方主要草原分布区产草量平均下降幅度为 17.6%，下降幅度最大的荒漠草原达 40% 左右，典型草原的下降幅度在 20% 左右，产草量下降幅度较大的省（自治区）主要是内蒙古、宁夏、新疆、青海和甘肃，分别达 27.6%、25.3%、24.4%、24.6%、20.2%（国家环境保护总局，2004）。青海省草地产草量 20 世纪 80 年代与 50 年代相比，单位面积产量下降 30%～80%，可食鲜草减少约 1200 万 t/a，折合载畜量减少 820 万单位。甘肃省天祝县 1997 年与 20 世纪 50 年代相比，产草量下降了 30.4%。新疆 80% 的草地出现退化，产草量下降了 30%～50%；其中 37% 属严重退化草地，产草量下降了 60%～80%，草地载畜量下降为 1.49hm²/羊单位（侯向阳，2005）。

2001～2013 年，中国主要草原（内蒙古、甘肃、青海、宁夏、新疆、西藏）产草量总体呈增加趋势，草原总产草量平均每年增加 348.5 万 t，2013 年达 2001 年以来的最高水平，草原植被覆盖度总体也呈增加的趋势，平均每年增加 0.8%；草原大部产草量呈增加趋势，其中青藏高原东部、甘肃中部和东南部以及新疆中部、宁夏南部、内蒙古中部和东部部分草原产草量增加的幅度较大，牧草单产年平均增加 50～400kg/hm²，覆盖度年平均增长 0.02%～0.06%；内蒙古中西部、宁夏大部、甘肃西部和东北部、新疆南部、青藏高原中西部产草量和植被覆盖度呈弱的增加趋势，产草量年平均增加幅度为 1～50 kg/hm²，植被覆盖度增加 0～0.02%（钱拴等，2014）。

青海草原生态好转的面积达 3546 万 hm²，占全省草原面积的 97.5%，青海三江源草原鲜草产量增加明显，总产量平均每年增加 193.0 万 t；高覆盖度草原面积平均每年增加 238.7 千 hm²，10 年增加 9.8%；中覆盖度草原面积变化不大；低覆盖度面积平均每年减少 207.1×10³ hm²；甘肃好转的草原面积为 1352 万 hm²，占全省草原面积的 75.5%；宁夏好转的草原面积为 219 万 hm²，占全区草原面积的 72.7%；内蒙古好转的草原面积为 4509 万 hm²，占全区草原面积的 57.2%；新疆好转的草原面积为 2954 万 hm²，占全区草原面积的 51.6%。新疆有 48.4%、内蒙古有 42.8% 的草原产草量和植被覆盖度仍在下降，下降的区域主要位于新疆北部和东部、内蒙古西北部和东部大部分草原，产草量年平均下降幅度为 1~50 kg/hm^2, 植被覆盖度下降 0~0.02%。其中, 内蒙古东部大部、新疆北部局部草原产草量下降幅度较大, 为 50~200kg/hm^2, 其生态恶化的趋势未得到扭转 (钱拴等, 2014)。

草原工程区内植被覆盖度、高度、产草量较工程区外大幅度提高。其中, 2008~2012 年内蒙古、西藏、甘肃、青海、宁夏、新疆等省 (自治区) 退牧还草工程使工程区内植被盖度比工程区外平均提高了 12%, 植被高度提高 44%, 产草量提高 57%; 三江源生态保护工程使工程区内植被盖度比工程区外平均提高了 11%, 植被高度提高 46%, 产草量提高 59%; 京津风沙源治理工程使工程区内植被盖度比工程区外平均提高了 16%, 植被高度提高 65%, 产草量提高 79%, 草原生态保护工程保护效果明显 (钱拴等, 2014)。

4.2.3 典型地区草地变化

由于草地类型复杂多样, 各类草地变化不尽一致, 因此本节从东到西依次选择典型温带草地、农牧交错带草地、高寒草地、干旱半干旱区草地和荒漠绿洲流域草地为典型案例, 分析草地变化。

4.2.3.1 内蒙古锡林郭勒盟草地变化

1975~2010 年, 锡林郭勒盟草地总面积变化不大, 1975~1990 年, 草地总面积减少 0.11 万 km^2, 高覆盖度草地减少 0.22 万 km^2, 中覆盖度草地增加 0.13 万 km^2, 低覆盖度草地减少 0.02 万 km^2; 1990~2000 年, 草地总面积减少 0.25 万 km^2, 高覆盖度草地减少最多, 达到 0.42 万 km^2, 中覆盖度草地和低覆盖度草地均有增加; 2000~2005 年, 草地面积开始扭转了持续减少的态势, 高、中、低覆盖度草原面积均有所增加, 高覆盖度草地增加最多; 2005~2009 年, 锡林郭勒盟草地面积保持持续增长, 高覆盖度草地面积增加了 0.24 万 km^2, 中覆盖度草地面积也增加了 0.3 万 km^2, 低覆盖度草地减少约为 0.01 万 km^2。2000 年之前, 各种草地二级类型面积都在减少, 温性荒漠草原和温性草原减少最多, 分别减少 0.12 万 km^2 和 0.11 万 km^2; 低地盐化草地和温性草甸草原减少面积次之, 分别减少了 0.38 万 km^2 和 0.07 万 km^2; 2000 年之后, 各种草地二级类型草地面积都呈现增加的趋势, 其中, 低地盐化草甸和温性草原增加最多, 分别增加 0.11 万 km^2 和 0.09 万 km^2, 温性荒漠草原和温性荒漠草原增加面积次之, 分别增加了 0.08 万 km^2 和 0.578 万 km^2。

锡林郭勒盟 1970~2000 年的草地面积持续萎缩、草场质量不断下降, 在 2000 年前后出现了不同的变化态势, 在区域气候变化驱动的基础上, 不同阶段的人类活动对生态系统演化起了推动、增强或者是遏制、逆转的作用。2000 年之前, 驱动本区草地加速退化的人文因素主要是人类对草地资源的不合理利用, 具体包括草地开荒、过度放牧, 以及草场缺乏必要的管理和维护等。2000 年之后, 驱动本区草地退化的人文因素突出表现为矿产资源的开发。2000 年以来, 国家高度重视锡林郭勒盟生态系统保护和生态工程建设事业, 生态保护和建设工程缓解、遏制、甚至逆转了本区长期以来的草地生态系统持续退化态势 (巴图娜存等, 2012)。

4.2.3.2 陕北农牧交错带草地变化

陕北农牧交错带以草地为主，1989～2006年，陕北农牧交错带草地减少了47.29万 hm^2 ；其中1989～2000年草地面积减少了43.91万 hm^2 ，占1989～2006年草地减少量的93%，而2000～2006年减少了3.38万 hm^2 ，退化速度较前一阶段缓慢。可见，陕北农牧交错带草地退化正在逐年增加，20世纪90年代前速度较快，进入2000年后慢慢变缓。陕北农牧交错带草地退化整体上主要发生在西南部的定边地区和东北部的神木、佳县以及府谷地区，这些地区也是主要的半农半牧区。

1989～2000年，随着该区域人口的大量增长，导致牲畜大量增加，超过了草原承载力，草地再生能力减退，畜牧产量减少，于是人们开始加大饲养量，延长放牧时间，导致草地退化速度加快；2000～2006年，国家实施退耕还林、还草政策，这时草原生态系统的退化已经相当严重，继续加大饲养量将彻底破坏草原生态系统，于是采取一边饲养一边维护草地的方案，这个时期的草地退化速度较缓（建洪等，2011）。

4.2.3.3 青海省三江源地区草地变化

20世纪70年代中后期至90年代初三江源地区草地退化面积为 $764×10^4 hm^2$ ，占全区草地面积的32.83%；90年代初至2004年该区草地退化面积为 $841×10^4 hm^2$ ，占全区草地面积的36.12%。前后两个时段对比草地退化面积增长3.87%。草地退化以轻、中度退化为主，重度退化仅发生在局部地区，20世纪70年代中后期至90年代初轻度退化草地面积占全区草地总面积的比重为22.88%，而到90年代初至2004年该比重上升为23.93%，增长了1.05%；70年代中后期至90年代初中度退化草地面积占全区草地总面积的比重为9.5%，而到90年代初至2004年该比重上升为11.74%，增长了2.24%。三江源地区退化草地的空间分布格局在70年代已经基本形成，而且草地退化过程自70年代中后期至2004年仍在继续发生（刘纪远等，2008）。

三江源地区20世纪70年代中后期至90年代初，土地覆被转类主要途径是林地转为草地，以及中覆盖草地转为低覆盖草地，高覆盖草地转为中覆盖草地。其中，林地转为高覆盖草地和低覆盖草地的幅度分别为1.04%和1.29%，中覆盖草地转为低覆盖草地的幅度为1.84%，高覆盖草地转为中覆盖草地的幅度为0.85%，其他土地覆被类型变化面积比例非常小，都在0.5%以内（邵全琴等，2010）。20世纪90年代初至2004年，土地覆被转类主要转类途径是中覆盖草地转为低覆盖草地（幅度为2.13%），高覆盖草地转为中覆盖草地（幅度为0.75%），低覆盖草地转为沙地、戈壁与裸地（幅度为1.18%），其他土地覆被类型变化面积比例非常小，都在0.5%以内；总体上以草地覆盖度下降、低覆盖草地转变为沙地、戈壁和裸地为主要转变形式，并且较20世纪70年代中后期至90年代初时段转类幅度大（邵全琴等，2010）。2004～2008年，由于时间较短，土地覆被转类幅度较前两个时段小，主要转类途径是沙地、戈壁与裸地转为低覆盖草地（幅度为0.40%），中覆盖草地转为高覆盖草地（幅度为0.12%），低覆盖草地转为中覆盖草地和水体与沼泽（幅度分别为0.08%和0.05%），其他土地覆被类型变化面积比例非常小，都在0.05%以内，总体上，草地覆盖度增加明显，水体与沼泽的面积增大（邵全琴等，2010）。

三江源地区土地覆被和宏观生态状况总体上经历了变差（20世纪70~90年代）—显著变差（20世纪90年代至2004年）—略有好转（2004~2008年）的变化过程，这一变化过程前、中期主要受到气候变化和草地载畜压力共同驱动的影响，后期则叠加了生态建设工程的驱动作用（邵全琴等，2010）。

4.2.3.4　新疆福海县草地变化

新疆福海县草原面积由1999年的22.98万hm²减少到2008年的10.97万hm²，减少了52.26%，平均每年减少1.201万hm²，部分草地已经被开垦为耕地，草地面积大量减少；高覆盖度草地退化速率最快，中覆盖度草地次之，低覆盖度草地最慢（表4.6）。轻度盐碱地与草地斑状镶嵌分布，转化频繁，合理利用会使轻度盐碱地变为草地，不合理利用则会使草地次生盐碱化。由于超载过牧，大面积的草地退化成轻或重的盐碱地。2006年新疆福海县最新草地资源调查结果表明，福海县理论载畜量为1 051 894羊单位，实际载畜量为1 492 074羊单位，超载440 180羊单位，超载率达到41.85%（陶梦和张洪江，2011）。

表4.6　福海县草地面积变化

年份	低覆盖度/万 hm²	中覆盖度/万 hm²	高覆盖度/万 hm²	总面积/万 hm²	占土地总面积/%
1999	0.68	11.73	10.57	22.98	47.1
2008	0.53	6.45	3.99	10.97	22.48

4.2.3.5　新疆玛纳斯河流域草地变化

新中国成立后玛纳斯河流域新开垦的耕地实际上主要是天然草地，流域草地破坏最严重的时期是20世纪五六十年代，总计有40%~45%的平原草场被开垦为农田，但已有相当部分弃耕荒废。沙湾县天然草地可利用面积90年代较五六十年代减少49%，全县低劣草场占71.1%；90年代产草量仍较80年代下降了15%。

1980~2005年，新疆玛纳斯河流域草地的高覆盖度草地和中覆盖度草地有所增加，低覆盖度草地迅速且大量减少；草地总面积呈减少趋势，2005年比1980年减少11 544.71hm²（表4.7）低覆盖度草地25年间共减少15.2万hm²，减少原因主要包括两方面：一是草地被大面积开垦为农田，二是因天然草地退化而造成的沙化。2000年后虽加大了对草地开垦的管理，但并未完全遏制对草地的开垦行为，流域内仍有1200hm²耕地是属于垦占的草场，2005年草地总面积也未恢复到1980年的水平（封玲，2009）。

表4.7　玛纳斯河流域草地变化　　　　　　　　　（单位：万 hm²）

草地类型	1980年	1990年	2000年	2005年	2005年较1980年
高覆盖度草地	16.7	27.4	27.5	25.5	8.8
中覆盖度草地	29.8	27.6	26.6	35.1	5.3
低覆盖度草地	41.2	38.4	32.4	26.0	−15.2
总计	87.7	93.4	86.5	86.6	−1.2

自 20 世纪 50 年代初至 2001 年，我国累计开垦了 1930 万 hm^2 天然草地，西北地区草地 1990～2010 年呈现先减少后增加的趋势，2010 年的面积依然低于 1990 年。总之，从 20 世纪 50 年代初到 2000 年左右，西北地区草地总面积在减少，草地质量衰退，而 2000～2010 年草地总面积有所增加，草地质量有所恢复，但是，新疆无论面积还是质量都在衰退。近年虽然大力进行了以"退耕还草"为主的生态环境建设，生态工程建设对草地的保护具有重要作用，但草地仍处于整体改善，局部恶化，退化严重的状态。

4.3 西北地区草地退化驱动力分析

4.3.1　自然因素

4.3.1.1　生境脆弱性与多风的自然环境

西北地区草地的生境脆弱性主要表现在地表组成物质和地形特征的脆弱性以及气候水热因子匹配性差两个方面（龙瑞军等，2005）。

青藏高原区由于寒冻等原因，土壤分化微弱，土层薄，土质疏松，易受风蚀、水蚀和融冻剥离（马玉寿等，1999；李希来，2002），土壤侵蚀严重，质地较差、肥力低下，使草地自身孕育着退化的内在因素；同时，草地多分布于高海拔地区，虽然水分条件相对较好，年降水量在 300 mm 以上，最高可达 800mm，但热量条件差，一般年均温在 0℃，最低温度可达 –40～–30℃，限制了草地植物的生长。

黄土高原区地形复杂多样，高山、梁峁、塬地、沟壑、河谷和川地交错分布，草地分布区域的坡度较大，大多在 20°以上，草地栏畜储存降水的能力以及草地抗践踏和抗侵蚀的能力较低，这是草地退化的基础；热量条件相对较好，但降水量较低，降水季节与年际变率大，暴雨频发，水分利用率较低，使草地牧草的生长发育受阻。

蒙古高原荒漠化草原区，河西走廊及新疆荒漠–绿洲区土壤贫瘠，物理化学性状不良（如沙物质含量高、砾质化及沙质化潜在危险性大、土壤干旱、有机质含量低等），存在着草地退化的各种潜在因素；同时，该区光照充足，热量条件好，但干旱缺水，降水时空分配与牧草需水间的不匹配性增大了发生草地退化的可能性。

此外，我国北方草原和青藏高原中西部草地多大风。西藏中西部和青海干旱草原区、内蒙古西北部、甘肃河西走廊、陕甘宁长城一线以北风沙区，冬春多大风；风速≥8 级年平均大风日数，西藏中西部多达 100～150 天，海拔 4500 m 以上的开阔草原最多可达 200 天，甘肃安西县干旱草原区达 80 天，大风极易造成地表物质松散的草地风蚀。

4.3.1.2　气候变暖、变干旱引发草地退化

草原气候属于大陆性半干旱与干旱气候，不同年度间气候条件差异显著。据近 40 年的气象资料分析，我国草原区降水变率达 46%～95%，多雨年与少雨年年降水量相差

2.6~3.5倍，如典型草原地带的丰雨年，降水量可达400mm以上，干旱年不到200mm。自20世纪60年代中期以来，北非、中东至我国和日本的广阔区域进入气候的相对干旱期。内蒙古地区20世纪80年代比60年代平均降水量减少54mm，温度升高1.1℃（包文忠等，1998）；甘肃省近40年来降水减少了10~20mm，平均气温上升了0.6℃（赵晓英和侯扶江，2001）；宁夏盐池草原地区，近22年来有12年的降水量低于年平均降水量，其中有4年的降水量不到年平均降水量的50%（杨汝荣，2002）。青藏高原无人区草地，1987~1988年与2000年对比发现：①青海可可西里无人区，气候变暖，蒸发量增加，致使很多湖泊干涸消失，永久积雪和冰川覆盖的面积明显缩小；②未遭受人们经济活动干扰的区域，草地面积也在缩小；③长江源头无人区的草地，沙化面积扩大；④草地植被覆盖度降低；⑤干旱的高寒草原和高寒荒漠草原类型由沟谷低海拔区域向有冰雪水补给的相对较湿润的高海拔区域推进。上述无人区草地面积缩小，湖泊及其湖泊周围草地的消失，基本上与人类经济活动无关，10余年间因无人区草地面积略微缩小，引起单位面积草地野生动物数量增加的作用微小。无人区草地退化现象，显然是气候变暖，蒸发量增加，草地变干旱所致（苏大学，2013）。暖干化气候是导致高寒草甸退化的主导因子，其贡献率为26.64%（周华坤等，2005）。

20世纪80年代末我国内蒙古高原西部，荒漠草地分布的东界，较60年代初向东部草原带推进了50km；青藏高原中部，干旱山地草原带往上向湿润的山地草甸带推进了50~100m；新疆荒漠区的平原荒漠往上向山地草原带推进了40~60m（苏大学，2013）。

4.3.1.3 鼠虫害

目前我国北方和西部牧区草地鼠害严重，每年鼠害发生面积都在2000万hm²以上，其中达到防治指标的受害面积为1700万hm²左右。四川、甘肃、内蒙古、青海等省（自治区），草地鼠害发生面积均在200万hm²以上，成为草地退化不可忽视的生物因素。我国每年都有草地虫害发生，达到防治指标需要防治的草地虫害面积约为550万hm²，而每年防治达标的面积仅350万hm²左右，未能防治的持续虫害区草地，必定引发草地退化（苏大学，2013）。由于鼠类的打洞造穴、挖掘草根等活动，轻则导致地表千疮百孔、毒杂草丛生，使草地植被发生逆向演替，重则形成寸草不生的次生裸地"黑土滩"（辛有俊，2013）。

2000~2010年全国由于虫害造成草地生物量损失约为年均230.9万t，损失量呈现先上升后下降后上升再下降的波动趋势，年份间危害差异变化很大；而西北地区损失逐年增加。区域草地虫害强度排序为：中部>西部>东部，西部和中部共占比例高达96%；华北>西北>东北>西南，内蒙古、青海、新疆和甘肃位居前四位，而内蒙古年均损失量占全国总量的53.47%（李林懋等，2014）。

2000~2013年，鼠害危害面积在3600万hm²以上，而虫害危害面积有减少趋势，但依然在1500万hm²以上。由于灾害发生面积大，受害范围广，导致我国鼠虫害危害严重，见表5.8（国家环境保护总局，2001，2002，2003，2004，2005，2006，2007；国家环境保护部，2008，2009，2010，2011，2012，2014；高吉喜和栗忠飞，2014）。青海鼠虫害危害面积为924.41万hm²，占草地可利用面积的23.79%，在鼠虫害危害区，每公顷草地上平均有鼠洞土丘 376.4 个 (辛有俊, 2013)。新疆 "七五" 期间蝗虫面积为 780 万 hm²,鼠害面积为 653.3 万 hm², "八五" 期间, 蝗虫面积为 425.7 万 hm², 鼠害面积为 965.06万 hm², "九五" 期间, 蝗虫面积为 1072.67 万 hm², 鼠害面积为 1314.8 万 hm² (董智新和刘新平, 2009)。内蒙古草地蝗虫成灾面积为 66 万 hm²/年, 严重地区虫口密度在 200头/m² 以上, 哲里木盟每年鼠害面积约为 66.7 万 hm²/年, 严重地区长爪沙鼠活动洞口可达 1500~2300 洞/hm², 一洞系可挖出草籽草穗 6.5kg, 虫害面积达 33.3 万 hm²/a, 蝗虫虫口密度平均为 40~50 头/m², 最高可达 120 头/m², 阿拉善盟发生鼠害面积达 66.7 万hm²/a, 梭梭、霸王、盐爪爪鼠害面积年均为 33.3~53.3 万 hm², 国家防治标准 1~2 级毁灭性虫害面积近 20 万 hm², 年均损于鼠虫害的牧草为 2 亿 kg 以上 (卫智军和双全,2001)。表 4.8 为中国草地面积及成灾变化。

表 4.8 中国草地面积及成灾变化

年份	天然草原/亿 hm²	占国土总面积比例/%	鼠害危害面积/万 hm²	虫害危害面积/万 hm²
2000	4	40		
2001	3.9283	41.7		
2002	3.93	41.7		
2003	4	41.7	3900	2666.7
2004	3.93	41.7	3893	3922
2005	3.93	41.7	3800	1866.7
2006	4	41.7	3733.3	1680
2007	4	41.7	3894	1758
2008	4	41.7	3675.8	2700.7
2009	4	41.7	4087.2	2076.2
2010	4	41.7	3867.8	1806.7
2011	4	41.7	3872.4	1765.8
2012	4	41.7	3691.5	1739.6
2013	4	41.7	3695.5	1530.6

4.3.2 人为因素

4.3.2.1 持续超载过牧

自 1950 年以来, 牧区人口成倍增长, 至 1990 年, 西北干旱草原区人口密度超过 12人/km², 为国际公认的干旱草原区生态容量 5 人/km² 的 2.4 倍, 远远超出这类地区人口理论承载量的极限。干旱地区人口增加, 引发对草地掠夺式过度利用。草地负载的人口每增加 1 人, 最低需增加 20 个羊单位的家畜才能维持其生存, 草地每增加 1 个羊单位家畜,则需消耗 1hm² 典型草原草地 (苏大学, 2013)。20 世纪 50 年代初, 全国草原大小牲畜约为3000万头（只），平均每头牲畜占有草地7.67hm²。据2002年第二次全国草地遥感调查结果表明，自20世纪80年代初至2002年，草原牧区人口增加33%，草地承载的牲畜头数增加46%，按自然头数计算，畜均占有的可利用草地面积由2hm²减少为1.4hm²；按羊单位计算，每个羊单位平均占有永久性草地面积由0.52hm²下降为0.38hm²；按国际标准牛单位计算，全国草地负载量为3.04hm²/（牛·年），已大大低于国际上公认的畜均应占有草地5hm²/（牛·年）的载畜临界线标准。2002年全国120个纯牧业县和146个半农半牧县拥有各类草地面积2.01亿hm²，其中可供畜牧业经营的草地为1.75亿hm²，能承载1.25亿羊单位，加上人工自产饲草料资源，合计可承养15 283万个羊单位。而该年实际承养了22 707万个羊单位，超载了7424万个羊单位，超载48%（苏大学，2004）。草畜平衡监测结果表明，全国天然草原平均超载牲畜34%左右。从西北地区的情况看，生态建设项目区外，仍存在不同程度的牲畜超载。其中内蒙古超载22%、新疆超载39%、青海超载39%、甘肃超载40%（国家环境保护总局，2006）。

西北地区放牧家畜的数量已大大超过草地的承载能力，草地生态系统内部存在着严重的草畜失衡关系。西北地区五省（自治区）的家畜数量由20世纪50年代的1540.7万头，发展到90年代的12 419.4万头，是50年代的8倍多（表4.9）。而这50年间，草地面积不但没有增加，反而减少了1000万hm²，家畜占有的草地面积下降8/9左右（杨汝荣，2002）。超载过牧不仅会降低草地的生产力水平（程序，1999），长时间、高强度的放牧率还会严重破坏草地的健康状况，最终导致草地的退化演替（董世魁等，2002）。

表4.9 西北地区1949~1997年牲畜变化

地区	1949年		1997年	
	牲畜头数/（万头）	牲畜占有草地面积/（hm²/头）	牲畜头数/（万头）	牲畜占有草地面积/（hm²/头）
青海	646.9	7	2082.4	1.52
新疆	289.9	6.9	3861.9	1.3
内蒙古	406.6	6.1	4370.7	0.92
宁夏	59.1	10.3	425.7	0.65
甘肃	138.2	9.2	1678.7	1

青海全省草地平均超载幅度达87.81%，其中轻度超载，即草地载畜压力指数为1.04~1.25的草地面积为601.2万hm²，占全省草地面积的14.34%；草地中度超载，即草地载畜压力指数为1.26~1.65的草地面积为404.41万hm²，占全省草地面积的9.65%；草地重度超载，即载畜压力指数为1.66~1.99的草地面积为160.72万hm²，占全省草地面积的3.83%；草地极度超载，即草地载畜压力指数为2以上的草地面积为1448.65万hm²，占草地总面积的34.56%。青海省中度以上超载面积占全省草地总面积的47.95%，这足以证明草地超载过牧是青海草地退化的重要原因（辛有俊，2013）。通过层次分析，长期超载过牧是导致高寒草甸退化的主导因子，其贡献率为39.35%（周华坤等，2005），在青藏高原许多地区，过度放牧是草地退化的主要原因（贺有龙等，2008）。新疆的理论载畜量为3224.86万只/a，而新疆的实际载畜量要远远大于理论载畜量，1949年新疆的牲

畜存栏数是 1038.22 万只，到 2007 年已达到 5023.37 万只，相当于 1949 年的 4.8 倍（董智新和刘新平，2009）。

4.3.2.2　开垦与撂荒

自 20 世纪 50 年代初至 2001 年，我国累计开垦了 1930 万 hm² 天然草地，为我国草地面积的 4.8%，全国耕地面积的 18.2% 来自草地开垦（樊江文等，2002）。其中近 50% 的垦后草地被撂荒，成为裸地、沙地或稀疏草地。我国草地开垦历经了 2 个阶段，4 次高潮。第一次为 1958～1959 年"大跃进"时期，向草原进军，把草地当荒地，垦荒农耕。由于选择不当或计划不周，很多被垦草地，未种植便撂荒，有些收成不好，种一两年即撂荒。第二次为 1960～1962 年"苦难时期"，为缓解粮食供应的困难，未经严格地块选择，乱垦草地种粮，后来，在有关政府的干预下，大量"闭地"，封闭被垦草地，恢复草地植被。第三次为 1967～1976 年"文化大革命"时期，在"牧民不吃亏心粮"的极左口号下，鼓励牧民开垦草地种粮食，牧民没有农耕技能，垦后草地大多被撂荒，是"以粮为纲"阶段。第四次为 1993～1997 年，粮食提价后，在经济利益驱使下，有些部门将草地变相地出租给一些公司或私人，用于开垦、种粮食出售，种植 1～3 年后，地力不济，被大量撂荒，为"市场经济"阶段。全国农业资源区划办公室遥感调查，1986～1996 年，内蒙古、新疆、甘肃、黑龙江 4 个省（自治区）开垦的 174 万 hm² 草地中有 49.2% 垦后被撂荒。草地经垦殖撂荒，必然成为退化或沙化草地，15～20 年内难以自然恢复。

新疆的草地开垦也经历了大致 2 个高峰时期，1958～1960 年开垦草地 56.45 万 hm²，占新疆历年总开垦量的 40.2%，此后数十年开垦数量相对保持平稳，自 1997 年以后草地开垦量有明显增加的趋势，1998 年达到 3.18 万 hm²，超过 20 世纪 60 年代中期以后每年的开垦量。从 20 世纪 50 年代至 80 年代末，新疆农耕地的弃耕面积已达 17 万 hm² 以上，占总开垦草地面积的 12.2%。该地区弃耕数量较多的年份是 1953～1957 年和 1977～1988 年这两段时期，均发生在大规模开垦时或开垦以后，这反映出开垦和浪费的现实关系（樊江文等，2002）。青海省天然草地经历了两次较大规模的开垦阶段，第一次是 1958～1962 年，开垦优良草地 38 万 hm²，被垦草地不得不弃耕 26.8 万 hm²，弃耕率达 70% 以上；第二次是 1980～2000 年，除在原弃耕地上又开垦撂荒地 4.07 万 hm² 外，还在便于浇灌的优良冬春草地上新垦草地 0.74 万 hm²，此阶段共开垦天然草地 4.81 万 hm²（辛有俊，2013）。

4.3.2.3　乱采滥挖、樵采和矿产开发

在西北草原区，有大量的如冬虫夏草、甘草、麻黄、大黄、秦艽、贝母和黄芪等药用植物，也有蘑菇和发菜等经济植物。20 世纪末，每年有成百万农牧民涌入内蒙古、新疆、甘肃、宁夏、青海等各地草原，乱采滥挖草地野生药用植物，大面积破坏草地植被。挖一棵甘草要破坏草地 0.8～1.2m²，挖一棵秦艽、独一味、红景天分别破坏草地 1.13 m²、0.28 m²、0.16 m²。每挖一条虫草，要刨出约 30cm 宽、8～12cm 深寸草不生的坑洞。全国每年数十万人进入草地挖虫草，踩踏草地，仅青海省，每年因此破坏高山草甸 3000～6000hm²。每采挖 1t 野生鲜独一味 1 项，就要破坏草地植被面积 1.27 hm²，甘肃甘南藏族

州每年收购野生鲜独一味 500t，仅采挖独一味 1 项，甘南藏族州每年要遭受破坏的草地面积就达 635 hm²（吴俏燕等，2011）。至 2002 年，内蒙古自治区因乱挖滥搂累计破坏草原面积已达 1267 万 hm²，其中 200 万 hm² 完全沙化（苏大学，2013）。宁夏回族自治区盐池县 1985 年共挖甘草 277 万 kg，引起 4.15 万亩草地沙化（郭思加等，1995）。

草地灌木是牧民的薪柴来源，草原牧民樵采草地灌木、半灌木、甚至刨根。仅内蒙古西部 3 盟（市）草地牧民每年要消耗 5 亿 kg 草地灌木，大体相当于 2000km² 的草原灌丛和荒漠灌丛遭不同程度砍伐。新疆荒漠区每年需薪柴燃料 350 万 ~700 万 t，主要来自樵采荒漠灌木，致使近万平方千米的荒漠草地植被遭到不同程度的破坏。

开挖草地植被淘金、挖煤，开矿不回填。据中国科学院"七五"科技攻关项目——黄土高原地区资源与环境遥感调查表明，20 世纪 80 年代末，内蒙古、陕西、山西三省（自治区）接壤区"黑三角"开挖露天煤矿，不回填恢复草地植被，致神户、东胜、灵武和准格尔 1.8 万 km² 煤田开发区，沙漠化土地面积达 79%。地处青南高原的曲麻莱县已有 3.33 万 hm² 的天然草地，由于无序采挖黄金而彻底摧毁，形成了几十年甚至上百年都难以恢复的砾石地、戈壁和沙漠化土地，采金遗迹已成为新的沙源。

4.3.2.4 掠夺式草地经营，重利用，轻保护，重索取，少投入

长期以来，草地被当做取之不尽用之不竭的资源，导致人类掠夺式经营，重利用，轻保护，重索取，少投入。受各种因素影响，特别是草地所有制、草地承包、继承权等问题的影响，大多数牧民几乎完全依靠利用天然草地资源，不愿投资进行草地施肥、灌溉、补播、培育割草地、建设人工草地、提高草地生产力，不愿自主改善草地生态环境建设。政府对改善草地生态环境的投入，虽然逐年增加，但折合为单位面积草地的投入，非常有限。自 20 世纪 50 年代初至 90 年代，40 年累计草地投入不足 0.45 元/hm²，每公顷草地的产出为 15 ~30 元/a。用 1988 年全国草地的资金的投入与该年绵羊、山羊的总产出产值计算，其投入与产出比为 1∶108。20 世纪 90 年代末，我国对草地的生产建设投入达到 4.5 元/（hm²·a），草地的产出为 100 ~300 元/（hm²·a），对草地投入的幅度仍然很低。与我国温带草地水热条件相当的美国犹他州草地牧场，用于生产和购买人工饲料的生产成本，占牧场全部经营成本的 50% ~60%。我国的草地经营，用于生产和购买人工饲料的生产成本，1970 年以前<1%，2010 年<5%。草地经营的这种投入产出关系表明，草地畜牧业成为我国经营最粗放、成本投入最低的产业部门（陈佐忠，2008）。

4.3.2.5 水资源过度或不合理利用，导致干旱区草地沙化

内陆河上游拦截水资源，致使中下游河流断流，河流两侧草地植被枯死，尾闾湖泊干涸，湖泊周围的草地植被逐渐低矮、稀疏、退缩、枯萎、消失。罗布泊是典型的实例，20 世纪 50 年代末，罗布泊湖区碧波荡漾、鱼肥水美，湖周水草丰美、牛羊成群，生机益然。后来由于塔里木河下泄水量被拦截，10 年时间内，湖泊干涸、地下水位迅速下降，湖周芦苇和草地植被随之枯死，罗布泊变成寸草不生的荒漠、死亡之地。据新疆水利部门调查，在 20 世纪的最后 30 年，新疆内陆河上游绿洲农业超量用水，已使河流下游 340 万 hm² 草原和荒漠植被萎缩，沦为沙漠。甘肃省在河西走廊黑河上游修水库，拦截黑河水资

源，造成下游内蒙古额济纳旗草地大面积荒漠化和沙化。先是额济纳河断流，继而 1961 年和 1992 年西居延海和东居延海相继干涸，湖底成为沙质、砾石质荒漠；地下水位急剧下降，额济纳河两岸和居延海周围的胡杨、沙枣、红柳、梭梭和草原植被较 20 世纪 50 年代减少 60%，额济纳绿洲内的荒漠、戈壁、沙漠面积却增加了 68%，绿洲周边地区的流沙以每年 140 m 的速度侵入绿洲；20 世纪 80 年代较 60 年代额济纳旗的沙漠面积增加了 462km²，平均每年扩大 23km²（李旭，2001）。甘肃省石羊河上游截留水源，下游的民勤盆地绿洲深受其害，地表水径流自 20 世纪 50 年代末的 5.8 亿 m³ 减少到 90 年代的 1.3 亿~1.5 亿 m³，迫使部分耕地弃耕撂荒，成为沙地，致使草地植被稀疏、裸露地表扩大。

过度开采草地地下水资源，草地旱化，致使草地植被稀疏、浅根系草本植物枯萎、继而沙棘、红柳等灌丛草原植被衰败。新疆著名的斯库台草原因过度抽取地下水，造成地下水位下降，植被旱化甚至枯萎，美丽的草原风不再。民勤盆地绿洲于 20 世纪 70 年代开始大规模抽取地下水，1997 年保留机井达到 7392 眼，年提水量高达 5 亿 m³，地下水年超采量维持在 2.0 亿~2.5 亿 m³，致使地下水位迅速下降。超采地下水，最终导致民勤盆地绿洲、额济纳绿洲衰败，绿洲外围草原、塔里木河下游绿色长廊消失。

干草原和荒漠草地的水资源利用不当，引发草地盐渍化。如新疆天山北坡山麓低洼地段的干旱草原，遇洪水漫灌；内蒙古黄河段河套地区草地，河水漫灌，致土壤盐分随毛细管上升，致使草地发生次生盐渍化。

4.3.2.6　改变草地经营方式，导致草地退化、沙化

雨养型农业向草原牧区推进，低耗水型放牧草地畜牧业改变为耗水型半农半牧经营。内蒙古的鄂尔多斯草原，自明朝洪武年间（公元 1368~1398 年）开始，陕西等地的汉族农民进入草原进行垦殖。清朝中期雍正二年（公元 1724 年）蒙地（草原）放垦，察哈尔右翼四旗即科尔沁草原被放垦，山西、河北一带汉族农民越过长城大量开垦科尔沁草原。随着草原垦殖和农耕活动向草原区的推进，长城以北的草原区，由昔日的单一低耗水型草地放牧畜牧业经营机构，变成草原与农田交错分布，种植业与草原放牧畜牧业并存的半农半牧区，致使土地过度垦殖，耗水量加大，翻耕后土壤蒸发量增加、加速了草地干旱，植被退缩。

我国北方温带典型草原，年降水量为 300~400mm，十年九旱，开垦草原形成的雨养农业，不能保收。被垦草原的土壤有机质和肥力损耗到一定程度，或被迫休闲或被撂荒，成为裸地、沙地。昔日风吹草低见牛羊、水草丰美的鄂尔多斯草原，经过 200~300 年交替的开垦、农耕、撂荒，天然草地植被覆盖度日益降低，裸地、沙地、撂荒地面积日益扩大，最终导致大部分草原变成了如今的毛乌素沙地和科尔沁沙地。

超越水资源容量，在干旱草原区发展高耗水性养殖业，取代传统的低耗水型草原畜牧业。内蒙古阿拉善高原和乌兰察布高原干旱草原区，历来经营低耗水型草原放牧畜牧业，后来追求发展高产出、但不适合干旱草原的奶牛业、肉牛养殖业。为此要打机井，大量超采地下水，灌溉高耗水型青贮玉米和青饲料，引起地下水位急剧下降。地下水位的下降，必然引起草原干旱，致使草地部分牧草及根系浅的半灌木植被稀疏、退缩。位居干旱草原

区的蒙牛集团和林格尔奶牛养殖基地的奶牛产业，依靠超量抽取地下水，发展高耗水奶牛养殖，已经引起地下水位下降，给草地旱化、荒漠化留下隐患（苏大学，2013）。

总之，西北草地生境的脆弱与多风的自然环境是草地退化的内因，在气候因素的驱动下，如开垦、超载过牧、乱采滥挖、樵采和矿产开发等人类活动是草地退化的重要因素，特别是开垦和超载过牧是草地面积减少和质量退化的主要人为因素。

4.4

核心结论与认识

（1）20世纪50年代至2000年，草地质量下降、面积减少。2000年以来，随着大量生态保护工程的实施，草地质量有所提升，面积有所增加，退化趋势得到了有效遏制，但总体仍处于退化状态，尤其是新疆，草地退化仍然在持续。

（2）西北地区草地变化主要受人为因素影响。开垦、超载过牧、乱采滥挖、樵采和矿产开发等人类活动是草地退化的重要因素，开垦和超载过牧是草地退化的主要人为因素，2000年以来，草地得以恢复主要得益于国家政策。气候变暖进一步增加了草地恢复的困难，草地保护与建设仍然面临挑战。

（3）总结20世纪50年代以来西北地区草地变化的历程，国家政策对草地快速变化起着重要作用，五六十年代的"大跃进""大炼钢铁"，六七十年代的"文化大革命"，80年代以来的改革开放，进入21世纪以后的退耕还林/草等，均对草地质量起到了或负或正的巨大影响。西北地区脆弱的生态环境极易受扰动而产生急剧变化，具有前瞻性的、符合西北地区自然环境特点的、科学的、良性的、可持续的政策将对西北地区草地恢复带来"风吹牛羊见草地"般的前景。

第 5 章

西北地区湖泊与湿地变化

　　导读：西北地区干旱少雨、水资源匮乏，湖泊与湿地对维系整个生态系统的稳定起着重要作用。通过对西北地区湖泊与湿地时空动态的评估，显示近 60 年来西北地区湖泊和湿地面积整体下降，近 10 年来湖泊面积扩张明显，但整体没有达到 20 世纪 50～60 年代的水平。气候变化对高寒区的湖泊和湿地作用显著，而人类活动对干旱区湖泊和湿地影响显著。冰湖扩张增加了区域地质灾害的风险，自然保护区的建立是遏制干旱区湿地退化的有效途径。

5.1

湖泊

湖泊是指陆地上的盆地或洼地积水形成的、有一定水域面积、换水较为缓慢的水体（马荣华等，2011）。湖泊作为陆地水圈的重要组成部分，参与自然界的水分循环，是流域物质与能量的"汇"。湖泊对气候变化极为敏感，可记录各湖区不同时间尺度气候变化和人类活动的信息，是揭示全球气候变化与区域响应的重要信息载体，被誉为区域生态与环境变化的"缩影"和"记录器"（秦大河等，2005；马荣华等，2011）。同时，湖泊具有调节河川径流、改善生态环境、提供水源、灌溉农田、沟通航运、繁衍水生动植物、维护生物多样性以及旅游观光等功能，部分湖泊（盐湖）还赋存有丰富的石盐、天然碱、芒硝、硼、锂、钾等盐矿资源。因此，湖泊在维护区域食物、生态与环境安全等方面具有特殊的地位。

西北地区生态环境脆弱，水资源是制约人类社会经济活动与流域生态环境建设的关键因素。因此，西北干旱区湖泊水资源–环境在社会经济可持续发展和生态环境保护中占有重要地位。干旱区湖泊独特的水文学、水文物理学、水化学和水生态学性质，决定了它的属性不同于湿润区和高寒、高原区的湖泊（胡汝骥等，2007；王亚俊和孙占东，2007）。此外，高寒区地域广阔，相对人口较少，气候对湖泊变化的影响更具有区域性和广泛性，且由于湖泊流域冰川的存在，气温变化对流域冰川融水有着重要影响，致使湖泊受气候变化的影响更加复杂。近50年来，伴随我国西北地区土地资源的大规模开发，人类活动通过修筑大量水利设施拦截入湖地表径流，加剧下游湖泊水资源的短缺，导致湖泊迅速萎缩、咸化甚至干涸等问题，严重危及湖泊及其相邻区域的生态环境，造成湖泊生物多样性丧失、湖滨地区荒漠化加剧等问题（张振克和杨达源，2001；丁永建等，2006）。因此，系统分析我国西北地区湖泊时空变化特征对于深刻揭示干旱区水分循环的内在运行规律、区域水资源合理利用，尤其是丝绸之路经济带的建设与规划具有重要的理论价值和实际意义。

5.1.1 西北地区湖泊概况

按照我国湖泊地理分区，西北地区湖泊隶属于蒙新高原湖区和青藏高原湖区（王苏民和窦鸿身，1998；马荣华等，2011）。其中，新疆、甘肃、内蒙古、陕西和宁夏5省区位于蒙新高原湖区，青海省属于青藏高原湖区（图5.1）。受复杂地貌、气候条件的控制，西北地区湖泊类型丰富多样，既有海拔近5000 m的高原湖泊，也有海平面以下的湖泊（艾丁湖，−155 m）；既有构造湖，也有冰川湖、风成湖等独特景观。按湖泊水化学性质划分，从淡水湖（矿化度<1 g/L）到微咸水湖（矿化度1～35 g/L）、咸水湖（矿化度35～50 g/L）、盐湖（矿化度>50 g/L）、干盐湖（地下有晶间卤水或固体盐矿）在西北地区均有分布，且以咸水湖和盐湖居多（中华人民共和国水利部，1998；王苏民和窦鸿身，1998）。

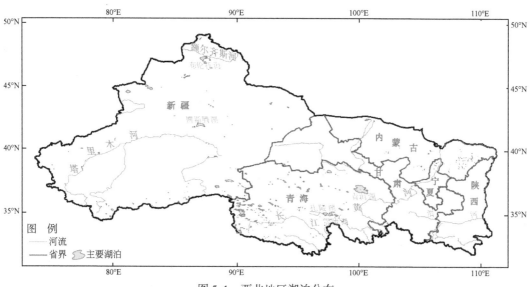

图 5.1 西北地区湖泊分布

在蒙新高原地区，地貌以波动起伏的高原或山地与盆地相间分布的地形结构为特征，河流和潜水向洼地中心汇聚，一些大中型湖泊往往成为内陆盆地水系的尾闾和最后归宿地，发育成众多的内陆湖，如新疆境内的玛纳斯湖、艾比湖、博斯腾湖等，只有个别湖泊如额尔齐斯河上游的哈纳斯湖、黄河河套地区的乌梁素海等为外流湖（王苏民和窦鸿身，1998）。此外，在沙漠区边缘地带多有风成湖分布，如在巴丹吉林沙漠东南部高大沙丘之间的低地分布有数量较多但面积很小的湖泊（海子），湖水以地下潜水形式为主，且湖泊面积季节波动剧烈，这是本区湖泊的又一显著特色（朱金峰等，2011；金晓媚等，2014）。

青藏高原湖区是我国湖泊数量和面积最多的湖区（王苏民和窦鸿身，1998），其中青海省境内的湖泊数量和面积分别约占本湖区相应总量的 21% 和 32%（马荣华等，2011）。受青藏高原隆升的影响，湖泊大多发育在一些和山脉平行的山间盆地或巨型谷地之中，如柴达木盆地的众多湖泊分布在构造盆地的最洼处，这些湖泊均是第三纪柴达木古巨泊的残留湖；青海省湖泊以内陆湖为主，湖泊多是内陆河流的尾闾和汇水中心，湖水矿化度较高，以咸水湖和盐湖为主，如青海湖是我国最大的内陆咸水湖，察尔汗盐湖是我国最大的盐湖。但在黄河、长江水系的河源区，由于晚近地质时期河流溯源侵蚀与切割，仍有少数外流淡水湖存在，如黄河上游的扎陵湖和鄂陵湖，即是本区两大著名淡水湖。

根据科技基础性工作专项"中国湖泊水质、水量与生物资源调查"发布的数据，2005~2006年我国西北地区共有面积>1.0km^2 的湖泊 437 个，面积为 20 329.4km^2（表5.1）。其中，青海省湖泊数量最多、面积最大，分别为 225 个和 13 026.9km^2，湖泊拥有率（湖泊总面积/本省土地面积×100%）位居全国第 5 位。新疆维吾尔自治区拥有湖泊121 个，面积为 6527.6km^2，约为青海省湖泊面积的 1/2。内蒙古自治区湖泊主要分布于蒙古高原的中东部，位于西北地区的湖泊共 82 个，面积为 652.1km^2，主要分布在腾格里沙漠、巴丹吉林沙漠和河套地区。宁夏回族自治区、陕西省和甘肃省湖泊数量极少且单个湖泊面积均小于50km^2，分别为 6 个（47.2km^2）、2 个（42.2km^2）和 1 个（33.4km^2）。从湖泊面积等级来看，西北地区湖泊数量以面积介于 1～10km² 的湖泊为主，该面积等级湖泊数量约占总湖泊数量的 2/3。面积大于 1000km² 的特大型湖泊仅有 2 个，分别为青海湖（4254.9km²）和博斯腾湖（1004.3km²），是我国最大的咸水湖和最大的内陆淡水湖。

表 5.1　西北地区面积>1.0km² 的湖泊数量与面积统计

地区	面积等级/km²						数量/个	面积/km²
	>1000	500～1000	100～500	50～100	10～50	1～10		
青海	1	4	18	14	51	137	225	13 026.9
新疆	1	3	8	4	28	77	121	6 527.6
内蒙古	—	—	1	—	6	75	82	652.1
宁夏	—	—	—	—	2	4	6	47.2
陕西	—	—	—	—	1	1	2	42.2
甘肃	—	—	—	—	1	—	1	33.4
合计	2	7	27	18	89	294	437	20 329.4

5.1.2　西北地区湖泊变化

5.1.2.1　西北地区湖泊变化

近半个世纪以来，受气候周期性变化和冰川快速消融等因素的影响，我国西北地区湖泊水量和面积呈现明显的波动变化，不同时段萎缩与扩张交替变化，但总体呈现萎缩态势，不少湖泊甚至干涸消失。Ma 等（2010）基于 1960～1980 年地形图和 2005～2006 遥感影像数据，对我国湖泊变化进行了系统研究，结果表明蒙新高原湖区湖泊出现萎缩或消失，部分消失湖泊面积大于 100.0km²，如罗布泊、曲曲克苏湖、青格力克湖、加依多拜湖和乌尊布拉克湖，这些湖泊位于新疆维吾尔自治区境内。同时，西北地区也出现了一些面积大于 1.0km² 的新生湖泊，主要位于冰川末梢、山间洼地和河谷湿地，这些新生湖泊主要分布在青海省境内的可可西里地区和柴达木盆地、新疆维吾尔自治区境内的昆仑山以北和阿尔泰山以南地区。

根据《中国面积 10km² 以上湖泊面积动态变化数据集》（2013）对西北地区面积>10.0km² 的湖泊面积变化统计表明（表 5.2），1980～2000 年西北地区湖泊面积呈萎缩态势，面积减少了 728.52km²（-3.80%）；2000～2008 年湖泊面积迅速增加，扩张幅度达 833.01km²（4.52%）。整体来看，近 1980～2008 年西北地区湖泊面积经历了由减少到增加的过程，较 1980 年湖泊面积略有所增加。从各省（自治区）湖泊面积变化来看，1980～2008 年青海省湖泊面积略有增加，但区域差异极大（图 5.2），其中，位于青藏高原腹地的可可西里地区湖泊群经历了先萎缩（1980～2000 年）后扩张（2000～2008 年）的演变过程，青海湖面积变化则呈相反态势，祁连山南坡的哈拉湖和柴达木盆地的诸多盐湖面积呈持续减少趋势，而三江源地区湖泊面积波动剧烈。1980～2008 年新疆维吾尔自治区湖泊面积变化与整个西北地区湖泊面积变化规律基本一致，其中 1980～2000 年新疆西部地区湖泊普遍萎缩，而阿尔泰山南坡的布伦托海、中部的博斯腾湖及昆仑山北坡的大多数湖泊面积有所增加；2000～2008 年，除博斯腾湖、艾西曼湖、艾里克湖、喀纳斯湖等少数湖泊面积有所减少外，新疆全区湖泊呈现扩张的趋势，这与闫立娟和郑绵平（2014）的研究结论一致。内蒙古西部地区湖泊在上述两个时期尽管也呈先减少后增加趋势，但至 2008 年湖泊面积仍少于 20 世纪 80 年代，近 30 年湖泊面积总体上呈减少态势。宁夏、陕西和甘肃 3 省（自治区）面积>10.0km² 的湖泊仅有 4 个，分别为沙湖和星海湖（属宁夏）、红碱淖（属陕西）、尕海（属甘肃），除尕海湖经历了面积先上升后减少过程外，沙湖和星海湖、红碱淖分别呈持续扩张和持续萎缩趋势。

表 5.2　西北地区面积>10.0km² 的湖泊面积变化统计

地区	不同时期湖泊面积/km²			1980～2000 年湖泊面积变化		2000～2008 年湖泊面积变化		1980～2008 年湖泊面积变化	
	1980 年	2000 年	2008 年	/km²	/%	/km²	/%	/km²	/%
青海	12 426.00	12 864.70	12 497.68	438.70	3.53	-367.02	-2.85	71.68	0.58
新疆	6 154.75	5 113.74	6 210.81	-1041.01	-16.91	1 097.07	21.45	56.06	0.91
内蒙古	511.00	337.49	436.68	-173.51	-33.95	99.19	29.39	-74.32	-14.54
宁夏	—	11.35	30.09	—	—	18.74	165.11	—	—
陕西	60.30	53.40	41.10	-6.90	-11.44	-12.30	-23.03	-19.20	-31.84
甘肃	4.50	47.35	44.68	42.85	952.22	-2.67	-5.64	40.18	892.89
合计	19 156.55	18 428.03	19 261.04	-728.52	-3.80	833.01	4.52	104.49	0.55

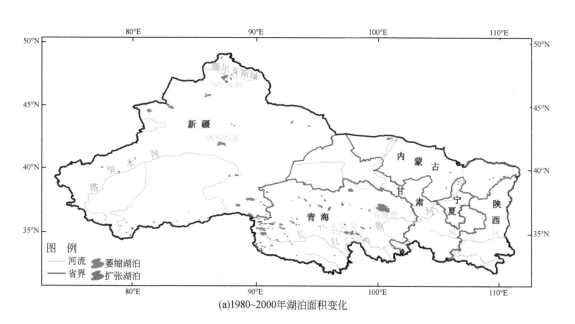

(a)1980～2000年湖泊面积变化

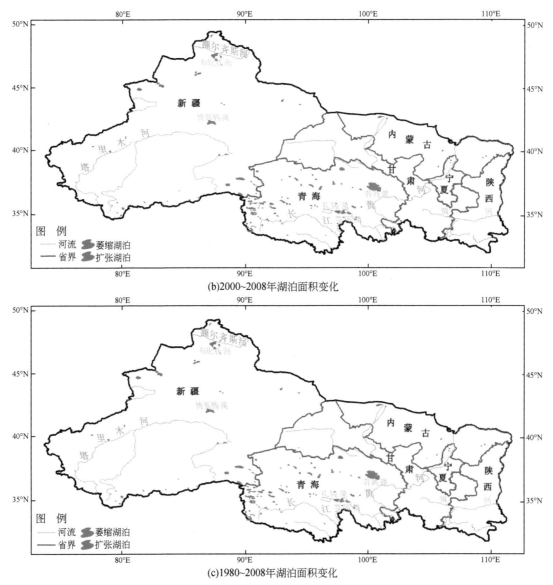

(b)2000~2008年湖泊面积变化

(c)1980~2008年湖泊面积变化

图5.2　1980～2008年西北地区不同时期湖泊面积变化

5.1.2.2　典型区域湖泊变化

本小节选择三江源、可可西里、巴丹吉林沙漠和天山四个地区作为代表性研究区，用以评估我国西北地区江河源区、青藏高原腹地、内陆沙漠和高山冰川湖泊的动态变化。

1）三江源地区

三江源地区是指长江、黄河和澜沧江源头地区（31°39′N～36°12′N，89°45′E～102°23′E），被誉为"中华水塔"，位于青南高原，平均海拔在3500m以上，气候恶劣，地形复杂。目前，国内外学者对于三江源地区湖泊变化的研究更多集中在黄河源头地区（吴素霞等，2008），其中以研究区内两个最大的淡水湖——扎陵湖和鄂陵湖为主（李万寿等，2001）。李晖等（2010）以 1976~1977 年、1990~1995 年、1999~2002 年、2004~2006 年四期 Landsat MSS/TM/ETM+、CBERS CCD 遥感影像为数据源，选取面积在 15km² 以上、总面积占三江源地区湖泊总面积的 90% 左右的 24 个湖泊作为典型湖泊，建立了该地区湖泊的变化图谱。结果表明三江源地区湖泊在近 30 年间总面积缩小，共缩小了 65.76km²，以 2000 年为界经历了先萎缩后扩张的变化过程，但萎缩强度大于扩张强度，即三江源地区湖泊近年来虽有微弱的扩张，但整体上仍呈萎缩趋势。近期三江源地区湖泊面积扩大的原因可能有两个方面：①气候变暖加剧冰川融化和近年降水呈现增多趋势导致湖泊水面上升、面积扩大（刘时银等，2002；沈德福等，2012）。②2003 年以来，三江源地区开始推行封育草地，减少载畜量，扩大湿地，涵养水源，防治草原退化，实行生态移民、鄂陵湖出水口附近建设水电站等一系列工程项目的实施，源区的生态逐步恢复，使得曾经萎缩的湖泊面积逐渐扩大，河流湖泊水量逐渐增加（吴素霞等，2008；张博等，2010）。

（1）雅西错、葫芦湖、豌豆湖、阿拉克湖、S63022[①]、盐湖、叶鲁苏湖 7 个湖泊面积有所扩张，扩张总面积为 32.64km²，其中有 6 个湖泊位于长江源头地区，在四个时期内这 7 个湖泊均具有萎缩和扩张的状态。据沱沱河沿、曲麻莱和玉树藏族自治州的气象资料，近 20 年来年平均气温以 0.46℃/10a 的速率上升，且 4 月和 5 月上升速率高达 0.84℃/10a（时兴合等，2005），因此，湖泊面积的扩大可能与近年来长江源头地区气温上升，冰川退缩进而导致湖面上升有一定的关系。

（2）星星海、隆热错、阿涌尕玛错、阿涌吾尔马错、章江头木错、卡巴纽尔多、玛章错钦、扎陵湖 8 个湖泊处于持续萎缩状态，萎缩总面积为 58.74km²，其中大部分湖泊在 20 世纪 90 年代和 21 世纪初期萎缩强度较大。根据《中国湖泊志》（1998 年出版），星星海、隆热错、阿涌尕玛错、阿涌吾尔马错等湖泊补给主要为大气降水，受气候变暖影响，湖区蒸发量增加，水位有所下降。根据赵静等（2009）的研究，蒸发量增大是扎陵湖水面萎缩的主要影响因素。

（3）错江钦、尕拉拉错、苟仁错、海丁诺尔、苦海、特拉什湖、错达日玛、冬给措纳湖、鄂陵湖 9 个湖泊萎缩，萎缩总面积为 39.66km²，但四个时期内均经历了萎缩和扩张的过程，其萎缩程度大于扩张程度。鄂陵湖作为黄河源头最大的湖泊，与扎陵湖一并对黄河源头径流具有滞蓄、调节作用，鄂陵湖面积虽有一定的波动，但其萎缩量相对于湖泊面积变化不大，为稳定型湖泊（赵静等，2009；李晖等，2010）。

2）可可西里地区

可可西里地区处于羌塘高原内流湖区和长江北源水系交汇地带，区内湖泊众多，且多为咸水湖-半咸水湖，淡水湖和盐湖分布较少（胡东生，1992）。在可可西里地区，位于青海省境内面积大于 1.0km² 湖泊有 107 个，湖泊季节变化较大，通常 5~9 月为丰水期，10 月~翌年 4 月为枯水期。姚晓军等（2013）以可可西里地区 20 世纪 70 年代地形图和 1990~1999 年、

---

　　① 这个湖泊没有名称，S63022 来自《湖泊编目数据》，详见：http：//www.lakesci.csdb.cn/front/detail-lake2014 $ hpdmb？id=1708。

2000～2011 年 Landsat TM/ETM+遥感影像为基础，通过数字化和影像解译获取研究区 83 个面积大于 $10km^2$ 湖泊变化数据，并对湖泊变化成因进行了初步分析。研究结果如下。

（1）20 世纪 70 年代初期至 2011 年，可可西里地区湖泊经历了"先萎缩后扩张"的变化过程，83 个面积大于 $10km^2$ 的湖泊由 5873.91 km^2 增加为 7446.94 km^2，增幅为 1573.03 km^2。其中，70～90 年代湖泊面积普遍减小（–610.20 km^2），90 年代至 2000 年湖泊出现扩张，并在 2000 年恢复到 20 世纪 70 年代的湖泊规模，2000 年之后湖泊面积急剧增大。

（2）2000～2011 年，可可西里地区不同规模等级湖泊整体呈扩张趋势，但表现出一定的区域差异性。面积呈增加趋势的湖泊数量最多，分布亦最广，一些湖泊由于扩张迅速出现湖泊合并或湖水外泄情况，如 2011 年 9 月卓乃湖湖水大量外泄导致库赛湖和海丁诺尔、盐湖面积出现急剧增加（姚晓军等，2012）。面积呈减少趋势或波动起伏的湖泊数量较少，零散分布在研究区中部和南部，湖泊动态变化与其自身补给条件或与下游湖泊（河道）存在水力联系有关。

（3）降水增多、蒸发减少是可可西里地区湖泊规模扩大的主要原因，而气候变暖引起的冰川融水增加、冻土水分释放是次要原因。

3）巴丹吉林沙漠地区

巴丹吉林沙漠位于内蒙古自治区阿拉善高原中西部，集中分布于弱水东岸的古日乃湖以东、宗乃山和雅布赖山以西，拐子湖以南，北大山以北的地区，地理位置为 39°04′N～42°12′N，99°23′E～104°34′E，面积约为 $5.2×10^4km^2$，是中国第三大沙漠。区内海拔为 1000～1700m，地势东南高西北低。多年平均降水量由东南向西北逐渐减少，东南部约为 120mm，西北部不足 40mm，多年平均蒸发量大于 3000mm，年平均气温为 1～8℃，7 月最高达 37～41℃，沙面则高达 70～80℃，气候极度干旱。与世界上其他沙漠明显不同的是，巴丹吉林沙漠东南部的高大复合型沙山，相对高度一般达 200～300m，最高的超过 430m；沙山之间的洼地分布着 144 个大小不等的永久性湖泊，其中常年有水的湖泊达 74 个，绝大多数属矿化度很高的盐碱湖，还有一定数量的淡水湖，这一奇特景观类型为世界罕见（朱震达等，1980）。关于巴丹吉林沙漠湖泊水源、湖泊水循环等科学问题一直是国内外学者研究的热点，有学者认为黑河在金塔-鼎新盆地强烈渗漏所产生的地下水顺着阿尔金断裂自西向东源源不断地补给了巴丹吉林沙漠，经过目前还不为人知的深部循环方式，地下水在湖泊群地表破碎带向上运移形成上升泉，最终成为巴丹吉林内陆沙漠湖泊群水源的补给来源（丁宏伟和王贵玲，2007）。

张振瑜等（2013）基于 1973 年、1990 年、2000 年、2010 年 4 个时期 Landsat 遥感影像数据，提取并统计了 1973～2010 年，巴丹吉林沙漠湖泊面积变化信息。结果表明，1973～2010 年，巴丹吉林沙漠腹地共干涸了 19 个湖泊，新增 7 个湖泊，43 个湖泊萎缩，6 个湖泊扩张，26 个湖泊面积基本保持稳定。从湖泊面积变化剧烈程度来看，1973～1990 年、1990～2000 年、2000～2010 年 3 个时期湖泊面积变化剧烈程度依次减弱（熊波，2009）。整体而言，1973～2010 年有 3 个湖泊面积明显减小的区域，分别位于湖区偏西北部、东南缘部分淡水湖泊以及中东部以浩尼吉林为中心的湖泊区域；湖泊面积扩大的区域主要在中东部呼和吉林—塔马英一线，还包括包尔准图和乌兰吉林，皆分布于浩尼吉林萎缩区外围。

金晓媚等（2014）亦对巴丹吉林沙漠 1990～2010 年夏、秋季湖泊面积年际变化进行了分析，研究发现湖泊在秋季时的面积明显小于夏季，秋季湖泊面积年际变化呈缓慢减少趋势，而夏季湖泊面积变化呈先减少后增大再减少趋势，且变化幅度相对较大。降水不是巴丹吉林沙漠湖泊补给的主要来源，湖泊面积的变化主要受地下水补给变化的影响。朱金峰等（2011）对比巴丹吉林沙漠湖泊年内变化发现，湖泊总面积和数量在当年春、夏、秋、冬季均依次减少，到第二年春季又逐渐恢复前一年春季状态。来婷婷等（2012）对巴丹吉林沙漠湖泊和腾格里沙漠湖泊季节变化进行了对比研究，发现前者湖泊总面积最大的时期为春季（3 月），而后者则在夏季（6 月），并认为巴丹吉林沙漠湖泊水量变化主要受远源地下水影响，而腾格里沙漠湖泊水量变化更多地受近源地下水的影响。

4）天山地区

天山是我国冰川主要分布区之一，冰川退缩、融水增加在冰川末端或表面形成了数量众多的冰湖。受气候变暖影响，我国冰川资源呈减少趋势，最新数据表明近 40 年间冰川面积减少约 18%（刘时银等，2015）。天山山区冰湖的存在具有双面效应，一方面冰湖是一种宝贵的水资源，对人类的生产生活有重要意义；另一方面冰川又是许多冰川灾害的孕育者和发源地，对人类的生产生活构成严重的威胁，如冰川阻塞湖溃决洪水已成为叶尔羌河谷上游的克勒青河谷和阿克苏河上游的昆马力克河的主要水患（姚晓军等，2014）。

王欣等（2013）基于 1990 年、2000 年和 2010 年三期 Landsat TM/ETM+遥感影像，利用 RS 和 GIS 技术对天山地区冰湖进行编目和变化研究。调查结果显示（表 5.3），2010 年，天山地区共有冰湖 1667 个，总面积为 96.504km²；在空间分布上，天山地区冰湖以中央天山和东天山最多，面积分别占天山冰湖总面积的 40.4% 和 30.2%，西天山最少，占总面积的 9.5%。

表 5.3 1990～2010 年天山地区冰川湖泊变化

年份	西天山		北天山		中央天山		东天山		合计	
	数量/个	面积/km²	数量/个	面积/km²	数量/个	面积/km²	数量/个	面积/km²	数量/个	面积/km²
1990	125	7.373	353	15.890	512	37.378	371	22.075	1363	82.716
2000	155	8.765	397	18.010	536	36.995	445	25.060	1533	88.830
2010	164	9.145	425	19.195	557	39.045	521	29.119	1667	96.504

1990～2010 年，天山地区冰湖数量和面积处于不断变化之中。整个天山地区的冰湖变化表现出面积增大、数量增多的趋势，20 年间冰湖的数量增加了 22.5%，面积增加了 16.7%，分别以每年 1.1% 和 0.8% 的速率增加。对比各地区冰湖面积在 1990～2000 年和 2000～2010 年的年平均变化率，发现西天山、北天山冰湖面积扩张速率在减缓，而中央天山冰湖面积变化速率由减少转为增加，东天山表现为持续快速扩张。从冰湖面积变化的绝对量来看，近 20 年来，天山冰湖总体以 0.689km²/a 速率在扩张，其中一半以上是由东天山（0.352km²/a）贡献的，其次是北天山（0.165km²/a），西天山和中央天山的冰湖面积增率最小，分别为 0.089km²/a 和 0.083km²/a。

天山冰湖扩张主要是气温升高及冰川普遍退缩共同作用的结果。对内陆干旱区来说，冰湖的迅速扩张在一定程度上延缓了因气候变暖而导致的区域冰川水资源的亏损。初步估算显示，近 20 年中，冰川融水直接汇入冰湖致其面积净增 $0.689km^2/a$，相当于约有 $0.13Gt/a$ 或 $0.006Gt/a$ 的冰川融水滞留在冰湖中，近 10 年冰湖总水量增率加大，为 $0.01Gt/a$，约占天山冰川年消融量的 $2‰$，对干旱区的生态和社会经济建设弥足珍贵。然而，天山冰湖面积的不断扩张将导致本区冰湖溃决，以及洪水的频次和强度增大，需引起广泛重视。

5.1.2.3 典型湖泊变化

本小节分别选取能表征青藏高原湖区及蒙新高原湖区总体变化特征且研究相对成熟的青海湖和卓乃湖，博斯腾湖和艾比湖作为典型湖泊系统分析其变化特征，用以评估我国西北地区湖泊生态环境的演化过程。

1）青海湖

青海湖作为我国最大的内陆咸水湖，是维系青藏高原生态安全的重要水体（冯钟葵和李晓辉，2006）。青海湖地处青藏高原东北部，位于 99°36′E～100°16′E，36°32′N～37°15′N。青海湖流域面积约为 $3.0\times10^4 km^2$，湖面海拔为 3200m，湖泊形状近似西北张开的喇叭，面积约为 $4300km^2$，总需水量为 $7.38\times10^8 m^3$，平均水深为 21m（陈晓光等，2007）。通过对重力岩心沉积的采样分析（王绍武和董光荣，2002），青海湖近 600 年来有 5 次湖泊相对扩张、水位上升、湖水趋于淡化的阶段，分别发生在公元 1398 年、1528 年、1688 年、1778 年和 1898 年。而近 200 年来的变化可以划分为几个明显阶段：①1800～1860 年，气候偏湿润，水位总体偏高；②1860～1880 年，气候略干，水位下降；③1880～1900 年，气候湿润，水位上升；④1900 年之后，伴随着气候干旱化，水位呈下降趋势。由图 5.3 可知，1961～2002 年，青海湖年水位以每年 7.69cm 的速率持续下降（李林等，2005）。从 2004 年开始，青海湖水位出现回升（刘宝康等，2013），2005～2011 年湖水位累计涨幅为 1.01m（白爱娟等，2014）。青海湖水面面积与湖水位有很好的正相关关系，1956～2004 年萎缩了 $397.5km^2$，2005～2011 年扩张了 $80.4km^2$；1995 年以来沙岛湖一直与大湖水体分离，湖岸线变化不均匀（白爱娟等，2014）。刘宝康等（2013）的研究结果亦表明青海湖在 2008～2011 年面积持续增大，且 2011 年面积增幅明显。

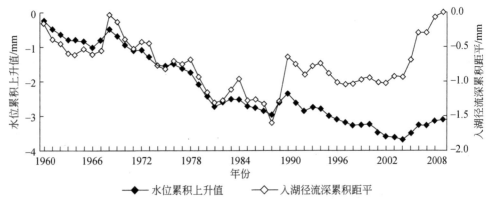

图 5.3　1960～2009 年青海湖水位累积上升值与入湖径流深累积距平变化（刘宝康等，2013）

针对青海湖水位变化的成因，尽管存在一定差异（李林等，2005；时兴合等，2005；白爱娟等，2011；李燕等，2014），但多认为降水量、径流和湖面蒸发量变化是导致青海湖面积和水位波动的主要因素，而冰川融水、人类活动等其他原因并非主导因素。

2）卓乃湖

卓乃湖又名霍鲁诺尔，位于玉树藏族自治州治多县，昆仑山东段晚第三纪陆相盆地内（91°47′E～92°07′E，35°29′N～35°37′N）。湖盆受区域构造控制呈东西向梨形，西宽东窄，湖水主要依赖卓乃河补给。第四纪时期，出流经东端库赛河注入库赛湖，后因气候变干，湖泊退缩演变为闭流类湖（王苏民和窦鸿身，1998）。卓乃湖附近人迹罕至，是我国藏羚羊重要的产羔地。

2011 年 9 月，位于可可西里自然保护区腹地的库赛湖因不明来水注入出现明显上涨，湖面持续抬升，湖水溢出外泄，新出现的外溢河流流量大于长江北源楚玛尔河，并引发库赛河能否成为长江最北源的热议。姚晓军等（2012）提出卓乃湖大量湖水涌入库赛湖是导致后者湖水外溢的根本原因（图 5.4），并给出了卓乃湖近 40 年的面积变化状况（图 5.5）。1969 年 10 月至 2011 年 8 月 22 日，卓乃湖规模变大，面积由 254.91km^2 增至 272.95km^2。2011 年 10 月 6 日，卓乃湖面积骤减为 180.26km^2，并分离出多个小湖。截至 2011 年 11 月 29 日，卓乃湖面积为 168.07km^2，仅为 8 月 22 日湖泊面积的 62%。卓乃湖流域为无人区，卓乃湖面积增加的决定性因素是降水增加和湖面蒸发减少，而气候变暖引起的冰川融水增加、冻土水分释放是次要原因（姚晓军等，2013）。

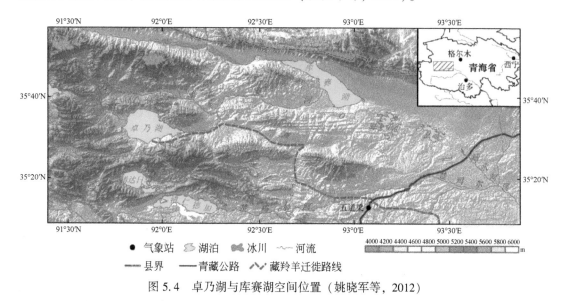

图 5.4 卓乃湖与库赛湖空间位置（姚晓军等，2012）

3）博斯腾湖

博斯腾湖位于新疆天山南麓焉耆盆地的博湖县境内，地理位置介于 86°40′E～87°56′E，41°56′N～42°14′N，是新疆境内最大的湖泊，也是我国最大的内陆淡水湖。地质构造上为天山西褶皱带内部的凹陷区，属中生代断陷湖，既是开都河的尾闾，又是孔雀河的源头。博

图 5.5　卓乃湖近 40 年面积变化状况（姚晓军等，2012）

注：底图为 HJ1A CCD 影像，轨道号 32-72，2011 年 10 月 6 日

斯腾湖湖面平均海拔为 1046.99m，总面积为 1513.30km²，平均水深为 7.38m，最大水深为 16m（王杰等，2013）。

伊丽努尔·阿力甫江等（2015）对博斯腾湖 1958～2012 年水位变化进行了系统研究，结果表明，近 55 年来，博斯腾湖年均水位存在着明显的波动，可划分为缓慢下降期（1958～1987 年）、急剧上升期（1988～2002 年）和急剧下降期（2003～2012 年）3 个阶段。基于湖泊水量平衡方程计算结果表明，博斯腾湖水位波动与开都河径流变化密切相关（孙占东，2006）。伊丽努尔·阿力甫江等（2015）利用灰色关联分析方法对影响博斯腾湖水位的自然因素和人为因素进行了区分，认为 1958～1987 年，自然因素的影响最强，主要是湖区气候处于暖干化使得入湖径流量减少，导致博斯腾湖水位下降，人类活动的影响则较小；1988～2002 年，由于湖区气候由暖干向暖湿的转型，加之山区冰川融雪径流增加，入湖水量较多，湖泊水位上升；同期，耕地面积扩大，灌溉需水量增加，强烈挤占了生态用水，即人类活动的影响虽然开始增强，但还不足以抵消气候变化对博斯腾湖水位的影响；2003～2012 年，由于上游农业灌溉过度引水，并且随着焉耆盆地大规模工农业开发活动以及人口的迅速增加，使博斯腾湖的水量消耗直接或间接受到影响，导致博斯腾湖水位急剧下降，人类活动对博斯腾湖水位的影响强度呈明显增加趋势，而气候变化的影响相对呈降低趋势。王俊等（2012）亦认为人类活动对博斯腾湖的影响持续增强，从 1973 年开始，人类活动对入湖径流减少的贡献率一直保持在 60% 以上，尤其是 2000～2008 年强度高达 80.8%，已成为入湖径流减少的主要因素。

4）艾比湖

艾比湖位于新疆天山北麓，准噶尔盆地西南缘（82°35′E～83°16′E，44°05′N～45°08′N），形成于第三纪喜马拉雅运动期，与哈萨克斯坦境内的萨斯克湖、阿拉湖同属一个断裂构造带的断陷湖，为准噶尔盆地西部最低的集水中心，是奎屯河、精河、博尔塔拉河等河流的尾闾。G312 国道和北疆铁路古尔图—阿拉山口段均从艾比湖西南边缘通过到达国家级一类口岸——阿拉山口口岸，同时，艾比湖所属流域是北疆地区重要的棉花、粮食、畜牧业基地和石油化工基地。由于地理区位特殊，生态环境脆弱，因此维持艾比湖地区良好的生态环境，对于维持新欧亚大陆桥的安全运营，阿拉山口口岸的贸易繁荣，乃至天山北坡经济带的可持续发展均具有重要意义。1949 年以后，由于大规模的水利建设，特别是 20 世纪 80 年代以来奎屯河流域相继修建了 10 余座水库和多座引水工程，地表径流基本上全部被引用，奎屯河口完全断流，20 多年来基本无水入湖，博尔塔拉河和精河成为艾比湖的主要补给河流（贾春光等，2006）。

艾比湖的面积在一年中 3~4 月最大，7~10 月最小，其原因是 10 月以后农业用水明显减少，入湖水量增大。特别是博尔塔拉河的径流因受博尔塔拉谷地的三个地下水库的调节，使下游径流的集中期滞后半年，冬季出现丰水期，因水量和热量不协调，无法利用，大量流入艾比湖（曾庆江，1994）。3 月湖滨地区又有积雪融水入湖，加之冬半年气温低、蒸发量少，故 4 月湖面积最大。4 月以后，尽管径流逐渐增多，但由于农业大量用水，使入湖水量与冬半年相比增加不大，博尔塔拉河枯水期开始。夏季气温高，蒸发强烈（4~9 月的蒸发量约占全年蒸发量 88%），湖泊面积逐渐缩小。

近半个世纪以来，艾比湖面积变化十分明显。20 世纪 50 年代初~70 年代初为快速萎缩期，湖泊面积由 1070km² 缩小为 589km²，年均缩小 21.9km²。70 年代初~80 年代初为缓慢萎缩期，面积缩小为 522km²，年均缩小 6.1km²。80 年代初~90 年代中期为变化起伏期，最大年均增减率分别为 106km²/a（1987~1989 年）和 -40km²/a（1989~1995 年）。90 年代中期至 2000 年为快速扩张期，由 473km² 增加到 938km²，年均增加 93km²。2000~2006 年为相对平稳期，湖泊面积有增有减，但变幅不大，基本稳定在 890~950km²（高明，2011）。贾春光等（2006）认为 20 世纪 50 年代~80 年代后期，湖区人口数量的剧增和人类对水土资源的不合理开发利用，加速了艾比湖的干缩进程；20 世纪 80 年代后期，北疆气候增暖增湿使湖面呈波动扩展态势。

5.1.3 西北地区湖泊变化的影响分析

5.1.3.1 湖泊萎缩导致湖泊水量减少、水质持续恶化

湖泊萎缩，导致湖泊面积减小、水位下降、湖水咸化和碱化、湖泊滩地沙化现象更为普遍和严重（杨桂山等，2010）。新疆主要湖泊除赛里木湖外，均已受到一定程度的污染。其中博斯腾湖与乌伦古湖受到有机污染，水质已达V类，而位于乌鲁木齐市郊的柴窝堡湖受到工业废水的污染，水质已劣于V类。此外，赛里木湖、乌伦古湖和天池目前处于中营养状态，博斯腾湖和柴窝堡湖已处于富营养状态（李新贤等，2005）。博斯腾湖水位由1956 年的 1048.34m 下降到 1988 年的 1045.21m，32 年间湖水位下降了 3.13m，湖水矿化度由 0.38g/L 增加到 1.87g/L，从新疆最大的淡水湖变为微咸水湖；1990~2002 年矿化度

呈下降趋势，但是 2002～2008 年湖水矿化度又呈现上升趋势（曾海鳌等，2010）。艾比湖矿化度一直不断上升，从 20 世纪 50 年代的 70g/L 上升到 21 世纪初期的 120g/L，平均每年上升 1.104g/L（肖开提·阿不都热衣木和汤世珍，2010），近几年来迅速增大到 151.8g/L。乌伦古湖从 20 世纪 50 年代～80 年代末，矿化度一直在较高水平，1988 年由于引额济海渠的开通，增加了乌伦古湖的入水量，虽使湖水矿化度一度降低至 2.14g/L，之后矿化度又逐渐增大至 2008 年的 2.67g/L（谢立新，2009）。1998～2008 年，柴窝堡湖和红碱淖水体矿化度分别增加了 58.8% 和 53.6%（曾海鳌等，2010）。吉力湖在 20 世纪 90 年代以前矿化度一直维持在 0.5g/L 左右，20 世纪 90 年代末，由于入湖水量急剧减少，矿化度迅速升高至 2008 年的 1.07g/L（杨桂山等，2010）。乌梁素海作为河套灌区水利工程的重要组成部分，湖水水位年波动较大，导致矿化度也呈波动变化。整体而言，2002 年以来，蒙新高原湖区各湖泊水体矿化度呈现逐渐增大趋势，这与人类活动的影响密切相关，博斯腾湖和乌梁素海矿化度受流域内农田排水和工矿企业污水的污染，大量农田排水使河道水质恶化、盐分向湖泊迁移，是乌伦古湖矿化度升高的主要原因之一（谢立新，2009）。

5.1.3.2 湖泊生物资源退化，生物多样性下降

由于气候变化和人为因素共同作用，我国西北地区湖泊面临严重生态退化和渔业资源减少问题。艾比湖湖面萎缩使湖滨天然灌木林由 20 世纪 50 年代的 4837.2hm² 减少到 80 年代的 1903.9hm²，芦苇从 4703.9hm² 减少到 1437.2hm²，野生胡杨林也减少了 30%。博斯腾湖原来具有丰富的芦苇植被资源，根据 1959 年航测资料统计，芦苇面积为 5.58 万 hm²，蕴藏量约为 405.58 万 t，位居全国四大湖苇区储量之首，由于湖泊萎缩、水位下降，芦苇大面积衰败，1993 年芦苇面积仅剩 2.77 万 hm²，蕴藏量约为 265.5 万 t，湖泊面积和芦苇产量均呈波动萎缩状态（王苏民等，1998）；湖泊和湖滨湿地生物多样性受到严重威胁，许多珍稀野生动物绝迹（秦大河等，2005）。素有"沙漠明珠"之称的红碱淖近年来水量持续萎缩，水质逐步盐碱化，湖泊中存在大量的有机污染物，生物多样性降低，种群演变为少数优势种群（乔鹏海，2014）。

5.1.3.3 湖泊萎缩制约绿洲可持续发展，并成为沙尘暴的物质来源

湖泊萎缩不仅导致周边绿洲沙化严重，而且干涸湖底沉积物直接成为沙尘暴的物质来源，将对周边区域生态产生灾难性影响。例如，新疆艾比湖环湖周边地区 1958 年的沙漠面积为 1616.8hm²，到 1978 年增至 2415.6hm²，已成为新疆最大的沙尘暴策源地之一（荆耀栋，2007），并蚕食蘑菇滩一带的 6.7×10³hm² 绿洲，畜牧业年平均直接经济损失为 870 万元，间接经济损失为 13 562 万元，风沙对当地交通、电力、盐化工危害严重（贾春光等，2006）。艾丁湖自 20 世纪 30 年代以来土地沙化数百公顷，流沙掩埋了大片农田和不少村庄。罗布泊、台特玛湖干涸直接成为盐碱沙地，使塔克拉玛干沙漠向东扩展，与库木塔格沙漠连接成一片，造成严重的环境灾害（姜加虎和黄群，2004）。位于石羊河下游的青土湖曾是民勤县境内最大的湖泊，伴随武威绿洲的快速开发、石羊河上中游各支流的拦截利用以及红崖山水库的修建，使青土湖的补水遭到毁灭性破坏，加之地下水的大量开采，青土湖于 1957 年前后完全干涸，腾格里沙漠和巴丹吉林沙漠在此"握手"，造成该区

域生态环境条件逐步恶化，生态灾难日益加剧。据监测，1952～1998 年民勤县的沙尘暴年均出现日数为 35 天，近几年来沙尘暴年均已达 37 天（高斌斌，2013）。

5.2

湿地

　　湿地是地球上水陆相互作用形成的具有独特生态功能的景观类型，在维护生物多样性和调节生态环境质量方面具有重要作用，被誉为"地球之肾"。在 1971 年《湿地公约》中，湿地被定义为："系指不论其天然或人工、长久或暂时性的沼泽地、泥炭地或水域地带，带有或静止或流动、或为淡水、半咸水或咸水水体者，包括低潮时水深不超过 6m 的水域。"1982 年，《湿地公约》对湿地定义进行了增补，"湿地还包括与湿地毗邻的河岸和海岸地区，以及位于湿地内的岛屿或低潮时水深不超过 6m 的海洋水体"（殷书柏等，2010）。我国是世界湿地类型多、分布广、面积大的国家之一，遥感调查表明我国现有除去水稻田之外的湿地面积为 $3.24\times10^5\text{km}^2$，天然湿地面积为 $2.85\times10^5\text{km}^2$（88%），人工湿地面积为 3.87 万 km^2（12%）（牛振国等，2012）。其中，青海、内蒙古和新疆 3 省（自治区）湿地面积约占全国湿地总面积的 36%（牛振国等，2009）。第二次全国湿地资源调查结果显示，我国湿地面积为 $5.36\times10^5\text{km}^2$，占国土面积的 5.58%（国家林业局，2014）。由于西北地区的湿地不仅在我国湿地中占有较大的比重，而且分布在江河源头地区、绿洲、河滩、内陆湖滨等生态环境敏感地带，一旦破坏则很难恢复。因此，深入研究并加强保护这些地区的湿地，对改善我国西北地区的生态环境具有重要意义。

5.2.1　西北地区湿地概况

5.2.1.1　湿地类型

　　为适合国际重要湿地保护的需要，《湿地公约》提出了 12 类海洋湿地、20 类内陆湿地和 10 类人工湿地的一个宽泛框架。我国从 20 世纪 60 年代起主要对沼泽湿地进行研究，提出的分类有三江平原沼泽湿地分类、若尔盖高原沼泽湿地分类及全国湿地调查分类体系等（刘子刚和马学慧，2006）。1999 年 7 月国家林业局在云南召开的全国湿地资源调查工作会议确定了全国湿地调查的分类体系共分 5 大类 28 种，基本上与《湿地公约》中湿地的分类一致（唐小平和黄桂林，2003）。为便于基于遥感影像的湿地类型判别，牛振国等（2009）提出了基于遥感的湿地分类系统，包括 3 大类 14 亚类。宫鹏等（2010）在这一分类体系基础上，提出了一个具有 15 个二级类型的修正方案（表5.4）。该方案一级分类与湿地公约的分类体系一致，二级分类在综合考虑了现有各种分类系统以及遥感应用可操作性之后确定。这样各种区域性分类体系通过合理的归并，可以与其进行对比和转换。参考李静等（2003）提出的西北干旱区湿地类型体系，我国西北地区湿地可分为自然湿地和人工湿地，前者又分为湖泊湿地、河流湿地和沼泽湿地 3 个亚类，后者包括水库与水工建筑、水田湿地

2 个亚类，基本与宫鹏等（2010）湿地分类方案中的内陆湿地和人工湿地一致。

表 5.4 中国湿地遥感制图分类体系

大类	亚类	含义
滨海湿地	潮间带/浅滩/海滩	由底部基质为石头、砾石、沙石或淤泥质组成的植被覆盖度<30%的海滩
	滨海沼泽	由红树植物、芦苇、盐蒿等组成，植被盖度≥30%的潮间盐水沼泽
	河口水域	从近口段的潮区界（潮差为零）至口外海滨段的淡水舌锋缘之间的永久性水域
	河口三角洲/沙洲/沙岛	河口系统四周冲积的泥沙滩，沙洲沙岛（包括水下部分）植被盖度<30%
	潟湖	地处海滨区域有一个或多个狭窄水道与海相通的湖泊
内陆湿地	河流	常年有水或间歇性有水径流的河流，仅包括河床部分（宽度>90m、长度>5km 以上）
	洪泛湿地	在丰水季节由洪水泛滥的河滩、河心洲（>1hm²）、河谷、季节性泛滥的草地，以及保持了常年或季节性被水浸润的湿地（入湖的河流三角洲，山前冲积扇，河漫滩，河心洲等）
	湖泊湿地	包括漫滩湖泊和浅滩，以水面为主
	内陆沼泽	永久或季节性沼泽，包括藓类、草本、灌丛、森林沼泽、盐水沼泽以及绿洲湿地、泉水湿地等（水面出露面积<30%）
人工湿地	水库/池塘	为蓄水和发电而建造/改造的人工湿地，以淡水养殖为主要目的的修/改建的池塘（<8hm²）
	人工河渠	为输水或水运而建造的人工河流湿地
	海水养殖场/盐田	以海水养殖为主要目的修建的人工湿地，以及为获取盐业资源而修建的晒盐场或盐池
	稻田/水田	能种植一季、两季、三季的水稻田或者冬季蓄水或浸湿状的农田
	城市景观和娱乐水面	为城市环境美化、景观需要、居民休闲、娱乐而建造的各类人工湖、池、河等人工湿地
	其他	矿坑、废水处理场等工程湿地

5.2.1.2 湿地分布与数量

目前，我国湿地数据集主要有 4 种（表 5.5）。其中，遥感科学国家重点实验室基于 1999~2002 年 Landsat ETM+遥感影像，采用人工目视解译对全国 0.09km² 以上的湿地进行遥感制图；2000 年全国土地利用遥感调查数据中选择河渠、湖泊、水库坑塘、滩涂、滩地和沼泽地 6 类作为湿地；原中国科学院长春地理研究所（现更名为中国科学院东北地理与农业生态研究所）对面积 1km² 以上的沼泽湿地进行统计和制图；全国第二次湿地调查包括全国 0.08km²（含 0.08km²）以上所有湿地及宽度 10m 以上、长度 5km 以上的河流湿地（国家林业局，2014）。按照牛振国等（2009）的建议，在 2000 年左右的 3 种湿地数据集中，遥感科学国家重点实验室的湿地数据更加客观可信。尽管来自不同湿地数据库的西北地区湿地面积不尽相同，但总体而言，青海省湿地面积最大，约占全国湿地总面积的17%左右；内蒙古湿地面积位居第2位，但从中国湿地分布图（图5.6）来看，内蒙古湿地主要分布在其东部地区，位于西北地区的湿地面积与规模应小于新疆维吾尔自治区；甘肃省、陕西省和宁夏回族自治区分别位列4~6位。从湿地类型来看，西北地区内陆湿地类型优势显著，所占比例为99.88%；人工湿地面积为161.98km²，且大部分位于内蒙古自治区（牛振国等，2009）。

表5.5　不同数据源西北各省（自治区）湿地面积与占全国湿地面积的比例

地区	遥感科学国家重点实验室（2000年）		全国土地利用遥感调查数据（2000年）		中国科学院东北地理与农业生态研究所（2000年）		国家林业局（2009~2013年）	
	面积/10² km²	比例/%	面积/10² km²	比例/%	面积/10² km²	比例/%	面积/10² km²	比例/%
新疆	258.12	7.18	151.14	5.88	91.76	6.043	394.82	7.37
青海	595.33	16.56	441.10	17.17	470.70	31.001	814.36	15.19
内蒙古	427.30	11.89	316.84	12.33	420.63	27.703	601.06	11.21
甘肃	88.08	2.45	42.60	1.66	19.35	1.275	169.39	3.16
陕西	17.22	0.48	18.52	0.72	1.00	0.066	30.85	0.58
宁夏	8.67	0.24	7.33	0.29	0.86	0.056	20.72	0.39

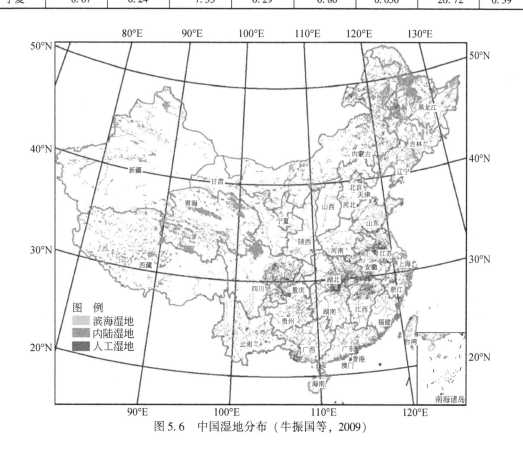

图5.6　中国湿地分布（牛振国等，2009）

5.2.2 西北地区湿地变化

5.2.2.1 西北地区湿地总体变化

2014年公布的第二次全国湿地资源调查结果显示，与第一次调查（1999~2003年）同口径比较，全国湿地面积减少了 339.63×10^2 km²，减少率为8.82%；其中自然湿地面积减少了 337.62×10^2 km²，减少率为9.33%。根据遥感制图结果统计，1978~2008年中国湿地面积总体上减少了约33%。1990年之前丧失的湿地占全部丧失湿地的65%，以河流湿地和内陆沼泽为主；1990~2000年，减少的湿地以内陆沼泽为主；而2000~2008年湿地减少则以河流和湖泊湿地为主。人工湿地在过去30年中增加了约122%。湿地减少的速度大幅降低，由最初的5523km²/a降为831km²/a（牛振国等，2012）。

1978~2008年，西北地区6省（自治区）湿地变化状况存在很大差异（表5.6）。其中，1978~1990年，西北地区湿地面积普遍呈减少趋势；1990~2000年，尽管牛振国等（2012）、宫鹏等（2010）和周可法（2004）统计结果有所差异，但均显示为新疆维吾尔自治区和青海省湿地面积有所增加，其余4省（自治区）湿地面积依然为减少趋势；2000~2008年，除宁夏回族自治区湿地面积略有增加外，其他5省（自治区）湿地面积均为减少趋势（牛振国等，2012）。整体而言，1990~2008年西北地区除新疆维吾尔自治区湿地面积有所增加外，其他5省（自治区）的湿地面积普遍有所减少。

表5.6　1978~2008年西北6省（自治区）湿地面积变化统计　　（单位：km²）

地区	1978~1990年 牛振国等（2012）	1990~2000年		2000~2008年 牛振国等（2012）
		牛振国等（2012）	宫鹏等（2010）	
新疆	-8609	564	325	-160
青海	-9601	337	1612	-1855
内蒙古	-11347	-7771	-15099	-2479
甘肃	-1436	-585	-768	-97
陕西	-588	-306	-553	-28
宁夏	-340	-273	-878	50

牛振国等（2012）认为，我国西北地区湿地变化总体上受制于气候和农业活动两大因素，如新疆维吾尔自治区虽然在1990年之后湖泊和沼泽湿地有所增长，但是在2000年之后内陆沼泽减少，而人工湿地的面积迅速增加。虽然气温升高增加的冰川积雪融水使湿地部分扩张，但是由于耕地增加，对水资源的需求增大和对湿地的直接开发，从而使新疆的湿地面积并未出现同西藏的湿地一样扩大的现象。在青海省的三江源地区，气温升高造成的冰雪融水并未给当地的湿地补充更多的水源，而且气温升高也加剧了蒸发，使得水分丧失逐渐加强。而在青海湖流域，耕地的开发也来自于湿地。因而青海省的湿地在气候增温的背景下，随蒸发增大，冰雪融水增加和水分外流，同时伴随部分的人为开发，造成了湿地，尤其是内陆沼泽湿地的持续减少，在部分内流区域则出现湖泊扩大的现象。

5.2.2.2　典型区域湿地变化

中国西北地区湿地分布在江河源头地区、绿洲、河滩、内陆湖滨等生态环境敏感地带，本小节选择三江源、若尔盖、塔里木河流域、银川平原和张掖市甘州区五个地区作为代表性研究区，用以评估我国西北地区江河源区、河流水源涵养区、绿洲、内陆湖滨和城市湿地的时空变化。

1）三江源地区

三江源地区湿地主要包括沼泽、河流和湖泊等湿地类型（陈桂琛等，2002；杜际增等，2015），具有海拔高、水文功能巨大、生物多样性丰富和生态脆弱等特点（黄桂林，2005），对于江河源区的水循环与流域水文过程、生态环境和水安全有着重要意义（王根绪等，2007）。三江源地区位于青藏高原腹地，其气候变化具有明显的高原特征，近40年来气候存在变暖的总趋势，其气候变化具有明显的超前性，是中国乃至全球气候变暖的敏感区（冯松等，1998）。三江源地区湿地分布密集，不仅是长江、黄河及澜沧江的发源地，而且是世界上海拔最高、面积最广的高寒沼泽湿地集中分布区（孙广友等，1990）。据统计，长江总水量的25%、黄河总水量的49%和澜沧江总水量的15%都来自于三江源地区（温兆飞等，2010）。2004年，三江源湿地面积约为2.24万km²，其中长江流域湿地面积为1.52万km²，黄河流域和澜沧江流域湿地面积分别为0.58万km²和0.14万km²（徐新良等，2008）。

赵海迪等（2014）基于Landsat TM遥感影像数据发现，沼泽湿地和河流湿地是三江源地区的主要湿地类型，约占全区湿地总面积的90%左右，其次是湖泊湿地，水库和池塘类型最少（表5.7）。1990~2000年，湿地总面积减少了1.52万km²（赵海迪等，2014），这与潘竟虎等（2007）对1986~2000年长江、黄河源区高寒湿地面积变化数值（-2744.77km²）有所差异，但均表明在这一阶段三江源地区湿地面积处于减少状态。赵海迪等（2014）认为这一时期湿地退化主要是由于人口增加、过度放牧和乱采滥挖等人类活动的加强，使得湿地周边环境遭到破坏，减弱了湿地上游和周边区域植被和土壤的涵养水源作用，使得湿地来水减少，从而不可避免地导致了湿地面积的萎缩。由于三江源区2003年被正式批准为国家级自然保护区，2005年启动了生态环境保护与建设工程（邵全琴，2010），在加强湿地保护和恢复湿地的同时，建立了许多人工湿地，且2008年的降水量异常偏多，这使得2008年的湿地总面积比2000年明显增加。河流湿地面积先减小后增大（图5.7），且2008年比2000年增加了112.64%，这主要是2008年三江源地区降水量异常偏多，使得河流湿地面积明显增大。湖泊、水库和池塘在1990~2008年持续增加，其集中分布的区域主要在三江源地区的西北部。沼泽主要连片分布在三江源地区东部和北部，与1990年相比，2000年沼泽整体萎缩，而2008年逐渐恢复到1990年时的分布状态。

赵峰等（2012）对索加-曲麻河自然保护区湿地变化研究表明，1977~2007年湿地面积呈明显缩小趋势，各湿地类型面积均有不同程度减少。其中，沼泽和河滩地的面积减少幅度最大，面积减少近一半；湖泊比较稳定，河流变化不稳定，但变化幅度不大。李凤霞等（2009）对黄河源区1990~2004年湿地变化的调查结果亦表明，湿地呈现持续萎缩状态。这表明，三江源地区湿地在 2008 年的面积剧增仅是由降水增多导致的特殊情况，整体上湿地面积仍处于减少状态。

表 5.7　1990～2008 年三江源地区湿地类型面积统计

年份	河流湿地		湖泊		沼泽		水库和池塘		总计/km²
	面积/km²	比例/%	面积/km²	比例/%	面积/km²	比例/%	面积/km²	比例/%	
1990	32 630.25	39.54	8 539.82	10.35	41 342.57	50.09	19.72	0.02	82 532.36
2000	19 779.50	29.40	9 940.00	14.77	37 540.33	55.79	23.37	0.04	67 283.20
2008	42 059.37	45.52	11 793.44	12.76	38 444.57	41.61	102.46	0.11	92 399.84

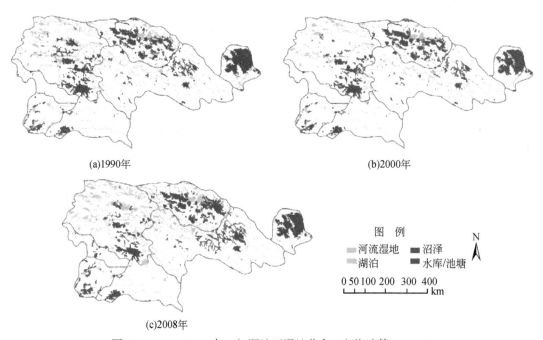

(a)1990年　　　　　(b)2000年

(c)2008年

图 5.7　1990～2008 年三江源地区湿地分布（赵海迪等，2014）

　　贾慧聪等（2011）基于压力-状态-响应（PSR）模型，对三江源地区湿地生态系统健康状况进行评价。研究结果表明，三江源地区湿地生态健康等级整体分布呈现由东南向西北降低的趋势（图 5.8），具体表现为：三江源地区大部分湿地是健康湿地；很健康的湿地位于东部和中部，其面积为 3602km²，占湿地总面积的 14.92%；健康的湿地多位于中西部，其面积为 9043km²，占湿地总面积的 37.47%；亚健康的湿地多位于中东部，其面积为 5930km²，占湿地总面积的 24.57%；不健康和病态的湿地主要分布在西北部的治多县、曲麻莱县和唐古拉乡境内，其面积分别为 4817km² 和 744km²，分别占湿地总面积的 19.96% 和 3.08%。

　　总体而言，随着人类干扰强度的加剧，三江源区的湿地率逐渐减小，湿地分布逐渐减少；沼泽、湖泊面积所占比例逐渐降低，河流湿地、水库和池塘面积所占比例逐渐增加，

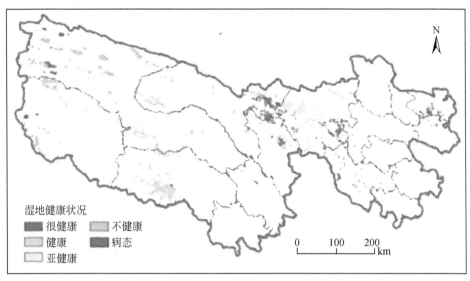

图 5.8 三江源地区湿地生态系统健康状况分布（贾慧聪等，2011）

这表明人类对湿地的管理程度在加强。相对于其他类型湿地，沼泽湿地具有更加复杂的生物链网络，对于维持生态系统功能具有更高的价值，沼泽湿地的明显缩减需要引起注意。因此，对于沼泽和湖泊的保育工作主要应在人口稀少的地区开展。同时，人类干扰强度越大，湿地的年际变化越小。这表明在人类活动密集的区域，实施湿地的修复和重建等工作相对困难。因此，对于三江源区湿地的恢复和重建，工作重点应放在居民分布稀疏的区域，并加强中东部和西北部地区湿地的保护与恢复。

2）若尔盖湿地

若尔盖湿地位于青藏高原东北缘，介于 101°36′E ~ 103°25′E，33°10′N ~ 34°06′N，海拔为 3400 ~ 3900m，地跨四川、甘肃两省，总面积约为 $1.6 \times 10^4 km^2$，是中国残存面积最大的高原泥炭沼泽（张晓云等，2005）。若尔盖湿地是黄河水系重要的涵养源，黄河流经这里后，径流量增加了 29%，在枯水季节增加 45%，被誉为黄河的"蓄水池"，与调节水资源的平衡，稳定流域内的生态平衡和大西北的内陆气候有着密切关系。同时，若尔盖湿地是我国最大的高原沼泽植被集中分布区，为野生动植物的生存、繁衍提供了良好环境，野生动植物资源丰富，也是国家一级保护动物黑颈鹤的主要繁殖栖息地（冉江洪等，1999），具有重要的生物多样性保护意义。据庞丙亮等（2014）评估，2011 年若尔盖高寒湿地生态系统服务总价值为 176.9×10^8 元，单位面积服务价值为 10.4×10^6 元/km^2。

白军红等（2008）的研究表明，与 20 世纪 30 年代相比，60 年代若尔盖湿地已经出现初步退化现象，但总体上属于自然环境变化，人类干扰甚微，湿地景观的基本面貌仍无重要变化，湿地总面积达 4702.7268 km^2。随着人类对湿地干扰破坏力度的加强和全球气候变化的影响，湿地面积不断缩减。至 1986 年若尔盖高原湿地面积已缩减至 3800.6163 km^2，湿地率也由 11.1% 缩减至 8.9%，这主要是由于沼泽湿地发生了大面积缩减的缘故。在 1966 ~ 1986 年的 20 年内自然湿地共计减少 905.1993 km^2，而人工湿地在此期间共增加

$3.0888km^2$。20 世纪 80 年代至 90 年代，因自然恢复和人为保护，如湿地自然保护区的建立和其他一些保护及恢复等措施使湿地保护得到加强，湿地景观面积开始增加，湿地景观总面积净增量为 $270.2668km^2$，湿地率也增至 9.6%，其增长量主要来自自然湿地景观的增长，尤其是沼泽湿地景观面积的增加。1995~2000 年，湿地总面积稍稍有所增长，湿地率仅增加 0.1%。尽管自 1986 年以来湿地景观面积呈增长趋势，但与 1966 年相比，2000 年湿地景观面积呈萎缩状态，总面积减少了 $598.5783km^2$。与白军红等（2008）的结论不同的是，刘红玉和白云芳（2006）认为 1960~2000 年若尔盖湿地面积萎缩达 62%，约为 $2708.4km^2$；Li 等（2011）认为 1990~2000 年若尔盖湿地面积从 $4143.4km^2$ 减至 $3407.3km^2$，萎缩了 $736.1km^2$；黄茜等（2014）的研究结果也表明 1990~2009 年若尔盖湿地景观斑块总数减少，湿地景观面积呈不断萎缩态势。

针对若尔盖湿地萎缩的原因，目前学者们观点不尽一致。刘红玉和白云芳（2006）认为若尔盖湿地萎缩的主要原因是发展牧业驱动的各种人类活动影响，包括湿地排水活动和泥炭开发。沈松平等（2003）认为地质构造和气候变暖是若尔盖湿地退化的主导因素，次要因素是超载和开渠排水。周绪纶（2001）认为若尔盖湿地退化灾变是地质、生物、水文、地下水和人类活动等因素叠加作用造成的，人类活动是湿地退化的最主要原因。高洁（2006）认为自然因素（气候变暖、地壳抬升、风化侵蚀和鼠虫灾害）和人类活动（牧业发展、开沟排水和泥炭开发）的长期叠加作用使得若尔盖湿地萎缩。李志威等（2014）认为人工开渠作为强烈的人类活动干扰，是若尔盖湿地快速萎缩的重要原因；自然水系的溯源侵蚀长期疏干沼泽、降低地下水水位和放射状地向沼泽内部切穿是湿地萎缩的重要机制。

3）塔里木河流域

塔里木河是我国最长的内陆河，处于亚洲内陆干旱区核心地带，由发源于昆仑山北麓、帕米尔高原及天山南麓的和田河、叶尔羌河、喀什噶尔河、阿克苏河等汇集而成，其流域涵盖了我国最大盆地——塔里木盆地的绝大部分。塔里木河湿地不仅具有较高的生物生产力，其各支流沿岸及下游灌区，为新疆南部民族聚居区并分布有数十处军垦农场的人工绿洲，是养育着数百万人口的农牧渔业基地。塔里木河干流沿岸泛区是由孑遗植物胡杨、湿地植被及灌丛等形成的天然绿洲，在防止塔克拉玛干沙漠扩展、保持沙漠南北"绿色走廊"畅通、维护及人类生存环境安全等方面，均起着无可替代的作用。此外，塔里木河湿地因为持水能力很高（饱和持水量可达 830%~1030%），在蓄水、削减洪峰、调节河川径流、补给地下水和维持区域水平衡中发挥了重要作用。由于塔里木河水系横贯千余公里，成为北方候鸟迁飞的重要停留地，在该流域湿地繁殖或越冬的数十种水域鸟类，种群数量几乎占新疆总数的五分之一，使塔里木河湿地成为新疆内陆干旱区生物多样性极其丰富、生物资源高度富集区。

曾光等（2013）的研究表明，1975~2007 年塔里木盆地湿地呈持续性萎缩，并有加速退化的趋势。32 年间塔里木盆地湿地减少了 $2739.88km^2$，年均减少 $85.62km^2$，其中，1975~2000 年，湿地面积减少了 $1266.33km^2$，年均减少 $50.65km^2$；2000~2007 年，湿地面积又减少了 $1473.55km^2$，年均减少 $210.51km^2$，湿地退化速率是 1975~2000 年的 4.16

倍，具有加速退化的趋势。天然湿地的严重萎缩是引起塔里木盆地湿地面积锐减的主要原因之一。32 年间，塔里木盆地内河流湿地、湖泊湿地和沼泽湿地面积均呈持续性减少，共计减少 2854.67km²，以沼泽湿地减少面积最大，为 2097.64km²，占塔里木盆地湿地减少总面积的 73.48%；其次为河流湿地和湖泊湿地，减少面积分别为 589.34km² 和 167.69km²，分别占湿地减少总面积的 20.64% 和 5.87%。

尽管塔里木盆地年降水量在 1975~2000 年呈逐年上升趋势（5.97cm/a），在一定程度上具有改善湿地状况作用，但湿地面积减少的现状表明除自然因素等条件外，还有其他因素影响着塔里木盆地的湿地演化。根据曾光等（2013）的研究，因"围湿造田"而直接占用的湿地面积达 1035.06km²，占总湿地面积减少量的 81.74%；2000~2007 年，湿地总面积减少了 1473.55km²，"围湿造田"面积达 1030.30km²，占湿地总面积减少量的 69.92%。32 年间，"围湿造田"强度居高不下，是引起塔里木盆地湿地面积锐减的主要原因。赵锐锋等（2006）对塔里木河中下游地区（恰拉水库至台特玛湖）湿地变化研究表明 1980~1990 年湿地面积减少了 45.74%，但 1990~2000 年湿地面积有所增加，并认为 20 世纪 90 年代末和 21 世纪初国家对塔里木河进行生态输水是湿地面积增加的主要原因。朱长明等（2014）对生态调水前后塔里木河下游湿地变化研究也表明，人工生态调水对下游的湿地生态环境拯救起到了积极的作用。

4）银川平原

银川平原位于宁夏回族自治区中北部（105°51′E~106°54′E，37°41′N~39°23′N），南起青铜峡，北止石嘴山，西靠贺兰山，东接鄂尔多斯高原，在地质构造上为断陷盆地，经黄河及平原湖沼长期淤积而成。宁夏平原湿地资源主要分布在黄河冲积平原和洪积冲积平原，主要有湖泊湿地、河流湿地、沼泽湿地、库塘人工湿地 4 种类型（白林波和石云，2011）。邵宁平等（2008）对银川湖泊湿地生态系统服务价值的评估结果表明，湿地每年提供的总价值约为 13 亿元。

据白林波和石云（2011）的研究，1991~2006 年的 15 年间，银川平原湿地面积减少了 183.4955km²，斑块数量减少了 589 个。其中自然湿地面积减少了 202.6477km²，斑块数量减少了 231 个；人工湿地面积增加了 19.1522km²，斑块数量减少了 358 个。银川市湿地面积减少了 87.7261km²，斑块数量减少了 257 个。其中自然湿地面积减少了 113.9107km²，斑块数量减少了 99 个；人工湿地面积增加了 26.1846km²，斑块数量减少了 158 个（白林波等，2011）。总体上来看，银川平原的湿地斑块数量和面积减小幅度很大，由于养殖业的迅速发展而使其中水产池塘的斑块数量和面积大幅增加。对于银川市湿地而言，湿地减少主要有以下原因：一是自然干扰造成银川市湿地退化。银川市受西北自然环境总趋势的影响，区域气候干旱，植被稀少，水土流失严重，水环境紧缺。同时，黄河上游水量减少以及荒漠化的影响，造成了沟渠、湖泊泥沙淤积；地下水超采严重，形成漏斗降落区。二是城市化进程加速，致使湿地面积减退。近年来，随着银川市城市化进程加速，城市空间范围日趋扩展，居民点逐渐增多，交通用地逐年发展，严重威胁市区内的湖泊湿地。

5）张掖北郊湿地

张掖北郊湿地（100°06′E~100°54′E，38°32′N~39°24′N）位于张掖市甘州区内，是张掖黑河国家级湿地自然保护区的重要组成部分，也是保护区内唯一的城市湿地。自20世纪80年代以来，张掖市工业企业数量剧增，城市生活污水和工业废水未经处理直接排入湿地河湖及沼泽地，使湿地成了污水排放区，部分水体和土地受到严重污染，导致部分湿地次生盐碱化扩张，湿地功能逐步退化（李天义和谢继忠，2009；张如龙等，2010）。2009年，张掖市市委将保护湿地作为建设生态张掖的具体措施，从政策引导、规划制定和污水治理等多方面加强湿地保护与恢复，2010年张掖湿地自然保护区被评为国家级自然保护区。保护区升级后，张掖北郊湿地面积总体呈增加趋势，从2009年的5.63km²增加到2012年的6.01km²，以沼泽湿地面积增长最为显著（0.57km²）。区内湿地景观多样性指数和平均斑块面积均有所增加，湿地水文调节能力略有上升；湿地景观破碎度指数则表现出下降趋势，表明随着社会的发展，当地人们越来越重视环境保护，退耕还湿、疏浚补水工程、重点区域围栏封护工程等社会响应工程成效明显。王荣军等（2015）基于"压力-状态-响应"框架模型对张掖北郊湿地生态安全进行了综合评估，结果表明该城市湿地处于中度安全等级，属亚健康状态，但湿地生态系统活力呈下降趋势。张掖北郊湿地演变案例提示我们，随着基础设施建设与社会经济发展，城市内部湿地自然景观容易受到破坏，湿地结构亦会发生一定程度的变化，受人类活动影响较大，但科学合理的措施（如湿地保护区的成立、生态恢复工程）仍可保障湿地安全，促使其朝着生态健康方向发展。

5.3

西北地区湖泊与湿地保护对策

5.3.1 制定湖泊与湿地生态环境保护的总体框架

首先，根据不同类型湖泊与湿地生态系统所处区域的自然环境特点和社会经济状况以及主导功能和辅助功能，制定西北地区湖泊与湿地生态环境保护的总体框架和目标，明确不同类型、不同区域湖泊与湿地保护的重点和路径，并采用科学手段确定区域湖泊与湿地资源的生态承载力。其次，分别确定重要湖泊与湿地的功能定位、保护目标、保护对象和保护范围，合理划分重要功能保护区、缓冲区、开发利用区等，分类型、分层次对重要湖泊与湿地进行有效保护，规范和引导资源的可持续利用，强化维护和提升湖泊与湿地的主导功能，并建立湖泊与湿地资源利用分级制度，界定湖泊与湿地利用中的破坏性"牟利"行为，并将这种行为与为了生存和发展的合理资源利用行为予以分清。再次，要求湖泊与湿地保护区管理部门建立有偿利用湖泊与湿地资源的机制，将所获得的收入中拿出一定比例，返回给湖泊与湿地进行保护，建立"通过湖泊与湿地利用来促进湖泊与湿地保护"以及"通过湖泊与湿地保护来更好地开展湖泊与湿地利用"的可持续发展机制。最后，结合湖泊与湿地所在地社会经济发展的长远规划，拟定湖泊与湿地保护政策，消除社会经济发展对湖泊与湿地保护造成的潜在负面作用，并适时地就社会经济发展状况调整保护政策，当社会经济水平还处于较低阶段时，可以在湖泊与湿地生态承载力范围内，实施宽松的资源利用政策，反之亦然。

5.3.2 建立湖泊与湿地保护管理中的多部门协调机制

成立跨部门、跨行政区的流域综合管理机构，制定流域统一规划和保护行动计划，强化流域开发战略环境影响评价和管理法规条例的制定与完善，统筹流域生产生活用水、河道与湖泊及湿地生态需水。同时，根据湖泊与湿地生态功能定位和分区，结合自然环境特点和开发利用需求，进一步划定重要湖泊与湿地流域的生态-经济功能分区，有效协调各利益相关方，提出不同生态-经济分区开发管制方向和强度要求，实施生态补偿制度，实行有效的空间开发管制，确保湖泊功能定位和分区保护目标的实现。

5.3.3 控制污染物总量，加强湖泊与湿地环境治理及生态修复

尽管西北地区湖泊与湿地水环境问题不算突出，但在新疆、甘肃和内蒙古等受人类活动影响较大的湖泊与湿地仍呈现出水体污染加重、富营养化和水环境质量下降的趋势。对于受人类活动影响较大的湖泊与湿地所在流域，应规范流域开发秩序，优化流域产业结构，大力实施清洁生产和污染物减排，从源头控制污染物排放总量和入湖污染负荷；加大流域生产生活污水集中处理力度，努力保护和恢复建设田间沟渠、河道漫滩与河口湿地，增强流域水污染净化能力，减少入湖污染物通量；适度开展底泥清淤、湖滨带水生植物收割，有效减轻湖泊内源污染；建立湖泊或湿地自然保护区，实施退耕还湖（湿）、疏浚补水工程、重点区域围栏封护工程。

5.3.4 加强江河源区湖泊与湿地变化监测与科学研究

江河源区湖泊与湿地对近代环境变化响应敏感，湖泊与湿地退缩乃至消亡使得源区生态系统更加脆弱。同时，西北地区冰湖面积快速扩张增加了洪水、泥石流等地质灾害的风险，可能影响青藏铁路、中巴经济走廊、天山经济开发带的建设与发展。因此，应加强西北地区湖泊与湿地变化监测和自然与人文因素作用下变化规律研究，开展生态功能区划、生物多样性保护、湖泊与湿地生态用水、生态移民的研究和试点（中国科学院水资源领域战略研究组，2009），建立西北湖泊与湿地保护数据库和及其监测网络，切实保障湖泊与湿地涵养水源、调节生态等服务功能，从而为湖泊与湿地的保护和合理利用提供科学依据。

5.4

核心结论与认识

（1）近60年来西北地区湖泊面积整体呈波动性下降趋势。2000年以来，湖泊整体上萎缩的趋势有所改变，由萎缩变为扩张，2010年湖泊总面积较1980年略有增加。西北地区湖泊影响因素较为复杂。其中，高寒山地湖泊变化主要受气候变化影响，湖泊面积由减少转变为增加；干旱区湖泊（尤其是尾闾湖）的消长主要受拦水建坝、农业灌溉、工业用水等人为活动的调控，基本呈萎缩趋势。

（2）近60年来，西北地区湿地面积整体上呈现减少趋势，表现为自然湿地面积持续退缩和人工湿地增加。自然湿地变化总体上受制于气候变化的影响，灌溉面积增加和城市扩张加剧了湿地萎缩的进程，但通过人为干预可改善城市湿地生态环境。

（3）西北地区冰湖面积快速扩张增加了洪水、泥石流等地质灾害的风险，可能影响青藏铁路、中巴经济走廊、天山经济开发带的建设与发展，需引起高度重视；建立自然保护区是恢复和保护干旱区湖泊和湿地的有效手段。

（4）对西北地区湖泊和湿地的功能应认真研究、重新审视。例如，在干旱区流域尺度上，是维护绿洲农业还是保护尾闾湖泊；在绿洲内部，是保持耕地还是扩大湖泊湿地？这是认识上的重大问题，需要从生态服务、生态文明、地方经济发展途径、区域可持续发展等方面进行综合研究。

第 **6** 章

西北地区植被遥感宏观变化

导读：遥感是宏观上量化分析植被时空动态特征及变化规律的重要手段，通过植被遥感分析，对从整体上认识西北地区生态变化具有重要的环境指示意义。本章综合已有文献，利用西北地区不同时期土地利用/土地覆被数据及相关遥感数据，从宏观上研究了西北地区及部分典型区域近30年来的植被时空动态变化特征及其相关驱动因素。经研究认为西北各省（自治区）近30年来不同植被类型的数量与质量变化虽表现出一定的区域差异性，但全区总体上呈现出2000年前后植被面积先减少后增加、植被覆盖先退化后恢复、植被质量整体改善局部恶化的宏观变化态势；我国实施的西部大开发战略及相关重要的生态环境保护政策是西北地区植被退化得到有效控制的主要驱动因素。

陆地生态系统是人类赖以生存与可持续发展的生命保障系统，植被是陆地生态系统的重要组成部分，在全球变化中起着重要作用。植被作为陆地环境的指示标志，陆地植被的变化能够揭示环境的演化与变迁。遥感技术在植被覆盖动态监测和模拟研究中被广泛应用，尤其是在获得陆地表面特征动态建模参数方面具有独特的时间和空间优势。通过植被动态变化的遥感宏观监测，可提供长时间序列的植被覆盖和生物物理参数反演资料，用于分析植被年内和年际变化趋势。本章基于现有文献的梳理，并结合西北地区近30年来的土地利用数据及相关遥感数据的进一步分析，揭示西北地区植被覆盖的宏观动态变化特征及规律。本章所涉及的数据来源主要为包括西北地区1990年、2000年及2010年三期的土地利用/覆被数据以及MODIS、AVHRR等相关的遥感数据等；所涉及的植被指数数据主要包括归一化植被指数（NDVI）等。NDVI指数作为反映植被覆盖和生物量的一个重要植被指数，能够较准确地反映植被的生长状况、生物量、覆盖程度以及光合作用强度等。

6.1

西北地区植被概况

干旱区居住着全球超过38%的人口，是对气候变化和人类活动响应最为敏感的地区，已有研究表明，如果温室气体排放量持续增加，全球干旱区半干旱区面积将会快速扩张，到21世纪末将占全球陆地表面的50%以上（Huang et al.，2015）。西北地区属于中温带气候区干旱半干旱地区，干燥少雨，蒸发强烈，昼夜温差大，光热资源丰富，是我国日照和太阳辐射最充足的地区（李珍存等，2006），同时也是全球生态环境最为脆弱和对气候变化响应最为敏感的地区之一。西北地区大部分地方植被覆盖率很低，植被覆盖总体上从东南向西北递减，其中介于75°E～95°E，35°N～45°N范围内的沙漠盆地和河西走廊西北部的部分地区植被覆盖度最低，而介于95°E～110°E至30°N～40°N范围内，尤其是陕南陇南区的东南部及高原东部区植被覆盖度较高。西北地区下垫面类型多样复杂，植被种类差异很大，既有亚热带阔叶林，又有荒漠和半荒漠稀疏植被等，既有青藏高原高寒草甸，又有分布于戈壁沙漠上的绿洲。西北地区西北部区域的新疆南部、甘肃西部、青海西部为荒漠和沙漠化覆盖；陕西南部、甘肃南部为密闭灌丛和矮林，内蒙古大部、甘肃东部、青海东部为草原和典型草原区；新疆北部为高寒林地和积雪覆盖区；农田主要分布在内蒙古、陕西、甘肃、宁夏的中南部（张钛仁等，2010a）。西北地区植被是维持西北陆地生态环境的重要部分，具有防风固沙、涵养水源、防止水土流失、调节小气候、净化空气等生态功能。

西北地区受不同季节气温和降水变化的影响，植被呈现出明显的年内季节变化特征，从2010年西北地区NDVI年内变化可知（图6.1），西北地区1～3月植被覆盖较低，NDVI均值在0.1左右；从4月开始，植被生长有所增加，NDVI也随之上升；到7月达到峰值；8～9月NDVI缓慢下降，但均保持在0.2以上；10月NDVI骤降为0.15；11～12月继续下降，回到0.1左右水平。因此，西北地区植被生长季主要为4～9月，7～8月植被生长最为旺盛。每年4～9月植被生长季NDVI动态变化大体相似，随着气温升高和降水增加，7～8月植被覆盖达到最大值，而戈壁、沙漠等植被稀疏和无植被区域年内植被覆盖无明显变化（张钛仁等，2010a）。

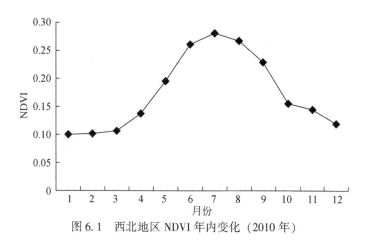

图 6.1 西北地区 NDVI 年内变化（2010 年）

在空间上，新疆西部和北部、甘肃东南部、青海中东部以及陕西北部等区域，植被覆盖从 4 月 ［图 6.2（a）］ 开始明显增加，直到 7 月 ［图 6.2（b）］ 变得最强，而到 10 月 ［图 6.2（c）］则开始有所退化，到 1 月份 ［图 6.2（d）］ 达到最低。夏季，新疆地区植被主要分布在阿尔泰山以南、天山以北以及阿尔泰山脉北坡、吐鲁番盆地的地区；祁连山以北、河套平原、宁夏灌溉区植被覆盖较高；青藏高原以东、秦岭以南植被覆盖也较好。冬季西北地区的 NDVI 值普遍较小（张钛仁等，2010b）。

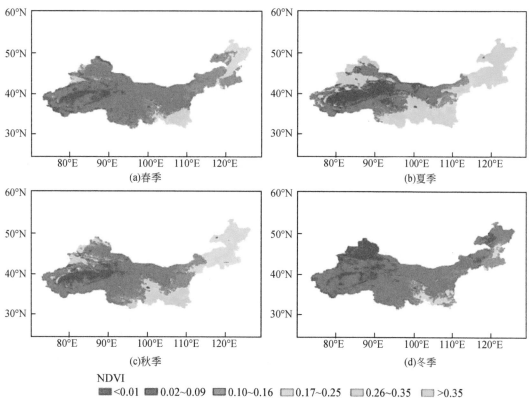

图 6.2 西北地区植被年内季节变化（1981～2000 年）（张钛仁等，2010b）

6.2

西北地区植被年际动态变化

6.2.1 总体变化特征

西北地区植被在年际变化上，20 世纪 80 年代除 1983 年出现明显峰值以外，年均 NDVI 均呈缓慢减少趋势；90 年代年均 NDVI 表现为以 1993 年、1994 年为波峰，1995 年为波谷的大振幅波动过程，呈波动增加趋势；2000 年以来增加趋势明显（图 6.3）（戴声佩等，2010a）。

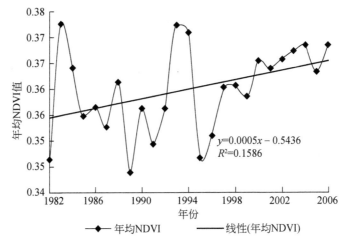

图 6.3　1982～2006 年西北地区植被 NDVI 年际变化（戴声佩等，2010a）

20 世纪 80 年代植被显著增加的区域主要有新疆的天山、昆仑山的西段、塔里木河流域、甘肃的祁连山以及青海西北部的部分地区，显著减少的区域主要有甘肃的中部和西北部、青海的东北部以及新疆塔里木盆地北部的部分地区等；20 世纪 90 年代植被显著增加的区域主要有新疆的塔里木河流域、喀喇昆仑山、天山的东段、甘肃西部以及青海中部等，显著减少区域主要有新疆的天山、昆仑山、宁夏南部、甘肃与陕西交界处以及榆林的东南部等；21 世纪后青海的东南部、甘肃的东南部以及陕西和宁夏的大部植被覆盖都呈现增加趋势，其中增加幅度较大的有陕北的延安和咸阳等地区，而甘肃的西北部以及祁连山东段呈现明显的下降趋势，塔里木盆地及昆仑山的东段等呈现缓慢的下降趋势（刘宪锋和任志远，2012）。

1990～2010 年，西北地区除湿地植被 NDVI 呈缓慢上升趋势之外，草地、耕地和林地 NDVI 变化都呈先下降后上升的趋势。除内蒙古西北部 1990～2010 年林地、草地、湿地、耕地四种植被类型 NDVI 呈不断上升的变化特点之外，其余五省（自治区）草地、林地和耕地 NDVI 均表现为先下降后上升的变化趋势，湿地植被 NDVI 在陕西和青海表现为先上升后下降的变化趋势，在其他省份表现为先下降后上升的变化趋势。总体来看，除内蒙古西北部外，1990～2010 年西北各省份植被均经历了先退化后恢复的过程。

6.2.2 植被数量动态变化特征

基于 1990～2000 年西北地区土地利用现状/覆盖数据，将西北地区植被类型分为草地、耕地、林地和湿地四大类（表 6.1）。其中，草地、林地和湿地三种植被类型以自然植被为主，耕地植被的生长季受到人为因素影响较大。但已有研究表明，以种植冬小麦为主的农业区 NDVI 年内变化呈双峰型，5 月和 8 月为 NDVI 峰值，以种植春小麦和春玉米为主的农业区一般在 4 月开始返青，7 月 NDVI 达到峰值（邓朝平等，2006），说明西北耕地植被在 4～9 月也基本处于生长期，因此，同时开展对耕地人工作物植被类型的数量和质量变化分析亦具有重要意义。

由表 6.2 和图 6.4 可以看出，1990～2010 年，西北各省区不同植被类型数量变化各有特点，但总体上表现出植被面积先减少后增加的变化趋势。

1）新疆

1990～2010 年，新疆植被面积略有减少。其中，草地和林地呈缓慢减少趋势；耕地呈不断增加趋势；湿地则呈先减少后增加趋势，且增加的速度大于减少的速度。

2）青海

1990～2010 年，青海植被面积整体呈缓慢减少趋势。其中，草地面积约占青海植被总面积的 85%，呈缓慢增加趋势；林地和湿地植被在青海的分布数量较为接近，1990～2010 年的变化趋势也基本一致，均呈现先缓慢减少后缓慢增加的特点，变化幅度较小；耕地面积则呈现不断减少趋势。

3）甘肃

1990～2010 年，甘肃植被面积有所增加。其中，草地和林地面积均呈现先减少后增加的变化趋势；与草地和林地变化趋势相反，耕地面积呈现先增加后减少的变化特点；湿地植被面积则呈现缓慢减少的趋势，20 年间减少了 1580hm^2。

4）内蒙古

1990～2010 年，内蒙古地区植被总量缓慢增加，不同植被类型面积差异较大，变化趋势也各有特点。内蒙古地区植被以草地为主，草地面积可达所有植被面积的 90% 左右。1990～2010 年，内蒙古地区草地面积呈现明显的先减少后缓慢增加的趋势。与草地面积变化趋势相似，1990～2010 年，林地和湿地植被面积也呈现先减少后增加的特点。耕地面积则呈现不断增加趋势。

5）宁夏

1990～2010 年，宁夏植被总量先增加后减少。草地和林地面积均呈现先减少后增加趋势，其中林地的变化幅度更大。耕地面积在 1990~2010 年呈现先增加后减少的趋势，且 2010 年耕地面积较 1990 年有所减少。湿地植被在宁夏的分布较少，其面积在 1990~2010 年不断增加。

6）陕西

1990~2010 年，陕西植被总量呈现先增加后减少的趋势。其中，林地在陕西分布最广，1990~2010 年林地面积呈增加趋势，但增幅较小；与林地类似，草地面积在 20 年间也呈增加趋势，增幅略大于林地；而耕地在 1990~2010 年则呈不断减少趋势；湿地在陕西仅有少量分布，1990~2010 年湿地植被面积先快速减少后缓慢增加。

表 6.1　西北地区植被类型分类体系表

序号	一级分类	二级分类
1	草地	草甸
		草原
		草丛
		草本绿地
		稀疏草地
2	湿地	森林湿地
		灌丛湿地
		草本湿地
3	耕地	水田
		旱地
4	林地	常绿阔叶林
		落叶阔叶林
		常绿阔叶林
		落叶针叶林
		针阔混交林
		常绿阔叶灌木林
		落叶阔叶灌木林
		常绿针叶灌木林
		乔木园地
		灌木园地
		乔木绿地
		灌木绿地
		稀疏林
		稀疏灌木林

表 6.2　1990~2010 年西北各省（自治区）不同植被类型面积变化表

地区	植被类型	面积/$10^4 hm^2$			变化率/%		
		1990 年	2000 年	2010 年	1990~2000 年	2000~2010 年	1990~2010 年
新疆	草地	5814.16	5709.5	5577.56	−1.8	−2.31	−4.07
	湿地	34.35	32.09	40.35	−6.58	25.74	17.47
	耕地	506.32	647.5	809.55	27.88	25.03	59.89
	林地	1533.79	1493.59	1446.94	−2.62	−3.12	−5.66
青海	草地	3773.62	3774.07	3781.56	0.01	0.2	0.21
	湿地	281.78	280.51	280.53	−0.45	0.01	−0.44
	耕地	100.32	100.31	87.91	−0.01	−12.36	−12.37
	林地	288.66	287.75	289.04	−0.32	0.45	0.13
甘肃	草地	1214.56	1204.3	1225.69	−0.84	1.78	0.92
	湿地	14.08	14.04	13.93	−0.28	−0.78	−1.07
	耕地	755.09	773.85	745.66	2.48	−3.64	−1.25
	林地	540.73	539.74	549.77	−0.18	1.86	1.67
内蒙古	草地	475.83	474.74	474.92	−0.23	0.04	−0.19
	湿地	0.67	0.59	0.74	−11.94	25.42	10.45
	耕地	3.75	5.51	5.94	46.93	7.8	58.4
	林地	47.78	47.71	48.5	−0.15	1.66	1.51
宁夏	草地	219.91	215.59	223.39	−1.96	3.62	1.58
	湿地	0.63	0.64	0.71	1.59	10.94	12.7
	耕地	179.64	193.37	176.33	7.64	−8.81	−1.84
	林地	40.58	40.35	44.96	−0.57	11.43	10.79
陕西	草地	458.74	488.01	496.52	6.38	1.74	8.24
	湿地	0.37	0.15	0.17	−59.46	13.33	−54.05
	耕地	605.86	568.65	543.38	−6.14	−4.44	−10.31
	林地	917.55	930.46	939.92	1.41	1.02	2.44

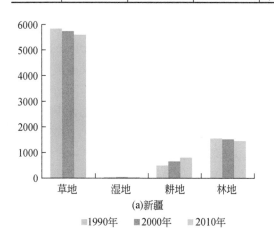

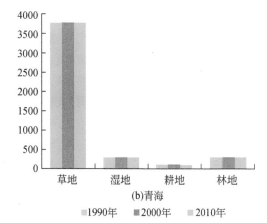

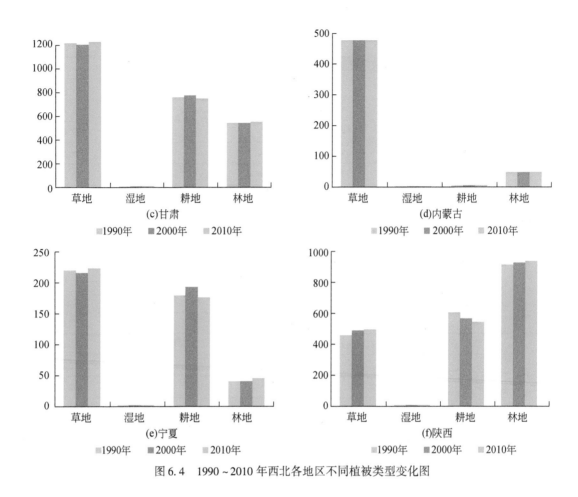

图 6.4　1990~2010 年西北各地区不同植被类型变化图

6.2.3　植被覆盖动态变化特征

6.2.3.1　NDVI 总体变化特征

植被质量的变化在一定程度上可以通过植被覆盖程度来进行界定，近 20 年来西北地区植被覆盖度的变化也表现出明显的时空差异。基于 GIMMS NDVI、MODIS NDVI 和 1990~2010 年土地利用数据，综合运用遥感和 GIS（地理信息系统）技术，采用最大值合成法、平均值法、趋势分析法等多种方法，通过 NDVI 指数来分析西北区域不同植被类型覆盖度动态变化特征，结果表明：1990~2000 年，西北地区 NDVI 变化呈现总体下降，局部上升的特点，植被整体呈退化趋势；2000~2010 年，西北大部分地区 NDVI 都有所上升，除新疆部分地区植被退化仍然严重之外，西北大部分地区的植被都得到了一定恢复。

考虑到非植被覆盖地区（如水域、戈壁等）对 NDVI 变化的影响，根据西北地区实际和相关资料将 NDVI 进行分级处理（NDVI<0 为水域，0~0.07 为裸地，0.07~0.15 为低密度植被覆盖区，0.15~0.35 为中密度植被覆盖区，>0.35 为高密度植被覆盖区，图

6.5)，分析 1990~2010 年各级覆盖区的 NDVI 均值变化（图 6.6）。由图 6.6 可知，1990~2010 年，裸地和中高密度植被覆盖区的 NDVI 均值均表现为先下降后上升的趋势，其中中密度植被覆盖区的变化趋势最为明显，低密度植被覆盖区虽然表现为先上升后下降的趋势，但其变化幅度不大。

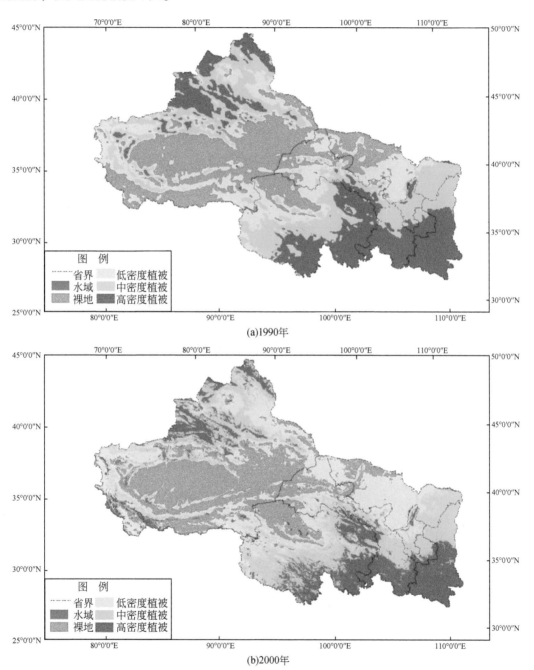

(a)1990年

(b)2000年

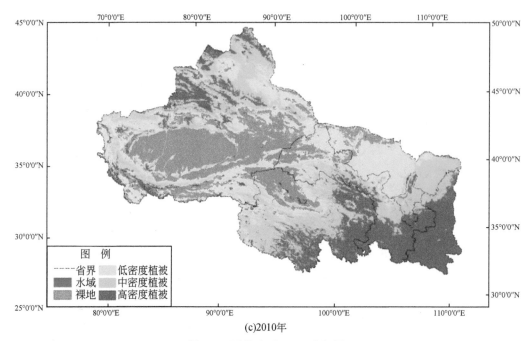

(c)2010年

图6.5 西北地区 NDVI 分级图

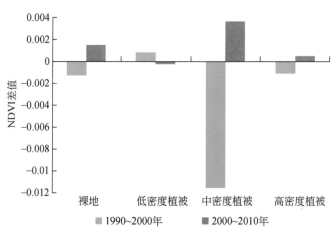

图6.6 1990~2010年西北地区 NDVI 动态变化图

图6.7反映了1990~2000年西北地区植被生长季（4~9月份）NDVI变化。如图所示1990~2000年，西北地区NDVI变化呈现总体下降，局部上升的特点，NDVI下降的地区占西北全域的58.38%，主要分布在青海、甘肃、陕西、宁夏大部及新疆西北部地区，NDVI上升的地区主要集中在新疆东南部及内蒙古西北部大部分地区，其中94.20%的地区NDVI上升不超过0.1。

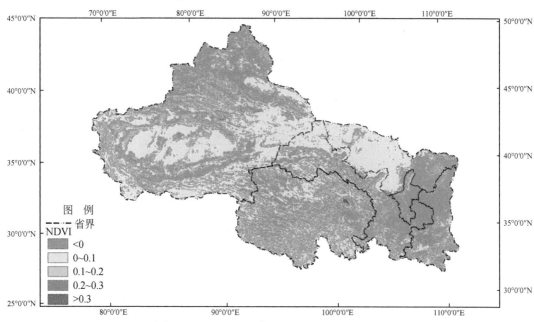

图6.7 1990～2000年西北地区NDVI变化图

各个省（自治区）由于不同的自然条件及人文因子影响，1990～2000年NDVI的变化情况有所差异，但总体都表现为NDVI下降的趋势（表6.3）。

表6.3 1990～2000年西北地区各省（自治区）NDVI变化统计表

地区	最小值	最大值	平均值	标准差
新疆	-0.64	0.76	-0.02	0.08
青海	-0.55	0.42	-0.03	0.08
甘肃	-0.64	0.44	-0.04	0.08
内蒙古	-0.35	0.43	-0.0032	0.04
宁夏	-0.53	0.30	-0.08	0.08
陕西	-0.63	0.30	-0.06	0.07

1990～2000年，西北六省（自治区）NDVI变化平均值都小于0，说明大部分地区都发生了植被退化的情况。其中，陕西和宁夏NDVI变化均值最大，分别下降了0.06和0.08。从图6.7可知，陕西和宁夏几乎全域都表现为NDVI的下降，说明这两个省（自治区）在1990～2000年植被退化的情况最为严重。在六个省（自治区）中，内蒙古NDVI下降的均值最小，仅为0.0032。从图6.5可知，内蒙古西北部地区在1990～2000年仅有东部地区表现为NDVI的下降，大部分地区则表现为NDVI的上升，说明内蒙古西北部地区的植被退化情况主要集中在其东部地区。从NDVI变化的极值来看，1990～2000年西北地区NDVI下降最严重的地区出现在新疆，除了内蒙古，其他五个省（自治区）NDVI下降最大的值都超过了0.5，说明1990～2000年，西北地区植被整体呈现退化的趋势。

图 6.8 为 2000～2010 年西北地区植被生长季（4～9 月）NDVI 变化图。此间西北大部分地区 NDVI 都有所上升，NDVI 下降的地区仅占 20.12%，主要集中在新疆北部和中部、内蒙古和甘肃北部交界处、甘肃中部及陕西南部，此外在青海中部、新疆南部等地也有零星分布。NDVI 上升最大的地区集中在西北地区的东部，主要分布于陕西中北部、甘肃东南部及宁夏东南部地区。在 NDVI 上升的地区中，90.80% 的地区增幅在 0～0.1，7.90% 的地区增幅在 0.1～0.2，仅有 1.30% 的地区 NDVI 增幅超过 0.2。

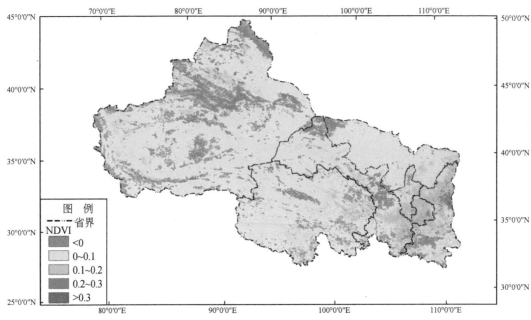

图 6.8 2000～2010 年西北地区 NDVI 变化图

西北六省（自治区）在 2000～2010 年基本都表现为 NDVI 的上升，但变化幅度有所不同，见表 6.4。

表 6.4 2000～2010 年西北地区各省（自治区）NDVI 变化统计表

省自治区	最小值	最大值	平均值	标准差
新疆	-0.54	0.66	0.01	0.04
青海	-0.50	0.53	0.03	0.04
甘肃	-0.37	0.47	0.03	0.06
内蒙古	-0.47	0.45	0.02	0.03
宁夏	-0.60	0.52	0.08	0.06
陕西	-0.40	0.49	0.08	0.08

2000～2010 年，西北六省（自治区）NDVI 变化平均值均大于 0，说明大部分地区植被都有所恢复，其中宁夏和陕西 NDVI 上升的均值最大，为 0.08，说明宁夏和陕西在 2000～2010 年植被恢复的情况最好。从图 6.8 可知，西北全域 NDVI 上升最大的地区也集中在宁夏

和陕西两省（自治区）。新疆 NDVI 上升均值最小，为 0.01，从图 6.8 可以看出，2000 ~
2010 年 NDVI 下降的地区大部分分布在新疆，说明新疆部分地区植被仍然存在退化情况。
青海、内蒙古和甘肃 NDVI 上升均值都超过 0.02，说明这些地区 2000 ~ 2010 年植被也得
到了一定程度的恢复。从 NDVI 变化的极值来看，NDVI 上升最大的地区出现在新疆，上
升了 0.66；NDVI 下降最大的地区则出现在宁夏，下降了 0.60。

图 6.9 为 1990 ~ 2010 年西北地区植被生长季（4 ~ 9 月）NDVI 变化图。1990 ~ 2010
年，西北 NDVI 指数变化呈现大部分区域（约 60%）上升或不变，小部分区域（约 40%）
下降的特点。因此，与 1990 年相比，2010 年的西北植被严重退化趋势已基本得到控制，
NDVI 指数增加的区域已明显超出 NDVI 指数下降的区域。其中，NDVI 上升地区主要集中
分布在内蒙古大部、新疆南部和陕西北部地区，NDVI 下降的区域则主要分布在新疆西北
部、甘肃中部、青海和宁夏大部以及陕西西南部区域。

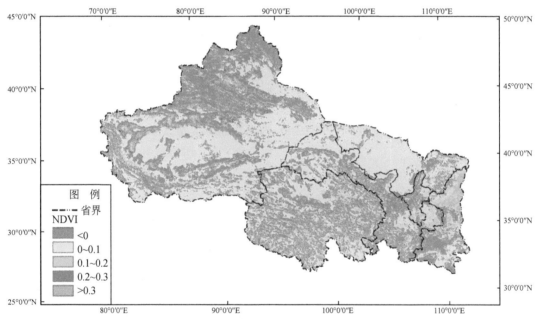

图 6.9　1990 ~ 2010 年西北地区 NDVI 变化图

从表 6.5 可以看出，西北地区各省（自治区）在 1990 ~ 2010 年基本都表现为 NDVI 上
升的趋势。

表 6.5　1990-2010 年西北地区各省（自治区）NDVI 变化统计表

省（自治区）	最小值	最大值	平均值	标准差
新疆	-0.75	0.71	-0.01	0.08
青海	-0.52	1.29	0.00	0.08
甘肃	-0.63	0.55	0.00	0.07
内蒙古	-0.38	0.44	0.02	0.03
宁夏	-0.55	0.38	0.00	0.08
陕西	-0.56	0.39	0.02	0.08

1990～2010 年，西北六省（自治区）NDVI 变化的平均值基本没有发生变化，即意味着 2010 年的植被质量与 1990 年相比整体上较为接近。其中，新疆植被 NDVI 平均值略有下降（-0.01），内蒙古和陕西略有上升（+0.02），而青海、甘肃和宁夏则基本维持不变。结合图 6.7 和图 6.8 中 1990～2000 年与 2000～2010 年的 NDVI 变化特征可以判断，1990～2010 年，西北地区植被质量总体有所恢复，局部仍然退化，即约 60% 地区的植被质量得到恢复、甚至超过 1990 年的水平，但部分地区植被质量还并未恢复到 1990 年的水平。

6.2.3.2 不同植被类型 NDVI 变化特征

1990～2010 年，西北地区四种植被类型的 NDVI 都表现出了较大的变化（图 6.10），除湿地植被 NDVI 呈缓慢上升趋势之外，草地、耕地和林地 NDVI 变化都呈先下降后上升的特点。表 6.6 为西北各省（自治区）1990～2010 年不同植被类型 NDVI 动态变化统计。从表 6.6 可以看出，近 20 年来西北各地植被 NDVI 动态变化呈现出明显的区域差异。1990～2010 年，西北地区除湿地植被 NDVI 呈缓慢上升趋势之外，草地、耕地和林地 NDVI 变化都呈先下降后上升的特点。除内蒙古 1990～2010 年林地、草地、湿地、耕地四种植被类型 NDVI 呈不断上升的变化特点之外，其余五省（自治区）草地、林地和耕地 NDVI 均表现为先下降后上升的变化趋势，湿地植被 NDVI 在陕西和青海表现为先上升后下降的变化趋势，在其他省（自治区）表现为先下降后上升的变化趋势。总体来看，除内蒙古外，1990～2010 年西北各省（自治区）植被均经历了先退化后恢复的过程。

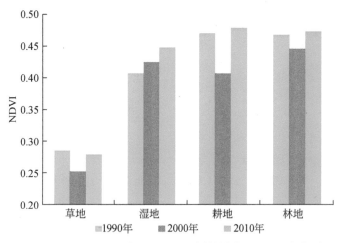

图 6.10　1990～2010 年西北地区不同植被类型 NDVI 变化图

1990～2010 年西北六省（自治区）不同植被类型 NDVI 动态变化情况详见表 6.6 和图 6.11。

1）新疆

1990～2010 年，新疆湿地植被 NDVI 均值呈先上升后下降的变化特点，与其他三种植被类型 NDVI 的变化趋势相反；草地和林地植被 NDVI 均表现为先下降后上升的变化特点，且下降的幅度大于上升的幅度。

1990~2010 年，新疆各草地和林地植被面积均表现为不断减少的特点，但 NDVI 却表现为先下降后上升，湿地植被面积呈先减少后增加的变化趋势，但 NDVI 却表现为先上升后下降的特点。

2）青海

1990~2010 年，青海四种植被类型的变化幅度较小，湿地植被 NDVI 均值不断上升，草地 NDVI 均值先下降后上升，且上升幅度略大于下降幅度。只有林地植被面积与 NDVI 变化表现出一致性，草地与湿地植被面积与 NDVI 的变化均有所差异。

1990~2010 年，青海草地面积呈不断增加趋势，但 NDVI 却表现为先下降后上升的变化特点，这可能是因为 1990~2000 年青海草地面积的增幅较小，但局部地区草地生长环境恶化严重。湿地面积在 1990~2010 年先减少后增加，但 NDVI 却表现为不断上升的特点，但考虑到两者的变化幅度均不大，局部地区的恶化或改善完全有可能形成现有的结果。

3）甘肃

1990~2010 年，甘肃四种植被类型 NDVI 的变化都较为平缓，但总体仍表现出先下降后上升的变化特点，说明甘肃在 1990~2010 年经历了植被的退化和恢复过程，但退化情况不太严重。四种植被类型中，林地的 NDVI 均值最高，林地和湿地植被的 NDVI 变化较为平缓。草地 NDVI 的变化幅度较大，1990 年甘肃草地 NDVI 均值为 0.33，1990~2000 年草地 NDVI 均值下降了 0.04，2000~2010 年又上升了 0.04，达到 0.33，基本恢复到 1990 年的水平。

1990~2010 年，甘肃草地与林地 NDVI 的变化趋势与面积变化趋势类似，均表现为先下降后上升的趋势，且变化较为平缓。湿地面积在 1990~2010 年缓慢减少，NDVI 却在 2000~2010 年有所上升，这与局部生态环境的改善有关。

4）内蒙古

1990~2010 年，内蒙古地区四种植被类型 NDVI 均表现为不断上升的变化特点，说明 20 年间，内蒙古植被退化情况发生较少，大部分植被质量有所提高。在天然植被中，湿地植被 NDVI 的上升幅度最大；草地植被 NDVI 在 1990~2010 年以每 10 年 0.01 的速度缓慢上升，2010 年内蒙古草地植被 NDVI 均值为 0.11；林地植被 NDVI 均值在 1990~2000 年上升较快，2000~2010 年趋于平缓，均上升了 0.02，2010 年内蒙古林地植被 NDVI 均值为 0.17。虽然内蒙古四种植被类型 NDVI 都呈上升的变化特点，但值得注意的是内蒙古四种植被类型 NDVI 均值都较低，除耕地以外 NDVI 均没有超过 0.17，这可能与内蒙古植被主要以大面积草原为主有关。

内蒙古地区不同植被类型 NDVI 的变化与面积的变化之间并未表现出明显的相关性，草地、林地和湿地植被面积在 1990~2010 年均表现为先减少后增加的变化特点，但 NDVI 的变化却呈现不断上升的特点，这与内蒙古地区植被以草地为主，而草地植被的 NDVI 不高，对面积变化不敏感有关。

5）宁夏

1990~2010 年，宁夏四种植被类型 NDVI 均表现为先下降后上升的变化特点，且变化幅度较大。1990～2000年，草地和林地 NDVI 都有明显下降，草地植被 NDVI 均值由 0.25 骤降到 0.16，林地植被 NDVI 均值由 0.38 下降到 0.33，湿地植被 NDVI 均值的变化则较小。2000～2010年，各植被类型 NDVI 均值都有了大幅提升，其中林地植被 NDVI 上升最快，NDVI 均值上升了 0.10，草地和湿地植被 NDVI 均值也分别有 0.09 和 0.06 的上升，说明 2000～2010年宁夏植被恢复的情况较好。

与 NDVI 变化趋势相同，1990～2010年宁夏草地和林地植被面积也表现为先减少后增加的特点，尤其是 2000～2010年林地面积发生了较大幅度的增加，而 NDVI 也表现为较大幅度的上升。但湿地植被 NDVI 的变化与面积变化之间没有表现出明显的相关性，1990～2000年宁夏湿地植被面积有所增加，但 NDVI 却有小幅下降，可能是局部地区的湿地植被生长环境有所恶化导致。

6）陕西

1990～2010年，陕西四种植被类型 NDVI 均表现为先下降后上升的变化特点，且变化幅度较大。草地植被 NDVI 在 1990～2010年变化最为剧烈，1990年陕西草地植被 NDVI 均值为 0.36，2000年骤减至 0.28，说明草地植被在 1990～2000年发生了较为严重的退化；但 2000～2010年草地植被 NDVI 均值上升了 0.15，达到 0.43，甚至比 1990年还高 0.07，说明草地植被在 2000～2010年得到了很好的恢复。林地和湿地植被 NDVI 的变化较草地来说相对平缓，变化幅度在 0.04 以内。

在四种植被类型中，只有湿地植被面积与 NDVI 变化特点一致，均表现为先下降后上升，草地和林地植被面积与 NDVI 变化没有表现出明显的相关性。1990～2010年，陕西草地和林地植被面积均表现为不断增加的趋势，但 NDVI 却表现为先下降后上升的趋势。

表 6.6　1990～2010年西北各省区不同植被类型 NDVI 动态变化表

省区	年份	草地	湿地	耕地	林地
甘肃	1990	0.33	0.56	0.45	0.65
	2000	0.29	0.54	0.36	0.63
	2010	0.33	0.55	0.45	0.66
内蒙古	1990	0.09	0.08	0.16	0.13
	2000	0.10	0.13	0.26	0.15
	2010	0.11	0.17	0.32	0.17
宁夏	1990	0.25	0.37	0.36	0.38
	2000	0.16	0.36	0.29	0.33
	2010	0.25	0.42	0.38	0.43
青海	1990	0.34	0.40	0.46	0.54
	2000	0.32	0.42	0.41	0.54
	2010	0.35	0.45	0.48	0.56

续表

省区	年份	草地	湿地	耕地	林地
陕西	1990	0.36	0.46	0.57	0.77
	2000	0.28	0.44	0.50	0.74
	2010	0.43	0.47	0.59	0.77
新疆	1990	0.25	0.41	0.43	0.22
	2000	0.21	0.44	0.42	0.20
	2010	0.22	0.40	0.46	0.21

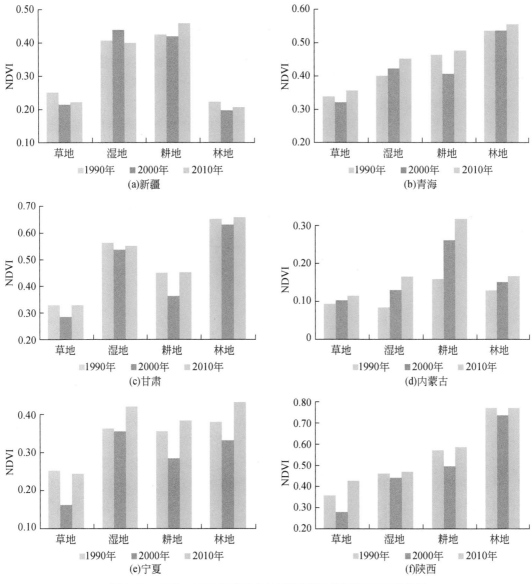

图 6.11　1990～2010 年西北各地区不同植被类型 NDVI 变化图

6.2.3.3　西北典型区植被动态变化特征

因西北地区地域辽阔，自然生态环境与社会经济条件差异巨大，为更加详细地明晰西北地区植被动态变化特征，特选择最具重要生态功能的三江源地区、祁连山区以及西北地区典型内陆河流域——黑河流域、独具西北干旱与半干旱环境特色的黄土高原作为典型区，进一步就各区域性植被动态变化进行分析。

1）三江源地区

三江源地区位于青藏高原的腹地——青海省南部，为长江、黄河和澜沧江的源头汇水区，平均海拔在4000m以上，总面积为30.25万km²（宋冬梅等，2011），是我国海拔最高的天然湿地和三江生态系统最敏感的地区。植被覆盖度总体上从东南向西北方向递减，依次分布着针叶林、灌丛、高寒草甸、高寒草原与高山稀疏植被等植被类型，以高寒草甸和高寒草原为主（侯学煜，2001）。20世纪八九十年代，三江源地区的植被指数呈现出下降的态势，灌丛区和森林区下降率最高（张镱锂等，2007）；21世纪以来，三江源地区植被覆盖有所好转，呈现出了上升趋势（图6.12），其中，长江源区、黄河源区植被的NDVI均呈增加趋势，且长江源区增速最快；而澜沧江源区植被的NDVI则呈现出下降的趋势（刘宪锋等，2013）。

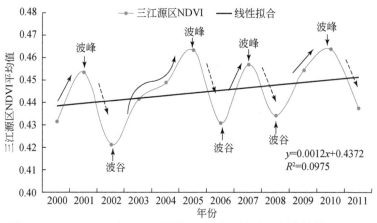

图6.12　2000～2011年三江源植被NDVI年际变化（刘宪锋等，2013）

三江源区植被的NDVI总体上受气温影响较大，而受降水的影响程度则由东南向西北逐渐增大。不同的植被类型对水热的响应状况也不同，高寒草甸的生长受水热条件控制最为明显，高寒草原对气温变化的敏感程度大于降水，高山植被长势受降水的影响大于气温，林地和灌丛受降水的影响远远大于气温（李辉霞等，2011）。此外，随着2000年"三江源自然保护区"的正式成立以及一系列生态保护工程的实施，三江源地区植被覆盖状况有所改善。

2）黑河流域

黑河为我国第二大内陆河，流域面积约为14.29万km²，气候干燥少雨且蒸发量大，属于生态脆弱地区。由于受大陆性气候和青藏高原的祁连山–青海湖气候区影响，该区域植被类型稀少，覆盖面积也很小，多为旱地、灌木丛、中低覆盖草地以及大面积的戈壁和沙漠。黑河流域植被覆盖面积总体上从东南向西北逐步减少，除上游外，其他地区植被覆盖稀少。近半个世纪以来，黑河流域下游绿洲萎缩、荒漠扩张，主要源于上中游拦蓄河流水源、工农业用水大量增加，特别是中游地区农业灌溉用水大量挤占了生态用水（蒋晓辉和刘昌明，2009）。20世纪90年代黑河上游和下游地区的植被均在发生退化，而中游地区绿洲面积得到不断扩大，植被覆盖增加（郭铌等，2002），流域天然植被面积以每年约3%的速度在减少，植被的退化趋势比较明显（金晓媚，2005）。

　　21世纪以来，黑河流域全流域的植被覆盖水平呈现出逐年改善的趋势（李旭谱等，2013）。MODIS NDVI指数显示植被变化可分为波动上升（2000～2004年）、波动平缓（2004～2009年）、再次波动上升（2009～2014年）三个阶段（图6.13），植被整体向良好方向发展，变化趋势以不变和改善为主，改善部分多为轻度改善。上游地区植被变化两极分化，中度改善和中度退化并存，中游地区植被年际变化幅度较大，下游地区主要为大面积荒漠，植被变化不明显，整体有轻度改善，植被稳定性较好。

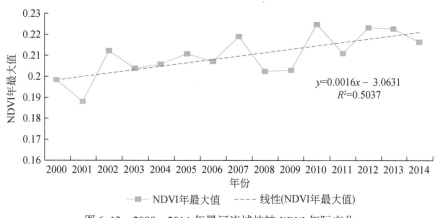

图6.13　2000～2014年黑河流域植被NDVI年际变化

　　2000年至今，黑河流域植被变化是自然因素和人为因素综合驱动下的结果。黑河流域不同区域植被覆盖对气象因子的响应具有一定的地域差异性（赵铭石等，2011），但主要还是受人类活动的影响。

　　上游地区植被变化的驱动因素主要有温度、降水、地形等自然因素以及围栏封育、人工造林、退耕还林还草等人为因素。年内变化上主要受温度驱动，年际变化上受降水影响较大，人为政策因素如退耕还林还草等结合地形因素共同影响植被变化。

　　中游地区植被覆盖受到温度、降水、高程等自然因素，以及退耕还林还草、农业技术进步、种植结构及灌溉技术提升等人为因素影响。中游是甘肃主要农业区，人口、经济发展较快，人类活动对植被变化的影响较自然因素更大。

　　下游地区植被变化主要受流域分水、围栏封育等人为因素影响，相比其他因素，流域分水的驱动作用更为直接和明显，使得黑河下游地区地下水位得到大幅升高，植被生长与恢复状况出现明显好转（Jin et al.，2008）。流域分水对下游全区当年的植被变化产生影响，对有植被覆盖区的影响滞后 3 年显现，影响最为显著的是沿分水河道两岸的中、高密度植被，中密度植被覆盖面积对滞后 1 年的受益水量有积极响应，而高密度植被覆盖面积则主要受当年受益水量影响。

3）祁连山区

祁连山区是西北地区重要的生态区，也是黑河、石羊河和疏勒河的发源地和径流形成区，具有丰富的水源涵养林和雪冰水资源，属高寒干旱半干旱山地森林草原气候。植被分布呈现独特的垂直地带性特征，海拔由低到高分布有荒漠草原、山地草原、山地森林草原、高山灌丛草甸、高寒草甸和高寒稀疏草甸（徐浩杰等，2012）。祁连山植被覆盖总体上自西向东递增，呈现东多西少的分布格局。年内变化上，祁连山区植被 5 月开始增加，7～8 月达到最盛，10 月以后基本停止生长，其他月份植被变化不大（图 6.14）（戴声佩等，2010b）。20 世纪 80 年代植被动态变化较平稳，90 年代变化幅度较大，尤其是 1995 年以后植被明显开始增加（程瑛等，2008）；2000～2011 年，祁连山中西部植被增加，东部植被减少，NDVI 整体上呈增加趋势，这是由于近年来全球气候变暖，西南和东南季风势力增强，祁连山区降水增加所致（武正丽等，2014）。

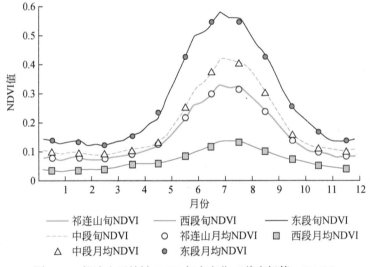

图 6.14　祁连山区植被 NDVI 年内变化（戴声佩等，2010b）

4）黄土高原

黄土高原地处半干旱半湿润气候带，是世界最大的黄土沉积区，地跨山西省、陕西省、甘肃省、青海省、宁夏回族自治区及河南省等省区，总面积约为 62.14 万 km²。从西北到东南植被依次为风沙草原、草原和森林草原。黄土高原处于半湿润向半干旱地区的过渡地带，植被变化存在明显的区域差异，东部地区植被生长状况要明显好于西部地区，经济发展较快、城市化水平较高的区域植被表现为显著减少，而实施国家生态工程的丘陵、平原区域植被覆盖增加明显。年内变化上，黄土高原地区 3 月份 NDVI 值最小，7 月底 8

月初 NDVI 达到最大值, 10~11 月份进入衰退期, 水热变化是黄土高原植被年内变化的主要因素 (夏露等, 2008)。近 30 年来, 黄土高原植被动态变化整体呈改善趋势 (图 6.15)。20 世纪 80 年代黄土高原地区降水相对丰沛, 植被覆盖呈现明显的上升趋势; 进入 90 年代后, 随着气候干旱化趋势发展, 植被覆盖不再上升而表现为小幅的波动。但 1999~2001 年的降水明显偏少, 造成黄土高原地区植被覆盖迅速下降; 自 2002 年以来, 随着降水量的恢复和国家退耕还林还草政策的大规模实施, 植被覆盖呈现出显著提高的趋势 (信忠保等, 2007)。

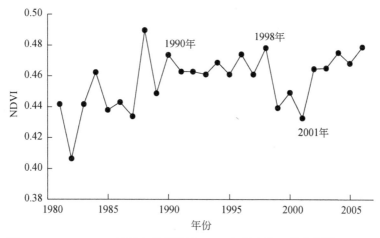

图 6.15　1981~2006 年黄土高原植被 NDVI 年际变化 (信忠保等, 2007)

6.3

西北地区植被变化驱动力

6.3.1　自然因子

气候变化是近 30 年来西北地区植被动态变化的重要自然驱动力之一, 主要因素包括温度和降水。植被年内的季节性变化主要受气温和降水的双重影响, 而植被的区域空间分布、年际动态变化则主要受降水影响。

1) 气温

近 30 年以来, 西北地区气温呈现出一定程度上的升高趋势, 温度的增加一方面可为植被生长提供热量、促进植物得以正常生长发育, 但若气温过高, 不仅会超过植物生长的最适温度, 而且增加地表蒸发量, 致使水分流失加剧, 从而会导致植被生长缺水, 这种现象在西北干旱、半干旱地区表现尤其严重 (李震等, 2005)。总体而言, 西北地区植被的 NDVI 指数与年际气温呈弱的正相关性, 与年内均温呈显著正相关性, 且对年内温度的响应存在一定的时滞效应 (刘宪锋和任志远, 2012)。区域差异上, 西北地区植被覆盖与温度之间的空间相关关系如图 6.16 所示。新疆天山、阿尔泰山、塔里木河流域和青海的中东部、甘肃中部以及陕西的关中地区等地的植被变化与年平均气温相关性显著（刘宪锋和任志远，2012；郭铌等，2008）。植被类型差异上，温度主要对植被生长周期产生影响，纬度较高的新疆森林区与温度相关性最高，高寒草甸次之，西北绿洲区也是温度的敏感区，气温对植被（NDVI）的影响由森林—高寒草甸—绿洲—雨养农业区—温带草原—盐生草甸依次降低（郭铌等，2008）。

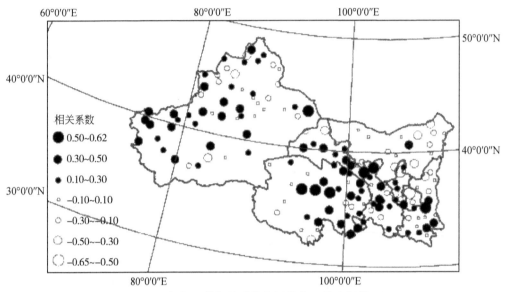

图 6.16　NDVI 与气温的相关系数空间分布（戴声佩等，2010a）

2）降水

近 30 年来，西北地区的降水具有明显的区域性特征，东部降水明显减少，干旱化趋势严重；在西北地区西部，降水增加，气候逐渐向暖湿型转变（魏娜等，2010）。西北地区气候干燥，植被对水的依赖度较高，降水量成为植被生长的限制因素。总体而言，西北地区植被 NDVI 指数与年际降水呈现出弱的正相关性，与年内降水呈显著的正相关性，且对年内降水的响应存在时滞效应，不同地区滞后的时间也不尽相同。区域差异上，西北地区植被覆盖与降水之间的空间相关关系如图 6.17 所示。西北大部分地区 NDVI 与降水有较好的相关性，其中，新疆的天山、昆仑山、塔里木河流域以及宁夏和陕西交汇处的植被 NDVI 指数与降水相关性显著（刘宪锋和任志远，2012）。植被类型差异上，不同植被类型对降水的响应程度亦不尽相同，降水对各类植被的影响程度表现为高寒草甸>森林>雨养农业区>盐生草甸>绿洲（郭铌等，2008）。

6.3.2　人为因子

近 30 年来，西北地区植被的变化除了受制于气温和降水条件的改变外，人类活动的

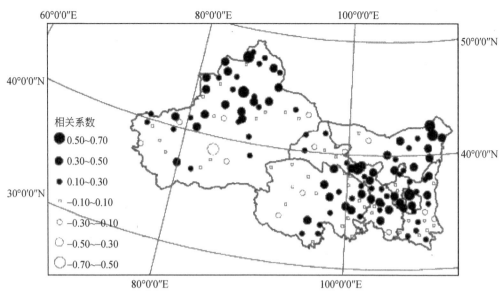

图 6.17 NDVI 与降水的相关系数空间分布（戴声佩等，2010a）

影响也是不容忽视的另一个重要驱动力量。西北地区植被覆盖动态变化的人为驱动力既包括一些消极的负面影响，同时也有一些主动的、积极的正效应，所有相关的社会经济、政策法律等因素的改变都会对西北地区植被覆被的变化带来或多或少的影响。而近十多年来，国家实施的一系列生态工程政策、流域分水政策则为整个西北地区植被的生态恢复与改善提供了重要的保障条件。

6.3.2.1 三北防护林工程

三北防护林工程自 1978 年开始实施（1978～2050 年），2011 年已进入第二阶段五期工程，根据第八次全国森林资源清查和荒漠化、沙化土地监测结果，三北防护林四期工程范围内的森林覆盖率已经达到 10.51%，有 9 个省份的荒漠化土地发生了逆转，6 个省份的沙化土地得到了有效抑制。同样，在西北地区，三北防护林工程也产生了较为明显的积极影响，根据西北地区各省份累积 NDVI 变化统计，20 世纪 80 年代到 21 世纪初，内蒙古、甘肃、青海和新疆的植被 NDVI 指数显著上升的区域均大于显著下降的区域（黄森旺等，2012）。

6.3.2.2 西部大开发战略

中国 20 世纪 80 年代初期实施的改革开放战略，使得我国的经济实力和人民生活水平明显提高，但随之而来的却是中西部发展差距的不断增大和西部生态环境的不断恶化。自 1999 年中国政府明确提出国家西部大开发战略以来，一系列的生态环境保护工程的实施对于中国西部生态环境建设和恢复取得了显著成效，其中尤以退耕还林还草工程及流域内调水/跨流域调水工程等项目的实施对西北地区植被变化起到了非常重要的积极作用。

1) 退耕还林还草工程

退耕还林还草工程是国家实施的"退耕还林、封山绿化、以粮代赈、个体承包"政策。退耕标准需满足：①山区、丘陵区，水土流失严重，粮食产量低而不稳、坡度在 6°以上、农民已经承包或延包的坡耕地；②平原区，风沙危害严重、粮食产量低而不稳、农民已经承包的沙化耕地。该项政策自 1999 年开始实施，对西北植被覆盖的变化产生了一定影响，政策实施同期西北地区植被 NDVI 明显上升，即便在 2004～2005 年西北地区降水相对偏少的情况下，其整体上的植被 NDVI 指数仍保持上升趋势，表明退耕还林还草工程的生态效应已经开始呈现（戴声佩等，2010a）。此外，退耕还林还草工程在西北不同区域取得的效果也不尽相同，如以陕西省为例，受区域植被类型、气候条件等影响，其对于陕西省北部的影响明显大于南部地区（Zhou et al.，2009）。

2) 流域内调水/跨流域调水工程

西北地区的流域内调水工程主要有塔里木河流域调水工程、黑河流域调水工程等。流域内调水工程的实施，扭转了由于河流上、中游用水过度而导致下游断流、植被退化、绿洲萎缩的局面，可以在短期内、较为有效地提高下游地表径流量、抬升下游地区的地下水水位，保证下游植被的生长需求，对下游植被的改善起到了最直接的影响。跨流域调水工程则主要涉及从长江上游引水到黄河上游的南水北调的西线工程、新疆北部引额尔齐斯河的"北水南调"工程、甘肃从大通河到秦王川–湟水河的引水工程等。西北地区大部分区域干燥少雨，年降水量较低而蒸发量较高，年降水变化率较高，水资源供需矛盾突出，跨流域调水工程的实施均为有效改善和恢复植被需水条件、增加植被覆盖、遏制西北地区土地荒漠化起到了至关重要的作用（李永乐等，2006）。

6.3.2.3 种植结构/灌溉模式调整

相关农业措施的实施可以改变植被生长对自然气候条件的依赖性。西北地区的农业主要以灌溉农业为主，灌溉措施则会降低农业植被 NDVI 指数和降水的相关程度（徐兴奎等，2007；邓振镛等，2012）。我国西北地区粮食产量和农作物总播种面积自 20 世纪 80 年代以来稳步上升，到 20 世纪 90 年代末，进入一个相对平稳的高水平状态，同期西北地区植被的 NDVI 指数几乎和粮食产量、农作物总播种面积同步上升（戴声佩等，2010a）。此外，西北地区近十多年来农业种植结构的调整、农业灌溉模式的改良同样可以减少农耕区的用水量，提高农区用水效率。种植结构、灌溉模式对植被的影响在新疆塔里木河绿洲和河西绿洲以及内蒙古河套平原灌溉区表现尤为明显。

6.4

核心结论与认识

（1）近 30 年来，西北各省（自治区）不同植被类型的数量与质量变化均表现出明显的区域差异性，整体上呈现出植被面积先减少后增加的变化趋势，植被覆盖状况也在宏观上呈现出先退化后恢复、植被质量整体趋好局部退化的态势。其中，1990~2000 年，西北地区 NDVI 变化呈现总体下降、局部上升的特点，植被质量整体退化趋势显著；2000~2010 年，除新疆部分地区植被退化仍然严重之外，西北大部分地区 NDVI 都有所上升，植被整体恢复趋势显著；与 1990 年相比，2010 年西北植被严重退化趋势已基本得到控制，约 60% 地区的植被质量得到恢复、甚至超过 1990 年的水平。

（2）近 30 年来，西北部分典型地区植被动态变化区域性特征显著。植被指数 NDVI 显著增加的典型区域主要分布在新疆的天山、阿尔泰山，青海祁连山区以及中东部等地区；植被指数 NDVI 下降的典型区域主要分布在青海南部地区以及新疆的塔里木盆地、吐鲁番、塔河、托里等地区。

（3）我国西北地区植被的动态变化，虽然宏观上受制于气候因子的驱动，但近 30 年以来的人文驱动因素影响更为重要，尤其 2000 年以来国家实施的西部大开发战略、生态建设工程（如三北防护林工程等）、区域生态环境修复政策（退耕还林还草、流域/跨流域调水等政策）等作用显著。

第 7 章

西北地区荒漠植被变化

　　导读：荒漠植被是我国分布范围最广的植被类型，在保持水土、防风固沙、维持绿洲生态安全和经济发展等方面，发挥了极为重要的生态服务功能。本章基于我国荒漠区的范围、植被特征、水土资源状况及关键气候要素的时空变化特征，分析了植被盖度、生产力和植物物候特征的时空演变趋势，重点评估了人类干扰活动和生态恢复工程的生态效应。总体说来，人类活动是荒漠植被退化的主要原因；受损植被的自然恢复是一个非常缓慢、甚至无法完成的过程。但一些成功范例的实践证明，通过合理的人工措施促进荒漠植被恢复的方法是可行途径。

7.1

荒漠区概况

荒漠区具有降水稀少、蒸发强烈、气候干燥、物种贫乏、生态系统脆弱而不稳定等特征。国际上一般将年均降水量小于 250 mm 的干旱区划分为荒漠区，其干燥度指数一般大于 4（赵松乔，1983）。根据此定义和我国降水空间分布特征，我国荒漠区主要分布在35.4°N 以北，106°E 以西的内陆地区（图 7.1），大致以贺兰山-乌梢岭-昆仑山系为界线，泛指此界线以北的广大地区。在行政区划上包括新疆的全部，甘肃的河西走廊地区，青海的柴达木盆地以及内蒙古西部的阿拉善高原和宁夏的西部等地区，约占国土面积的24.5%。我国荒漠区是中亚干旱区的主要组成部分，也是世界典型温带荒漠分布区。荒漠区在地势上位于我国第一级和第二级阶梯，西高东低，西部分布有天山、昆仑山，海拔为4000~5000 m，部分山峰高超过 7000 m；且荒漠区山脉众多，地势高峻，如昆仑山、天山、阿尔泰山、阿尔金山、祁连山、贺兰山等都分布在这里。在纵横交错的山脉中，镶嵌着我国四大盆地中的三大盆地——塔里木盆地、准噶尔盆地、柴达木盆地，它们均属于构造断陷区域。

荒漠区天然植被类型以荒漠、草原植被为主，局部高海拔地区有斑块状山地森林与草甸植被分布。荒漠植物群落矮小，层次简单，垂直结构不明显，且具有明显的空间分布规律。在干旱胁迫较低的荒漠区，如内陆河流域，植物群落最上层通常是发育较好的木本层；在荒漠平原腹地或平原区植物群落旱生或强旱生灌木、半灌木占绝对优势；在高寒荒漠区植物群落，通常以很稀少的矮生寒旱生垫状小半灌木或属蒿属半灌木为优势种，以及更加稀少的草本层。荒漠植物主要有 3 种生活型，即灌木及半灌木、短命植物与类短命植物和肉质植物（李博，2000）。我国荒漠区植物种类有 68 科，361 属，1000 余种，其中，乔木 27 种，占 2.5%；灌木 314 种，占 29.1%；草本植物 738 种，占 68.4%。种类组成以藜科最多，蒺藜科、柽柳科、菊科、豆科、麻黄科、蓼科、禾本科等也占相当比重。荒漠植物中，以双子叶植物数量最多，单子叶植物次之，裸子植物的比重最少（尹林克，1997）。荒漠生态系统类型可划分为 5 个一级类型，15 个二级类型（表 7.1），其中，灌木、半灌木荒漠和半矮灌木荒漠是我国荒漠区分布面积最大的两个荒漠生态系统类型，其面积分别为 4.73 万 km² 和 3.20 万 km²；多汁盐生半矮灌木荒漠分布面积较小，仅为 1.40 万 km²。

荒漠区水资源主要以冰川、降水、径流、湖泊（水库）蓄水以及地下水、土壤水等形式存在，水资源总量约为 1035 亿 m³，约占全国水资源总量的 3.7%，与占国土总面积1/3 的比例极不相称，水资源极其短缺，而且时空分布极不均衡。河川径流是西北荒漠区的主要水源（表 7.2），约为 976 亿 m³。降水是荒漠区植被赖以生存的主要水源，也是荒漠区水资源的根本来源。根据降水等值线的分布估算，西北干旱区多年平均降水量约为 175 mm。从空间分布上来看，以贺兰山为界，东西表现出明显的空间差异性。贺兰山以东降水量相对较多，年降水量在 200 mm 以上，并且表现出从西到东递增的变化特征；贺兰山以西降水量明显减少，除天山北部、伊犁河上游地区、祁连山外，大部分地区年降水量在200 mm以下，表现出由北向南递减的变化特征。在降水的区域差异上，天山山脉以北，准噶尔盆地地区降水量相对较多，年降水量为150~200 mm；而天山以南，塔里木盆地地区降水量相对较少，年降水量在100 mm以下。

表7.1　我国荒漠生态系统类型（任鸿昌等，2004）

一级类型	二级类型	分布区域	面积/万 km²
半矮灌木荒漠	合头草低山岩漠	分布在天山山脉东端山麓地带和青藏高原南麓以及阴山山脉西端的岩石裸露区	3.20
	假木贼砾漠	集中分布于准噶尔盆地的北端，其他地区仅有少量分布，呈戈壁景观	
	琵琶柴砾漠	分布在塔里木盆地西北、东南边缘靠近山区的地带、内蒙古和甘肃西部和贺兰山周边地区	
	蒿属、短期生草壤漠	分布在准噶尔盆地的中部一条狭长地带和西段中部、北部中间地区	
多汁盐生半矮灌木荒漠	盐爪爪盐漠	分布在塔克拉玛干沙漠的北端和东端、柴达木盆地的东南端以及贺兰山以北的荒漠化地区	1.40
灌木、半灌木荒漠	膜果麻黄砾漠	分布在东至鄂尔多斯高原、南至青藏高原北部、西至塔里木盆地西端和北至准噶尔盆地的广大地区	4.73
	驼绒藜沙砾漠		
	三瓣蔷薇、沙冬青、四合木沙砾漠		
	油蒿、白沙蒿荒漠		
	沙拐枣荒漠		
	极稀疏柽柳荒漠		
半乔木荒漠	梭梭荒漠	分布在古尔班通古特沙漠的大部分地区、天山山脉南麓、阿拉善高原北段中部地区和柴达木盆地周边部分地区	1.52
	梭梭柴、琵琶柴壤漠		
	梭梭砾漠		
高寒匍匐半矮灌木荒漠	垫状驼绒藜砾漠 藏亚菊沙砾漠	分布于青藏高原北部昆仑山和阿尔金山地区，呈现典型的高寒荒漠景观	2.65

我国荒漠区温度的年较差和日较差均很大，与世界其他气候区相比，我国温带沙漠中的温度变化是最为剧烈的。我国荒漠区冬季1月的平均气温在-20℃以下，而夏季7月的平均气温则在26~30℃以上，温度的年较差高达50℃左右。沙漠区温度的日较差更大，如吐鲁番盆地，夏季白天的极端最高温度曾达到82.3℃，而夜间又可降至0℃以下，温度的日较差超过80℃。荒漠区年平均气温为10~19℃，其空间分异与降水具有相似的水平和垂直地带分布规律（图7.1和图7.2）。

162

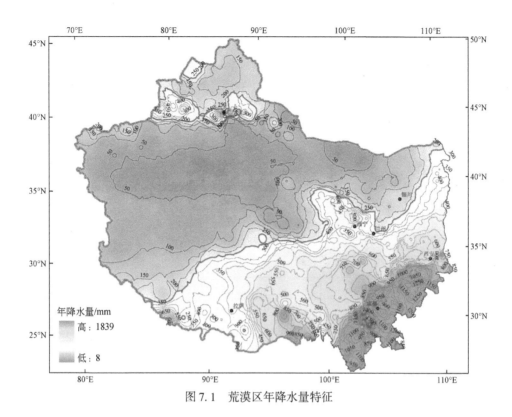

图 7.1　荒漠区年降水量特征

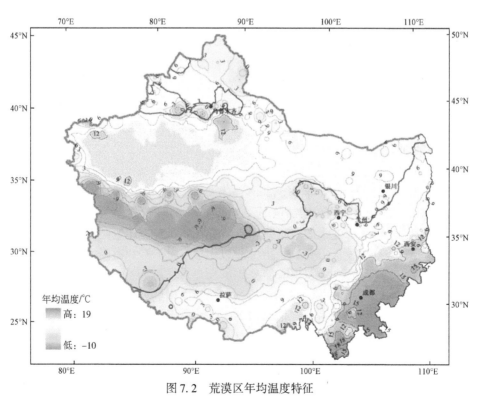

图 7.2　荒漠区年均温度特征

漠土是我国荒漠区分布面积最广的土壤类型，主要包括灰漠土、灰棕漠土、棕漠土和龟裂土等。漠土具有多孔状的荒漠结皮层、腐殖质含量低、石灰含量高、且表聚性强、石砾含量多（龟裂土和灰漠土除外）等特征，由于石膏和易溶性盐分聚积，存在较明显的残积黏化和铁质染红。漠土主要分布于内蒙古、甘肃的西部、新疆的大部和青海的柴达木盆地等地区，约占全国总面积的 1/5。此外，漠土具有平原区水平地带性和山地垂直地带性的分异规律，平原区由草甸草原的黑钙土向干旱地区过渡，相继出现栗钙土、棕钙土、灰漠土和棕漠土。

表 7.2 我国西北荒漠区水资源情况　　　　　　　　　（单位：亿 m^3/a）

区域	地表径流量	地下水补给量	地表水地下水重复量	水资源总量
河西走廊	74	43	37	80
准噶尔盆地	127	69	50	146
塔里木盆地	407	220	197	431
柴达木盆地	46	35	31	50
额尔齐斯河	119	20	18	121
中亚内流区	203	61	57	207

资料来源：陈亚宁，2009

7.2

荒漠区关键气候要素变化

降水和温度是与荒漠植被变化最为密切的关键气候要素。自 20 世纪 60 年代以来，我国荒漠区降水和年积温整体上呈增加趋势，且具有较大的时空差异。20 世纪 60 ~ 90 年代，降水量和年积温整体变化幅度不大，空间差异上明显表现为喀什地区出现降水量的绝对量减少和准噶尔盆地降水增加。90 年代以后降水和年积整体上呈明显的增加趋势，其增加幅度表现为由西到东递增的变化特点。

自 20 世纪 60 年代以来，荒漠区降水和积温整体上具有增加趋势，在 1990 年前后具明显的年代差异和空间异质（李飞，2009；韦振锋等，2014）。20 世纪 60 ~ 90 年代（1961 ~ 1990 年），降水量的绝对增加量不大，降水变化幅度在 0 ~ 10 mm，年积温大部增幅在 0 ~ 67 ℃；此期间降水变化的空间差异特征明显表现为喀什地区出现降水量的绝对量减少和准噶尔盆地降水增加（增幅在 20 mm 以上）（图 7.3 和图 7.4）。90 年代以后（1991 ~ 2005 年）降水和年积温变化增加趋势更为显著，降水变化幅度约为 10 ~ 40 mm，年积温整体增幅在 67℃以上，且呈现出由西到东增幅递增的变化特点；此期间降水量变化的空间差异性较大，特别在西部、新疆地区增幅较大，新疆地区降水量呈明显增加的趋势，呈现出由北向南递减的梯度变化，降水量的增加量从北疆 40 mm 到南疆的 10 mm 变化（图 7.4）。

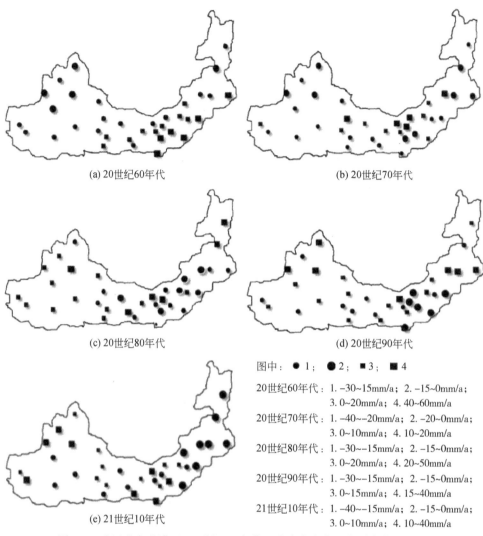

(a) 20世纪60年代   (b) 20世纪70年代

(c) 20世纪80年代   (d) 20世纪90年代

(e) 21世纪10年代

图中：● 1；● 2；■ 3；■ 4

20世纪60年代：1. −30~15mm/a；2. −15~0mm/a；
3. 0~20mm/a；4. 40~60mm/a

20世纪70年代：1. −40~−20mm/a；2. −20~0mm/a；
3. 0~10mm/a；4. 10~20mm/a

20世纪80年代：1. −30~−15mm/a；2. −15~0mm/a；
3. 0~20mm/a；4. 20~50mm/a

20世纪90年代：1. −30~−15mm/a；2. −15~0mm/a；
3. 0~15mm/a；4. 15~40mm/a

21世纪10年代：1. −40~−15mm/a；2. −15~0mm/a；
3. 0~10mm/a；4. 10~40mm/a

图 7.3　我国北方荒漠区 20 世纪 60 年代以来降水变化（徐利岗等，2009）

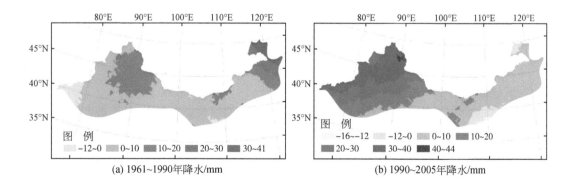

(a) 1961~1990年降水/mm   (b) 1990~2005年降水/mm

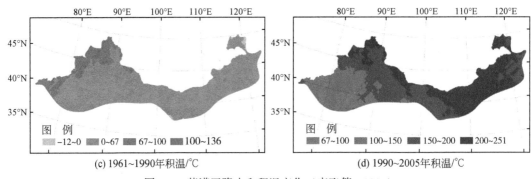

图 7.4 荒漠区降水和积温变化（李飞等，2009）

7.3

荒漠植被变化

荒漠植被的变化与气候变化和人类活动密切相关。气候变化是影响荒漠区自然植被宏观变化的主导因素；而人类活动则是影响人类活动涉及区域植被局地尺度上变化的主要因素。人类活动涉及区域虽然占整个荒漠区面积的比例不足 10%，但却是近 60 年来荒漠区植被变化最为活跃的区域，集中体现在荒漠与绿洲交错带以及同陆河中下游区域的植被变化。本节主要分析了近 30 年来，由于气候变化导致的荒漠植被盖度、生产力和植物物候的宏观变化及其年际波动变化；以及近 60 年来由于人类活动破坏和生态恢复引起的人类活动涉及区域植被的变化。

7.3.1 气候变化驱动下的荒漠植被变化

7.3.1.1 盖度变化

1）荒漠植被盖度的年代变化特征

自 20 世纪 80 年代至今，荒漠区整体植被盖度存在弱的增加趋势，局部区域有持续退化现象。其中，2000 年以前，荒漠区植被盖度普遍呈下降趋势，局部区域有植被改善的趋势，但改善区域小于退化区域。根据植被覆盖动态进行监测和模拟结果表明，1981 ~ 2001 年荒漠植被现普遍存在退化现象，并且在 20 世纪 90 年代植被的退化速率最大（张钛仁等，2010a）。此期间仅在新疆地区局部区域具有改善趋势（占新疆总面积的 16.04%）（马明国等，2003），这在类似研究中得到充分证实（张钛仁等，2010b）。而在 2000 年以后，整体上荒漠植被盖度变化呈明显增加趋势，局部区域有持续退化趋势。例如，1999 ~ 2010 年荒漠区 43.25% 为显著改善地区，而植被显著下降区域为 14.25%（韦振锋等，2014）。同样，在阿拉善东南部一定程度上也反映了植被盖度年代变化特征，1991 ~ 2000

年荒漠植被虽然总面积变化不大，但是整体植被覆盖度呈快速降低趋势，而在 2000~2006 年，植被盖度则呈稳步上升趋势。

2）荒漠植被盖度季节差异特征

荒漠区植被活动存在着显著的季节差异，由于气候变暖使植被的生长季提前和生长季增长，同时使植被生长加速（陈效述，2009），对植被盖度变化的影响上主要表现为春秋季植被盖度增加趋势更为显著，如新疆地区由于生长季的延长和生长加速，使新疆植被活动增强，1982~2007 年不同季节的 NDVI 年变化趋势分析表明，秋季 NDVI 上升趋势明显，并且增加速率最快（0.57%/a）（赵霞等，2011）；与新疆地区类似，黑河上游地区春季 NDVI 的增长明显高于其他季节，其增长幅度达到 15%，主要得益于全球变暖带来的春季升温，促使植被生长季提前（赵铭石，2012）。

3）荒漠植被盖度变化的空间差异特征

近 30 年来在荒漠植被盖度整体上略有增加，但空间差异悬殊。一般山前荒漠区植被盖度增加趋势最为显著，平原次之，一些盆地腹地植被变化不明显，甚至局部呈现退化现象。例如，1982~2010 年荒漠平原区和盆地腹地有低盖度（10%≤盖度≤25%）荒漠植被面积整体上呈微弱增长趋势，年际差异呈现增–减–增的波动变化（图 7.8）；而山前一些高盖度（25%<盖度≤35%）荒漠植被的变化相对更为显著（周丹等，2015），植被盖度增加明显。此外，植被盖度显著增加的区域主要分布在天山、阿尔泰山、昆仑山西段、塔里木河上游流域、祁连山、河西地区以及兰州的北部；而植被盖度下降的区域主要分布在陕西和宁夏交界地区、甘肃的部分地区，以及新疆的塔里木盆地、吐鲁番、塔河、托里等地区（戴声佩等，2010；韦振锋等，2014）（表 7.3）。其中，新疆是我国荒漠区植被变化最为活跃的区域，自 20 世纪 80 年代来，特别是 2000 年以后植被改善趋势最为显著（马明国等，2003），主要分布在新疆北部阿尔泰山、天山西部、阿拉套山北部、伊犁河流域中上游、艾丁湖流域等地区（韦振锋等，2014），而植被盖度退化较严重的区域分布在古尔班通古特沙漠西部荒漠区（李向婷，2013）。

表 7.3 20 世纪 70 年代以来荒漠区植被盖度变化

区域	年份	盖度变化特征	文献来源
准噶尔盆地和塔里木盆地	1970~2009 年	新疆两大盆地整体上植被盖度和生产力具有增加趋势，特别是准噶尔盆地植被盖度增加显著。天山、阿尔泰山、昆仑山西段以及塔里木河流域植被盖度具有增加趋势；塔里木盆地、吐鲁番、塔河、托里等地区具有盖度具有减少趋势	程曼等，2012；戴声佩等，2010；韦振锋等，2014；许玉凤等，2015
河西走廊	1971~2009 年	民乐–武威–乌鞘岭一带（除古浪）其增幅明显，马鬃山–安西–玉门镇一带减幅显著	郭小芹和刘春明，2011
阿拉善高原	1982~2003 年	1982~2003 年，东部地区植被指数略有增加，而中部和西部地区则呈缓慢下降趋势	张凯等，2008；刘超，2013

区域	年份	盖度变化特征	文献来源
柴达木盆地	1982~2012 年	2000 年以来柴达木盆地植被生长状况整体趋于改善。明显改善区主要集中在盆地周边的高山区；退化区主要集中在盆地内部	高维，2014；夏薇，2013
腾格里沙漠	1980~2009 年	盖度和生产力整体略有增加趋势。在行政区域上宁夏北部增加显著，宁夏南部地区明显下降	程曼等，2012

7.3.1.2　生产力变化

自 20 世纪 80 年代以来，荒漠区植被生产力整体上表现为弱的增加趋势，与植被盖度的变化趋势基本一致，同样具有较大的区域差异。例如，1980~2009 年，新疆、甘肃河西走廊、宁夏北部净初级生产力处于上升趋势；而甘肃省东南部、宁夏南部地区以及新疆部分地区的净初级生产力则降低（程曼等，2012）。以甘肃河西走廊为例，从生产力的气候潜力来看，1971~2006 年民乐–武威–乌鞘岭一带（除古浪）增幅明显，马鬃山–安西–玉门镇一带减幅显著，即河西走廊东部显著增加，西部显著减少。整个荒漠区平均气候生产潜力在 1978 年开始增加，1981~1990 年是高峰时段，2000 年起持续减少，2005 年出现了突变，减少最明显（郭小芹和刘春明，2011）。生产力的这种区域差异性与荒漠地区生态地理条件以及所形成的不同生态系统的生产能力有关，且受到气温和降水量分布格局的共同影响。例如，新疆西北部为天山山区，降水相对充沛，融化的雪水一定程度上补给了水源，且该地区温湿条件适中，因此该区域植被生产力增幅高于新疆东南部，也是荒漠区生产力增加最显著的区域之一。

7.3.1.3　物候变化

荒漠区植被由于气候变暖的原因，使春季植物返青提前，秋季植物枯黄期推迟，最终导致植物生长季延长。例如，新疆 1982~2007 年秋季 NDVI 上升趋势极显，并且增加速率最快（0.57%/a）（赵霞等，2011）；黑河上游地区春季 NDVI 的增长明显高于其他季节，其增长幅度达到 15%（赵铭石，2012）；同样，在民勤荒漠植被区，1974~2009 年植物春季物候开始日期表现为极显著提前，提前速率为 2.16 d/10a；植物秋季物候结束日期呈极显著推迟趋势，推迟速率为 1.24 d/10a（常兆丰等，2012）（图 7.5）。这在针对荒漠植被

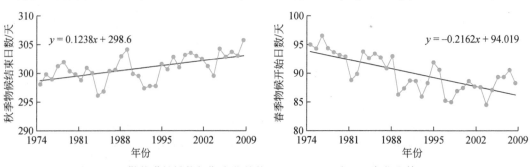

图 7.5　民勤荒漠植被物候期变化趋势（1974~2009 年）（常兆丰等，2012）

的模拟增温试验中（增温0.74~1.32℃）得到了进一步验证（图7.6），并且增温促进了植物的生物量积累效应。因此，植物生长季的延长是除降水之外，荒漠区植被盖度和生产力整体增加的另一个重要原因。

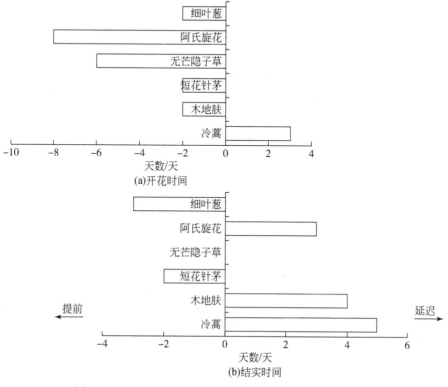

图7.6 增温对主要植物开花和结实的影响（珊丹，2008）

7.3.1.4 年际波动变化

降水年际间的波动是荒漠区植被波动变化的主导因素。植被变化与降水变化具有显著的正相关性，特别是荒漠平原区域降水对植被的影响更为显著，这在荒漠区域得到了充分验证（方精云等，2003；戴声佩等，2010；张钛仁等，2010b；郭小芹和刘春明，2011；韦振锋等，2014）。例如，1981~2001年西北荒漠区低植被盖度区域（NDVI为0~0.01）面积动态与降水波动有关（张钛仁等，2010a）；徐浩杰和杨太保发现1982~2010年，柴达木盆地植被生长受生长季可利用降水量影响显著，两者间呈显著正相关性。一般降水事件的发生，对处于生长季的荒漠植被的NDVI带不同程度的增幅，特别是沙质荒漠植被对降水更为敏感，同一降水事件沙质荒漠是砾质荒漠响应值的2.5倍（图7.7）。此外，从荒漠植被面积变化近30年来整体上变化不大，呈略有增加趋势，并且荒漠植被面积年际间的动态变化趋势与降水年际变化波动趋势相吻合，这在新疆尤其明显（图7.8）。

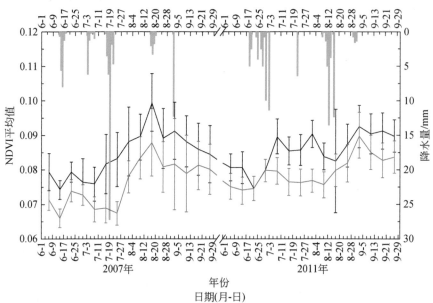

(a)沙质荒漠NDVI对降水事件的响应

—— Terra NDVImean —— Aqua NDVImean ▓ Rainfall

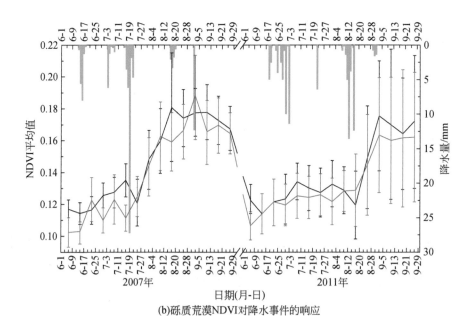

(b)砾质荒漠NDVI对降水事件的响应

—— Terra NDVImean —— Aqua NDVImean ▓ Rainfall

图 7.7 2007 年和 2011 年沙质荒漠和砾质荒漠 NDVI 对降水事件的响应

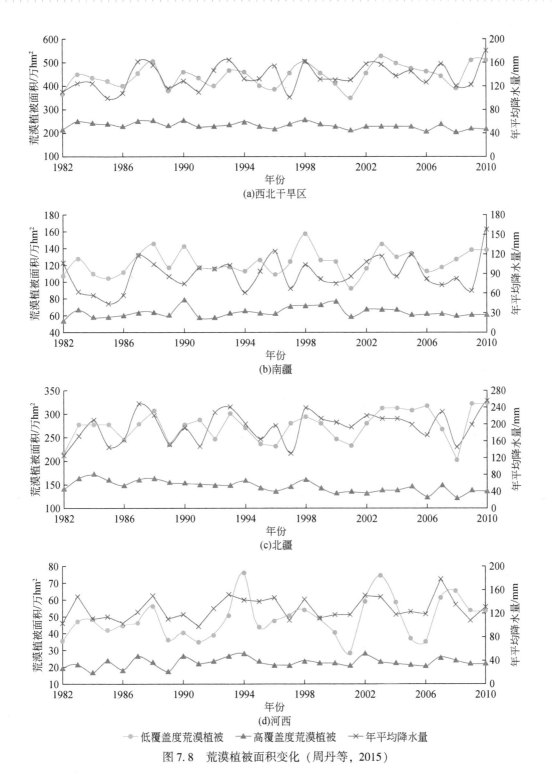

图 7.8　荒漠植被面积变化（周丹等，2015）

　　与降水相比，温度变化对植被盖度的影响效应较为多元化。大部分荒漠区植被盖度或生产力与温度间的关系以负相关为主，部分区域两者间呈正相关或无相关性，但整体上表现为微弱的负相关。温度与植被盖度之间关系的多元化与两个因素有关：一是海拔或地势，在地势低洼区和高海拔地区植被生长与气温呈正相关，如天山、阿尔泰山、祁连山、塔里木河盆地绿洲；荒漠平原区植被生长与气温为负相关关系（张钛仁等，2010），如徐浩杰等（2014）研究了亚洲中部干旱区植被盖度与气温的关系，植被变化整体上与年积温呈负相关性，且荒漠灌丛和草原这两类植被类型对温度变化的响应较为敏感。二是受季节差异，一般在春秋两季，气温较低时，温度与植被盖度之间关系为正相关；在夏季高温情况下，两者间呈负相关性。李娜（2010）对石羊河流域植被变化对气候变化的响应的研究发现，春季气温升高对植被盖度的提高是一种促进作用，而夏季气温升高对植被生长是一种抑制作用。

7.3.2 人为因素驱动下的荒漠植被变化

7.3.2.1 人类破坏对荒漠植被带来的急剧变化

人为因素对荒漠植被改变最为深刻的区域主要是绿洲与荒漠交错带以及内陆河中下游，虽然影响面积较小，但对荒漠植被的改变程度非常剧烈。自20世纪50年代以来，由于对荒漠区自然资源的过度开发利用，在经济产出不断提升过程中，荒漠植被受到严重威胁或破坏，这是极端脆弱的荒漠生态系统最突出问题。20世纪50～70年代由于历史政策因素，如1953～1957年"一五"时期的"经济西进"、1958年"大跃进"、1966～1976年"文革"时"以粮为纲"等，给绿洲及绿洲与荒漠过渡带植被带来了大面积毁灭性的破坏；进入80年代以来，在我国法律、法规及政策尚不十分完善情况下，以及加速经济发展的驱动下，荒漠生态系统再度受到人为因素的创伤，如盲目垦荒、不合理的水资源开发和利用、粗放的农业经营模式、过度放牧和樵采等人类活动。这些人为因素对自然环境的改造和索取，已经严重影响到荒漠生态系统的植被的盖度、生产力以及生态系统稳定性，并且极大地改变了本区域自然生态系统的分布格局与面貌，如人工生态系统代替了天然生态系统，人工渠道代替了天然河道，人工水库代替了天然湖泊等（樊自立，1996）。从荒漠植被宏观变化来看，虽然80年代以来荒漠区植被盖度和生产力具有整体增加的趋势，但在人类活动涉及的荒漠区由于人类不合理活动，生态系统已经显著退化，表现出了一系列严峻的生态问题。与20世纪60年代相比，绿洲与荒漠间交错带和内陆河流域中下游区域植被发生了巨大变化。

1）绿洲与荒漠交错带植被变化

20世纪80年代以来，绿洲与荒漠交错带减少，交错带更窄，绿洲将更多地直接面临荒漠；但进入21世纪以来，这种变化趋势有所减缓，但没有得到根本性遏制。主要是由于人工绿洲与荒漠扩展持续并存，绿洲与荒漠交错带高中植被盖度对在气候变化和人类活动双重影响非常敏感。这种变化最终导致1981～1988年，塔里木沙漠盆地区、柴达木盆地和阿拉善地区荒漠面积迅速扩展，直至1995年荒漠面积达到最大值，这种趋势持续到21世纪才有所减缓（张钛仁等，2010）。在荒漠扩展和人工绿洲面积的不断增加的双重影响下，最终导致绿洲与沙漠之间交错带的植被面积减少和生物多样性降低（师庆东等，2004）。根据2001年森林资源调查资料，内蒙古额济纳旗现存胡杨林面积为2.94万hm²，与30年前相比减少了2.06万hm²；柽柳林地面积由30年前的15万hm²减少到8.37万hm²；梭梭林面积由30年前的25.5万hm²减少到18.52万hm²，而且现在每年仍以0.27万hm²的速度递减。林下植物种类也已由原来的200余种减少到几十种。额济纳平原区的其他植被如沙拐枣、沙蒿、白刺等荒漠植被也大面积死亡，植被盖度降低了30%~80%。植被的退化反过来又加剧了额济纳地区的荒漠化过程。据内蒙古阿拉善盟计划局和水务局1999年资料，额济纳旗绿洲面积1958年为12 000 km²，1982年为3300 km²，到1995年仅为2900 km²，绿洲沙漠化面积速度为每年3%（齐善忠和王涛，2003）。黑河源头河谷地区原约有各类草场面积为452 320 hm²，其中可利用草场面积为321 486.7 hm²，占草场总面积的71.07%，该区合理的载畜量为10.83万个牛单位左右，1985年载畜量为8.76万个牛单位，2005年草场载畜量为14.54万个牛单位，超载3.71万个牛单位，超载率达到34.25%。该地区经过近20年的超载放牧，草场质量下降了14.48%，载畜量下降了6.91%，部分草场已经退化为荒漠化土地，有些甚至已经处于严重退化的边缘（冯传林，2006）。

2）内陆河中下游植被变化

在过去近60年里，特别是20世纪八九十年代，塔里木河、黑河、石羊河和疏勒河四大内陆河流域在以水资源开发利用为核心的大强度人类经济、社会活动作用下，自然植被衰退现象普遍，物种多样性显著降低，植被类型更为单调，植物群落向超旱生演替，植被的稳定性和生态系统服务功能急剧下降，人类活动对流域中下游的植被改变程度为有史以来最大。

内陆河中下游地区的植被退化和植被带萎缩显著。例如，塔里木河流域胡杨林自20世纪50年代以来面积缩减严重，90年代塔里木河流域胡杨林面积比50年代减少了300多万hm²，草场退化约85万hm²；无论上游中游还是下游，从50年代至现在均呈下降趋势（图7.9）。由于生态用水量的锐减导致的天然植被衰退的趋势和生态恶化问题至今没有得到根本的遏制（陈亚宁等，2003）。同样在内蒙古额济纳旗流域，也存在相似的植被退化问题（表7.4）。

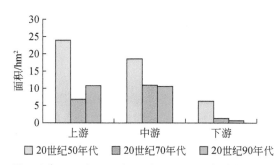

图7.9 塔里木河上、中、下游20世纪50~90年代胡杨林面积变化

表 7.4　内蒙古额济纳旗流域植被变化

年代	主要林地面积/万 hm²			物种多样性
	胡杨林	柽柳林	梭梭林	
20 世纪 70 年代	5.00	15.00	25.50	200 余种
21 世纪初	2.94	8.37	18.52	几十种

内陆河流域下游植被物种多样性和群落结构变化显著。例如，在塔里木河下游荒漠河岸林木，胡杨和柽柳作为当地主建群种，因缺水而大面积衰败或死亡；一些盐生草本植物现在已很难见到，植物群落的物种多样性降低。同样在石羊河下游区域，在 20 世纪 50 年代，100 m² 的样方中物种数可达 4～12 种，生态类型复杂多样，有湿生、中生和中旱生之别；而在 90 年代以后，由于地下水位降至 10 m 以下，土壤水分下降，在原有的植物种类中，仅有那些生态幅宽和适生能力强的种类（如芦苇）保存下来，其余草甸植物均已衰败以至消亡，目前在草甸群落中，相同面积的样方中仅有 2～3 种。

内陆河流域下游植被物种多样性和群落结构变化，最终导致植物群落类型更为单调，植被稳定性降低，植物群落结构向超旱生演替。例如，石羊河下游民勤地区，地下水位下降导致了土壤含水率的大幅度下降，形成土壤旱化，进行直接对地上植物群落结构产生了直接而深远的影响（彭鸿嘉等，2004）。一些超旱生物种旱生能力得到进一步发展，生态位变宽，出现超旱生化趋势。从群落组成上白刺、柽柳等植物取代了盐生草甸植物（如盐爪爪、珍珠猪毛菜、芦苇等）；荒漠植物白刺取代了草甸植被成为优势种和建群种。20 世纪 50 年代民勤地区有荒漠植被群系 19 个，现在仅存 9 个。从植物群落类型的变化比较看，以灌木、半灌木构成的群落类型中，白刺群系的变化不大，随着盐生植物的消失，很多由柽柳为建群种组成的群丛消失，最终形成了单一的白刺群丛和柽柳群丛；以小灌木、半灌木构成的群落类型中，沙生针茅、猫头刺已消亡，沙蒿群系和膜果麻黄群系也形成比较单一的群系。

7.3.2.2　生态恢复或人工植被建设带来的退化生态系统逆转

进入 21 世纪以后，针对人类活动涉及区域的植被退化问题，在国家法制增强、对水资源加强管理与调控、大型植被恢复工程实施等国家生态保护战略实施背景下，通过人工促进植被恢复和植被重建等措施使植被退化趋势有所遏制，退化植被整体得到了很大改善，特别是土壤环境得到了一定程度的改善。

1）植被变化

自 2000 年以来，由于生态恢复措施的实施使得退化植被盖度、生产力、物种多样性以及生态系统服务功能均得到提升。例如，对阿拉善荒漠草地生态系统植被退化治理中，采取了植被建设结合禁牧、休牧等措施，该地区植被恢复效果显著，林区植被盖度由退牧前的 32% 提高到现在的 42%，草场围封保护 3 年后，生物量提高了 3～5 倍，植被盖度由 8%～12% 提高到 15%～32%（赵文智等，2004）。同样，黑河的生态修复工程也收到了很好的成效，植被退化区牧草高度提高了 52.2%，植被盖度增加了 17.6%，地上生物量提高了 25.3%，可食牧草比例提高了 30.4%，封育 3 年的冬春草场的载畜能力提高了 0.8~1.2 倍；由于草地水源的涵养功能增强，土壤水分含量达到 20% 左右（张耀生等，2004）。与此同时，民勤地区因为 2000 年起当地政府制定并实施了围栏封育、飞播林草等各种保护生态环境的措施，取得了一定的成效，植被盖度自 2000~2006 年开始稳步回升（刘超，2013）。进入 21 世纪以后，其他区域的生态修复工程很多，如沙坡头地区生态重建与恢复，塔里木河下游和石羊河下游生态修复工程等，均取得了显著成效。以上生态修复工程与生态环境治理，使区域植被退化趋势得到了遏制，各类生态指标均得到了显著改善（李新荣等，2014）。

2）土壤变化

为了在区域尺度上更系统地认识生态恢复的成效，本节通过 Meta 系统分析方法（meta-analysis）对我国荒漠地区人工植被重建工作的土壤的修复成效进行评估。本次分析选择的文献见表 7.5，关于 Meta 分析方法详细介绍见相关参考文献（Gurevitch and Hedges，1993；Scheiner et al.，1994；Peterson et al.，1999）。

表 7.5 Meta 分析文献

编号	文献	研究地区	植被类型	资料来源
1	马月婷，2010	内蒙古巴彦浩特	灌木	兰州大学
2	席海洋等，2011	内蒙古额济纳旗	乔木，灌木	中国沙漠
3	马海艳等，2005	内蒙古额济纳旗	乔木	水土保持研究
4	李新荣，2005	宁夏中卫市	灌木	中国科学
5	于云江等，2002	宁夏中卫市	灌木	生态学报
6	杨丽雯等，2009	宁夏中卫市	灌木	中国沙漠
7	李新荣等，2005	宁夏中卫市	灌木	中国沙漠
8	李新荣等，2014	宁夏中卫市	灌木	中国科学
9	杨越，2010	宁夏盐池县	灌木	北京林业大学
10	牛兰兰，2007	宁夏盐池县	灌木	北京林业大学
11	蒋齐，2004	宁夏盐池县	灌木	中国农业大学
12	安云，2013	宁夏盐池县	灌木	北京林业大学
13	于洋等，2013	青海省共和县	乔木	林业科学
14	李清雪，2014	青海省共和县	乔木，灌木	中国林业科学研究院
15	高国雄，2007	陕西省榆林市	乔木，灌木	北京林业大学
16	王玉川，2010	甘肃省民勤县	乔木，灌木	兰州大学
17	刘乃君，2008	甘肃省民勤县	灌木	土壤通报
18	单娜娜等，2001	新疆塔克拉玛干沙漠	乔木，灌木	新疆农业大学学报
19	顾峰雪等，2002	新疆塔克拉玛干沙漠	乔木，灌木	生态学报
20	古丽努尔·沙布尔哈孜等，2004	新疆塔里木盆地东北缘	乔木	干旱区地理
21	韩路等，2010	新疆轮台县	乔木	生态环境学报
22	曹国栋等，2013	新疆玛纳斯河流域	灌木	生态学报
23	季宇红等，2010	新疆和田县	乔木，灌木	水土保持研究

我国西北荒漠地区人工植被建设后土壤有机碳含量、土壤水分含量、土壤全氮、速效磷、速效钾以及 pH 的结合效应值分别为 0.46、0.207、0.829、0.739、0.082 和 0.378，结合效应值均大于 0，说明植被建设使得土壤中这些因子含量都有不同程度的增加。其中土壤有机碳含量、土壤全氮和速效磷的结合效应值的 95% 置信区间不包括 0，说明人工植被栽植后使得土壤中的有机碳、全氮和速效磷有显著的增加。土壤全磷和土壤容重的结合效应值分别为−0.226 和−0.683，说明植被栽植后土壤容重显著降低（图 7.10）。

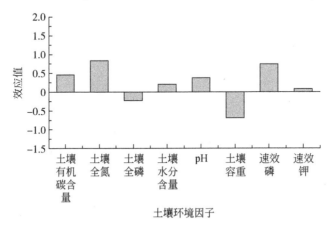

图 7.10　西北荒漠地区人工植被建设对土壤环境因子的影响

乔木栽植后土壤有机碳含量、土壤全氮、土壤水分、pH 以及速效磷含量的结合效应值分别为 0.461、0.441、1.020、0.230 和 0.316，其结合效应值均大于 0，其中土壤水分结合效应值的 95% 置信区间不包括 0，所以乔木栽植后土壤水分含量显著增加。土壤全磷、土壤容重以及速效钾的结合效应值分别为：−0.815、−1.186 和−0.177，其中土壤容重结合效应值的 95% 置信区间不包括 0，乔木栽植后使得土壤容重显著降低（图 7.11）。

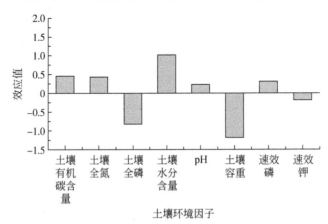

图 7.11　荒漠地区乔木栽植对土壤环境因子的影响

灌木栽植后土壤有机碳含量、土壤全氮、土壤全磷、pH、速效磷以及速效钾等土壤因子的结合效应值均大于 0，分别为 0.686、0.935、0.081、0.462、1.991 和 0.532，表明灌木栽植后对土壤有机碳含量、土壤全氮、土壤全磷、pH、速效磷以及速效钾等均有增加效应，其中土壤有机碳含量、土壤全氮、速效磷和速效钾的结合效应值的置信区间不包括 0，说明灌木栽植能够显著增加土壤中有机碳含量、全氮、速效磷和速效钾的含量。土壤水分含量和土壤容重的结合效应值分别为：−0.118 和−0.345，灌木栽植使得土壤水分含量和土壤容重降低（图 7.12）。

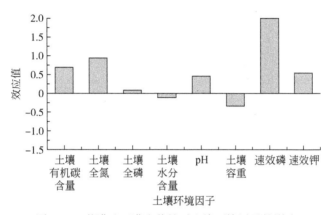

图 7.12　荒漠地区灌木栽植对土壤环境因子的影响

以上 Meta 系统分析结果表明植被建设能够显著改善荒漠区土壤环境。其中乔木栽植后，土壤水分显著增加，土壤容重显著降低；灌木栽植后，土壤有机碳、土壤全氮、土壤速效磷和速效钾等因子显著增加。灌木栽植对土壤的改善作用大于乔木。总之在干旱荒漠地区进行植被建设，尤其是灌木栽植能够显著改善土壤环境。

7.3.2.3　典型案例

1）沙坡头地区人工固沙植被近 60 年变化

于 20 世纪 50 年代，中国科学院沙坡头站在腾格里沙漠东南缘年均降水 200 mm 左右的条件下，先后从 100 余种固沙植物种筛选出油蒿、柠条和花棒，在流动沙丘建设了人工植被。经过近 60 余年的变化，目前沙坡头人工植被已经由最初的单纯的人工灌木演变成由灌木、草本和隐花植物组成的半天然复合植被系统。

（1）盖度和物种多样性变化。人工植被建设初期 3 年后，草本植物开始在灌木植被区萌发和定居，优势种仍以在流沙上散生的沙米为主，其盖度小于 1%。植被建立 5 年后，一些一年生草本如雾冰藜、小画眉草、叉枝鸦葱等开始在群落中定居。固沙植被建立 15 年后灌木层的最大盖度达到33%，随着进一步的演变，一些灌木种如中间锦鸡儿、沙木蓼和沙拐枣等从原来植被中逐渐退出。30 年后，草本植物种达到 14 种，其中除了雾冰藜、小画眉草仍为优势种外，沙蓝刺头、三芒草、狗尾草、刺沙蓬、虫实在植被区成为常见种，一些种禾本科多年生草本如沙生针茅也在植被区出现。50 余年后灌木的盖度也逐渐下降至 9%。此时植被生态系统已基本达到稳定状态，充分体现人工植被的生态服务功能（图 7.13 和图 7.14）。

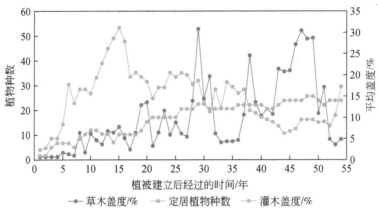

图 7.13 沙坡头流沙固定后固沙植被随时间的动态变化

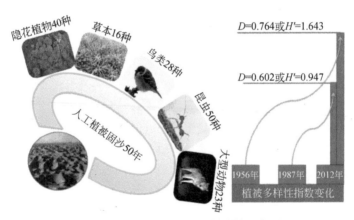

图 7.14 人工植被固沙 50 年成效示意图

人工植被演变过程中，在时间序列上即 10~20 年、30~40 年两个阶段的物种周转速率最大，也就是说这两个阶段的群落结构变化最大（表 7.6）。第一阶段表现为大量的一年生草本的侵入，群落从单纯的灌木层向多层次结构演变；第二阶段表现为高大灌木种的退出。人工种植的半灌木油蒿已开始衰退和大量种子成功地繁衍，使群落结构更复杂，明显地表现出 3 个层片结构，即半灌木、草本与藻类—苔藓层，而草本成为优势层片（其盖度大于灌木层和藻类苔藓层）。多样性的时间动态在一定程度上较好地反映了植被演替进程的特点。

表 7.6 荒漠综合观测场不同年龄固沙植被 β 多样性测度

植被建立年份	1956	1964	1973	1981	1987
辛普森指数（D）	0.706~0.822	0.595~0.856	0.627~0.777	0.631~0.788	0.501~0.702
平均值	0.767	0.752	0.696	0.711	0.539
香农-维纳指数（H'）	1.393~1.893	1.232~1.814	1.274~1.633	1.171~1.690	0.819~1.074

续表

植被建立年份	1956	1964	1973	1981	1987
平均值	1.642	1.515	1.385	1.390	0.859
Pielou 均匀度	0.638~0.961	0.661~0.862	0.554~0.743	0.658~0.877	0.524~0.712
平均值	0.701	0.775	0.646	0.745	0.534
SΦrenson 指数		0.832	0.657	0.573	0.826
Bray-Curtis 指数		0.222	0.189	0.032	0.362
Morista-Horn 指数		0.833	0.307	0.248	0.912

注：β 多样性根据前后两个不同年代的植物群落计算，故无第一个年代的 β 多样性值。

（2）土壤养分变化。人工植被重建显著提高了土壤养分，土壤表层（0~10 cm）有机质含量、全氮、速效氮含量和土壤速效磷均随着固沙年限的延长而升高，并且表层（0~10 cm）的升高幅度大于下层（10~20 cm）土壤（图 7.15）。

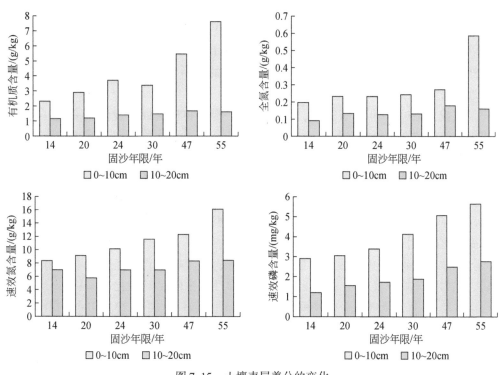

图 7.15　土壤表层养分的变化

（3）土壤质地和微生物碳氮变化。人工植被建设对土壤质地和微生物碳氮具有改良效应。随着固沙年限的增加，表层土壤黏粒和粉粒含量逐渐增加，而沙粒含量则逐渐减少（图 7.16）。由于植被建立后，沙面得到固定，土壤微生物结皮发育并逐渐增厚，随着沙面成土过程和土壤养分的好转土壤微生物种类和数量都大大增加。在 0~20 cm 土层，随着固沙年限的增长，其土壤微生物量碳、氮呈现增长趋势（图 7.16）。

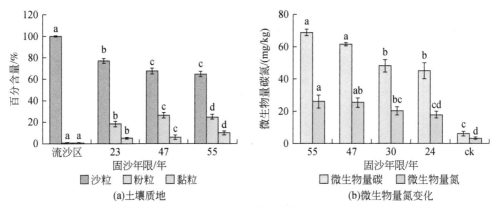

图 7.16　土壤质地和微生物量碳氮变化

注：不同字母表示均值多重比较差异显著（$P<0.05$）

2）河西人工梭梭固沙植被近 40 年变化

在河西走廊，为了防止风沙侵袭，20 世纪 70 年代以来，陆续在绿洲边缘建立了大量的人工固沙植被。这些人工固沙植被能够在降水量 100～200mm 的沙丘上生存，经过近 40 年的自然演化，已出现点状或带状等类似天然植被的、相对稳定的空间格局，在景观上植被和裸地呈斑块状镶嵌。

人工梭梭林经过 40 年演替变化，植被片层结构和物种组成均发生了变化（表 7.7）。人工梭梭林建植初期，植物群落以沙拐枣、泡泡刺等天然灌木物种以及雾冰藜、白茎盐生草、沙米等草本植物为主。随着人工固沙植被年龄的增加，沙拐枣和泡泡刺在群落内的盖度逐步减小，重要性不断下降，泡泡刺甚至在 30 年后从植物群落中退出。而在梭梭建植之初较为罕见的如柠条、红柳及花棒等物种随着建植年限的增加而逐步开始在群落内定居。然而，在 40 年以上的人工梭梭林内，并未发现柠条、红柳等物种的分布。随着人工梭梭林固沙植被种植年限的增加，雾冰藜、白茎盐生草等该地区常见草本植物的盖度在不断增大。固沙植被建成 10 年后，猪毛菜、虎尾草、小画眉草、刺蓬等草本植物开始入侵并定居，成为常见物种（表 7.8）。群落物种多样性指数随年龄变化呈抛物线分布，在梭梭林建成后约 30 年达到峰值，但在演替早期与晚期均较低。同样 20～30 年的群落稳定性指数要显著高于梭梭林建成之初，而之后群落稳定性又开始迅速下降（图 7.17）。

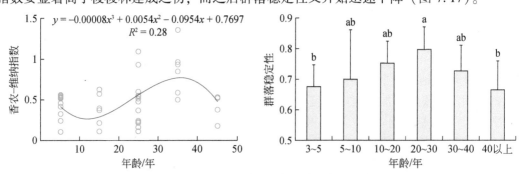

图 7.17　物种多样性与群落稳定性随建植年限的动态变化

注：不同字母表示均值多重比较差异显著（$P<0.05$）

表 7.7　梭梭种群特征与群落物种丰富度随建植年限的动态变化

年龄/年	密度/hm²	高度/cm	冠幅/m²	枯枝比例/%	物种丰富度
3~5	2872	127±39.6	1.17±0.74	35.0±13.19	4.7±0.82
5~10	2475	141±33.6	1.21±0.68	41.0±13.73	5.0±1.10
10~20	2320	311±100.4	4.93±3.74	73.7±20.16	5.0±0.89
20~30	2516	262±100.8	4.34±4.67	73.1±17.52	5.6±1.68
30~40	1600	199±110.9	4.22±6.38	61.8±22.60	6.3±2.25
40 以上	1861	135±92.6	2.26±4.44	53.9±18.33	5.3±1.21

随着样地中人工梭梭林种植年限增加（3~5 年、5~10 年、10~20 年、20~30 年、30~40 年、40 年以上），在 40 余年的演替过程，人工植被生物量特征相关指标呈先增加后减少的趋势变化，在 20~30 年达到峰值，在 40 年以后基本处于稳定的平衡状态（表 7.7）。同样，优势种–梭梭的盖度呈现先增大后减小的变化趋势，而林下草本植物的盖度却呈逐渐增大的变化趋势；灌木半灌木在梭梭种植初期阶段有少量分布，而在演替后期的群落中较为罕见；由此群落的总盖度先增大后减小，并在 20~30 年达到最大值（图 7.18）。

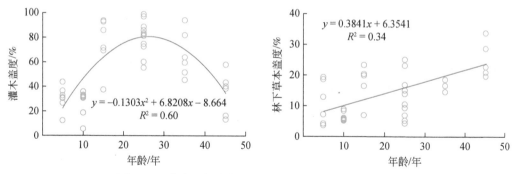

图 7.18　灌木层与草本层总盖度随建植年限的动态变化

经过 40 多年植被固沙，从流动沙丘到半流动沙丘及半固定沙丘，梭梭人工固沙植被土壤水分尽管因降水量的变化有所波动，但整体上呈逐渐降低的趋势，土壤水分在梭梭建植 25 年左右达到最低值，由植被建植前期的 2.5% 下降到 25 年左右的 1.5% 左右，但是从 25 年之后土壤水分则表现为稳定且小幅增长的趋势，可能原因是 25 年之后梭梭盖度和稳定性的降低，使得其更新能力有所增加，加上降水的小幅增加，使得 0~5 年的梭梭幼苗数量增加而表现出土壤水分的小幅度增加（图 7.19）。

总之，通过系统研究恢复重建了 45 年的梭梭人工固沙植被盖度、物种多样性和群落稳定性，发现建群种梭梭的盖度在 25 年左右达到最大，约 75%。一、二年生草本植物随群落发育而增加，其盖度由 3% 逐步上升至 30% 左右。由群落多样性指数与稳定性的变化可以看出在人工梭梭林建植之初，不论是地上草本层还是优势种梭梭自身都处于一个稳定增长的过程。然而，群落并未达到一种稳定状态。30 年后，灌木层开始退化，伴随出现了地表植被盖度、物种多样性与群落稳定性下降的现象，同时草本植物在群落中的重要性稳步提升。

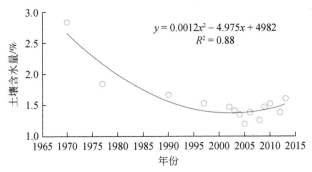

$$y = 0.0012x^2 - 4.975x + 4982$$
$$R^2 = 0.88$$

图 7.19   梭梭人工固沙植被土壤水分变化过程

表 7.8   群落内各物种分盖度随建植年限的动态变化

片层	年龄	3~5年	5~10年	10~20年	20~30年	30~40年	40年以上
灌木层	沙拐枣	1.67	3.5	0.17	0.42	0.17	1.87
	泡泡刺	4.17	0.17	2.5	0.17	0	0
	柠条	0	0	0	0.08	0.17	0
	红柳	0	0	0	1.08	0.33	0
	花棒	0	0	0	0	0	0.83
草本层	雾冰藜	3.47	2	11.6	6.88	8.77	20.1
	白茎盐生草	0.17	0.03	2.6	1.9	2.87	2.53
	沙米	1.53	1	0.03	0.27	0.2	1.03
	虫实	0.03	0.03	0	0.08	1.07	0.1
	猪毛菜	0	0	0.43	0.37	1.13	0.07
	虎尾草	0	0	0.23	0.17	0.73	1.2
	驼蹄瓣	0	0	0	0	1	0
	狗尾草	0	0	0.03	0	0	0
	小画眉草	0	0	0.1	0.47	0	0
	刺蓬	0	0	0	0	0.1	0

7.3.2.4   退化生态系统逆转的困境

人类活动涉及区域生态系统退化问题是近 60 年来荒漠区是突出的生态问题。20 世纪 50 年代至 20 世纪末，人为因素对自然环境的改造和索取，已经严重降低了荒漠植被的盖度、生产力以及生态系统稳定性，并且极大地改变了荒漠植被的分布格局与面貌，特别是在绿洲与荒漠交错带和内陆河流域中下游生态系统退化最为显著。进入 21 世纪以后，在国家法制增强、水资源加强管理与调控、大型植被恢复工程实施等国家生态保护战略实施的背景下，退化植被得到了很大改善，退化趋势有所缓解或逆转，但植被退化趋势并没有得到根本性遏制。造成这种困境的根本原因如下。

（1）绿洲面积扩张、不合理的水资源开发和利用、粗放的农业经营模式等，导致生态用水量急剧缩，河流的断流、解体和湖泊的萎缩或干涸，使荒漠植被生存的水源受到严峻威胁，植被恢复的理论生态需水量存在很大缺口。这种现象在荒漠区的案例非常多，如：①内陆河下游生态用水缩减。我国第一大内陆河塔里木河由于人工水系的不断发展，塔里木河下游生态用水量从20世纪60年代的13.53亿m³，减少到90年代的2.67亿m³，40年里减少了70%（陈亚宁等，2007），塔里木河下游河道断流320 km（陈亚宁等，2003）；第二大内陆河黑河因上、中游截流和农业扩灌，使额济纳河基本变成了一条干涸的沙沟；与此同时，石羊河在20世纪60年代初期进入民勤绿洲的地表水径流平均在5.5亿m³/a以上，而在90年代时下降至1.74亿m³/a（俄有浩等，1997；刘超，2013）。②荒漠区自然水系缩减。例如，新疆天山北坡水系各大河流的终点均以人工水库为终点，不再进入沙漠，著名的玛纳斯河在平源区渠道几乎全部解体，完全被人工渠所代替；石羊河下游，由于红崖山水库和跃进渠系建成后，民勤绿洲进入人工水系时代，石羊河流入民勤绿洲的径流逐渐减小，极大降低了地下水的补给和自然植被生态用水。③湖泊的萎缩或干涸。新疆20世纪60年代，大于1 km²的湖有139个，总面积为9700 km²，到20世纪70年代末湖面面积锐减为4747 km²，丧失近5000 km²；目前，近3000 km²的罗布泊湖、550 km²的玛纳斯湖以及艾丁湖、台特玛湖等相继干涸。黑河下游的尾闾湖存在同样问题，在20世纪40年代，西居延海水域面积为190km²（水深为2.9m），东居延湖水面积为35.5 km²（水深为4.1 m），20世纪60年代西居延海干涸，东居延海成为水量波动性湖泊并于1992年彻底干涸（龚家栋等，1998）。

（2）植被退化区地下水位显著下降，部分依靠地下水生存的植被恢复到退化之前状态已基本没有可能。由于人为因素导致的河流的断流、解体、和湖泊的萎缩或干涸，人工水系统代替自然水系，维持绿洲及农业而对地下水过度开采等原因，使荒漠地下水显著下降，加剧了植被萎缩之势。例如，新疆塔河胡杨林由于地下水位下降大面积死亡，荒漠植被全面衰败，生物多样性严重受损（陈亚宁等，2003）；石羊河流域民勤地区在红崖山水库和跃进渠系建成后，民勤沙井子地区的地下水位由20世纪60年代的2.44 m下降至1994年的12.99 m，34年后下降了10.55 m，平均下降速率0.31m/a（俄有浩，1997），由于地下水位急剧下降，人工和天然的生态林几乎不能利用。此外，由于地下水位多年的持续性下降等原因，导致了以整个民勤绿洲中心线为底，两边逐渐向荒漠区延伸的槽型地下水位降落漏斗，降落漏斗面积为3172 km²，降落漏斗最低处地下水位已达约21.0 m（刘超，2013）。

（3）工业或农业等造成的地下水资源破坏、水资源短缺加剧、三废（废水、废气和废渣）污染等问题。例如，宁夏作为西北矿产和工业重要分布区，根据2013年的实地统计调查调情况（尚慧，2013）显示，宁夏矿山占用破坏土地共9737.95hm²，矿坑排水对水系的影响和破坏面积为92.04 km²，废水、废气和废渣量大且利用率低（表7.9）。此外，由于生态用水量的缩减和人类对地下水资源过度开采量，以及地表水利用量和利用率的提高、灌区洗盐排水、施肥、来水减少等多种因素，荒漠水系的水质普遍出现恶化现象，这在内陆河中下游流域的水系中尤其明显，具体表现为天然水体不断咸化和矿化度增加。

表7.9 宁夏矿山对生态环境的破坏

地区	破坏土地 /hm²	排水影响 范围/km²	区域地下水 幅度/m	废水废液年 产出量/t	废水废液 利用率/%	固体废弃物 /10⁴t
银川市	3223.63	27.84	20~65	517.36	64.52	170.37
石嘴山市	4434.92	38.06	15~65	1825.31	79.23	2492.55
吴忠市	409.17	2.47	15~20	20.52	16.47	50.18
中卫市	453.00	14.67	5~40	78.05	14.59	109.26
固原市	1218.23	9.00	30~40	9.19	20.67	11.12
合计	9738.95	92.04	5~65	2450.43	69.01	2833.48

资料来源：尚慧，2013

7.4

核心结论与认识

（1）自20世纪60年代以来，特别是90年代以后，我国荒漠区的降水和温度整体上表现为增加趋势，其增幅在空间上呈现出由西至东递增的趋势。

（2）近30年来，荒漠区植被盖度和生产力整体上呈现较弱的增加趋势，植物生长季略有延长。植被盖度变化的空间差异上，表现为山前荒漠植被改善显著，平原次之，盆地腹地变化不明显甚至局地植被状况变差。

（3）荒漠植被十分脆弱，易被破坏，恢复困难。近60年来，特别是2000年以前，由于不合理的人类活动，导致绿洲与荒漠交错带和内陆河中下游植被退化现象普遍；进入21世纪以后，通过人工促进植被恢复的方法，虽然使退化植被状况在很大程度上得以改善，但退化现象仍然没有得到根本性的遏制。

（4）实践证明，受损植被依靠自然的恢复过程非常缓慢、甚至无法完成；通过人工促进植被恢复或植被重建，是受损植被恢复的切实有效方法。在植被恢复中应坚持"雨养植被"建设为主体的指导思想，严禁大面积灌溉治沙，才能维持生态系统的可持续性。

第 8 章

西北地区绿洲及农业生态系统变化

导读：绿洲是干旱区人类活动的主要空间，农田是绿洲中生产力最高的景观。绿洲与农田系统的变化事关西北干旱区的社会经济发展。本章在已有的遥感数据和对已有文献分析的基础上，评估了近60年来西北绿洲和绿洲内农田的变化趋势。认为近60年来人工绿洲扩张、天然绿洲萎缩，绿洲整体质量下降。人口增加和粮食政策导向是前20年农田面积增加的直接原因，绿洲扩张后水资源短缺是影响绿洲质量的重要原因。目前，西北绿洲规模已接近水资源承载力的极限，调整农业结构、转变发展方式是未来绿洲健康发展的根本出路。

8.1

绿洲生态环境

8.1.1 绿洲分布及开发简史

绿洲是镶嵌于干旱、半干旱荒漠区的地域综合实体，我国西北地区零散分布着大量绿洲景观。根据申元村（2001）的研究，我国绿洲可大致区划为6个一级单元、28个二级单元（表8.1），其中南北疆绿洲、河西绿洲、阿拉善绿洲是我国西北干旱区（昆仑山以北、贺兰山以西）绿洲的主体，分布范围集中在准噶尔盆地南缘，环塔里木盆地，额尔齐斯河，伊犁河，额敏河流域，河西走廊的黑河、石羊河、疏勒河流域平原区以及阿拉善地区的黑河下游，腾格里沙漠边缘的丘间洼地（图8.1）。北疆绿洲区指新疆天山以北的绿洲，包括阿尔泰山、准噶尔西部山地和准噶尔盆地以及内天山的伊犁河谷地，人工绿洲主要分布在天山北麓至古尔班通古特沙漠以南地区、额尔齐斯-乌伦古河流域、塔城-额敏盆地以及伊犁河谷地；天然绿洲主要由河谷林、灌木林、草甸组成，准噶尔盆地中北部分布较多，盆地南部较少，伊犁河谷地也有部分天然绿洲。南疆绿洲区指塔里木盆地和天山南翼海拔较低的山间盆地，人工绿洲分布于塔里木盆地西部和北缘，零星分布于盆地南缘和吐鲁番-哈密盆地；天然绿洲主要沿叶尔羌河、和田河和塔里木河河谷呈带状分布。河西绿洲区主要指河西走廊盆地的内陆水系周围，其中武威盆地（石羊河水系）面积最小，但

表8.1 中国绿洲区划（申元村等，2001）

一级区	二级区	一级区	二级区
北疆绿洲区	I₁ 额尔齐斯-乌伦古河流域绿洲	南疆绿洲区	II₉ 东昆仑-阿尔金山前平原绿洲
	I₂ 塔城-克拉玛依绿洲	河西走廊绿洲区	III₁ 敦煌-安西盆地绿洲
	I₃ 艾比湖流域绿洲		III₂ 酒泉-张掖盆地绿洲
	I₄ 天山北麓山前平原西段绿洲		III₃ 武威-民勤盆地绿洲
	I₅ 天山北麓山前平原东段绿洲	柴达木盆地绿洲区	IV₁ 盆地东南部河流流域绿洲
	I₆ 伊犁河谷绿洲		IV₂ 盆地东北部河流流域绿洲
南疆绿洲区	II₁ 阿克苏河流域绿洲		IV₃ 盆地西南部河流流域绿洲
	II₂ 渭干河流域绿洲		IV₄ 盆地西北部河流流域绿洲
	II₃ 孔雀河三角洲绿洲	V 阿拉善高原绿洲区	V₁ 额济纳河流域绿洲
	II₄ 焉耆盆地绿洲		V₂ 阿右平原绿洲
	II₅ 吐鲁番-哈密盆地绿洲		V₃ 阿左平原绿洲
	II₆ 喀什噶尔三角洲绿洲	VI 河套平原绿洲区	VI₁ 宁卫平原绿洲
	II₇ 叶尔羌河流域绿洲		VI₂ 银川平原绿洲
	II₈ 和田河流域绿洲		VI₃ 后套平原绿洲

绿洲面积最大；酒泉-张掖盆地（黑河水系）绿洲基本呈狭长带状沿河道分布；安西-敦煌盆地绿洲主要积聚分布在疏勒河冲积扇缘及疏勒河下游、党河下游沿岸，且多呈小片零星分布。阿拉善绿洲区面积较小，主要分布在额济纳旗，少量分布在阿拉善左旗，其中额济纳绿洲位于额济纳河下游三角洲地带，除额济纳东河、西河沿岸与东、西居延海周围湿地外，还包括古日乃、拐子湖等湖盆洼地。

图 8.1　中国绿洲空间分布示意图

　　我国西北干旱区绿洲的开发历史悠远，新疆绿洲的开发可追溯到秦汉时期，两汉时期推行的屯田政策推动了农业发展；魏晋南北朝时期因政权更替、战乱不断，对新疆绿洲的经营不如汉代，屯田规模相对收缩；隋唐时期受军屯影响，新疆绿洲农业得到较大发展，期间南疆绿洲开发主要集中在塔里木盆地周边、北疆绿洲的开发主要集中在天山北麓东段。自安史之乱后西域分裂至西辽再次统一的 400 年内，新疆地区的屯田基本中断，但农业生产仍然有所发展，主要集中在天山和昆仑山山前绿洲传统农业区，农业水平远低于隋唐；元代后新疆地区农业得到了相当程度的发展，绿洲农业开发的重点仍然是军屯；明清时期新疆的绿洲开发有所恢复，18 世纪中叶，清政府统一新疆后确定了屯垦开发、以边养边的政策，对新疆进行了大规模屯垦，此后的 200 年内，新疆绿洲农业得到了大幅发展（钱云，2010）。河西走廊绿洲大规模开发始于汉武帝时期"移民实边"政策的实施，大量移民迁入黑河、石羊河、疏勒河水系并迅速发展了灌溉农业，大规模农业开发导致部分地区水源不足，出现沙漠化现象，部分农田又被迫弃耕。隋唐时期河西走廊绿洲进入更大规模的开发时期，农业开发主要集中在中游平原区，下游绿洲开垦范围缩小。明清时期河西走廊绿洲进入第三次大规模开发时期，绿洲人口和耕地大幅增加、水土资源利用矛盾日趋尖锐，土地沙漠化问题开始在水系下游出现。新中国成立后的 60 多年来，整个西北干旱区绿洲的开发经历了有史以来规模最大、影响范围最广的新阶段。

8.1.2 近60年绿洲整体变化态势

西北干旱区绿洲总面积近60年来整体呈增加态势（图8.2），绿洲所占区域面积比例从1960年的8.43%增加到2010年的10.09%。新疆是绿洲面积最大、比例最高的地区，河西地区次之，阿拉善地区最小（表8.2），人工绿洲面积的持续增加是近60年来绿洲规模膨胀的主要原因（图8.3a）。1960～2010年，人工绿洲在我国西北干旱区中的面积比例从2.76%增加到5.59%，占绿洲总面积的比例从33.3%增加到56.4%（图8.2），其中2000～2010年是干旱区人工绿洲规模增加最为迅速的10年。1960～2010年，新疆人工绿洲面积增加最多，增幅高达1.23倍；河西人工绿洲比例最高（91%），期间增幅相对较低（26.7%）。从景观组分上看，西北干旱区绿洲景观生态系统基本由居民点、耕地、草地、林地、水系、道路、岩漠、砾漠、沙漠、水域等景观组成，其中耕地面积最大，连通性最好，是绿洲景观生态系统的基质，水系和道路为廊道，其余景观均为斑块。作为干旱区绿洲景观主体的耕地，所占绿洲面积的比例从1960年的91.18%下降到2010年的83.21%，人工草地的比例从1960年的3.59%下降到2010年的1.6%，建设用地、人工林地和人工水域面积的比例均有大幅上升，特别是建设用地，比例从1960年的2.33%增加到2010年的9.26%，其中2000～2010年建设用地面积增加尤为迅速，增加幅度高达119%。绿洲景观组分变化在不同地区间存在一定差异，如新疆绿洲与河西绿洲中耕地面积比例基本呈持续增加态势，阿拉善地区耕地面积比例存在明显波动增加的趋势（图8.3b～d）。

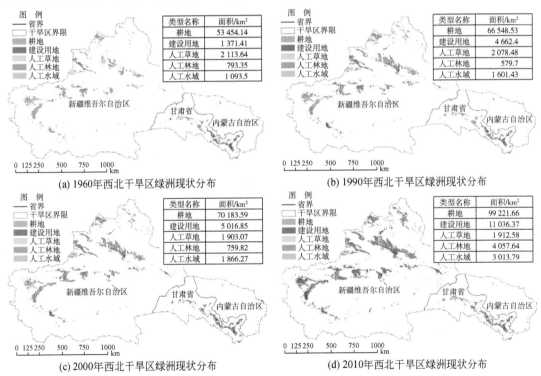

(a) 1960年西北干旱区绿洲现状分布

(b) 1990年西北干旱区绿洲现状分布

(c) 2000年西北干旱区绿洲现状分布

(d) 2010年西北干旱区绿洲现状分布

图8.2　1960年、1990年、2000年、2010年中国西北干旱区绿洲现状分布图

注：数据来源于973计划资源环境领域项目数据汇交中心

表8.2　西北干旱区绿洲总面积统计表

分区	1960 年		1990 年		2000 年		2010 年	
	面积/km²	占区域比/%	面积/km²	占区域比/%	面积/km²	占区域比/%	面积/km²	占区域比/%
新疆	159 436	9.77	162 265	9.94	167 788	10.28	190 537	11.67
河西	14 447	6.38	15 325	6.77	16 215	7.16	17 400	7.69
阿拉善	2 779.5	1.17	2 801.5	1.18	2 929.1	1.24	3 412.1	1.44
共计	176 662.5	8.43	180 391.5	8.61	186 932.1	8.92	211 349.1	10.09

资料来源：吴莹，2014

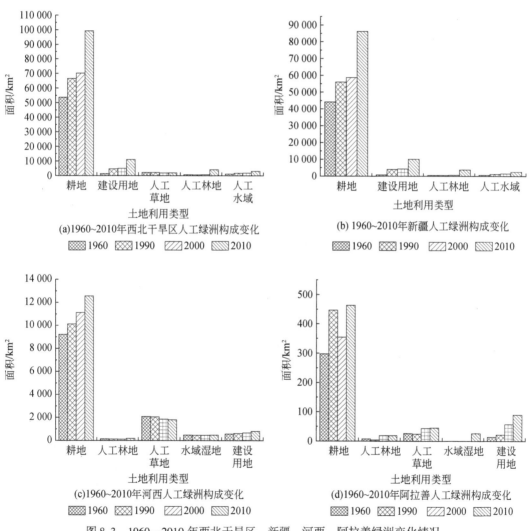

图 8.3　1960～2010 年西北干旱区、新疆、河西、阿拉善绿洲变化情况

西北干旱区绿洲近 60 年来的时空变化总体趋势是人工绿洲普遍扩张、天然绿洲不断退缩、绿洲和荒漠之间的交错过渡带严重退化、荒漠化面积持续扩大（陈敏建等，2004）（图 8.4）。在时间维度上，多数绿洲体现了迅速扩张、波动发展、到稳定再扩张的整体态势，人工绿洲替代天然绿洲是该进程的主要特点。以河西走廊为例，1975 年人工绿洲面积为 1.4 万 km²，2010 年增加到 1.65 万 km²，从其土地类型转化来看，1975～1990 年人工绿洲变化面积为 818.08km²，转化主要发生在耕地、草地和非人工绿洲之间；1990～2000 年人工绿洲变化的总面积为 1753.39km²，其中主要为耕地、林地、草地和非人工绿洲间的转化（表 8.3），变化区仍是党河下游、疏勒河下游、黑河和石羊河的中下游；2000 年后河西走廊绿洲面积仍然呈增长趋势，人工绿洲年增加了 110 km²，石羊河流域绿洲面积基本不变，其中耕地面积增加了 314 km²，林地面积增加了 4.59 km²，草地面积减少了90 km²，水域湿地面积减少了 136 km²；黑河流域绿洲面积增加了 880km²，其中耕地、林地和草地面积分别增加了 47 km²、66 km² 和 180 km²；疏勒河流域绿洲面积增长了 316 km²，其中耕地面积增加了 549 km²，草地面积 10 年间减少了 115 km²。2000～2005 年是人工绿洲类型变化最强烈的阶段（表 8.4），不同类型间的转化强烈，党河下游的敦煌和疏勒河下游的瓜州主要表现为开荒，黑河下游的金塔地区及中游县区伴有少量的退耕还林；石羊河流域绿洲土地变化较前一阶段略有缓慢，主要表现为绿洲区向非绿洲区扩张，耕地面积不断增加（图 8.5）。2005～2010 年人工绿洲类型变化再次放缓，人工绿洲发生变化的土地总面积大幅减少（表 8.4）。

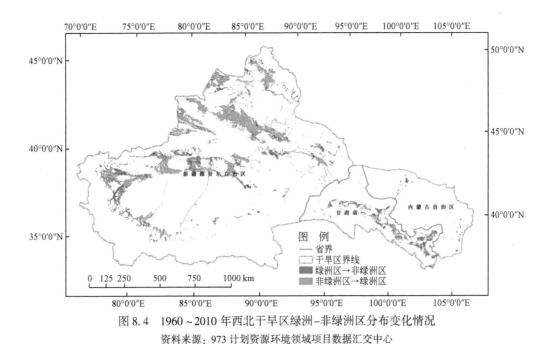

图 8.4　1960～2010 年西北干旱区绿洲-非绿洲区分布变化情况
资料来源：973 计划资源环境领域项目数据汇交中心

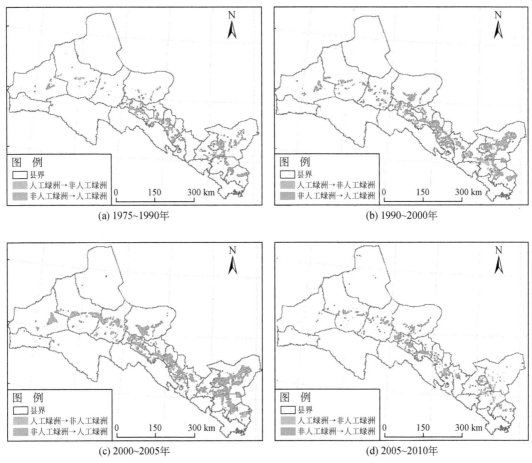

(a) 1975~1990年　　　　　　　　(b) 1990~2000年

(c) 2000~2005年　　　　　　　　(d) 2005~2010年

图 8.5　1975~1990 年、1990~2000 年、2000~2005 年、2005~2010 年
河西走廊人工与非人工绿洲转化图

表 8.3　1975~2000 年河西走廊人工绿洲与非人工绿洲土地覆盖类型的转移矩阵

（单位：km²）

时段	类型	耕地	林地	草地	水域湿地	建设用地	非人工绿洲	总计
1975~1990 年	耕地	9 621.57	1.67		0.92	17.62	38.03	9 679.81
	林地		131.72	0.67			14.93	147.32
	草地	12.57	0.45	1 935.09	3.93		76.52	2 028.56
	水域湿地	1.22	0.02	5.02	455.18		8.43	469.87
	建设用地					589.65		589.65
	非人工绿洲	493.33	3.90	113.64	6.41	18.79	212 803.40	213 439.48
	小计	10 128.69	137.76	2 054.42	466.44	626.06	212 941.31	226 354.69

续表

时段	类型	耕地	林地	草地	水域湿地	建设用地	非人工绿洲	总计
1990~2000年	耕地	9 938.07	1.67	1.51	4.74	8.89	173.81	10 128.69
	林地	7.56	110.47	1.24	0.72		17.77	137.76
	草地	120.28	0.40	1 754.52	14.64	4.11	160.48	2 054.43
	水域湿地	17.57	0.16	8.53	428.33	0.38	11.47	466.44
	建设用地	2.21				623.73	0.10	626.04
	非人工绿洲	1 042.71	5.95	94.21	20.77	31.51	211 746.18	212 941.33
	小计	11 128.40	118.65	1 860.01	469.20	668.62	212 109.81	226 354.69

表 8.4　2000~2010 年河西走廊人工与非人工绿洲土地覆盖类型的转移矩阵　（单位：km^2）

时段	类型	耕地	林地	草地	水域湿地	建设用地	非人工绿洲	总计
2000~2005年	耕地	10 761.54	55.89	12.64	2.69	17.78	277.86	11 128.40
	林地	11.69	104.93	0.61	0.00	0.00	1.42	118.65
	草地	168.16	3.06	1 625.80	13.78	0.22	49.00	1 860.02
	水域湿地	22.02	1.35	18.13	412.35	3.89	11.46	469.20
	建设用地	7.69	0.09	0.21		656.84	3.80	668.63
	非人工绿洲	1 344.50	8.87	144.03	55.79	50.39	210 506.23	212 109.81
	小计	12 315.60	174.19	1 801.42	484.61	729.12	210 849.77	226 354.71
2005~2010年	耕地	12 211.93	5.60	25.02	1.21	13.60	58.23	12 315.59
	林地	0.76	171.10		0.39	1.46	0.47	174.18
	草地	21.21	0.22	1 765.39	6.63		7.98	1 801.43
	水域湿地	0.05	1.82	6.13	462.98		13.63	484.61
	建设用地	0.17	0.00	0.00	0.08	728.87		729.12
	非人工绿洲	333.90	7.24	12.77	11.20	36.25	210 448.41	210 849.77
	小计	12 568.02	185.98	1 809.31	482.49	780.18	210 528.72	226 354.70

西北干旱区绿洲近 60 年来的变化在空间维度上表现出沙漠化与绿洲化同步发展的基本特征：2000 年前以荒漠化为主、之后以绿洲化过程为主，以新疆为例，近 20 年来耕地主要来源为草地、林地和未利用地，对草地的开发由低覆盖度草地转向高、中覆盖度草地；未利用地开垦的年均变化率最大，空间上由阿克苏、天山北麓山前平原、吐鲁番盆地转向全疆全面开发，由开发裸土地和盐碱地为主转向开发沙地、戈壁、盐碱地，绿洲在景观变化上表现出主体稳定、外围扩张、局部退缩的特点（图 8.6）。耕地开垦在空间上由零星、分散转向连续、集中。以黑河中游张掖绿洲为例，较稳定绿洲景观在空间上主要集中在河道沿岸以及各乡镇驻地周围；变化（扩张/退缩/波动）显著区域主要集中在绿洲边缘：扩张区主要集中在区域东部、东南部及西南边缘，如高台西、酒泉东、甘州东南、山

丹北；退缩区主要散落分布在绿洲东部沿河地区，基本形成了局部自西向东、自北向南迁移的态势（图8.7）。受水资源总量限制，西北干旱区绿洲发展过程中几何中心不断向河道上游方向发展，绿洲景观变化在空间上表现出明显的溯源特征（梁友嘉等，2010；曹琦，2014）。此外，西北干旱区绿洲的开发过程同时还体现了由易到难的整体趋势，如焉耆盆地绿洲在近60年的土地开垦过程中，人工绿洲呈现出上升的趋势，农田向自然绿洲和荒漠的扩张，农田开垦的对象表现为从草地（含部分沼泽地）→多汁木本盐柴类荒漠→超旱生灌木半灌木荒漠迁移，农田绿洲开垦从易到难，天然绿洲不断缩小、人工绿洲不断扩大（张飞等，2006）。

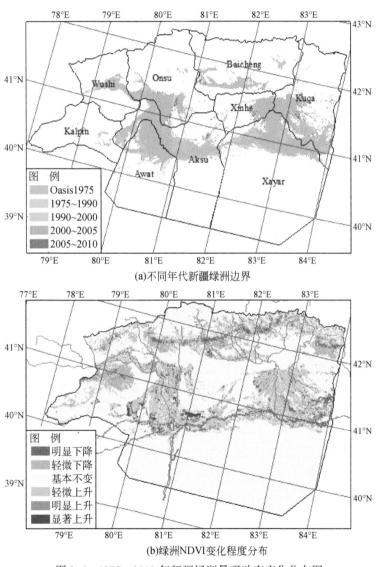

(a)不同年代新疆绿洲边界

(b)绿洲NDVI变化程度分布

图8.6　1975～2010年新疆绿洲景观动态变化分布图

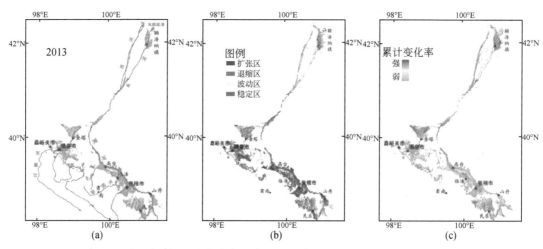

图 8.7　黑河流域绿洲变化分布规律及近 60 年绿洲在空间上的动态变化情况
资料来源：973 计划资源环境领域项目数据汇交中心

在生态环境和景观质量方面，我国西北干旱区绿洲在 2000 年之前普遍经历了生态环境退化和景观质量下降的过程（如黑河流域，图 8.7）。生态环境退化主要体现在天然绿洲退化、过渡带缩小、土地荒漠化扩大、盐碱化加剧、水体萎缩、草地退化等方面。以新疆为例，仅 20 世纪 70 ~ 90 年代其天然绿洲面积就减少了 10%，绿洲-荒漠过渡带面积缩小了 12%，荒漠化面积增加了 $1.6×10^4 km^2$；湖泊面积从 50 年代的 9700 km^2 减至 70 年代末的 4748km^2，罗布泊、玛纳斯湖、台特马湖、艾丁湖等水体相继干涸萎缩，之后该趋势不断加剧；绿洲盐渍化问题也同样突出，截至 2005 年，盐渍化耕地面积为 $162.02×10^4$ hm^2，轻度、中度和重度盐渍化耕地分别占耕地总面积的 24.33%、6.28% 和 1.46%；草原面积的 85% 已有不同程度的退化，其中严重退化的达 37.5%。景观质量下降主要体现在斑块数目（NumP）增加、平均斑块面积（MPS）减小、多样性指数（SHDI）下降等方面，如北疆的北屯绿洲（井学辉，2008）、精河绿洲（张飞等，2009）、阜康绿洲（闫俊杰等，2013）1972 ~ 2000 年斑块数增加了 1 ~ 2.5 倍，景观密度增大、形状趋于规则；南疆阿克苏-阿瓦提绿洲（郑逢令等，2005）、焉耆绿洲（郑逢令，2006）、渭干河/库车河三角洲等绿洲也都经历了类似的景观过程（王雪梅等，2010）；河西走廊绿洲景观质量的变化趋势与新疆绿洲类似，如民勤绿洲（胡宁科，2009）。2000 年之后，绿洲区生态环境质量恶化的态势有所控制，部分绿洲景观质量有所改善，如北疆阜康绿洲在 2000 ~ 2009 年，斑块数目呈减少趋势，景观要素在向着大型化的方向发展，斑块形状向简单和完整化的方向发展（热波海提，2011）；南疆的开都河流域绿洲也表现出相似的趋势（古丽克孜·吐拉克等，2014）；但额济纳绿洲 2000 ~ 2007 年斑块数量持续增加，绿洲景观仍向破碎化方向发展（陈维强，2010）。

8.1.3 区域典型绿洲变化特征

8.1.3.1 北疆绿洲区–玛纳斯流域绿洲

玛纳斯流域位于天山北麓山前平原西段、准噶尔盆地南缘，流域山前平原区是新老绿洲的聚集地，其中老绿洲沙湾、玛纳斯位于冲积平原中上部，开发历史较长，以石河子为代表的农垦新绿洲插花分布在两县之中。玛纳斯流域是我国西北干旱区军屯绿洲的典型代表。新中国成立初期的玛纳斯流域基本以半农半牧为主，流域内绿洲呈小块分布在河、泉引水方便之处，近60年来玛纳斯流域绿洲规模持续扩张（图8.8）（张青青等，2012），其变化过程经历了3个阶段，基本体现了北疆绿洲的变化特征：①1976年前耕地面积迅速扩大，老绿洲面积扩大、新绿洲不断出现，绿洲总面积持续增加；中下游地区荒漠、沼泽地、低山带河道两岸荒漠草原被大面积开发，山前绿洲继续向外扩张，各绿洲基本连通；②1976~2001年为城镇化阶段，绿洲稳步发展，耕地面积扩张速率减缓，城市化进程加快，期间绿洲外围变化较少，绿洲内部局部荒漠被开发或因盐碱化撂荒（程维明等，2005）；③2001年后，玛纳斯绿洲进入新一轮的增长阶段，在农业经济利益的驱动下，绿洲规模再次扩大。玛纳斯绿洲的扩张与耕地扩张速率完全同步［图8.8（b）］（程维明等，2005），大量河水被引入到灌渠或水库中，使进入尾闾湖泊的河水逐渐减少，尾闾湖泊逐渐干涸，不合理的灌溉造成绿洲内部低洼地带的大量耕地出现盐渍化现象（程维明等，2005）。

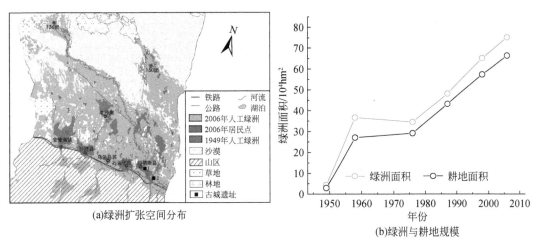

(a)绿洲扩张空间分布　　(b)绿洲与耕地规模

图8.8　玛纳斯流域绿洲变化情况
（张青青等，2012）

玛纳斯河流域在绿洲规模膨胀的同时，景观格局也发生了巨大变化，主要表现为农田、草地、居民地面积的增加以及森林、湿地、沙漠、冰雪面积的缩减。例如，1962~2010年，流域耕地和建设用地面积持续增加，未利用地、湿地和冰川雪地持续减少，草地在前20年增加、后30年减少（图8.9，图8.10）；土地利用的变化程度总体上由剧烈逐渐趋于缓和；耕地的变化由双向转化期逐渐过渡到单向转入期，草地和未利用地为各期主要转入类型，建设用地和草地为主要转出类型，各期的转入面积远大于转出面积，耕地总面积持续、快速增长。耕地扩张的重心由城市周边转向荒漠地区、由上游地区逐渐转移到下游，先后在昌吉、呼图壁、沙湾县、主要河流两岸及北部荒漠地区扩张（李均力等，2015）。绿洲景观整体趋于破碎化、简单化，在景观水平上，流域斑块个数、景观形状指数、蔓延度指数均有所增加，多样性指数减小，耕地景观也由杂乱破碎转的斑块转为成片连续的耕地带，耕地在景观中的优势进一步加强（李均力等，2015）；在类型水平上，流域各景观组分的异质性指数及其变化过程均有较大差异，体现了其景观生态系统的复杂性（张宏锋等，2009）。

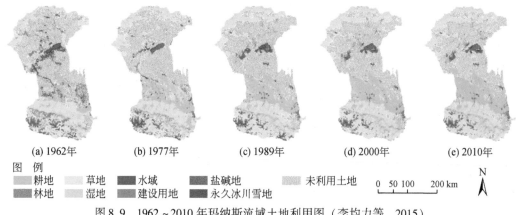

(a) 1962年　(b) 1977年　(c) 1989年　(d) 2000年　(e) 2010年

图 例
　耕地　　草地　　水域　　盐碱地　　未利用土地
　林地　　湿地　　建设用地　　永久冰川雪地　　0 50 100 200 km　N

图 8.9　1962～2010 年玛纳斯流域土地利用图（李均力等，2015）

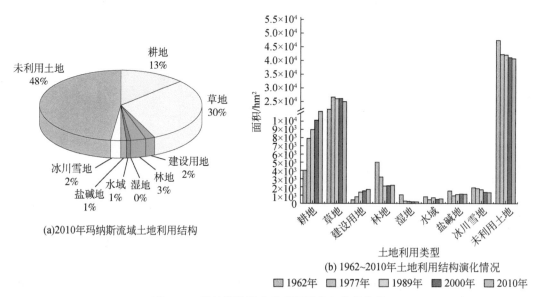

(a)2010年玛纳斯流域土地利用结构

(b) 1962~2010年土地利用结构演化情况

■ 1962年　■ 1977年　■ 1989年　■ 2000年　■ 2010年

图 8.10　玛纳斯流域土地利用结构与演化情况

8.1.3.2　南疆绿洲区-和田河流域绿洲

和田河流域位于塔里木盆地西南部，地势南高北低，上游为高山区、中部为低山丘陵区，绿洲集中分布在山前冲积平原区并延伸至塔里木盆地，少量沿玉龙喀什河与喀拉喀什河两岸狭长分布。流域绿洲社会经济长期以农牧业为主，耕地和草地是其主要土地利用类型［图 8.11 (a)］，由于历史上和田河流域绿洲开发程度就高，可作为我国西北干旱区传统老绿洲典型代表。新中国成立后很长时期内和田河流域宏观景观格局无显著改变，但在小尺度上人工绿洲的扩展、迁移，渠道的增多，水库、居民地的出现，农耕面积在持续扩大，因此是近 60 年来流域内景观动态的主要特征。1958～1980 年，中游地区呈现出以河流为核心对称分布的典型荒漠绿洲景观，除绿洲内部渠系增多、渠道平直呈树枝状展布、许多水库出现外，并无大规模的景观变化，期间景观破碎度、均匀度、多样性以及优势度变化幅度较小（彭茹燕等，2003）；1980 年后流域绿洲面积显著扩大并持续到 20 世纪 90 年代末，之后缓慢增长。近 30 多年间，和田河中游地区绿洲面积呈显著增加趋势，水资源消耗日增，致使河流下游土地退化严重，绿洲面积有所减少（图 8.11），绿洲整体向西南方向扩张（张展赫等，2015），耕地质心向西北方向偏移 4.96 km，年平均偏移 16.5 m（图 8.12）（窦燕等，2008）。

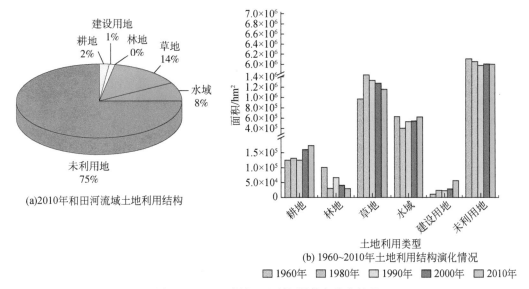

(a)2010年和田河流域土地利用结构

(b) 1960~2010年土地利用结构演化情况

图 8.11　和田流域土地利用结构与演化情况

（窦燕等，2008；杨依天，2013）

新增绿洲土地主要来源为固定半固定沙丘（66.71%），流动沙丘、盐碱地、戈壁、裸地等转为绿洲的面积分别占绿洲化面积的 18.40%、8.85%、5.98%、0.17%。绿洲景观类型中城乡工矿居民用地与耕地扩张趋势明显，中游绿洲区和下游荒漠区草地面积迅速减少［图 8.11 (b)］。近 30 年来，和田河绿洲土地利用中耕地、城乡工矿居民地面积分别增加了 32.32%、142.23%，灌丛与荒漠草地面积分别减少了 23.12%、18.82%（1980～

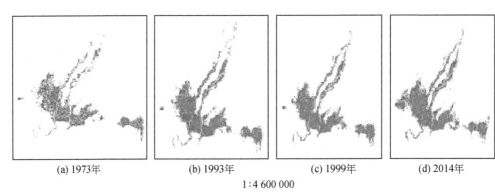

| (a) 1973年 | (b) 1993年 | (c) 1999年 | (d) 2014年 |

1∶4 600 000

图 8.12　和田河流域绿洲空间分布变化（张展赫等，2015）

2010 年）［图 8.11（b）］。新增耕地主要源于草地、未利用地开垦及毁林开荒（26.68%、10.74%、6.03%），水浇地占新增耕地面积的 96.05%；城镇与农村建设用地占城乡工矿居民新增面积的 95.22%（61.44%、7.86%、4.92% 源于耕地、草地及林地）；低覆被草地面积减少占草地减少面积的 73.21%；林地中灌丛面积减少了 23.12%。中游绿洲区与下游荒漠区的绿洲面积、土地利用程度综合指数等分别呈上升与下降趋势，反映了流域中游耕地扩张导致下游径流量减少、土地退化，绿洲系统稳定性减弱（杨依天等，2013）。

8.1.3.3　河西绿洲区-石羊河流域绿洲

河西绿洲区主要包括黑河、石羊河、疏勒河三大流域（图 8.13），由于相似的自然条件和开发历史，绿洲变化过程也相对一致。以石羊河流域为例，流域内人工绿洲土地覆盖长期以来以耕地为主，近 60 年来人工绿洲总面积总体增长，耕地面积增长是人工绿洲总面积增长的主要原因。例如，1975~2010 年，人工绿洲面积不断增加，其中，2000~2005 年增速最快，平均每年增加 251km²；景观过程上大致经历了"绿洲化—荒漠化—绿洲化"的发展阶段，1975~1990 年，绿洲面积扩大了 676 km²，除了盐碱地和沙地面积有所减小以外，其余土地类型面积呈现增长趋势，其中耕地面积的增长速度最快，其次是草地和建设用地；1990~2000 年，耕地面积持续增长了 465.35km²，但同时绿洲沙漠化面积增加了23.2km²；2000~2005 年，耕地面积再增长了 355.17 km²，2005 年后耕地面积增长有所减缓（图 8.14），武威和民勤绿洲呈扩大趋势，古浪、永昌和金川绿洲呈萎缩趋势。2010年，武威人工绿洲面积最大（约为 1844.63 km²），民乐人工绿洲比例最高（36.88%）；所辖县中人工绿洲中耕地所占面积多数超过 75%。流域内天然绿洲主要以水域及湿地为主（48.92%），其次为草地（35.71%）（图 8.15），近 60 年来流域天然绿洲面积波动明显，其中 1975~1990 年天然绿洲面积增长了 232.56km²，1990~2000 年增加了 13.25km²，面积扩大的原因主要是草地面积增加，扩大的草地面积主要由水域及湿地转化而来，可见区域生态退化特征明显（图 8.16）。2000 年之后天然绿洲总面积呈现降低趋势，2000~2005年，天然绿洲总面积减少了 144.21km²，水域及湿地面积减少了 142.47 km²，草地面积减少了 140.65 km²，裸地及林地面积都有少许下降，戈壁面积增加了 142.84 km²。2005~2010 年，天然绿洲总面积及其他覆盖类型下降趋势趋缓，其中耕地总面积下降了

17.22km²，草地及戈壁面积分别下降了 15.96km²及 1.26km²，其他土地覆盖类型面积基本保持不变（图 8.15）。

8.1.3.4 阿拉善绿洲区－额济纳绿洲

阿拉善绿洲总面积为 3396.72 km²（2010 年），包括阿拉善左旗、额济纳旗和阿拉善右旗绿洲，分别占总面积的 66.26%、28.45%、5.29%，是典型的河流下游荒漠绿洲，整个阿拉善绿洲中天然绿洲占 81.3%，人工绿洲占 18.7%，绿洲主导景观类型为天然草地，所占比例达 71.5%，其次是耕地占 13.74%（图 8.17）（谢家丽等，2012）。近 60 年来，阿拉善绿洲面积尽管出现过短期萎缩，但总体上呈现扩张趋势，其中草地的变化量最大。以额济纳为例，绿洲面积整体上从 1963 年的 403.96 km²增加到 2012 年的 755.60 km²，增加幅

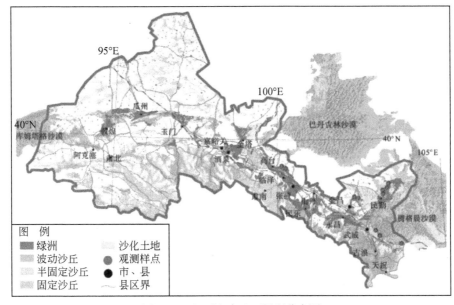

图 8.13 河西走廊地区绿洲分布图

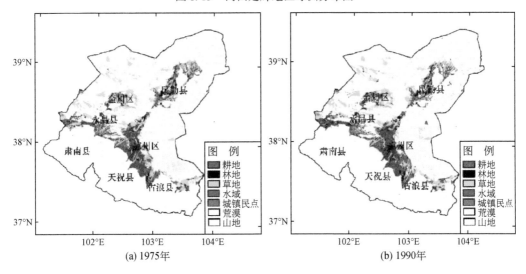

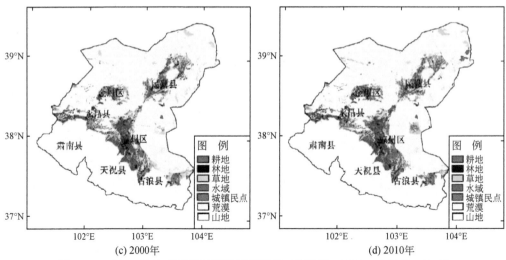

(c) 2000年   (d) 2010年

图8.14　1975～2010年石羊河流域景观动态（胡宁科，2009；文星等，2013）

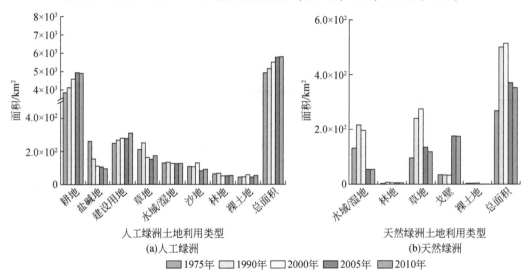

(a)人工绿洲　　　　　　　　　　　(b)天然绿洲

■1975年　□1990年　□2000年　■2005年　□2010年

图8.15　1975～2010年石羊河流域绿洲土地利用类型变化情况（谢家丽等，2012）

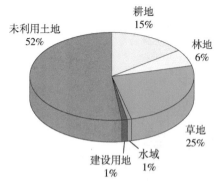

图8.16　2010年石羊河流域绿洲土地利用结构
（颉耀文等，2014）

度为87.05%，绿洲扩张和萎缩最剧烈的两个时段分别为1977~1986年和1996~1999年，扩张幅度和萎缩幅度分别为80.07%和33.95%。额济纳绿洲在空间上的变化可划分为稳定区、增加区、减少区和波动区（图8.18），但前三者所占的面积都比较小，波动区占据绿洲大部分范围，表明额济纳绿洲总体上脆弱、不稳定，这种情形与黑河中游以灌溉农业为主体的稳定绿洲形成了鲜明对照。绿洲时空变化的剧烈程度在额济纳绿洲核心区最低，外围地区明显增高，三角洲东缘的农垦区最为显著，该区域是近60年来农业垦殖和废弃多次发生的区域，反映出人类活动是绿洲大面积集中连片剧烈变化的重要因素。额济纳绿洲时空变化充分体现了阿拉善下游型绿洲不稳定的特点，这种特点从根本上讲是水资源保证程度低，河流流程长短不定、河道摆动频繁，以及由此导致的人类垦殖活动的不稳定性决定的，这充分体现出河流下游的荒漠绿洲对水资源的高度依赖性（黎浩许，2013）。绿洲变化主要受政策、人口、科技、经济利益等人文因素的影响，其中政策一直起主导作用，它既有正向作用，也有抑制作用（Wang et al.，2007；Zhao et al.，2013；Lu et al.，2014），在2000年前后植被变化趋势发生了逆转（图8.19、图8.20）。

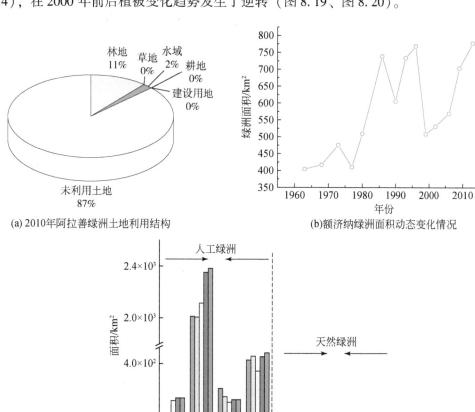

(a) 2010年阿拉善绿洲土地利用结构

(b) 额济纳绿洲面积动态变化情况

(c) 1975~2010年绿洲土地利用结构演化情况

图8.17 阿拉善绿洲土地利用结构及演化

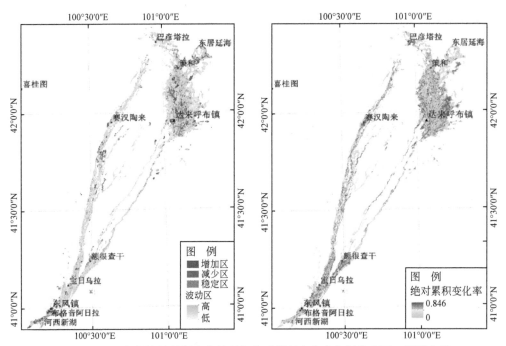

图 8.18　1963~2012 年额济纳绿洲变化情况与绝对累积变化率空间分布图（颉耀文等，2014）

注：高：趋于稳定；低：波动剧烈

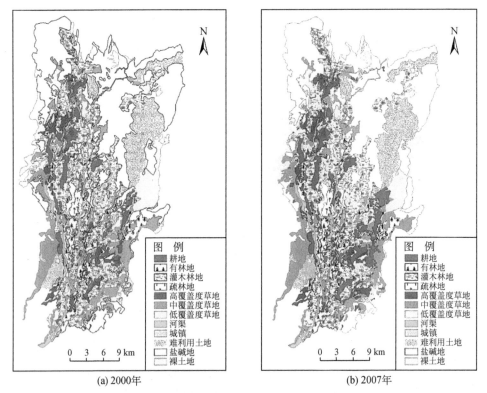

(a) 2000年　　　　　(b) 2007年

图 8.19　生态输水后的额济纳绿洲植被变化空间分布

资料来源：973 计划资源环境领域项目数据汇交中心

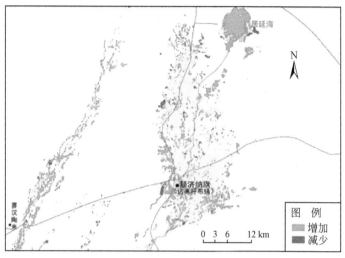

图 8.20　2009～2013 年额济纳绿洲景观动态变化
资料来源：973 计划资源环境领域项目数据汇交中心

8.2

绿洲农田生态系统

8.2.1　农田生态系统变化

8.2.1.1　耕地面积

　　近 60 年来，我国西北干旱区绿洲耕地面积变化大致分为 3 个阶段（图 8.21～图 8.23）：第一阶段（1949～1961 年）为快速增长阶段，此阶段为新中国成立后的经济恢复时期，耕地面积迅速扩大，人均耕地面积相应提高。例如，新疆地区耕地面积增加了 1.36 倍，其中，南疆绿洲如和田地区耕地净增量达 93 986.67hm^2（张春轶等，2007），北疆绿洲如策勒地区耕地面积净增达 2866.67hm^2，人均耕地面积也相应提高，1960 年达到最大（0.38hm^2）（瓦哈甫等，2004）；河西绿洲如张掖地区在 1949～1958 年耕地面积扩大了 1.31 倍（张红侠，2004）。第二阶段（1961～2000 年）为稳定发展阶段，期间新疆耕地面积仅增加了 1.1 倍，但人均耕地面积持续下降，耕地面积相对稳定，绿洲外围扩张已基本稳定，变化主要发生在内部，耕地面积总体上稳定，但不同绿洲又有一定差异。例如，南疆的阿克苏在此期间大致经历了三个增长期和两个减少期，其他绿洲在同时期无明显变化；北疆的玛纳斯和奇台绿洲变化不明显，而策勒绿洲表现为明显的波动减少趋势；河西地区如张掖绿洲从 1964 年开始，耕地面积逐年减少，但减幅随年代推移不断下降，总的来看也相对平稳（张红侠，2004）；阿拉善地区从 1962 年开始，耕地面积开始减少但幅度不大，1985 年开始呈上升趋势。第三阶段（2000 年后），大部分绿洲耕地面积再次增

203

长，人均面积继续减少，包括南疆和北疆的多数绿洲以及河西走廊绿洲都经历了类似的变化，但河西走廊绿洲相对变化速率较缓（表8.5，表8.6）（朱慧等，2011）。例如，石羊河中游凉州区耕地面积从1980年的11.3×10⁴hm²增加到2000年的11.8×10⁴hm²（李小玉等，2006）；敦煌绿洲在此阶段一直保持增长态势，之后的10多年内该地区耕地面积增长幅度仍不大（刘普幸和程英，2008）。总体来讲，在近60年来西北干旱区绿洲耕地面积以增长为主，部分地区由于自然社会双重因素制约，略有下降。

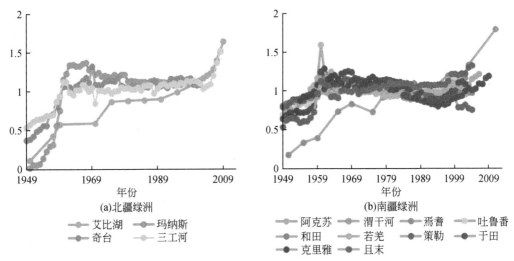

图 8.21　近 60 年来南北疆代表性绿洲耕地面积变化图（Wang and Li，2013）

注：此处的耕地面积都用其多年平均值标准化后制图

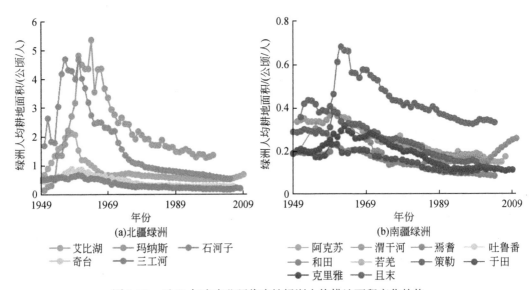

图 8.22　近 60 年来南北疆代表性绿洲人均耕地面积变化趋势

| (a) 1958~1976年 | (b) 1976~1987年 | (c) 1987~1998年 | (d) 1998~2006年 |

图　例　□ 增加耕地面积　■ 原始耕地面积　　　0　25　50　　100 km

图 8.23　玛纳斯流域耕地分布动态变化

（Ling et al.，2013；Zhang et al.，2012）

表 8.5　1975~2010 年河西耕地变化　　　　　　（单位：km²）

年份	石羊河	黑河	疏勒河	总面积
1975	3 849	4 837	1 191	9 877
1990	4 119	4 989	1 219	10 327
2000	4 584	5 354	1 329	11 267
2005	4 939	5 564	1 751	12 254
2010	4 898	5 831	1 878	12 607

表 8.6　1975~2010 年河西人均耕地变化　　　　（单位：亩*/人）

年份	石羊河	黑河	疏勒河	平均值
1975	4.15	5.53	5.32	5.00
1990	3.01	4.76	3.66	.3.81
2000	2.81	4.64	3.14	3.53
2005	3.14	4.74	3.93	3.94
2010	3.22	4.32	5.42	4.32

*1 亩 ≈ 666.67m²

8.2.1.2　灌溉体系

近 60 年来，西北干旱区绿洲灌溉技术、水利设施经历从无到有、从落后到先进，由量的积累达到质的飞越的过程。新疆绿洲区在新中国成立初期仅有 3 座水库，总库容为 5234 万 m³，渠道 2.3km；发展到 2003 年，新疆绿洲灌区总面积为 433.3 万 hm²，全疆 670 hm² 以上灌区 527 处，有效灌溉面积为 290 万 hm²。目前新疆绿洲灌区水库已接近 500 座，总库容超过 67 亿 m³，配套机电井 3.78 万眼，井灌面积为 60 万 hm²。引水工程、供水蓄水工程和机井提水工程不断改进。在节水技术方面，新疆绿洲灌区在 1980 年前一直以常规沟、畦灌技术为主，1980 年后引进喷灌、滴灌技术，并逐步试点推广，近 10 年来喷灌、滴灌、膜下滴灌、低压膜下软管灌、低压管道灌、波涌灌等多形式的节水灌溉技术发展迅速（杨青等，2004）。河西绿洲区农业灌溉定额较大，灌溉水利用率低，20世纪70年代引入喷灌措施，80年代中期引入滴灌措施，2000年后开始通过节水示范项目大规模推广节水技术，2002年水利部正式批准黑河中游的张掖市为全国第一个"建立节水型社会"试点，为河西走廊乃至整个西北绿洲灌区解决水资源问题提供了示范案例。整体上看，通过近60多年的农田水利建设，西北绿洲区农田灌溉面积扩大了4倍多，灌溉农业的节水潜力也在不断增强，用水效率不断提高。

我国西北干旱区绿洲灌溉体系近60年来的演化过程基本上可以用玛纳斯流域绿洲的案例体现。1950年前的玛纳斯绿洲水利设施落后，绿洲面积有限；1950年后大规模农垦的同时也开展了大规模的水利建设，大量地表水被截流用于人工绿洲，"渠库结构"组成的人工水循环系统不断膨胀（图8.24）。玛纳斯绿洲对水资源的开发利用经历了3个阶段，①地表水引用阶段，淘汰了落后的灌溉系统，建立了永久性的引水枢纽，形成了完整的地表水引、输、配、蓄灌溉系统，绿洲面积迅速扩大（1958~1976年）；②地下水开发利用阶段，地表水不能满足灌溉用水，转入开发地下水发展竖井排灌、收复弃耕地，扩大绿洲的同时对输水体系做了防渗处理，推行畦灌和细流沟灌实现了全面的渠-库-井结合灌溉，绿洲面积进一步扩大（1987~1998年）；③1995年后进入节水灌溉阶段，发展喷灌、低压管道自流式滴灌，基本实现了膜下滴灌，灌水定额降低20%~30%，为扩大绿洲解决了缺水问题，使绿洲范围不断发展膨胀。3个阶段不同水利条件和灌溉水平下绿洲的规模反映出人工绿洲的演变与流域水资源利用水平关系密切，近60年来我国西北干旱区人工绿洲面积成倍扩大基本都依靠水利建设过程的支撑，但也受到水资源总量的严格限制（Ding，2002），地下水作为储备资源，在较长的时间尺度上，大规模地开发地下水意味着绿洲水资源开发已经达到不可持续或临界可持续的阶段（图8.25）。

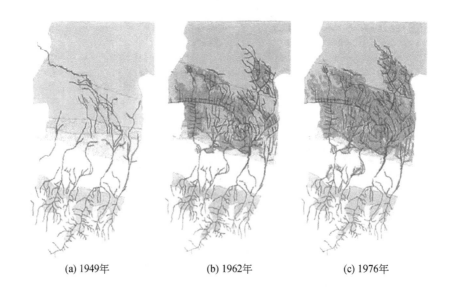

(a) 1949年   (b) 1962年   (c) 1976年

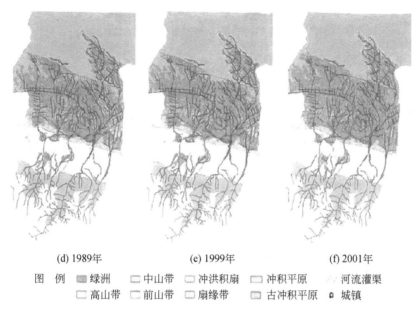

(d) 1989年　　　　　　(e) 1999年　　　　　　(f) 2001年

图　例　■绿洲　□中山带　□冲洪积扇　□冲积平原　河流灌渠
　　　　□高山带　□前山带　□扇缘带　□古冲积平原　城镇

图 8.24　玛纳斯河流域绿洲农业系统 1949~2001 年动态演化（Zhang et al.，2012）

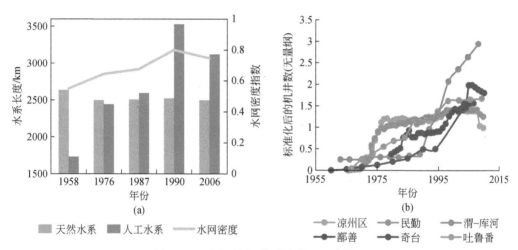

图 8.25　西北干旱区绿洲水资源开发情况

注：（a）玛纳斯流域水系变化；（b）渭干河–库车河流域绿洲（张严俊等，2013）、石羊河流域民勤绿洲（蒋菊芳等，2015）、新疆吐鲁番绿洲（李吉玫和张毓涛，2013）、奇台绿洲（夏倩柔等，2013）机电井数变化情况

8.2.1.3　农产业结构

产业结构是绿洲农业生态经济系统协调有序的重要标志，绿洲区近 60 年的产业结构演变规律为：第一产业比重不断下降，第二、第三产业比重相应上升，劳动力在第一产业、第二产业、第三产业之间依次转移。以北疆石河子绿洲为例，近 60 年来其经济结构已经从新中国成立初期的农业主导（70%）发展到今天的三产鼎立，产业结构不断调整，

绿洲农产业比重持续下降的同时，农业生产效率不断提升、种植结构不断优化，绿洲农产值持续增长（图8.26）。新中国成立初三产发展不平衡，第一、第二产业发展较快，第三产业起步晚；1963~1965年，因为"农业第一、粮食第一"的政策导向，部分工业项目下马，工业比重略有下降；进入20世纪90年代，第一、第三产业发展较快，2000年产业比例关系发展为35.47：33.14：31.39，格局相对均衡；2002年后该比例调整为25.06：35.86：39.08，之后产业结构向较高层次良性阶段发展。随着经济发展水平的提高，石河子绿洲产业结构呈现出由第一产业为主、第二产业迅速发展、三次产业齐头并重，到第三产业为主的演化趋势［图8.26（a）］。近60年来，西北干旱区绝大部分绿洲都经历了相似的产业结构变化，农业比重的变化趋势几乎完全一致［图8.26（b）］。

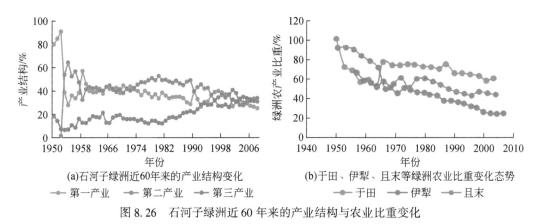

(a)石河子绿洲近60年来的产业结构变化　　　　(b)于田、伊犁、且末等绿洲农业比重变化态势

—●— 第一产业　　—●— 第二产业　　—●— 第三产业

图8.26　石河子绿洲近60年来的产业结构与农业比重变化

除了农业比重上的显著变化外，近60年来西北干旱区绿洲种植结构也发生了巨大的变化，并逐渐形成了农牧业为主、工业特色明显和第三产业快速发展的现代产业结构（表8.7，表8.8）。以石河子绿洲为例，1950~1970年基本以自给自足为目的，种植结构中小麦、玉米等粮食作物比重最大（约65.6%）（图8.27）；1980年后瓜果、蔬菜作物比例有所上升；1990年后，种植业基本以提高单产为主要目标，粮食总产量稳定增长但种植比例逐渐缩小，经济作物比例增加，粮食种植面积开始下降，其中玉米面积急剧滑坡，棉花、瓜果、蔬菜种植面积有所加大，但仍不占据主导地位；1990年后，棉花面积持续增加并开始成为主导产业，种植业呈现出典型的以棉-粮-油为主的结构，但同时随着市场波动，棉花种植面积也表现出波动特征。河西走廊绿洲的种植结构变化过程与新疆类似，近60年来随着耕地面积不断增加，相应的农田种植面积也在不断增加，耕地面积扩大造成单位面积水资源锐减，环境质量普遍下降。近10多年来，绿洲农业开始发展依靠资源优势的特色产业，如新疆的"红、白、绿"产业、河西的制种产业、甘蒙绿洲区的草产业。整体上讲，西北绿洲区农业格局在近60年来不断优化升级，但绿洲经济发展仍处于传统农业社会向现代工业化社会过渡的转型期，产业结构层次水平较低，第一产业比重过大，产出效益低，传统农牧业为主的经济结构还没有得到根本改变（高翠霞等，2011）。

表 8.7 近 60 年来新疆农产业结构变化态势

年份 \ 产业结构	1949	1978	1980	1985	1990	1995	2000	2006
种植业	75.32	74.51	74.59	75.93	76.37	77.65	74.00	72.28
林业	0.13	1.78	2.45	4.58	2.64	1.39	1.70	1.95
牧业	24.53	23.53	22.78	19.2	20.39	20.29	23.50	21.40
渔业	0.02	0.18	0.18	0.29	0.60	0.68	0.80	4.38

资料来源：《新疆统计年鉴 2007》

表 8.8 近 60 年来河西绿洲区农产业结构变化态势

年份	农林牧渔总产值/万元	种植业	林业	牧业	渔业
1949	9 720	8 182	14	1 296	0
1955	20 286	17 327	224	2 166	0
1965	24 741	19 659	351	4 262	0
1975	56 325	45 027	700	9 183	0
1985	147 862	108 846	4 733	31 750	31
1990	318 070	216 458	5 727	89 296	416
1995	937 602	664 017	8 572	262 759	2 254
2000	1 108 749	871 239	19 740	213 974	3 894
2005	1 891 820	1 105 894	20 637	381 151	3 587
2008	2 658 681	1 731 126	30 797	554 330	5 002

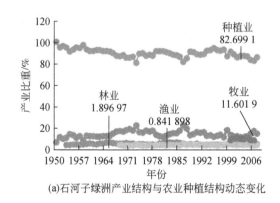

(a)石河子绿洲产业结构与农业种植结构动态变化

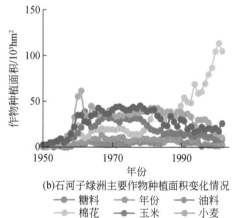

(b)石河子绿洲主要作物种植面积变化情况

图 8.27 石河子绿洲产业结构及农作物种植面积变化

8.2.2 农业发展影响下的生态环境

8.2.2.1 土地利用变化影响生态环境

以南疆喀什绿洲为例，近 60 年来水资源、农用地重心向南方移动，主要集中在喀什地区东南部，人口随着水源逐渐向东南部转移，导致喀什地区东南部土地的过度开垦，林地大面积减少，对当地的生物多样性及土地承载力产生了不良影响，加上喀什地区因河流作用耕地内沟壑纵横地面支离破碎，引起水土流失；东北方向的土地开始荒漠化，包括盐渍化、草场退化、水土流失、土壤沙化，是由于城市建设用地向北不断扩大，导致人为过度的经济活动加剧，导致大气污染加剧，土壤肥力下降，破坏了当地生态平衡（茹克亚·萨吾提，2014）。北疆叶尔羌流域绿洲生态环境质量退化也非常显著，例如，新中国成立初期叶尔羌河流域灰杨-胡杨林总面积达 260 万亩，红柳灌木林为 290 万亩，喀什噶尔河下游也有灰杨林 105 万亩；目前叶尔羌河流域灰杨林只有 142 万亩，是新中国成立初期的55%，叶尔羌河下游 90% 以上的灰杨林也处于干旱状态，枯死的林木达 50 余万亩（孙万忠等，1988）。焉耆绿洲对土地和水资源的不合理利用，导致盆地内湖泊水体、湖泊周边及农田绿洲出现明显的生态退化（张飞等，2006）。城市建设用地规模增加导致生活生产需要的淡水资源大量增加，地下水的过度开采造成地下水位下降，地面沉降，裂缝等；大型基础设施建设引起喀什地区自然景观破坏、生物多样性下降、自然植被退化、流域水资源布局分配和地表覆被的变化引起的局地气候变化等。例如，塔克拉玛干沙漠南缘克里雅绿洲近 60 年来耕地面积经历了急剧增加（1950～1961 年）、缓慢减少（1962～1990 年）、快速增加（1991～2008 年）的过程，耕地数量总体呈增加趋势但人均耕地面积呈减少趋势，耕地动态变化某种程度上改善了克里雅绿洲生态环境的同时，也导致了绿洲外围沙漠化、绿洲内部土壤盐渍化、湿地减少，河道缩短等一系列生态环境问题，威胁了绿洲稳定性（麦麦提吐尔逊·艾则孜等，2013）。

8.2.2.2 水利工程改变绿洲水环境

近 60 年来大型水利工程的实施及水资源的过度开发导致西北干旱区绿洲水环境出现了严重退化。例如，吐鲁番绿洲因为水利工程的实施导致传统的坎儿井被大量废弃（表8.9）；石羊河流域的红崖山水库、疏勒河流域双塔水库和党河水库等骨干水利过程的建成增强了对水文过程的调控能力，促进了绿洲农业的发展，也导致了下游湿地的减少和退化，湖泊干涸，红崖山水库的建成就引起石羊河下游河道被改造为渠道，水域面积降低；青土湖 20 世纪 50 年代中后期水域面积快速缩小，1959 年青土湖完全干涸；黑河流域的鸳鸯池水库和解放村水库分别在 1940 年和 1950 年建成蓄水后，致使讨赖河下游断流后与黑河脱离了地表水力联系；20 世纪 60 年代后黑河下游额济纳绿洲的水量显著减少，西居延海 1961 年全部干涸，东居延海水域面积严重萎缩，从此变成了间歇性湖泊，因为类似的大型水利工程的调控，整个流域的河道缓冲区近几十年来不断萎缩（图 8.28）；疏勒河流域双塔水库和党河水库分别在 1962 年和 1975 年建成，致使河道断流并最终使党河脱离了疏勒河水系；1950 年敦煌西湖湿地面积在 2500 km² 左右，随后每年以 13 km² 的速度递减，原有的永久性湿地大部分已转为季节性湿地。

表8.9 吐鲁番绿洲地区坎儿井水量变化情况

区域	20 世纪 60 年代		20 世纪 90 年代		2010 年	
	坎儿井数量/眼	年均出水量/10 亿 m³	坎儿井数量/眼	年均出水量/10 亿 m³	坎儿井数量/眼	年均出水量/10 亿 m³
吐鲁番地区	1195	6.402	772	2.8213	269	2.06
吐鲁番市	541	3.083	402	1.6250	154	
鄯善县	470	1.576	3.8	0.8173	81	
托克逊县	184	1.743	68	0.3138	34	

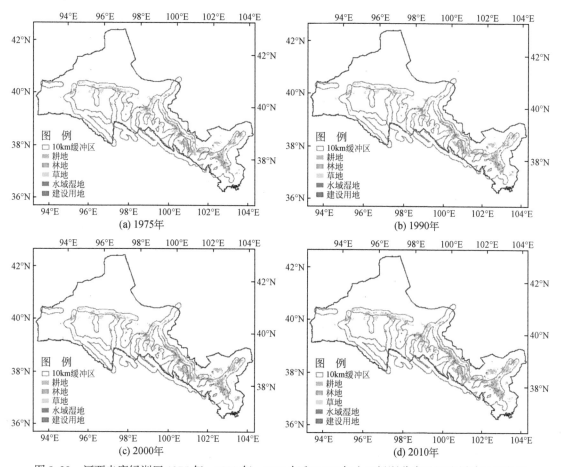

图 8.28 河西走廊绿洲区 1975 年、1990 年、2000 年和 2010 年人工绿洲分布及河流缓冲区示意图

除大型骨干水利工程外，新修的平原水库及不断增加的机井数量进一步提高了绿洲水资源的调控能力和利用强度，导致耕地扩大，湿地面积有所增加，地下水补给减少、开采加大，引起水位下降，如石羊河流域地下水位 1971～1980 年、1980～1990 年、1990～

2000年、2000～2010年分别下降了1.13m、2.04m、2.95m、5.27m，总体上呈现出加速下降的态势；民勤绿洲地下水埋深由1950年的1～5m下降到2000年的12.8～18.8m，最深达40m，平均每年下降0.50m，近10年来以每年0.70m的速度下降，在民勤县城附近和红柳园一带已形成2个巨大降落漏斗；黑河流域地下水位1980～1990年、1991～2000年、2000～2010年分别下降了0.55m、1.43m、1.4m。额济纳旗盆地地下水埋深在20世纪40年代为0.5～1.0m，50年代开始下降，70年代下降到1.57～2.52m，80年代为2.05～2.84m，90年代为3.20～4.07m，呈总体下降趋势。东居延海虽然在2002年进水，但由于长期干涸，地下水埋深没有明显变化，直到2003年回升到2.72m，到2009年回升到1.70m（图8.29）。疏勒河流域地下水位，1960～1980年、1980～1990年、1990～2000年、2000～2010年分别下降0.25m、0.53m、0.75m、0.74m，与过去相比有加速下降的趋势。此外，大型骨干水利工程的建成，也导致了下游湿地减少、退化，湖泊干涸，如黑河下游额济纳绿洲的水量显著减少，导致东居延海水域面积严重萎缩；疏勒河流域双塔水库和党河水库的建成，致使党河脱离了疏勒河水系等。

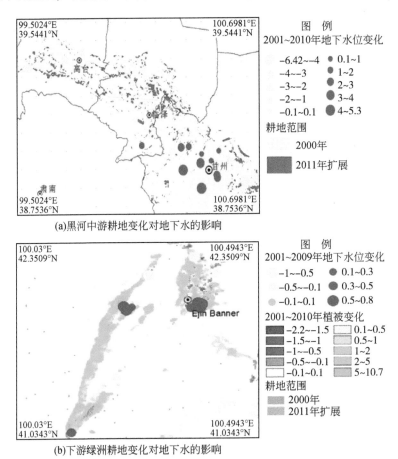

(a)黑河中游耕地变化对地下水的影响

(b)下游绿洲耕地变化对地下水的影响

图8.29 黑河中游耕地变化及下游绿洲耕地变化对地下水的影响

8.2.2.3 不合理灌溉导致土壤盐渍化

近 60 年来中国西北干旱区耕地土壤盐渍化发展变化总体态势为：老耕地盐渍化在减轻，新垦耕地盐渍化在发展，总体处于动态平衡。盐渍化耕地的水盐动态变化，实现稳定脱盐的是局部，持续积盐的也是局部，大部分耕地是脱盐不稳定或脱盐积盐反复型，因而土壤盐渍化的潜在危害仍很大。根据土壤盐渍化与水利建设和灌溉水平之间的关系，以新疆为例，盐渍化耕地面积占总耕地面积的比例在逐年上升。人类活动对绿洲土壤盐分过程的影响从绿洲上部到下部呈现逐渐增加的趋势，老绿洲干扰程度小、积盐趋势稳定变好，新绿洲干扰程度剧烈积盐趋势变差；年内土壤含盐量受灌溉影响变化显著，流域内地下水含盐量呈现下游>中游>上游。过去的 30 年间（1975～2006 年）新疆灌区耕地面积呈增长趋势，而盐渍化耕地面积呈现略微的增加趋势，增长幅度不大，且占总耕地面积的比例呈下降趋势，在 2000 年以后基本保持一个恒定的比例（图 8.30）。以塔河下游为例，在空间上近 60 年的绿洲土壤盐分自绿洲上部向下游迁移，老绿洲盐分轻，新绿洲盐分重，绿洲内部盐分轻，绿洲外围盐分重，1958～2012 年渭干河绿洲−20cm 平均含盐量明显减少，表明干旱区绿洲的形成与演变过程总体表现为土壤盐分消减过程。随着人类生产活动增强，土壤肥力等理化特性变好，农田土壤脱盐大于积盐，不同绿洲土壤脱盐率差异显著，平均为 10%～25%，总体上绿洲耕地土壤非盐渍化、轻度盐渍化面积增加，土壤盐分由灌区内部向灌区外迁移，荒漠是绿洲盐分的归宿地。

(a)阿克苏河

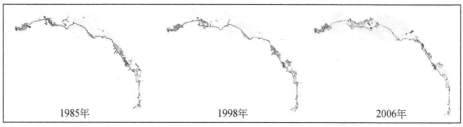

(b)塔河干流

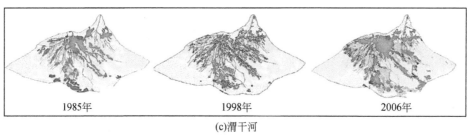

(c)渭干河

图 例 ──水系 ■湖泊、水库 ▦非盐渍化耕地 ▨轻度盐渍化耕地
■中度盐渍化耕地 ■重度盐渍化耕地 ■灌区周边盐渍化土地 其他

图 8.30 新疆南部绿洲盐渍化状况时空分布格局

8.3

绿洲可持续经营潜力

　　绿洲稳定与否取决于水热、水土是否平衡，因此在气候、土壤、地质、地貌、水文和社会经济条件下，水土资源的开发存在阈值，绿洲和耕地存在某个水平的适度规模（陈亚宁和陈忠升，2013）。当绿洲和耕地规模适宜时，才能够有效发挥水土资源潜力、改善绿洲小气候环境，在不断提升生产力的过程中实现绿洲良性循环和可持续发展，但当绿洲规模超过其极限时，会导致绿洲内部和外围诸多生态环境问题，制约绿洲的健康发展。近60年来，耕地面积的增长是导致西北干旱区绿洲面积增长的主要原因。西北干旱区是新中国成立后耕地面积扩展最快的地区之一（张百平等，2013），早在 1959~1961 年就发生了过度开垦的问题，并出现了大面积撂荒和次生盐碱化。西北干旱区天然降水稀少，没有灌溉就没有农作，要保持耕地生产的可持续性，需水量在 1.2 万~1.5 万 m^3，即使实施严格的节水措施，也难低于 0.9 万 m^3。目前新疆水资源总量为 860 亿 m^3，可利用水资源除生态需水 280 亿 m^3 外，实际可供利用的消耗水量仅为 478 亿 m^3，其中 90% 供农业用水，假定农业用水全部用于灌溉，新疆耕地面积理论上限为 $3.6\times10^6 hm^2$，如按照 2010 年《新疆日报》报道的 $5.1\times10^6 hm^2$ 计算，新疆耕地面积超过理论面积的 41.6%（遥感数据判读耕地数量接近 $6.7\times10^6 hm^2$）；甘肃河西走廊 5 地市可利用水资源量约为 66.9 亿 m^3，扣除生态需水 13.48 亿 m^3，按照 90% 的农业用水比例计算，可维持的耕地理论上限为 $4.0\times10^5 hm^2$，而实际耕地面积为 $6.7\times10^5 hm^2$，超过理论面积 67.5%。因此干旱区绿洲过度开发问题已经相当严重（张百平等，2013），保持适宜的绿洲规模是绿洲可持续经营的必要条件。

　　我国绿洲生态系统近 60 年来基本都经历了超强度开发，可持续经营潜力几乎都在呈持续下降态势。以塔河下游绿洲为例，20 世纪五六十年代塔河下游来水量较为充足、绿洲规模适宜，进入 70 年代来水量减少较多但已经形成的绿洲规模在短时间内仍能保持较好稳定，80 年代上游人口压力迅速增大及水资源的无序开发，绿洲适宜耕地面积与实际耕地面积基本持平，之后严重超出绿洲承载能力；1980~2000 年，绿洲适宜规模和耕地规模趋于收缩，之后有所扩大，2000 年后绿洲适宜面积和耕地面积有所增加，趋势与塔河下游来水量变化趋势一致,绿洲实际规模总体呈缩小趋势,但实际耕地面积保持大幅增加。此外,新疆和河西走廊很多绿洲都经历了相似的变化过程,如玛纳斯河流域 1976~2010年,天然绿洲及总绿洲面积的适宜面积均小于绿洲的实际面积,虽然水资源量长期难以满足绿洲需求量(表 8.10)。根据绿洲水热平衡方法估算的阿克苏河、叶尔羌河、和田河、开都河流域、孔雀河流域及塔河下游绿洲适宜面积、耕地适宜面积,阿克苏河绿洲处于相对平衡状态,和田河尚有一定潜力,开都河–孔雀河农业绿洲与叶尔羌河绿洲耕地面积过大,塔里木河下游区农业绿洲和耕地面积均严重超过其水资源的承载能力。整体上看,除和田河流域绿洲外,其他绿洲规模均超出了其水资源承载能力,绿洲总体上已处于不稳定状态(表 8.11),在气候变化、人口增长的大背景下,我国西北干旱区绿洲在可预见的未来可进一步扩张的潜力已经极为有限(表 8.12,表 8.13)(陈亚宁和陈忠升,2013)。

表 8.10 玛纳斯流域绿洲实际规模与适宜规模

年份	实际绿洲规模		H_0	适宜绿洲规模	
	天然绿洲/km²	总绿洲/km²		天然绿洲/km²	总绿洲/km²
1976	6219.53	9204.14		667.71~1001.57	3652.32~3986.18
1987	4874.68	9191.63	0.5~0.75	906.13~1359.20	5223.08~5676.15
1998	4015.50	9628.03		2029.27~3043.90	7641.80~8656.43
2010	2830.58	9532.74		1390.02~2085.03	8092.18~8787.19

表 8.11 西北干旱区绿洲/农业可持续经营潜力:绿洲现状规模和适宜规模

区域/绿洲	现状年份	绿洲面积			耕地面积			稳定度
		现状规模	适宜规模	超出比例/%	现状规模	适宜规模	调控比例/%	
阿克苏河	2013	12061	11600	103.97	4269	4100	104.12	
叶尔羌河	2013	15111	9600	157.41	4787	3300	145.06	
和田流域	2013	3591	3333~4445	81.61	1838	1167~1556	141.38	
和田绿洲	2013	8420	6080~7690		1553	1467~1866		
塔河下游绿洲	2013	1598	823~932	194.17	401	247~279	162.35	
开都河–孔雀河流域	2013	5284	4700	112.43	2482	1700	146.00	
开都河流域	2012	2459	2008	122.46	842	803	104.86	
孔雀河	2012	2789	1132	246.38	629	453	138.85	
克里雅		1899	1157~1763	107.71~164.13				
且末绿洲		992.16	609~812		151	93~124		亚稳定
天山北麓								
玛纳斯	2010	9532.7	8092~8787		6702	6645~6664		亚稳定
酒泉绿洲	2000	1731	1333		933	903		

表 8.12 未来新疆绿洲面积阈值

	可用水资源总量/亿 m³	非农业耗水量/亿 m³	农业用水量/亿 m³	农业耗水定额/(m³/亩)	阈值/亿亩
现状年	596.72	63.49	533.23	744.00	0.72
2020 年下限	612.91-9.58×10⁻⁶S	56.81	421.74-9.58×10⁻⁶S	571.45	0.62
2020 年上限	634.56+1.24×10⁻⁵S	191.17	577.75+1.24×10⁻⁵S	613.01	1.18
2030 年下限	611.52-9.58×10⁻⁶S	53.49	361.03-9.58×10⁻⁶S	495.88	0.60
2030 年上限	654.82+1.24×10⁻⁵S	250.49	601.33+1.24×10⁻⁵S	539.00	1.46

表 8.13 未来甘肃河西绿洲面积阈值

	水资源总量/亿 m³	非农业耗水量/亿 m³	农业用水量/亿 m³	农业耗水定额/(m³/亩)	阈值/亿亩
现状下限	90.59	24.23	66.36	584	0.11
现状上限	118.86	24.23	94.63	584	0.16
2020 年下限	91.80-6.00×10⁻⁶S	28.99	-2.57-6.00×10⁻⁶S	509.11	—
2020 年上限	122.29+6.00×10⁻⁶S	94.37	93.3+6.00×10⁻⁶S	529.89	0.20
2030 年下限	92.60-6.00×10⁻⁶S	26.98	-27.09-6.00×10⁻⁶S	495.88	—
2030 年上限	125.71+6.00×10⁻⁶S	119.69	98.73+6.00×10⁻⁶S	528.22	0.22

8.4

核心结论与认识

（1）近 60 年来，西北地区绿洲和农田面积呈整体增加趋势：前 20 年迅速扩张，之后波动发展，近 10 多年来再度扩张。区域人口膨胀和粮食政策导向是前 20 年绿洲和农田系统变化的主要原因；绿洲生态在之后的 20 多年间持续恶化，是绿洲扩张后单位面积绿洲用水量下降的结果；绿洲边缘垦荒和绿洲内部建设用地增加是近 10 多年来绿洲变化的显著特点。

（2）近 60 年来，西北绿洲中人工绿洲普遍扩张、天然绿洲显著退缩、过渡带严重退化，景观上表现出主体稳定、外围扩张、局部退化的特点。整体上看，绿洲在 2000 年之前普遍经历了生态质量退化；2000 年之后恶化态势有所控制，部分绿洲景观质量有所改善，内流河流域水资源综合管理生态工程的实施和农田节水技术的推广是最重要的原因。

（3）近 60 年来，绿洲农业结构虽然在持续改善，但整体上仍处在以种植业为主导的初级水平，农业用水过多导致绿洲景观趋同，沙漠化、盐碱化问题凸现。目前，绿洲规模已接近水资源承载力的极限，调整农业结构、转变发展方式是提高绿洲效益、维持绿洲健康发展的科学选择。

（4）未来内陆河流域要以山地-绿洲-荒漠一体的观念创新发展思路，压缩传统农业、增加高水效益产业、扩展生态服务功能、提升生态服务价值。中游绿洲应以丝绸之路节点为发展指针，以中游绿洲为核心，以生态服务为联动上游山地和下游荒漠的纽带，构建丝绸之路经济带上景观独特、特色鲜明的绿洲发展带。

第 **9** 章

西北地区土壤侵蚀变化

导读：西北地区是我国土壤侵蚀危害最严重的地区之一，严重的水土流失是造成西北地区土地荒漠化和江河泥沙量大的根源。本章依据土壤侵蚀遥感普查数据、历史文献资料、实测水文资料及土壤侵蚀模型模拟等，综合评估了西北地区土壤侵蚀现状、动态变化及驱动因素，认为 2000 年是西北地区近 30 年土壤侵蚀面积和强度显著变化的转折点，西北地区重大生态环境治理和植被恢复是近10 年来土壤侵蚀强度下降的主要原因。

　　土壤侵蚀是水力、风力、重力及其与人为活动的综合作用对土壤、地面组成物质的侵蚀破坏、分散、搬运和沉积的过程（唐克丽，2004）。按侵蚀营力，全国可划分为三大土壤侵蚀区：东部流水侵蚀区、西北风力侵蚀区和青藏高原冻融及冰川侵蚀区（朱显谟和陈代中，1989）。西北地区主要以风力侵蚀和水力侵蚀为主，分布面积广，危害程度高。我国风力侵蚀区95%以上面积集中分布在西北地区，风力侵蚀是造成西北地区土地荒漠化的根本原因，是下风向地区沙尘暴灾害的根源，也是引起西北地区土壤退化的重要途径。西北黄土高原是我国水力侵蚀危害最严重的地区，黄河大量泥沙就来自于黄土高原的水土流失，水力侵蚀是造成黄河流域暴雨洪水灾害的重要根源。

9.1 西北地区土壤侵蚀概况

　　土壤侵蚀现状是指近期土壤侵蚀的状况。主要体现为两大指标：一是土壤侵蚀强度，二是土壤侵蚀面积。

　　依据2013年水利部公布的第一次全国水利普查水土保持情况公报（表9.1），西北地区（内蒙古、陕西、甘肃、宁夏、青海、新疆）水土流失总面积为197.66万km²，占全国水土流失总面积的67.02%。其中，水蚀面积为39.36万km²，占西北地区水土流失总面积的19.91%；风蚀面积为158.30万km²，占西北地区水土流失总面积的80.09%。

　　西北地区各省份水土流失总面积居前三位的分别是新疆（44.79%）、内蒙古（31.82%）和甘肃（10.18%）。其中，新疆以风蚀为主，占水土流失面积的90.10%，强度以上风蚀面积占水土流失面积的34.85%；内蒙古以风蚀为主，占水土流失面积的83.72%，强度以上风蚀面积占水土流失面积的39.34%；甘肃以风蚀为主，占水土流失面积的62.17%，强度以上风蚀面积占水土流失面积的44.15%；青海以风蚀为主，占水土流失面积的74.62%，强度以上风蚀面积占水土流失面积的31.69%；陕西以水蚀为主，占水土流失面积的97.41%，强度以上水蚀面积占水土流失面积的28.15%；宁夏以水蚀为主，占水土流失面积的70.80%，强度以上水蚀面积占水土流失面积的14.24%。

表9.1　第一次全国水利普查水土保持情况　　（单位：万km²）

地区	总面积	风蚀区						水蚀区					
		面积	轻度	中度	强烈	极强	剧烈	面积	轻度	中度	强烈	极强	剧烈
内蒙古	62.90	52.66	23.27	4.65	6.21	8.22	10.32	10.24	6.85	2.03	1.01	0.29	0.06
陕西	7.27	0.19	0.07	0.02	0.07	0.03	0.00	7.08	4.82	0.21	1.47	0.46	0.12
甘肃	20.12	12.51	2.50	1.13	1.13	3.39	4.36	7.61	3.03	2.55	1.29	0.54	0.21
宁夏	1.96	0.57	0.26	0.04	0.05	0.21	0.02	1.39	0.68	0.43	0.21	0.05	0.02
青海	16.87	12.59	5.19	2.05	2.67	2.00	0.68	4.28	2.66	1.00	0.39	0.22	0.02
新疆	88.54	79.78	36.40	12.52	9.65	8.19	13.02	8.76	6.49	1.88	0.26	0.13	0.01
西北	197.66	158.30	67.99	20.30	19.78	22.03	28.39	39.36	24.52	8.09	4.61	1.69	0.44
全国	294.92	165.59	71.60	21.74	21.82	22.04	28.39	129.32	66.76	35.14	16.87	7.63	2.92

西北地区风力侵蚀危害最严重的两个地区（朱震达，1985；唐克丽，2004）：一个是位于北方半干旱和半湿润区的农牧交错带，该区域分布着四大沙地，即科尔沁沙地、毛乌素沙地、呼伦贝尔沙地和浑善达克沙地；另一个是北方干旱区沿内陆河分布或位于内陆河下游的绿洲地区，包括塔克拉玛干、古尔班通古特、库姆塔格、巴丹吉林、腾格里、乌兰布和沙漠和库布齐沙漠的西部及广袤的戈壁。此外，西北黄土高原主要分布有鄂尔多斯高原风蚀区，包括毛乌素、库布齐沙漠及河东地区、银川河套平原及相邻部分山地。黄土高原侵蚀类型主要以水力侵蚀为主，占总面积的70%以上（唐克丽，2004），水蚀风蚀交错区是黄土高原水土流失分布最严重的区域，其中，晋陕蒙接壤区为强烈侵蚀中心。

土壤侵蚀强度因土地利用类型不同而差异较大，主要表现为沙地土壤侵蚀强度最大，为强度及以上侵蚀水平；其次为耕地，为中度侵蚀水平；林草地土壤侵蚀强度依覆盖度大小而异（图9.1，表9.2）。北疆古尔班通古特沙漠、新疆东部地区、柴达木盆地、腾格里沙漠、巴丹吉林沙漠、塔克拉玛干沙漠南缘等均为强度及以上 [> 50 t/（hm^2·a）] 土壤侵蚀分布区（傅伯杰等，2012；张国平和张刘，2001）。浑善达克沙地和科尔沁沙地是京津风沙源区的两个强风蚀中心，浑善达克沙地近10年平均风蚀模数高达97.46 t/（hm^2·a），处于极强度风蚀水平；科尔沁沙地风蚀强度弱于浑善达克沙地，平均风蚀模数为45.28 t/（hm^2·a），总体接近强度风蚀水平（高尚玉等，2012）。呼伦贝尔沙地1995~2000年风力侵蚀面积增加了580 km²，2000~2005年风力侵蚀面积减少了8360 km²（吕世海等，2009）。新疆1985年风力侵蚀面积达8.4×10⁵ km²，至1995年10年间土地沙化造成风力侵蚀面积增加了15.2%（孜来汗·达吾提和努尔巴依·阿布都沙力克，2010），沙化土地的风蚀模数高达59.87 t/（hm^2·a）（渡励杰等，1998）。草地土壤侵蚀强度低于沙地，抗侵蚀能力与植被覆盖度有着密切关系，如青海省共和盆地塔拉滩草原平均侵蚀模数介于2.2~5.8 t/（hm^2·a）（沙占江等，2009），其中，沙丘地风蚀模数为38.22~55.18 t/（hm^2·a），属于强度风蚀水平；耕地风蚀速率较小，模数为11.79~22.36t/（hm^2·a），属中度风蚀水平；草地风蚀速率最小，风蚀模数为3.1~7.4t/（hm^2·a），属轻度水平（严平和董光荣，2000，2003）。

风速是土壤发生风蚀最直接的动力来源，与风蚀能力呈正相关，通常将2m高度处 > 5 m/s 风速作为土壤风蚀发生的临界阈值（高尚玉等，2012；姬亚芹等，2015）。降水是土壤水蚀过程中起主导作用的气象因子，是土壤发生水蚀最直接的驱动力，通常将10~12 mm日雨量作为土壤水蚀发生的侵蚀性临界雨量标准（章文波等，2002）。植被具有良好的水土保持功能，当林草地覆盖度≥70%时，风蚀将不会产生；风沙土植被盖度≥80%时，风蚀不会产生（高尚玉等，2012）；林草地盖度≥78.3%时，水蚀将不会发生（蔡崇法等，2000）。

过度放牧和不合理耕作方式是北方农牧交错区和三江源地区土壤侵蚀加剧的主要原因。内蒙古锡林郭勒盟和正镶白旗草原区植被类型以针茅和羊草为主，受放牧活动影响，牧草退化严重，土壤侵蚀强烈，平均土壤风蚀速率为3.55t/（hm^2·a）（刘纪远等，2007）。青海三江源自20世纪60年代末以来，人口增长迅速，草地载畜压力增大，对草地资源造成明显破坏，水土流失加剧，平均土壤侵蚀模数为3.13 t/（hm^2·a）（刘敏超等，2005），其中退化草地侵蚀模数为17.36 t/（hm^2·a），是未退化草地的3.7倍（肖桐等，

2013)。内蒙古阴山北部四子王旗农牧交错带，传统的农业耕作方式致使耕地裸露越冬，加之冬春季节干旱少雨，地表土层侵蚀十分严重，该区土壤平均风蚀模数高达 62.14 $t/$(hm^2·a)，年总风蚀量可达 1.47 亿 t（李晓丽等，2006）。

黄土高原坡耕地是水土流失的主要来源，土壤侵蚀速率为 48.56~84.09 $t/$(hm^2·a)（张信宝等，2002），每年进入黄河泥沙约为 16 亿 t，其中约有 13 亿 t 来源于坡耕地，约占土壤侵蚀总量的 81%（唐克丽，2004）。坡耕地改造为梯田后具有较强的抗侵蚀作用，如甘肃西峰市南小河沟梯田和坡耕地土壤侵蚀模数分别为 0.913 $t/$(hm^2·a) 和 26.64 $t/$(hm^2·a)，梯田减沙效益高出 96.6%（吴永红等，1994）。毁林、毁草、不合理耕垦是侵蚀加速的主要原因（唐克丽等，1984），例如，陕西洛川黑木沟草坡植被破坏后，新产生谷坡的侵蚀速率为 57.00 $t/$(hm^2·a)，是破坏之前的 4 倍；山西离石羊道沟新产生谷坡的侵蚀速率大于 80 $t/$(hm^2·a)，而林草地土壤侵蚀速率仅为 1.36~3.28 $t/$(hm^2·a)（张信宝等，1991，2002）；宁南阳洼流域林草地土壤侵蚀模数为 11.53 $t/$(hm^2·a)，耕垦后坡耕地平均土壤侵蚀模数为 38.89 $t/$(hm^2·a)（马琨等，2008）。

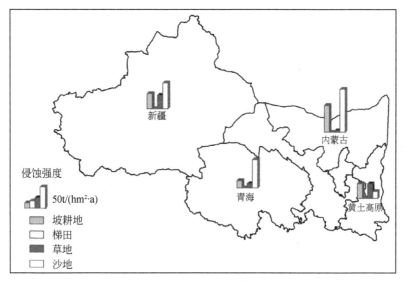

图 9.1 西北地区不同土地利用类型土壤侵蚀强度

表 9.2 西北地区土壤侵蚀强度研究

地点	方法	土地利用类型	侵蚀速率/[$t/$(hm^2·a)]
内蒙古呼伦贝尔草原	插钎法	沙地	156
内蒙古锡林郭勒盟和正镶白旗	^{137}Cs 法	草地	3.51~3.60
内蒙古科尔沁沙地	风蚀模型法	沙地	45.28
内蒙古浑善达克沙地	风蚀模型法	沙地	97.46
内蒙古阴山北部四子王旗	粒径对比/插钎法	旱作农田	62.14
青海共和盆地塔拉滩草原	^{137}Cs 法	草地	2.2~5.8
青海共和盆地	^{137}Cs 法	农田/草场/沙地	11.79~22.36/3.1~7.4/38.22~55.18

续表

地点	方法	土地利用类型	侵蚀速率/ [t/(hm² · a)]
青海格尔木	¹³⁷Cs 法	沙丘地	84.14
青海五道梁	¹³⁷Cs 法	草地	20.20～22.69
青藏高原中南部地区	¹³⁷Cs 法	草场/沙地	22.62/69.43
新疆库尔勒地区	¹³⁷Cs 法	荒地/耕地/草地	59.87/35.37/31.71
晋陕蒙接壤地区	风沙观测、遥感	沙地	15.90
陕西洛川黑木沟	¹³⁷Cs 法	草地	14.00～57.00
陕西羊圈沟小流域	¹³⁷Cs 法	荒草地	42.70～70.77
陕西神木（水蚀风蚀交错区）	风蚀统计模型	农田	18.87
陕西绥德	¹³⁷Cs 法	农耕地	40.40
陕西安塞	¹³⁷Cs 法	农耕地	32.60～52.07
山西离石羊道沟	¹³⁷Cs 法	农耕地	32.70～60.30
甘肃西峰南小河沟	¹³⁷Cs 法	梯田/坡耕地	0.913/26.64
甘肃天水	¹³⁷Cs 法	农耕地	29.53
宁南阳洼流域	137Cs 法	坡耕地/林草地	38.89/11.53

9.2

西北地区土壤侵蚀变化

9.2.1 土壤侵蚀遥感调查

土壤侵蚀动态变化以第一次（1985～1986 年）、第二次（1995～1996 年）全国土壤侵蚀遥感普查以及全国第一次（2010～2012 年）水利普查数据为基础，分析 20 世纪 80 年代中期以来水土流失的变化趋势。

1992 年，国务院正式发布我国土壤侵蚀遥感调查情况（表 9.3），这是我国首次正式发布的土壤侵蚀状况调查结果，也是首次应用遥感技术（1985～1986 年卫片），在统一土壤侵蚀分区、分类、分级基础上而取得的科学数据，结果表明：全国水蚀面积为 179.42 万 km²，风蚀面积为 187.61 万 km²，共占国土面积的 38.2%。其中，黄河流域水蚀面积为 34.7 万 km²，风蚀面积为 11.8 万 km²，共占全流域面积的 58.8%。在水利部主持下全国进行了第二次土壤侵蚀遥感调查，采用 1995～1996 年 TM 数据，结果表明，10 年间全国水蚀面积由 179.4 万 km² 减为 165 万 km²，强度以上水蚀面积由 20.74% 减少为 16.6%；风蚀面积由 187.61 万 km² 增加为 191 万 km²，强度以上风蚀面积由 34.98% 增加至 45.55%。2010～2012 年国务院开展了第一次全国水利普查，以县级行政区划为基本工作单元，多种调查方式进行，结果表明，15 年间，全国水蚀面积由 165 万 km² 减少为 129.3 万 km²，强度以上水蚀面积由 16.36% 增加至 21.20%；风力侵蚀面积由 191 万 km² 减少为 165.59 万 km²，强度以上风蚀面积由 45.55% 减少至 43.63%。

表 9.3 全国土壤侵蚀遥感调查

侵蚀强度	1985～1986 年				1995～1996 年				2010～2012 年			
	水蚀		风蚀		水蚀		风蚀		水蚀		风蚀	
	面积/万 km²	比例/%	面积/万 km²	比例/%	面积/万 km²	比例/%	面积/万 km²	比例/%	面积/万 km²	比例/%	面积/万 km²	比例/%
轻度	91.91	51.23	94.11	50.16	83.00	50.30	79.00	41.36	66.76	51.62	71.6	43.24
中度	49.78	27.74	27.87	14.86	55.00	33.33	25.00	13.09	35.14	27.17	21.74	13.13
强度	24.46	13.36	23.17	12.35	18.00	10.91	25.00	13.09	16.87	13.05	21.82	13.18
极强度	9.14	5.08	16.62	8.86	6.00	3.64	27.00	14.14	7.63	5.90	22.04	13.31
剧烈	4.12	2.30	25.84	13.77	3.00	1.82	35.00	18.32	2.92	2.26	28.39	17.14
轻度及以上	179.42	100.0	187.61	100.0	165.00	100.00	191.00	100.00	129.32	100.00	165.59	100.00
强度及以上	37.72	20.74	55.63	34.98	27.00	16.36	87.00	45.55	27.42	21.20	72.25	43.63

西北地区 20 世纪 80 年代中期（1985～1986 年）至 90 年代中期（1995～1996 年）水土流失总面积由 233.86 万 km² 增加至 239.01 万 km²，其中，水蚀面积增加了 1.49 万 km²，风蚀面积增加了 3.65 万 km²（表 9.4）。10 年间，内蒙古、陕西、宁夏、青海水土流失总面积呈减少趋势，分别减少 5.38 万 km²、0.32 万 km²、0.21 万 km²、0.06 万 km²；甘肃、新疆水土流失总面积呈增加趋势，分别增加了 2.51 万 km²、8.6 万 km²。90 年代中期（1995～1996 年）至 2010～2012 年 15 年间西北地区水土流失总面积由 239.01 万 km² 减少至 197.66 万 km²，减少了 17.30%，其中水蚀面积减少了 7.68%，风蚀面积减少了 9.62%。15 年间内蒙古、陕西、甘肃、宁夏、青海、新疆水土流失总面积均表现为减少趋势，减少面积分别占西北地区水土流失总面积的 4.84%、2.35%、2.51%、0.72%、0.56% 和 6.31%。

表 9.4 西北地区土壤侵蚀遥感调查 （单位：万 km²）

区域	1985～1986 年			1995～1996 年			2010～2012 年		
	总面积	水蚀	风蚀	总面积	水蚀	风蚀	总面积	水蚀	风蚀
内蒙古	79.86	15.81	64.05	74.48	15.02	59.46	62.90	10.24	52.66
陕西	13.20	12.04	1.16	12.88	11.81	1.07	7.27	7.08	0.19
甘肃	23.62	10.69	12.93	26.13	11.94	14.20	20.12	7.61	12.51
宁夏	3.89	2.29	1.60	3.68	2.09	1.59	1.96	1.39	0.57
青海	18.27	4.01	14.26	18.21	5.31	12.90	16.87	4.28	12.59
新疆	95.02	11.38	83.64	103.62	11.54	92.07	88.54	8.76	79.78
西北	233.86	56.22	177.64	239.01	57.72	181.29	197.66	39.36	158.30
全国	367.03	179.42	187.61	355.56	164.88	190.67	294.92	129.32	165.59

9.2.2 土壤侵蚀模拟研究

依据中华人民共和国水利部颁布的《土壤侵蚀分类分级标准（SL 190—2007）》（中

华人民共和国水利部，2008），将西北地区 1981~2010 年多年平均的土壤风蚀强度划分为 6 个等级：微度侵蚀，轻度侵蚀，中度侵蚀，强度侵蚀，极强度侵蚀，剧烈侵蚀（表 9.5）。西北地区微度和轻度侵蚀区［风蚀模数 < 25t/（hm² · a）］占风蚀区总面积的 52.3%；轻度以上［风蚀模数 > 25t/（hm² · a）］区域占风蚀区总面积的 47.7%，其中，强度、极强度、剧烈侵蚀区分别占 11.4%、3.0%、11.9%，占风蚀区总面积的 26.3%。

表 9.5　西北地区土壤风蚀强度分级

强度分级	风蚀厚度/（mm/a）	风蚀模数/［t/（hm² · a）］	面积/万 km²	面积/%
微度	< 2	< 2	106.05	25.5
轻度	2~10	2~25	111.17	26.8
中度	10~25	25~50	88.79	21.4
强度	25~50	50~80	47.34	11.4
极强度	50~100	80~150	12.28	3.0
剧烈	>100	> 150	49.61	11.9

土地利用方式不同土壤风蚀强度存在较大差异（表 9.6）。有林地土壤风蚀强度最小，为 2.15t/（hm² · a），其次为疏林地和灌木林。草地土壤风蚀强度随覆盖度的减小而显著增加，高、中、低覆盖度草地的土壤风蚀模数分别为 13.10t/（hm² · a）、18.91t/（hm² · a）、50.34t/（hm² · a），低覆盖草地土壤风蚀强度是高覆盖草地的 3.8 倍。农地土壤风蚀强度为 30.88t/（hm² · a），属于中度风蚀水平。沙地的土壤风蚀强度最大，为 263.93t/（hm² · a），属于剧烈侵蚀强度。

表 9.6　不同土地利用方式下土壤风蚀强度

土地利用	侵蚀强度/［t/（hm² · a）］		
	均值	方差	变异系数 CV%
有林地	2.15	0.85	39.5
灌木林	10.57	2.86	27.0
疏林地	7.82	2.00	25.6
高覆盖草地	13.10	4.37	33.3
中覆盖草地	18.91	5.29	28.0
低覆盖草地	50.34	13.63	27.1
农地	30.88	8.44	27.32
沙地	263.93	89.11	33.8

中国北方半干旱和半湿润区农牧交错带分布有四大沙地，即科尔沁沙地、毛乌素沙地、呼伦贝尔沙地和浑善达克沙地，其土壤风蚀强度显著不同（表 9.7）。浑善达克沙地属于极强度风蚀水平，平均风蚀强度为 88.30t/（hm² · a）；毛乌素沙地属于强度风蚀水平，平均风蚀强度为 57.41t/（hm² · a）；呼伦贝尔沙地和科尔沁沙地属于中度风蚀水平，其中科尔沁沙地侵蚀强度较小，为 27.99t/（hm² · a）。

表9.7　不同沙地土壤风蚀强度基本特征

沙地	侵蚀强度/ [t/(hm² · a)]		
	均值	方差	变异系数 CV%
呼伦贝尔沙地	34.01	44.06	129.5
科尔沁沙地	27.99	14.22	50.8
浑善达克沙地	88.30	46.27	52.4
毛乌素沙地	57.41	22.01	38.3

1981～2010年西北地区多年平均的土壤风蚀模数如图9.2（a）所示。微度和轻度侵蚀区占西北风蚀区总面积的一半以上，主要分布在宁夏大部分区域，甘肃省中部，青海省中部和东部及新疆和内蒙古等覆盖度较高的林草区。中度及以上侵蚀区主要分布在塔克拉玛干沙漠、古尔班通古特沙漠、库姆塔格沙漠、柴达木盆地沙漠、巴丹吉林沙漠、乌兰布和沙漠、库布齐沙地、毛乌素沙地、腾格里沙漠等以风沙区为主沙地及周边区域。此外，植被盖度较低的草地也是风蚀强度较大的分布区。

1981～2010年西北地区土壤风蚀模数的空间变化如图9.2（b）所示。西北地区土壤风蚀强度近30年总体上呈现下降的变化态势，绝大部分区域以＜2t/（hm² · a）的速度下降。库姆塔格沙漠、巴丹吉林沙漠、腾格里沙漠、乌兰布和沙漠、库布齐沙地等风沙区沙地及周边区域土壤风蚀强度以＞2t/（hm² · a）的速度增加。

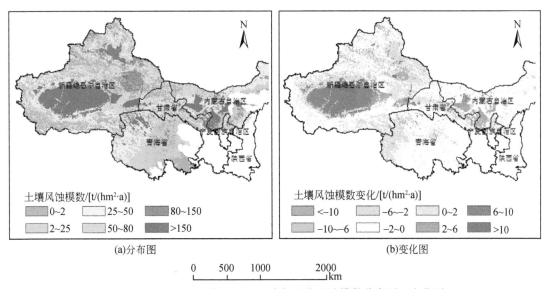

图9.2　1981～2010年西北地区多年平均风蚀模数分布图和变化图

西北地区1981～1990年土壤风蚀强度整体上表现为下降的变化态势（图9.3），沙地周边区域则以2～6t/（hm² · a）的速度在降低，其他区域呈轻微的下降态势。青海省三江源西部小部分区域以及塔克拉玛干沙漠周边沙地土壤风蚀强度呈增加态势，以2～6t/（hm² · a）的速度在增加。1991～2000年土壤风蚀强度整体上表现为增加的变化态势，沙地土壤风蚀强度呈显著增加的态势，并以＞6t/（hm² · a）的速度在变化；沙地周边区域增幅相对较小，以 0~2t/（hm² · a）的速度在增强。2001~2010 年土壤风蚀强度整体上表现为快速下降的态势，集中分布在沙地以及周边区域，以 >6t/（hm² · a）的速度在降低，其他区域风蚀强度表现出轻微下降的态势。

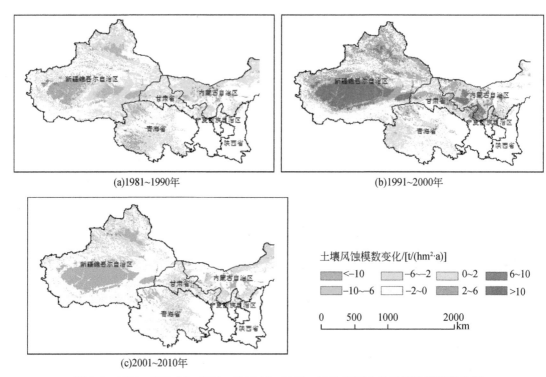

(a)1981~1990年

(b)1991~2000年

(c)2001~2010年

图 9.3　1981~1990 年、1991~2000 年、2001~2010 年西北地区风蚀模数变化图

黄土高原是我国水土流失最为严重的地区，主要以水力侵蚀为主。根据水利部颁布的《土壤侵蚀分类分级标准（SL 190—2007）》，将黄土高原土壤水蚀强度分为六类，即微度侵蚀、轻度侵蚀、中度侵蚀、强度侵蚀、极强度侵蚀、剧烈侵蚀（表 9.8）。2000~2010 年黄土高原土壤水蚀以微度为主，其面积占了整个黄土高原的 63.4%。

表 9.8　2000~2010 年黄土高原土壤侵蚀强度分级

侵蚀强度分级	侵蚀强度 / [t/（hm² · a）]	深度/（mm/a）	2000~2010 年	
			面积 / km²	比例/ %
微度侵蚀	<10	<0.74	394 449	63.5
轻度侵蚀	10~25	0.74~1.9	106 227	17.1
中度侵蚀	25~50	1.9~3.7	69 775	11.2
强度侵蚀	50~80	3.7~5.9	30 539	4.9
极强度侵蚀	80~150	5.9~11.1	17 297	2.8
剧烈侵蚀	>150	>11.1	3 333	0.5

黄土高原土壤水蚀因土地利用方式不同表现出较大差异（表9.9），林地和草地土壤表现出较强的抗侵蚀能力。林地土壤水蚀强度规律表现为有林地<灌木林<疏林地，有林地土壤水蚀模数为6.26t/(hm²·a)；灌木林和疏林地水蚀模数分别是有林地的2.1倍、2.8倍。草地土壤水蚀模数随覆盖度降低而增大，高覆盖草地土壤水蚀模数为11.71t/(hm²·a)，中、低覆盖草地土壤水蚀模数分别是高覆盖草地的1.77倍、1.80倍。坡耕地土壤因植被覆盖相对较低，坡度较大，因而土壤侵蚀最为剧烈，侵蚀模数为23.08t/(hm²·a)。

表9.9　2000～2010年黄土高原不同土地利用类型的土壤侵蚀强度

土地利用方式	面积/km²	所占比例/%	侵蚀强度/[t/(hm²·a)]		
			均值	方差	CV/%
有林地	33 108	5.33	6.26	14.42	43.4
灌木林	38 843	6.25	13.37	22.85	58.5
疏林地	20 757	3.34	17.56	26.85	65.4
高覆盖草地	44 988	7.24	11.71	20.63	56.8
中覆盖草地	119 593	19.25	20.78	30.66	67.8
低覆盖草地	9 264	14.91	21.03	29.53	71.2
坡耕地	113 569	18.28	23.08	29.91	77.2

2000～2010年黄土高原土壤侵蚀强度表现为显著（$P<0.05$）下降趋势（图9.4），并以平均每年0.7515t/(hm²·a) 趋势变化，其相关性为$R^2=0.6519$。

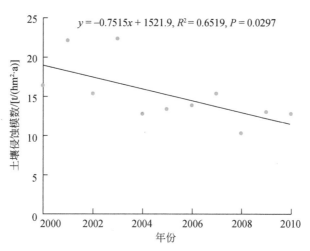

图9.4　2000～2010年黄土高原土壤水蚀的变化趋势（sun et. al, 2014）

2000～2010年黄土高原土壤侵蚀空间特征表现为中度以上侵蚀区主要分布在黄土丘陵沟壑区的陕西榆林、延安地区和山西吕梁、临汾地区等沿吕梁山脉一带和黄土高原沟壑区的甘肃庆阳、定西、白银、平凉等六盘山一带［图9.5（a）］。2000～2010年黄土高原土壤侵蚀强度整体上呈现显著下降的趋势，并具有明显的区域性差异。土壤侵蚀强度变化最大的区域分布在黄土丘陵沟壑区和黄土高原沟壑区［图9.5（b）］。

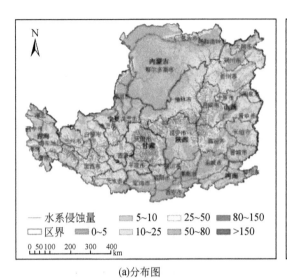 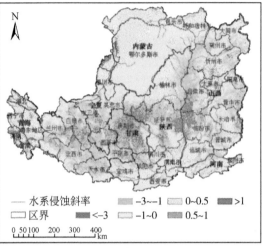

(a)分布图　　　　　　　　　　　　　　　(b)变化图

图9.5　2000~2010年黄土高原多年平均的土壤侵蚀分布图和变化图（Sun et. al, 2013）

9.2.3　土壤侵蚀产沙监测

黄河流域水文站的侵蚀输沙量（图9.6）变化大致可分为五个阶段：第一阶段是20世纪20年代（1919~1929年），输沙量较小，年平均输沙量为12.3亿t。第二阶段是30~50年代（1930~1959年），这30年黄河输沙量较大，年平均为17.3亿t。黄河历史上年输沙量大于20.0亿t的共有12个年份，且1933年出现了黄河历史上输沙量的最大值（39.1亿t），同时在1958年、1959年连续两年的输沙量也接近30亿t，分别达到29.9亿t和29.1亿t；第三阶段是20世纪六七十年代（1960~1979年），这20年黄河输沙量平均在13.7亿t。其中超过20亿t的有4个年份，分别为1964年（24.5亿t）、1966年（21.1亿t）、1967年（21.8亿t）、1977年（22.4亿t）；第四阶段是八九十年代（1980~1999

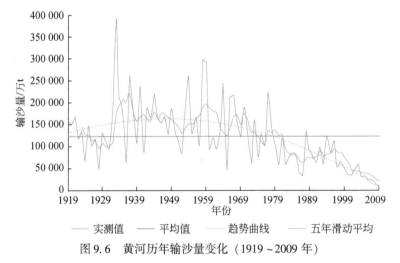

图9.6　黄河历年输沙量变化（1919~2009年）

年），这20年黄河输沙量平均为7.9亿t。其间有8个年份输沙量只有5亿t左右，1986年和1987年的输沙量仅为3.96亿t和3.34亿t；第五阶段是21世纪后，2000~2009年，这10年黄河平均输沙量仅为3.1亿t，其中2008年和2009年的输沙量只有1亿t左右。

黄河输沙量的变化整体呈递减趋势，特别是从1979年起，除个别年份，黄河年输沙量普遍低于10亿t；以1969年为节点，治理前（1919~1969年）的51年间年平均输沙量约为16亿t；治理后（1970~2009年）的40年间年平均输沙量为7.99亿t，约为8亿t。治理前后相比输沙量减少了50%。若以退耕还林还草工程实施后（1999年）为节点，2000年后的10年间平均年输沙量约为3亿t，较治理前减少了80%。随着治理程度的不断提高，黄河输沙量年际变化的变幅程度也逐渐变小，从一定意义上说，降雨因素对黄河输沙量的影响程度会随着治理度的提高而越来越小。

黄河中游是黄河泥沙的主要来源，皇甫川、窟野河、无定河、延河、渭河、泾河和北洛河支流流域是黄河中游泥沙的主要来源区。黄河中游各支流流域1950~2009年输沙量如图9.7所示。近60年来，黄河中游各支流流域总体上表现为下降的变化趋势，变化趋势较大的流域为皇甫川、窟野河、无定河、渭河、泾河、汾河。

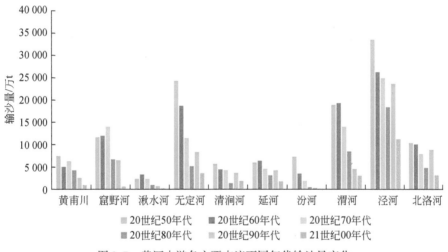

图9.7 黄河中游各主要支流不同年代输沙量变化

9.3
西北地区土壤侵蚀驱动力分析

9.3.1 土壤风蚀强度变化的驱动力分析

土壤风蚀是我国西北干旱、半干旱及半湿润地区土地荒漠化的主要驱动因素之一，强烈的土壤风蚀造成了流沙入侵、沙漠扩张等土地退化现象。目前，主要有两种学术见解：一是认为我国北方地区严重的土壤风蚀主要是由于不合理的土地利用方式和人为植被破坏造成的；二是由于气候的持续干旱导致了土壤水分严重亏缺、植被干旱胁迫加剧，而使得生态系统服务功能发生退化所致。影响土壤风蚀最重要的因子主要有风力和植被因子。

风力是土壤风蚀的根本驱动力，风力增强会加剧土壤风蚀强度，减弱会降低土壤风蚀强度。土壤风蚀主要是由大于（含等于）5 m/s风力引起的。西北地区近30年风速频率变化如图9.8所示。1981~1995年西北地区大于（含等于）5 m/s风力频率表现为下降的变化趋势，集中分布在新疆东部、青海西部及内蒙古地区。1995年之后西北地区风力无明显的变化趋势，风力强度的变化与这一时期土壤风蚀强度的变化关系不大，植被的变化可能是这一时期土壤风蚀强度变化的主要驱动因素。

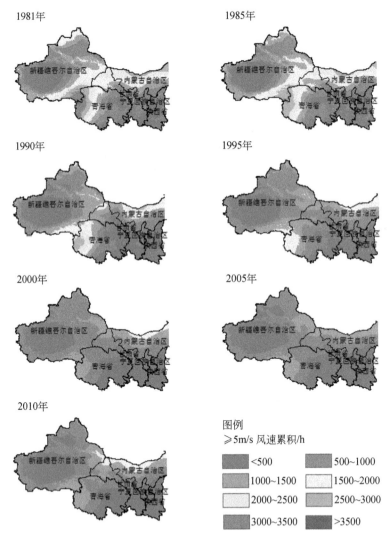

图9.8 西北地区近30年来大于5 m/s风力频率的时空变化

西北地区土壤风蚀主要发生在干旱多风的冬春季，此季节植被处于非生长季，草原植被大部分处于枯萎状态，NDVI数据难以真实地反映地表植被状况；五月草原地区大部分植被逐渐返青，这一时期的植被盖度接近于非生长季，能够较好地反映该地区风蚀期内的植被盖度。整体上看，1981～2000年西北地区5月植被覆盖度处于轻度退化的态势，以每年小于0.5%的速度在减少（图9.9），尽管这一时期西北地区风力呈轻微减弱趋势，但由于植被覆盖的轻度退化，这一时期土壤风蚀面积和强度呈轻微增加态势，但变化不显著。2001～2010年西北地区风力变化不明显，植被盖度整体上呈缓慢增加态势，近10年来植被覆盖度的增加是西北地区土壤风力侵蚀降低的主要驱动因子。

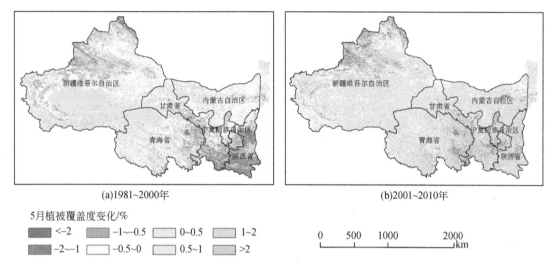

(a)1981~2000年　　　　(b)2001~2010年

5月植被覆盖度变化/%

图9.9　西北地区近30年来五月份植被覆盖度的空间变化

9.3.2　土壤水蚀强度变化的驱动力分析

气候因子和植被因子是影响土壤水蚀变化最活跃的两个因子（Wischmeier and Smith, 1978；唐克丽，1999；王占礼，2000）。气候因子，如降雨是土壤水蚀发生的直接驱动力，通过雨滴击溅、分离土壤颗粒及径流冲刷、转运等引起水土流失；植被因子具有加速和减缓土壤水蚀正反两方面的作用。

2000～2010年黄土高原土壤侵蚀强度变化最大区域集中分布在黄土丘陵沟壑区和黄土高原沟壑区，这些区域土壤侵蚀强度均表现为显著下降趋势。位于黄土丘陵沟壑区的陕西榆林、延安地区和山西吕梁、临汾地区土壤侵蚀强度变化主要是由植被盖度显著增加引起的。这一区域降雨量呈增加趋势，但增幅较小（图9.10）；植被覆盖度却表现为显著的增加趋势，植被变化表现出明显的减蚀作用，退耕还林还草是这一地区土壤侵蚀强度下降的主要原因（图9.11，图9.12）。甘肃庆阳及宁夏固原等地土壤侵蚀强度变化主要是由降雨量减少和植被覆盖度增加协同作用引起的（图9.10～图9.12）。

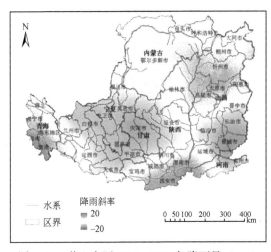

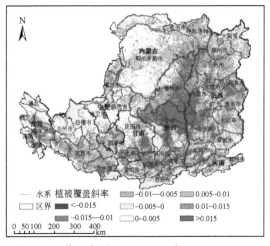

图 9.10 黄土高原 2000～2010 年降雨量（mm）
的空间变化

图 9.11 黄土高原 2000～2010 年 NDVI（0～1）
的空间变化

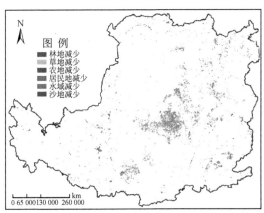

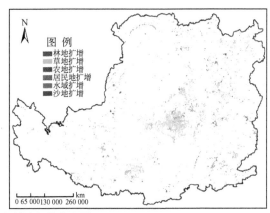

图 9.12 黄土高原 2000～2008 年土地利用变化分布图（Fu et al.，2011）

9.4

核心结论与认识

（1）西北地区近 30 年土壤侵蚀面积整体上表现为先增加后显著减少的变化趋势。20 世纪 80 年代中期（1985～1986 年）至 90 年代中期（1995～1996 年）水土流失总面积增加了 2.2%，其中，水蚀面积增加了 0.6%，风蚀面积增加了 1.6%；90 年代中期（1995～1996 年）至 2010～2012 年水土流失总面积减少了 17.3%，其中，水蚀面积减少了 7.7%，风蚀面积减少了 9.6%。

（2）人类活动是影响西北地区土壤侵蚀动态变化的主要原因。2000 年以前，不合理的土地利用方式和过度放牧活动引起植被退化是造成西北地区土壤侵蚀加剧的主要原因；2000 年之后，重大生态治理工程，如退耕还林还草等，是引起西北地区土壤侵蚀显著减少的重要原因。植被覆盖度的增加是西北风蚀区近 10 年来土壤风力侵蚀减少的主要原因，也是西北黄土高原水蚀区近 10 年来土壤水力侵蚀和黄河输沙量锐减的主要原因。

（3）2000 年来，西北地区实施的重大生态治理工程在防治水土流失方面起到了积极作用，水土流失加剧态势开始逆转。西北地区，特别是沙区，要关注退耕还林中的具体问题，树立"水土定植被"的指导思想，加强因地制宜，高度重视新的生态格局下的水分平衡问题和可持续发展问题，做到真正意义上的"宜草种草、宜树植树、稀疏因地、盖度自然"。

（4）西北地区过去 30 年土壤侵蚀变化的结果再次表明，对环境扰动的高度敏感性是西北地区生态变化的显著特征，这种敏感性不仅表现在水土流失显著的增加过程，而且还表现在急速的减少过程，而这些增、减过程主要受政策导向的影响。这也为未来丝绸之路经济带重大工程建设、重大政策措施的提出和实施提供了警示和借鉴。

第 **10** 章

西北地区冰冻圈变化

　　导读：我国冰冻圈主要由冰川、冻土和积雪组成，其变化对西北地区水文水资源、生态环境及寒区工程建设具有重要影响。本章根据已有的地面和遥感观测数据以及大量文献资料，分析了冰川面积、长度和厚度、多年冻土活动层厚度、年平均地温、年变化深度、多年冻土下界、冻融日期、季节冻土、冻土深度和冻土日数、积雪深度和持续时间等参数考察了过去 60 年来的变化，评估了冰冻圈变化对生态环境的影响，预估了冰冻圈灾害的发生频次和强度变化。评估结果表明：西北地区冰川整体处于退缩状态，冰川对径流的调节作用正在减小，冻土整体处于退化状态，对未来冻土区的工程建设将有更大影响，春季积雪有明显减少趋势，但是积雪的年际波动大，可能引起更频繁的雪灾事件。

10.1

西北地区冰川变化与冰川灾害

冰川是西北干旱区的固体水库，高山冰雪融水一直是当地赖以生存和发展的重要水源，是该地区独特的绿洲经济的命脉（秦大河，2002）。在气候变暖的大背景下，西北干旱区冰川的变化，对冰川补给作用有什么影响，冰川水资源量增多或者减少等都是举世关注的重大问题。因此，我们基于多年来对冰川变化的监测工作，系统总结中国干旱区冰川变化与冰川灾害，为进一步深入开展应对西北干旱区水资源问题研究提供依据。

10.1.1 冰川分布

据第二次《中国冰川目录》，我国西北干旱区主要分布在新疆、甘肃和青海三省（自治区），发育的冰川数量为 26 035 条，总面积为 27 360.73km²，占全国冰川的一半以上（53%）（图 10.1）（刘时银等，2015）。其中，被天山、帕米尔、喀喇昆仑山和昆仑山所

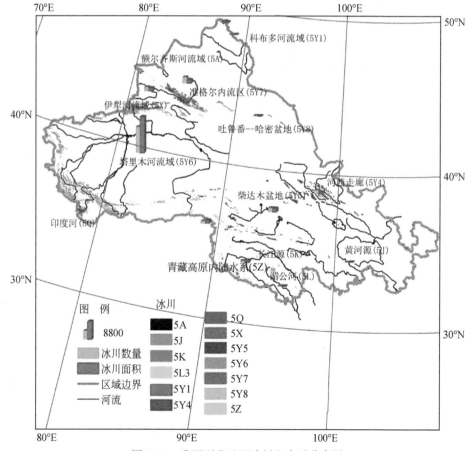

图 10.1 我国西北地区冰川和水系分布图

环绕的内流区的冰川数量最多,规模最大。西北冰川主要分布在科布多河流域、额尔齐斯河流域、准格尔内流区、伊犁河流域、塔里木河流域、黄河流域、河西走廊、柴达木盆地、长江流域、印度河流域、吐鲁番–哈密盆地、澜沧江流域和青藏高原内陆水系等。其中塔里木河流域发育的冰川最多,面积最大,占整个西北地区冰川总面积的约2/3。我国西北诸河区的冰川统计见表10.1。全国面积>100km²的冰川有22条,西北三省(自治区)占了14条,均位于塔里木河流域。其中,面积最大的为喀喇昆仑山的音苏盖提冰川(编号:5Y654D0035)。

需要说明的是,长江流域、印度河流域、澜沧江流域和青藏高原内陆河水系仅有部分冰川属于西北地区。

表10.1 我国西北诸河区的冰川统计

河流名称	编码	条数	面积/km²
科布多河	5Y1	4	0.82
额尔齐斯河	5A	279	186.12
准格尔内流区	5Y7	3 092	1 737.47
伊犁河	5X	2 122	1 554.7
塔里木河	5Y6	12 803	17 627.07
黄河流域	5J	164	126.72
河西走廊	5Y4	2 055	1 072.77
柴达木盆地	5Y5	2 073	1 775.42
长江流域	5K	891	1 117.3
印度河	5Q	693	366.88
澜沧江	5L	289	136.88
吐鲁番–哈密盆地	5Y8	378	178.16
青藏高原内陆水系	5Z	1 192	1 480.42
合计		26 035	27 360.73

10.1.2 冰川变化

中国西北地区的冰川变化见表10.2。姚晓军等对比了18个典型冰川区,发现阿尔泰山地区冰川年退缩率最高,为-0.75%/a。Liu等(2015)利用第二次冰川编目数据,研究发现澜沧江地区,1968/1975到2005/2010年,冰川平均年变化率为-0.75 %/a,其与阿尔泰地区同属于变化最大的区域。此外,冷龙岭地区的冰川变化率也与阿尔泰地区和澜沧江流域接近,1972~2010年,冰川年平均变化率为-0.67%/a(曹泊等,2010)。Xu等(2005)利用Landsat TM数据和修订的第一次冰川编目数据表明,伊犁河流域1960s~2009年,冰川面积减少了(24.2±8.8)%,平均变化率约为0.6%/a,其变化速率仅次于阿尔泰地区、澜沧江流域和冷龙岭地区。河西走廊的阿尔金山、博格达、黄河源和青藏高

表 10.2 每个区域冰川变化对比

时间段	地区	子区域	冰川条数	早期面积/km²	后期面积/km²	年变化率/(%/a)	来源
1960~2009年	阿尔泰山（额尔齐斯河和科布多河)	阿尔泰山	389	283.39	178.82	-0.75	姚晓军等,2012
1970~2009年	青藏高原	阿雅格库木库里湖和可可西里湖流域(5Z1)	738	946.77±23.29	889.02	-0.17	Wei et al.,2014
1970~2009年		色林错流域(5Z2)	777	970.32±30.84	819.63	-0.46	Wei et al.,2014
1970~2009年		班公湖流域(5Z4)	2659	2899.76±93.08	2763.41	-0.12	Wei et al.,2014
1970~2009年		多格错仁湖流域(5Z5)	396	922.00±19.13	886.04	-0.11	Wei et al.,2014
1968~2009年	塔里木河	叶尔羌河	3297	6431.82	5492.77	-0.36	冯童等,2015
1968~2000年		和田河	2487	5168.49	5132.22	-0.02	Shangguan et al.,2009
1964~2000年		开都河	498	436.82	405.81	-0.19	Shangguan et al.,2009
1970~1999年		克里亚河	176	1374.18	1335.63	-0.1	许君利等,2006
1963~2009年		东帕米尔	1094	2502.14	2001.71	-0.2	Zhang et al.,2015
1970~2001年		西昆仑峰	372	1776.96	1771.57	-0.01	上官冬辉等,2004
1964~2010年	长江流域	长江源区	138	673.02±6.42	627.25	-0.15	王媛等,2013
1966~2009年		贡嘎山	74	257.7	228.73	-0.26	Pan et al.,2012
1972~2007年		冷龙岭	347	103.02	79.33	-0.67	曹泊等,2010
1966~2010年		团结峰	98	162.7±3.07	145.96	-0.22	Xu et al.,2013
1956~2003年	祁连山(河西走廊)	北大河	372	217.54	184.91	-0.33	颜东海等,2012
1957~2009年		大雪山	44	54.32	48.34	-0.22	张明杰等,2013
1973~2010年		阿尔金山	/	347.99	293.22	-0.42	祝合勇等,2013
1968~2009年	伊犁河	伊犁河	2119	2006	1520.50	-0.60	Xu et al.,2015
1962~2011年	准格尔内流区	博格达	112	109.94	83.55	-0.45	牛生明等,2014
1972~2005年	吐鲁番-哈密盆地	东天山	75	98.25	91.08	-0.33	谢伟和姜逢清,2014
1966~2000年	黄河源	阿尼玛卿山	58	125.5	104.17	-0.51	刘时银等,2002
1968~2010年	澜沧江	澜沧江	423	328.16	229.66	-0.72	Liu, et al.,2015

原色林错流域冰川年变化率相近，约为-0.5%/a~-0.4%/a。此外，青藏高原内流区和塔里木河流域整体变化较小，属于变化最慢的区域，冰川整体年萎缩率≤0.2%/a，低于全国平均水平。河西走廊地区冰川变化具有较大差异性，团结峰和大雪山区域变化最小，年变化率为-0.22%/a，同样低于全国平均水平。北大河年变化率为-0.33%，与吐鲁番-哈密盆地相同。总体上，北部和东部冰川变化较南部和西部大，海拔较高、山体较大的山区比低矮的山区冰川变化小，阿尔泰山、冷龙岭的冰川变化速率超过喀喇昆仑山和帕米尔的冰川变化速率的2倍，是西昆仑峰的多倍。

多期的冰川面积变化数据显示，祁连山冷龙岭地区，2000年以后冰川面积呈现加速退缩的趋势（曹泊等，2010）；祁连山最高峰团结峰地区，2000年以后冰川呈现微弱的加速退缩趋势。而西昆仑峰地区，2000年以后冰川面积萎缩明显减弱（Bao et al.，2015）。从上述结果看，过去几十年间，西部地区冰川整体处于萎缩状态，但是存在很大的区域差异性。这种差异性由气候变化以及冰川自身几何特征和所处的地形因素等共同作用产生，其控制机制可能存在较大的区域差异性。例如，Xu等（2015）分析伊犁河流域冰川变化差异的原因表明，在冰川面积小于1km²的情况，冰川变化由规模大小和中值面积高度共同决定，而当冰川面积大于1km²时，则由冰川规模和表碛覆盖度决定。

对比相同地区不同研究结果也可以发现，由于研究所选取的冰川多为部分冰川，研究的冰川规模对统计的冰川变化影响较大，在对比中需要谨慎。例如，姚晓军、白金中和骆书飞3个研究成果的数据源、研究方法和时间段差别并不大（表10.3），但冰川的面积分布不同，骆书飞等研究的冰川规模相对较大，姚晓军等与白金中等研究的小冰川规模较多，所以结果中年平均变化率前者比后两者小。

表10.3 额尔齐斯河流域冰川变化不同研究结果对比

时间	研究区域	影像数据	数目变化/条	面积变化/km²	面积变化率/%	年平均变化率/(%/a)	文献来源
1960~2009年	中国阿尔泰山	地形图 LandsatTM	-116	-104.61	-36.91	-0.75	姚晓军等，2012
1972~2011年	南阿尔泰山	LandsatMSS LandsatTM	-398	-304.88	-48.10	-1.2	王秀娜等，2013
1980~2010年	北阿尔泰山	LandsatMSS LandsatTM	无	-81.93	-12.9	-0.43	吕卉等，2012
1959~2008年	友谊峰（226条冰川）	地形图 ASTER	-63	-73.55	-32.5	-0.66	白金中等，2012
1959~2008年	友谊峰（58条冰川）	地形图 ASTER	-10	-21.03	-19.2	-0.39	骆书飞等，2014

以上的遥感监测数据显示，过去几十年，西北地区冰川普遍萎缩，同时，冰川表面高程也在降低，即物质亏损状态。祁连山地区1966~1999年，冰川表面高程下降了7.3m（0.22 m/a），其中前进冰川表面高程也呈下降状态（Xu et al.，2013）。此外，天山托木尔峰地区和阿尔泰山，1960s~2008年冰川表面高程也在下降（Pieczonka et al.，2013；Wei et al.，2015）。然而，喀喇昆仑山地区，2000~2008年冰川表面高程呈微弱增加趋

势，研究显示其原因为 2000 年以后降水的增加（Gardelle et al.，2012）。此外，西昆仑峰地区，2003～2009 年，冰川以（0.23±0.24）m/a 的速率在亏损，同时发现了 24 条冰川呈前进状态。同时，GPS 野外实地观测数据也显示，冰川表面高程处于降低状态（Shangguan et al.，2010；Zhang et al.，2009；Li et al.，2010）。

10.1.3　冰川变化的影响

冰川作为"固体水库"，冰川融水对于西北干旱区中下游的绿洲的稳定具有重要作用。冰川融水的变化对于西北干旱区的水资源管理具有重要意义。气候变暖引起冰川消融加剧，冰川融水径流增大，冰川厚度减薄，冰川面积减少，流域的冰川径流达到峰值后开始下降。在气温升高背景下，冰川越小，径流对气候变化越敏感（径流峰值大，出现时间早）（Ye et al，2003）。气候变暖已经引起塔里木河流域（Gao et al，2010）、长江源（Liu et al.，2009）和河西走廊径流的显著增加（高鑫等，2011）。然而，石羊河流域出山径流自 1955～2004 年呈显著减少趋势（王贵忠，2010），其中冰川融水的径流可能也已经达到峰值（Zhang et al.，2015）。

另外，冰川通过自身的变化对水资源具有年内调节作用和多年调节作用。流域冰川覆盖率超过 5% 时，冰川对河流的多年调节作用效果明显；当冰川覆盖率超过 10% 时，河流径流基本趋于稳定（叶柏生等，2009，2012）。

冰川消融加剧也常常形成灾害，包括冰川消融洪水、冰湖溃决洪水、冰川泥石流等。例如，1959～1986 年，冰川大规模发育的新疆叶尔羌河爆发大洪水 15 次，沉寂了近 10 年后，1997～2006 年突发洪水又频繁发生，并且洪峰流量较以前有所增加（王景荣，1990；王迪等，2009），叶尔羌河的突发洪水跟上游的冰川阻塞湖有密切关系（王迪等，2009）。新疆天山地区也是冰川突发洪水多发地区。萨雷扎兹-库玛拉克河的麦茨巴赫冰川湖，在 1932～2008 年的 67 年内发生溃决突发性洪水 62 次，其频率高达 92.5% 以上（沈永平，2009）。随着全球变暖，冰川融水增多，洪水总量在不断增大，冰川洪水的总量已经由 20 世纪六七十年代的 $1 \times 10^8 m^3$ 左右，增加到 1990 年以来的 $3 \times 10^8 \sim 4 \times 10^8 m^3$，年最大流量 90 年代较 50 年代增多 37 %，洪水频率也在不断增加（沈永平，2009）。天山其他地区也发育较多冰湖，虽未有相关灾害报道，但是随着全球变暖，1990～2010 年，天山地区冰湖以 0.8%/a 的速率在扩张（王欣等，2013）。冰湖不断扩张，发生冰湖溃决的概率将增大。

另外，叶尔羌河上游喀喇昆仑山地区也是跃动冰川较多的地区（上官冬辉等，2005；Gardelle et al.，2012），该地区的冰川跃动极有可能是导致冰湖溃决洪水的原因之一（牛竞飞等，2011）。2015 年 4 月，公格尔九别山一条表碛覆盖冰川发生跃动，吞没万亩草场（刘琴，2015）。对比以往的研究结果（上官冬辉 等，2005；牛竞飞等，2011；Gardelle et al.，2012；郭万钦等；2012），该条冰川是目前为止观测到的中国最大一条发生跃动的表碛覆盖冰川，并且在过去几十年一直处于退缩状态（Zhang et al.，2015）。这可能预示着，气候变化可能导致冰川活动性增加，从而导致前进或跃动的冰川增多。Pieczonka 等（2012）在天山托木尔峰冰川表面高程变化研究中发现，过去几十年一直处于退缩状态的表碛覆盖琼台兰冰川也有跃动的可能。此外，祁连山团结峰地区近 10 年，前进冰川较 10 年以前也有所增加（Xu et al.，2012）。

综上所述，随着气候变化，冰川消融加剧，西北地区大部分山区径流呈增加趋势，而冰川规模较小覆盖率较低的流域则呈现减少趋势。同时，冰川突发洪水的发生频率和洪水量也在增加，冰湖溃决洪水发生的概率将增大，冰川跃动相关灾害也可能增加。

10.2

西北地区冻土变化

10.2.1　西北地区冻土空间分布

冻土是指温度在 0 ℃或 0 ℃以下含有冰的各种岩土，依据冻土存在的时间一般划分为多年冻土（2 年以上）、季节冻土（半月至数月）和短时冻土（数小时、数日以至半月）。西北地区主要由高平原、高大山系和沉陷盆地组成，广泛分布着季节冻土与多年冻土。季节冻土主要分布在阿尔泰山和天山之间的准噶尔盆地、昆仑山、阿尔金山和天山之间的塔里木盆地、河西走廊北山以北的阿拉善荒漠和黄土高原的大部分地区。多年冻土主要包括藏北高原的大片多年冻土和分布在阿尔泰山、天山和祁连山等地区的山地多年冻土（图 10.2）（周幼吾等，2000）。

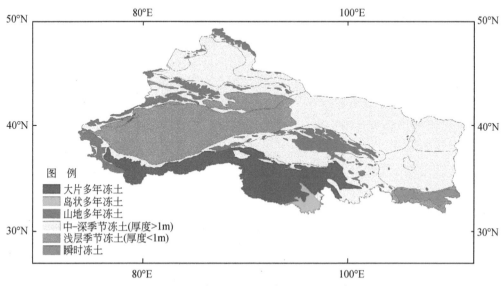

图 10.2　我国西北地区冻土的空间分布

240

10.2.2　多年冻土变化

观测数据表明，天山北坡乌鲁木齐河源区的多年冻土近年来发生了显著退化。1991 年以来，乌鲁木齐河源区多年冻土活动层呈逐渐增厚趋势，最大活动层厚度出现在 2007 年，达到 1.60m，较 1992 年增加了 0.35m。多年冻土年变化深度由 1993 年的 10m 增加到 12m 左右。近 30 年来年平均地温上升明显，由 1993 年的–1.6 ℃ 上升到 2008 年的–1.0℃，增温幅度约为 0.6℃，平均增温速率约为 0.38℃/10a（图10.3 和表 10.4）。年变化层以下的温度，也有不同程度的上升，年均增温速率随深度的增加而减小，推断长期持续的气候变暖是导致乌鲁木齐河源区多年冻土升温的主要驱动力。据估算，2008 年的多年冻土下限深度约为 86.8m，较 1992 年减小了 7.7m，河源区多年冻土很可能正在发生自下而上的迅速退化（赵林等，2010）。而分布在哈萨克斯坦境内的西天山多年冻土近年也发生了显著的变化，多年冻土温度在过去的 35 年（1974~2009 年）里升高了 0.3~0.6℃，活动层厚度平均增加了 80cm（Marchenko et al.，2007；Zhao et al.，2010）。

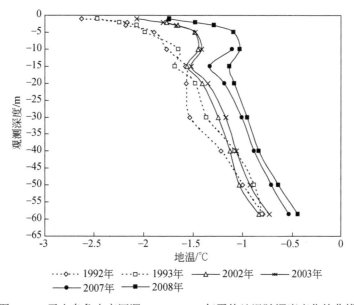

图10.3　天山乌鲁木齐河源 1992~2008 年平均地温随深度变化的曲线

表10.4　乌鲁木齐河源大西沟站 1992~2008 年各深度年平均温度及年均增温率

深度/m	年平均温度/℃						观测到的最大增温幅度/℃	增温速率/(℃/10a)
	1992 年	1993 年	2002 年	2003 年	2007 年	2008 年		
1	-2.6	-2.5	-1.8	-2.1	—	-1.7	0.9	0.53
2	-2.2	-2.2	-1.8	-1.8	—	-1.5	0.7	0.41
3	-2.2	-2.1	-1.7	-1.7	—	-1.3	0.9	0.53
5	-1.9	-2.0	-1.5	-1.5	—	-1.1	0.8	0.47

深度/m	年平均温度/℃						观测到的最大增温幅度/℃	增温速率/(℃/10a)
	1992 年	1993 年	2002 年	2003 年	2007 年	2008 年		
10	-1.8	-1.6	-1.5	-1.4	-1.1	-1.0	0.8	0.47
15	-1.6	-1.7	-1.6	-1.5	-1.3	-1.1	0.5	0.29
20	-1.6	-1.5	-1.4	-1.4	-1.2	-1.1	0.5	0.29
30	-1.5	-1.4	-1.2	-1.2	-1.0	-1.0	0.5	0.29
40	-1.2	-1.1	-1.1	-1.1	-0.9	-0.8	0.4	0.24
50	-1.0	-1.0	-1.0	-0.9	-0.7	-0.6	0.4	0.24
58.5	-0.8*	-0.8*	-0.8	-0.7	-0.5	-0.4	0.4	0.24
气温	-5.0	-5.0	-3.9	-4.9	-3.9	-4.3	-	0.65**

注：①"-"表示该数据不可用；②"*"表示该数据当年的观测实际深度为 59m；③带"＊＊"数据是根据 1992～2008 年大西沟气象观测数据线性斜率得到的

祁连山地区多年冻土的年平均地温为 0.0～-2.4℃，多年冻土厚度为 8.0～139.3m，多年冻土分布呈现明显的垂直分带性。研究表明，与 1996 年前相比，祁连山景阳岭（垭口海拔为 3 760 m）与鄂博岭（垭口海拔为 3 690 m）段多年冻土下界海拔均有大幅上升，两垭口南坡多年冻土均已消失，景阳岭北坡下界上升约 100 m，鄂博岭北坡冻土下界基本没有变化（表 10.5）（吴吉春等，2007）。

表 10.5 祁连山景阳岭和鄂博岭冻土下界的变化

	景阳岭				鄂博岭			
	10 年前		2006 年		10 年前		2006 年	
	北坡	南坡	北坡	南坡	北坡	南坡	北坡	南坡
连续冻土下界海拔/m	3600	3700	无	无	3600	3700	3600	无
岛状冻土下界海拔/m	3500	3500	3600	无	3400	3600	3400	无

资料来源：吴吉春等，2007

马衔山是祁连山东延的余脉之一，是目前黄土高原地区唯一证实有多年冻土发育的山脉，残存的多年冻土被誉为黄土高原地区多年冻土的"活化石"。近 20 年来马衔山多年冻土发生了明显的退化，目前仅在小湖滩有岛状多年冻土残存，属于典型的高温多年冻土，20 世纪 90 年代初在其他区域发现的零星多年冻土已经基本消失。马衔山岛状多年冻土地温从 10～16m 的-0.2℃向上和向下升高，地温梯度±0.01℃/m 左右，相比 90 年代初，多年冻土地温上升了 0.1～0.2℃，年升温率为 0.006～0.012℃/a，小于青藏高原高温多年冻土平均升温速率。马衔山多年冻土最大厚度约为 40m，正在发生着上引式和下引式退化（谢昌卫等，2010）。

吴青柏等利用青藏铁路和青藏公路沿线天然状态下 35 个冻土温度监测场地分析了铁路沿线活动层厚度自 1995～2010 年的变化情况，发现青藏铁路沿线 29 个场地的 2005～2010 年活动层厚度的平均值为 3.10m 左右，活动层厚度增大速率变化范围为 1.2cm/a～26.1cm/a，平均为 6.3cm/a（Wu and Zhang，2010；Wu et al.，2012）。青藏公路沿线 6 个长期监测点自 1995 年/1998 年至 2010 年，活动层厚度经历了显著的年际变化，活动层厚度显著增大，年增加率范围为 2.2cm/a ~ 16.1cm/a，平均增加率为 7.8cm/a，与近几年青藏铁路沿线活动层厚度的平均增加率大致相当（图 10.4 和图 10.5）。

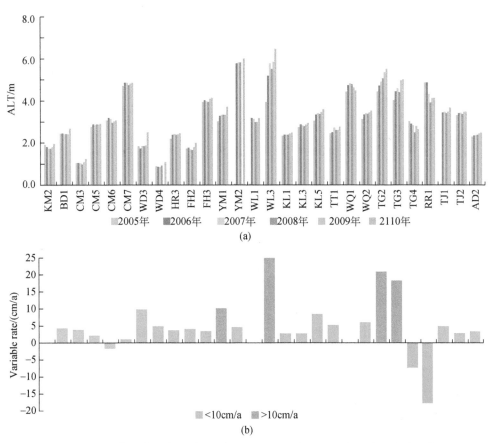

图 10.4 青藏公路沿线不同观测场活动层的厚度及 2005 年以来的变化速率

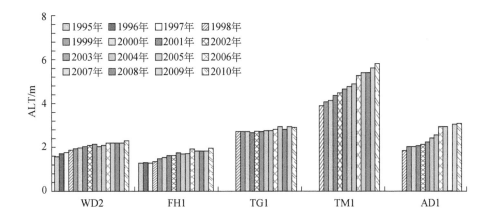

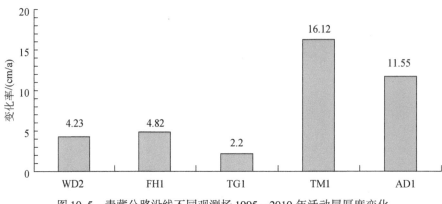

图 10.5　青藏公路沿线不同观测场 1995～2010 年活动层厚度变化

　　Zhao 等（2010）分析了青藏公路沿线 20 个地温观测场及 10 个活动层观测场野外观测资料发现，青藏公路沿线活动层厚度的变化与全球气候变暖的大背景是一致的，从总体变化趋势看，高原地区活动层厚度近年来呈现出增大的趋势，但受局部下垫面及地面天气状况的影响，活动层厚度变化也呈现出波动变化的特点，各观测点活动层厚度增加幅度范围为 105～322 cm。李韧等（2012）利用青藏高原多年冻土区昆仑山垭口（CN06）、索南达杰（CN02）、可可西里（QT01）、北麓河 1（QT02）、北麓河 2（QT03）、风火山（CN01）、开心岭（QT05）、通天河（QT06）、唐古拉（QT04）和两道河（CN04）10 个活动层观测场建立以来到 2010 年的监测资料，构建了青藏公路沿线多年冻土区活动层平均厚度的估算模型，得到了研究区域 1981～2010 年的活动层厚度序列，并分析了多年冻土区活动层近期的动态变化及区域差异特征。结果表明，1981～2010 年，青藏公路沿线多年冻土区活动层厚度呈现出明显的增大趋势（图 10.6）。20 世纪 80 年代，活动层厚度平均值为 179 cm，90 年代活动层厚度值比 80 年代增大了 14 cm，21 世纪前 10 年，活动层厚度值比 20 世纪 90 年代增大了 19cm。研究区活动层厚度 30 年来以 1.33 cm/a 的速率增大，

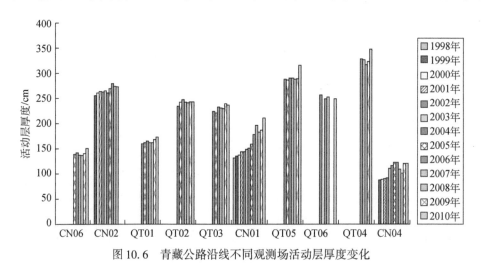

图 10.6　青藏公路沿线不同观测场活动层厚度变化

多年冻土上限温度、50 cm 土壤温度及 5 cm 土壤积温均呈现出升高的趋势。土壤热通量以 0.1/(Wm² · a) 的速率增大。活动层开始融化日期提前，开始冻结日期推后，融化日数增加，速率达 1.18 d/a。活动层动态变化特征与多年冻土类型、海拔高度、下垫面类型和土壤组分密切相关。低温多年冻土区较高温多年冻土区变化明显、高海拔地区较低海拔地区变化明显、高寒草垫地区较高寒草原地区变化明显，细粒土较粗颗粒土变化明显。

此外，处于季节冻土向片状连续多年冻土过渡区的青海高原中、东部多年冻土退化显著。巴颜喀拉山南坡清水河地区岛状冻土分布南界向北萎缩了 5 km；清水河、黄河沿岸、星星海南岸、黑河沿岸、花石峡等岛状冻土和不连续多年冻土出现融化夹层和不衔接多年冻土，有些地区冻土岛和深埋藏多年冻土消失，多年冻土上限下降、季节冻结深度变浅；片状连续多年冻土地温升高、冻土厚度减薄。1991～2010 年巴颜喀拉山南北坡不连续多年冻土分布下界分别上升了 90m 和 100m，1995～2010 年布青山南北坡不连续多年冻土分布下界分别上升了 80m 和 50m。造成冻土退化的主要原因为气候变暖，使得地表年均温度由负变正，冻结期缩短，融化期延长，冻/融指数比缩小。伴随着冻土退化，高寒环境也显著退化，地下水位下降，植被覆盖度降低，高寒沼泽湿地和河湖萎缩，土地荒漠化和沙漠化造成了地表覆被条件的改变（罗栋梁等，2012）。

10.2.3　季节冻土变化

研究结果表明，西北地区季节冻土自 20 世纪 60 年代以来发生了显著变化，主要表现为最大冻土深度呈逐年减少的趋势，部分地区冻土日数也表现为减少的趋势。符传博等（2013）利用覆盖新疆大部分地区资料完整的 93 个站点资料，对 1961～2005 年新疆地区最大冻土深度进行了分析。研究发现，近 45 年来的新疆地区最大冻土深度出现了较为明显的下降，高海拔区域与低海拔区域年最大冻土深度的减少速率分别达 15.65 cm/10a 和 9.48 cm/10a。李海花等（2014）研究发现，新疆阿勒泰地区最大冻土深度 1963～2012 年以 5.74 cm/10a 的速度显著减少。宁夏多年极端最大冻土深度为 1～1.6m，近 50 年来，宁夏最大冻土深度呈逐年下降趋势（冯瑞萍等，2012）。有研究也发现，甘肃石羊河流域年最大冻土深度和冻土日数呈显著减少趋势，减少速率分别为 4.54 cm/10a 和 6.0 d/10a，均通过了 $a=0.01$ 的显著性水平检验（杨晓玲等，2013）。

10.2.4　冻土变化对生态环境和寒区工程建设的影响

赋存于浅表层冻土对地表能水平衡、水文、寒区生态系统和地表景观等均会产生重要影响，且冻土冻结和融化产生的地表变形可引起冻融灾害，显著影响寒区工程建筑物稳定性和安全运营，气候变暖更加剧了西北寒区工程地基冻土融化的风险。

多年冻土层作为隔水底板，其存在和发展与区域地下水位、湖泊面积变化紧密联系。多年冻土的退化很可能引发高寒草甸、沼泽草甸植被的退化，沙漠化、荒漠化趋势加剧。在多年冻土覆盖率较大的河流，多年冻土退化已经对流域的水文过程产生影响。多年冻土退化的这一水文效应主要是由于随着多年冻土退化，冻土的隔水作用减小，一方面使流域内有更多的地表水入渗变成地下水，造成流域地下水水库的储水量加大，导致冬季径流增加；另一方面，入渗区域的加大和活动层的加厚，使流域地下水库库容增加，导致流域退水过程更为缓慢（Niu et al.，2010）。

已有的研究利用遥感资料反演了青藏高原东北缘祁连山疏勒河源区和大通河流域不同多年冻土区高寒草地植被，发现多年冻土的退化并不一定会导致高寒草地植被盖度的降低；在较干旱的疏勒河源区植被盖度在极稳定多年冻土区为最小，逐渐增加，到过渡型多年冻土区达最大，后逐渐减小；而在较为湿润的大通河流域，植被盖度同样在极稳定多年冻土区最小，但逐渐增加，在季节冻土区最大（Yi et al.，2011）。

以热融性、冻胀性及冻融性灾害为主的次生冻融灾害对工程稳定性存在潜在危害，主要表现为工程地基沉陷、掩埋、侧向热侵蚀等，其中目前最为严重的病害是以沉降为代表的热融性灾害（Lin et al.，2011；Niu et al.，2011；Niu et al.，2014）。

10.3

西北地区积雪变化

10.3.1 资料来源

1）气象站

西北地区所有气象台站逐日雪深和雪密度观测资料，时间范围为1957~2010年。该资料被认为是最准确的第一手数据，精度最高。但是，受到操作员手工测量的主观因素及台站所处地理位置固定且分布不均等客观因素，不能完全反映出山区和站点稀少地区的积雪状况（马丽娟和秦大河，2012）。

2）光学遥感数据

西北地区光学遥感提取逐日积雪面积分布数据，时间范围为2001~2014年。积雪面积采用中分辨率成像光谱仪（MODIS）反射率数据，利用归一化积雪指数（NDSI）法提取积雪像元（Hall et al.，2002）。该方法可以很好地反映出晴空条件下的积雪范围，但是当卫星过境时刻天空有云覆盖时则不能判断地表是否有雪覆盖。已有研究也表明MODIS的NDSI不能准确地识别浅雪覆盖地表，主要原因是积雪很薄时，地表不能完全被雪覆盖，其可见光波段反射率比积雪表面低很多。

3）被动微波遥感数据

西北地区被动微波遥感提取逐日雪深分布数据，时间范围为1979~2014年。被动微波雪深数据由修正的Chang算法获取，并考虑了森林和其他散射体的影响（Che et al.，2008）。该数据可以获取整个研究区逐日的雪深分布，且不受天气条件的影响。但是因为被动微波遥感数据的空间分辨率很低，在复杂地形条件下的反演结果有待进一步验证。

4）雪灾数据

以省级报刊为主要信息源，辅以气象部门统计资料，获取县域统计单元的雪灾信息，时间范围为 1949～2010 年（郝璐等，2002）。此外，使用了 2000～2010 年新疆各县市所发生的雪灾次数，并按照年月时间尺度统计每个县/市发生雪灾的总次数和雪灾频率数据（许剑辉等，2014）。该资料是唯一可用于反映历史时期雪灾的数据，但是受到不同时期和不同地区报道雪灾事件的主观标准不同，而且很难定量判断该数据的一致性。因此，只能作为参考数据，结合前三种积雪数据和当前针对雪灾的防治措施来综合分析。

10.3.2　积雪时空变化特征

我国西北地区积雪分布既有纬度地带性又有垂直地带性，各大山系均有较多的积雪分布，如阿尔泰山、天山、祁连山、秦岭等山区，总体上呈现北方多于南方，西部多于东部的空间分布格局。

根据 50 多年地面台站观测雪深/雪水当量资料和 30 多年被动微波遥感反演的雪深资料（图 10.7 和图 10.8），西北地区积雪深度多年来最大的特征是总体变化趋势不明显，但年际波动显著，具有一定的周期性（表 10.6 和表 10.7）。根据不同月份或季节来看，冬季积雪呈增加趋势，但春季处于减少趋势。其中春季积雪的减少不仅体现在积雪深度减小，而且体现在消融期提前，整个积雪期缩短上。

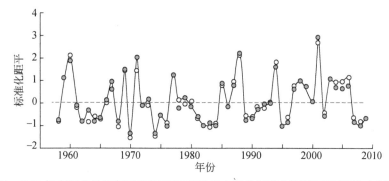

图 10.7　1957 年来西北地区年平均积雪深度和雪水当量标准化距平时间序列（台站资料）

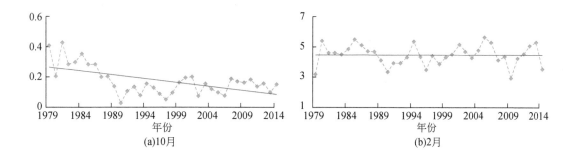

(a)10月　　　　　　(b)2月

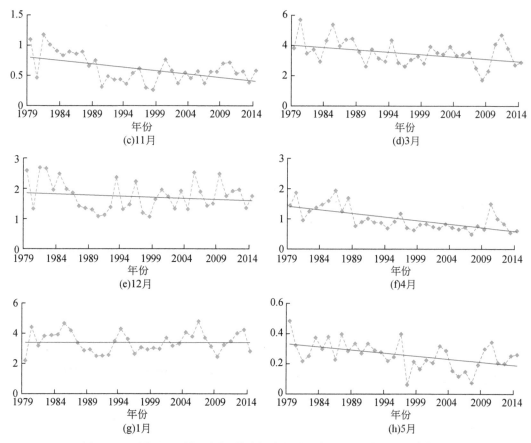

图 10.8 西北地区雪深不同月份多年变化时间序列（被动微波遥感资料）

表 10.6 1957 年来西北地区年和季节评价雪深和雪水当量线性趋势系数（台站资料）

	年	秋	冬	春	夏
雪深	0.07	0.004*	0.34*	−0.09	−0.000 02
雪水当量	0.07	−0.04	0.47	−0.14	−0.000 1

*代表通过显著性水平 95% 的检验

表 10.7 西北地区雪深不同月份年际变化统计结果（被动微波遥感资料）

月份	斜率	R^2	F
10	−0.003	0.043	0.989
11	−0.006	0.059	1.367
12	0.018	0.102	2.490
1	0.031	0.148	3.830
2	0.020	0.059	1.370
3	−0.021	0.072	1.700
4	−0.016	0.198	5.440*
5	−0.018	0.330	10.830**
平均	0.001	0.000	0.010

*代表通过显著性水平 95% 的检验，**代表通过显著性水平 99% 的检验

综合考虑降雪量和气温变化特征，可以发现冬季和春季降水量和气温都增加（图10.9）。冬季尽管气温有所升高，但是相对降雪和融雪条件而言，冬季气温依然较低，所以冬季降雪量增加导致积雪增加；而春季处于降雪和融雪的临界温度期间，由于气温升高的影响，导致降雪量减少、融雪期提前、融雪过程加速，使得春季积雪显著减少。

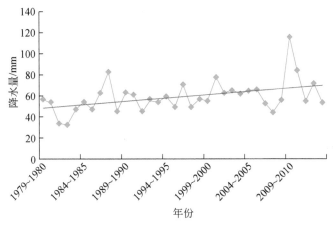

图 10.9　1979~2010 年来北疆地区冬春季降水量年际变化

10.3.3　雪灾时空变化特征

根据新中国成立以来省级报刊、气象信息等报道的雪灾信息建立的自然灾害数据库，新疆地区是我国雪灾的高发中心之一，而新疆地区的雪灾主要分布在北疆（图 10.10）。与积雪的年际波动类似，每年雪灾发生次数的年际波动幅度大，总体呈现增长趋势；年内雪灾主要发生在 1 月和 2 月，3 月、11 月和 12 月次之，4 月、5 月、10 月、9 月最少发生雪灾（图 10.11，图 10.12）。

综合积雪变化的特征，冬季降雪量增加，1 月和 2 月雪灾可能会更为频繁，春季和秋季虽然降水量有所增加，但是气温总体上升，导致降雪量减小，因此春秋季节雪灾有可能减少。考虑到牧区牲畜数量增加、各个县域经济持续发展，同等降雪量产生的雪灾，其潜在危害可能会更大。从雪灾发生的空间分布上看，雪灾发生的高频率地区对应着草场中度和重度退化的地区，也就是说雪灾发生的高频率地区对应于承灾体脆弱性大的区域。

雪灾发生频次和受灾县数量的变化在 20 世纪 80 年代之前是同步的，之后，受灾县数量增加幅度小于雪灾发生频次的增加幅度，这个可以反映出承灾体抗御雪灾的能力有所增强，即人工防御雪灾的能力得到了提升。

随着政府对牧区雪灾的重视，包括筹建温棚、预备食草，对雪灾的适应能力有了很大提高，同时，气象部门对暴雪和低温灾害等天气的预报能力不断增强，在预防雪灾方面的能力也有很大提高。

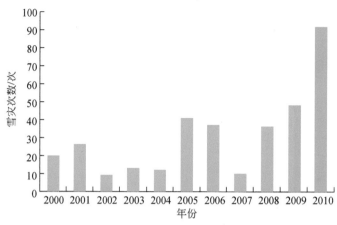

图 10.10　新疆地区多年雪灾次数变化图（2000～2010 年）

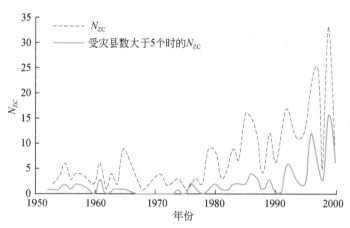

图 10.11　中国多年雪灾次数变化图（1950～2000 年）

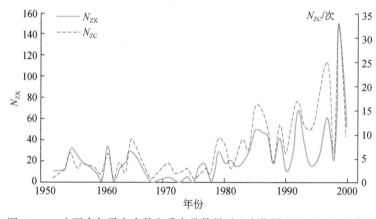

图 10.12　中国多年雪灾次数和受灾县数量对比变化图（1950～2000 年）

10.4

核心结论与认识

（1）过去 60 年中国西部冰冻圈已发生了显著变化，冰川面积和长度减少，厚度减薄，多年冻土活动层厚度增大，年平均地温升高，多年冻土分布下界上升，活动层开始融化日期提前，开始冻结日期推后，融化日数增加，季节冻土最大冻结深度和冻土日数显著减少，春季积雪深度减少，融雪日提前，雪灾发生频次有所增加。

（2）冰冻圈变化对生态环境的影响显著。由于冰川退缩，冰川融水对径流的调节作用所有减小，随着冰川消融加剧，冰湖面积扩张，冰湖溃决的风险加大。融雪径流的峰值有所提前，融雪产生的洪峰峰值更大。暴雪和风吹雪产生的交通问题、牧区雪灾引起的牲畜死亡等灾害事件对区域经济发展已经产生了严重的影响。

（3）在全球变化背景下，未来的冰冻圈变化会加速，如冰川跃动引发的灾害可能增加。西北地区寒区工程活动影响范围内热融沉陷、滑塌、热融湖塘、冰锥、冻胀丘等次生冻融灾害频发。冬季积雪年际波动增加，可能引发更频繁的雪灾事件，需要在区域发展中注意防灾减灾能力的提升。

（4）未来冰冻圈变化对中巴经济走廊潜在影响较大，应尽快组织开展中巴经济走廊冰冻圈及地质灾害调查，摸清走廊各种灾害"家底"，并有针对性地部署灾害定位观测；全面提升经济走廊交通建设的标准和规范，在经济走廊各项建设中应充分考虑冰冻圈灾害的影响，增强抗灾适应能力；构建地面-遥感-模拟一体化的预警、预报体系，强化避险能力。

第 11 章

西北地区河川径流变化

导读：西北河川径流的变化直接影响该区生态和社会经济系统的水安全。本章基于该区域主要河流 96 个水文站实测资料和相关文献成果，总结了过去 50 年河川径流的区域性变化特点及冰冻圈和植被在山区流域水文过程中的作用，预估了未来 100 年气候、冰冻圈和植被变化对河川径流的综合影响。评估结果表明，河西走廊黑河流域以西，出山径流过去 50 年总体呈现增加趋势；以东则为减少趋势。冰川既是重要水源又是枯水年径流稳定的保障，积雪具有一定的调丰补枯作用，冻土退化则在改变年内水循环的同时增加枯水径流。未来气候和冰冻圈变化将总体减少西北地区的河川径流量，并可导致部分冰川覆盖率高的小型河流断流、枯水年大型河流径流量大幅减少。

西北地区是中国水资源空间分布极为特殊的地区，它既包括青藏高原、天山和阿尔泰山等高寒、具有半湿润气候的河流源区，又包括中国绝大多数水资源极度匮乏的干旱区。中国长江、黄河等主要大型外流河的源头以及绝大多数内陆河均分布在西北地区。内陆河主要包括塔里木河、疏勒河、黑河、石羊河和青海湖水系等；除青海湖水系外，内陆河出山径流基本为流域的可用水资源量，但全部消耗于干旱流域内部或少量存储于尾闾湖内。外流河主要为黄河、长江及其支流。从高寒区到干旱平原区分布有半湿润、半干旱和干旱等气候类型，高寒山地、荒漠、绿洲、沙漠并存，具有冰川、冻土、积雪、草甸、草原、针叶林、三北防护林、荒漠河岸林、高寒和荒漠灌丛、农田、湿地等高寒和干旱下垫面类型，牧业、林业、农业具有地带性特色，并具有明显的产汇流和水资源利用区域分异特征。总体来看，高寒半湿润区是西北河流的主要源头，生态脆弱但人类活动较少，径流变化主要受气候变化影响；半干旱区既是部分外流河特别是黄河的源区之一，又是主要的农业和工业区，径流变化受气候变化和人类活动共同影响；干旱区主要分布在内陆河的中下游流域，水资源极度匮乏且生态脆弱，其径流变化以人类活动影响为主。在全球变化和人类活动双重影响下，区域气候、冰冻圈和植被变化必将引起流域径流和水资源的变化。系统评估西北地区径流变化趋势、影响因素及其区域差异，并预估不同地区气候、冰冻圈和植被变化对西北河川径流的影响，对于区域生态恢复与治理、水资源配置和地区经济规划具有一定的指导意义。

11.1
径流变化特点

11.1.1 区域性变化趋势

据西北地区 96 个水文站自建站以来（20 世纪 60 年代前后至 2012 年；图 11.1）的实测径流数据，西北地区年径流变化趋势主要存在 2 个明显分区，分界线大致位于河西走廊黑河双树寺水库—青海湖东部—黄河唐乃亥水文站一线（图 11.1）。该线以西山区河川径流基本呈增加趋势，该线以东则径流呈总体减少趋势，基本反映了季风（高原和东亚）和西风这两种不同水汽来源多年来对西北地区流域河川径流的综合影响（图 11.1），具有明显的区域性空间分布特点。

（1）东亚季风影响区。包括青海省青海湖以东、甘肃省黑河流域双树寺水库以东、陕西、宁夏等地，属东亚季风边缘带，其降水主要受东亚季风气候系统影响。近 50 年来，该区年径流量均呈减少趋势，其中邻近高原季风区的河川径流减少趋势总体不显著，其他地区年径流量呈显著减少趋势，特别是石羊河流域、洮河流域和渭河流域等。

（2）高原季风区，主要为青海省青海湖以西地区。该区河川径流近 50 年来呈增加趋势，其中靠近东亚季风区的河川径流增加趋势不显著。

（3）西风带作用区。包括新疆、甘肃黑河流域双树寺水库以西地区及内蒙古西端，其降水主要受西风环流影响，河流多为内陆河。近 50 年来，该区出山径流量总体呈增加趋势，而在中下游的荒漠和绿洲区则呈减少趋势，但多数不显著，说明该区用水形式尚未恶化。

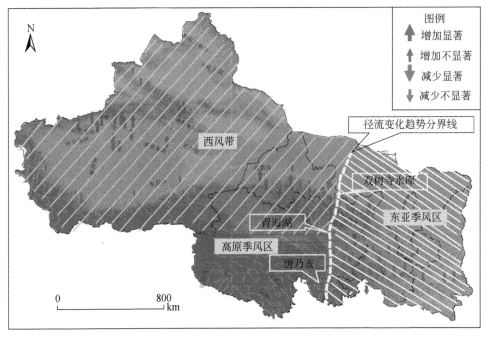

图11.1 中国西北主要河流趋势变化及气候区空间分布

11.1.2 年际变化的空间差异

西北地区河流主要发源于青海高原、藏北高山、天山和阿尔泰山等高寒地区，其河川径流的变化主要受气候变化影响；而在其他地区，人类活动具有重要的调节作用。鉴于人类活动较为复杂，本节主要评估不同气候系统影响下，西北河源区径流年际变化的空间分异性。

在西北高寒河源区，降水量变化直接影响河川径流，气温变化则通过影响冰冻圈变化进而影响河川径流变化；水热组合条件的变化通过影响区域生态、冰冻圈变化从而也影响了河川径流的变化。近年来高寒区大规模生态治理也会在一定程度上影响河川径流的变化。近50年来，尽管冰冻圈和植被的波动变化使西北高寒区河川径流年际和年代际变化较为复杂，但总体仍受区域气候变化的影响。因此，径流的年际变化在季风区、西风带和水汽交汇区存在明显的差异，呈现一定的区域性空间分布规律。此处，交汇区是指西风、东亚季风和高原季风影响区的交汇地带，中心点大约在黑河流域（图11.1）。图11.2（a）为各分区代表性河流年平均流量的年际变化；图11.2（b）为各分区典型河流的平均模比差积曲线（模比系数为年流量与多年平均流量的比值，以年模比系数系列数据作差积曲线，即为模比差积曲线）。由图11.2（a）可知，西风带径流呈现明显的增加趋势，季风区径流呈现明显减少趋势，而交汇区河川径流变化趋势不显著；三个分区典型河流年际变

254

化在不同年代具有相反或一致的峰谷变化，但总体并不一致。从模比差积曲线图看［图11.2（b）］，三类模比差积曲线在不同年代呈现两两相反或相同的波动趋势。总体看，西风带和交汇区呈现相反趋势，但在1960年前后有相近的波动变化；西风带和季风区在1985年之前有相似波动，但在1970年之前、1980年前后及2002年以后存在相反变化趋势；交汇区和季风区总体呈现相反波动，但1960年和1990年前后也存在相似波动变化。这种明显的径流年际变化异同也在一定程度上反映了不同水汽来源强度的年代际变化及其影响程度的异同。

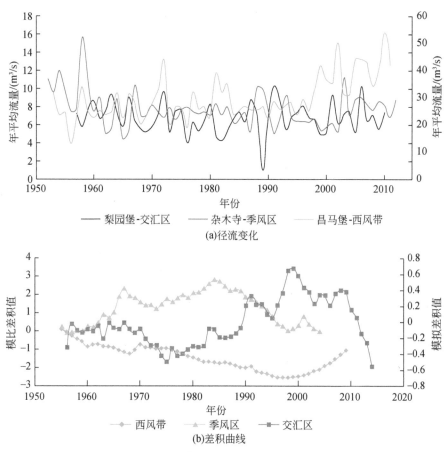

图 11.2　西北地区代表性河流的径流变化及差积曲线

11.1.3　变化突变点及其空间分布规律

据西北地区96个水文站自建站以来（20世纪60年代前后至2012年）的实测径流数据，西北地区多数河流年径流变化具有明显的突变点（突变年份）。这些突变点之后，径流变化可分为4种类型（图11.3）。

（1）径流增加且显著，主要分布于西风影响区。在新疆主要发生于1990年前后，在甘肃河西走廊及其附近区域，径流增加突变点基本出现在1980年前后［图11.3（a）］。

（2）径流增加但不显著，主要分布于西风影响区。山区径流突变点主要出现于 2000 年以后，干旱地区则主要出现在 20 世纪六七十年代［图 11.3（a）］。

（3）径流减少且显著。在季风影响区河流的中下游地区，主要出现在 20 世纪 90 年代中期。在西风带南疆地区则主要出现在 1975 年前后［图 11.3（b）］。

（4）径流减少但不显著，主要分布在西风带和季风区邻近山区的地区。突变点年份缺乏一致性，部分山区站点径流也持续减少，如黑河祁连山区札马什克水文站［图 11.3（b）］。

综合上述，近 50 年来，中国西北河源区河川径流变化主要受西风、东亚季风和高原季风等不同水汽来源的影响，其年际变化及变化趋势具有明显的区域性。河西走廊黑河东部—青海湖东部—黄河唐乃亥水文站一线以西地区，河源区径流呈现增加趋势；该分界线以东地区，河源区径流则主要呈减少趋势。西北地区多数河流年径流变化具有明显的突变点。这些突变年份之后，径流的变化可分为 4 类：① 径流增加且显著，主要分布于西风带；② 径流增加但不显著，主要分布于西风带；③ 径流减少且显著，主要分布于季风和西风带河流的中下游地区；④ 径流减少但不显著，主要分布在季风和西风带邻近山区的地区。

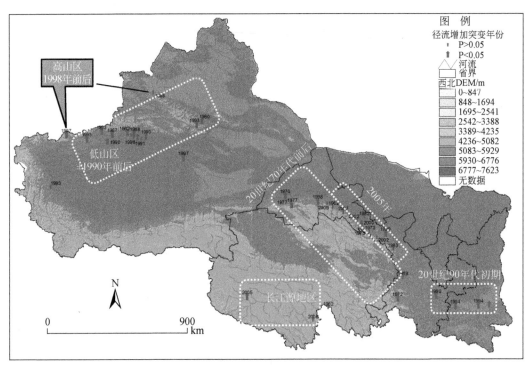

(a)径流增加突变年份

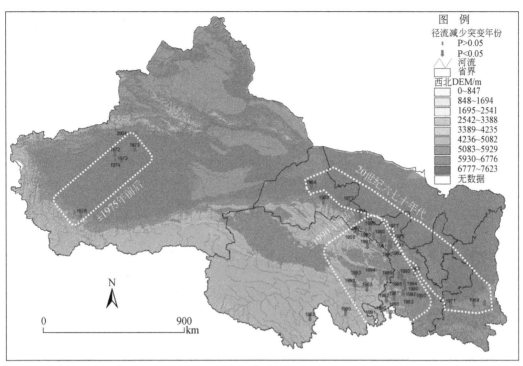

(b)径流减少突变年份

图 11.3 中国西北主要河流径流变化突变年份及空间分布

11.2

径流变化的影响因素

不同水汽来源决定了西北地区河川径流变化的区域性格局，但流域地形、地貌、下垫面要素和人类活动对河川径流的变化也有较大的影响。这些影响因素的变化对不同流域径流的影响程度具有较大差异，由此造成了西北河川径流变化的区域性和复杂性特点。在人类活动影响相对较小的西北高寒山区流域，河川径流的变化主要受气候、冰冻圈和植被变化的影响；在内陆河中下游地区，可用水资源基本来自山区流域，河川径流的变化主要受绿洲耗水量变化的影响；在东亚季风影响区的外流河中上游地区，气候变化和人类活动则共同发挥其作用。

11.2.1 降水和气温变化对径流的影响

除内陆河中下游地区以外，气候因子中降水是影响西北河川径流变化的主要要素。气温也是反映气候变化对河川径流影响的一个综合性因子，气温升高对西北河川径流的影响表现主要为山地冰川的消融增加、流域植被耗水量和土壤蒸发量增加等。本节主要对气候大背景中的重要因素降水和气温变化对流域径流的影响进行分析。

　　自 20 世纪 50 年代到 2013 年，中国西北地区西风带和高原季风影响区，降水量基本呈增加趋势，在高海拔地区，这种增加趋势显著。东亚季风区，特别是甘肃东部、宁夏和陕西，年降水量减少、增加趋势的地区基本各占一半［图 11.4（a）］，但多数变化趋势不显著。总体来看，西北主要河源区降水量增加显著。降水趋势变化的分界线与径流趋势变化的分界线（图 11.1）基本一致。西风带和高原季风影响区降水变化相对较大，尤其是新疆的东南部和最北部降水变化相对较大；东亚季风区降水变化相对较小，尤其是宁夏地区降水变化相对较小［图 11.4（b）］。

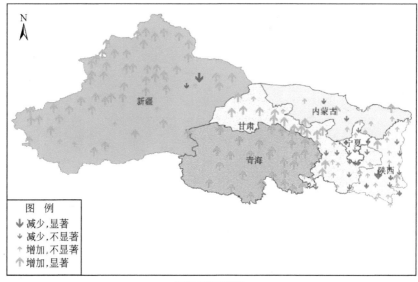

(a)降水变化趋势

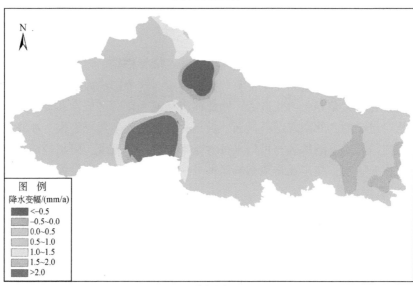

(b)降水变幅

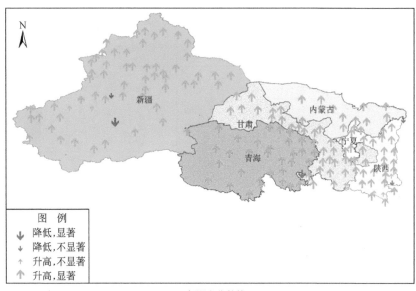

(c)气温变化趋势

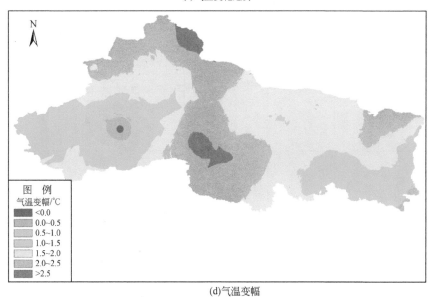

(d)气温变幅

图11.4　西北地区近60年来降水和气温变化趋势

注：数据从建站到2013年。

　　除个别站点外，西北地区气温总体呈显著上升趋势［图11.4（c）］。空间上，西北地区变化除新疆呈环状自内向外气温变化渐增，其余四个省份整体由东南向西北渐增［图11.4（d）］。气温升高较大的地区有新疆的北部、东南部和青海的西南部；气温变化较小的地方主要在新疆的中部、陕西［图11.4（d）］。

　　总体来看，降水全面影响西北河川径流的变化，而气温变化的影响，具有明显的区域差异。以冰川消融和积雪补给为主的河流，径流变化与气温变化关系密切。西北地区这种降水、气温区域性变化差异，也造成了不同流域河川径流的变化差异（表11.1）。

表 11.1 西北地区典型流域径流变化的影响因素

水系	流域	径流变化	降水变化	气温变化	蒸发变化	冰冻圈	植被变化	气候与人类活动贡献比	现状综合评估	未来变化	综合评估
黄河	黄河源	增加不显著	增加显著，为4.3mm/10a（常国刚等，2007）	升温显著，为2.5℃/60a（常国刚等，2007）	蒸发量增加12.4mm/10a（常国刚等，2007）	冰川覆盖率为0.5%，1985年之后萎缩；冻土退化，增加；冻土退化但水径流增加但不显著；积雪融水增加	草甸、沼泽退化较为严重	气候为70%，人类活动为30%（常国刚等，2007）	降水增加和冰川径流增加，以及冻土调蓄能力的增加，抵消了蒸散发量的增加，径流发量不呈显著增加趋势	冰冻圈退化特别是冻土-生态系统的相互作用关系决定未来黄河源径流减少，未来径流减少约20%（RCP4.5情景下）	冻土和生态变化是决定流域径流增减的关键
	渭河	减少显著	减少不显著，造成径流减少约10%（栗晓玲等，2007）	升温显著，约增加了1.5~2.0℃/60a	蒸发增加导致径流减少约3%（栗晓玲等，2007）	季节冻土退化导致流域调蓄能力增强，积雪减少影响丁河川径流	覆被变化主要受人类活动	气候为52%，人类活动为48%（魏红义等，2008）	降水减少，人类活动加剧是径流减少的主要原因	未来径流出现持续波动减少趋势	气候和农业变化是影响流域径流的增减
	洮河	减少不显著	降水减少不显著，但对径流减少贡献约60%（张济世等，2003）	升温显著，约1.5~2.0℃/60a	年蒸发量减少，但8月增加（张济世等，2003）	季节冻土退化导致流域调蓄能力增强，积雪减少影响丁河川径流	森林砍伐，草原过牧，农田增加	气候为60%，人类活动为40%（张济世等，2003）	降水减少，人类活动加剧是径流减少的主要原因	未来径流可能会呈持续波动减少的趋势	气候和农业变化是影响流域径流的增减
长江	长江源	高海拔源区增加显著，总体不显著	降水增加趋势显著	过去60年升温约为1.0~1.5℃		冰川覆盖率为0.95%，1980年以来冰川退缩严重，1996年以来以每年大比例加速消融；直门达沱沱河冰川融水占9%，沱沱河及布曲流域融水比例大，致18%~34%（康尔泗等，2000）	草甸退化较严重	主要受控干气候、生态和冰冻圈变化	降水增加和冰川径流增加，以及冻土调蓄能力的增强，抵消了蒸散发量的增加，径流发量不呈显著增加趋势	降水增加、气温升高，大量小冰川消失，蒸散发增强，源区冰川会减少，流域总径流未来可能减少约30%（RCP4.5情景下）	不同支流径流变化趋势不一致，存在流域总径流先增后减的可能性
青海湖	布哈河	不显著减少	增加显著但增幅较小	升温显著，2.0~2.5℃/60a	蒸发量增加	冻土甚化夏季径流减少、枯水径流增加	植被总体呈现变好趋势	气候为80%，人类活动为20%（刘吉峰等，2007）	降水增加和冰冻圈变化抵消了蒸散发的增加，径流微弱增加	未来径流可能会呈现下降趋势	径流增加趋势在未来可能会逆反

续表

水系	流域	径流变化	降水变化	气温变化	蒸发变化	冰冻圈	植被变化	气候与人类活动贡献比	现状综合评估	未来变化	综合评估
河西内陆河	疏勒河	山区增加显著,中下游减少不显著	山区增加显著,约为4mm/10a	升温显著,约为1.5~2.0℃/60a		冰川融水比例接近30%,冰川加速消融导致夏季径流增加(蓝永超等,2012);冻土退化,基流增加显著(牛丽等,2011)	山区植被退化严重,但趋于平稳;中下游绿洲扩张		山区径流呈持续增加趋势;中下游河川径流基本稳定	冰川萎缩特别是小冰川消失将使山区夏季及年径流减少,枯水径流减少,流域径流约在未来100年会显著减少	山区径流持续增加后会逐渐减少,流域总径流约减少20%左右;中下游河川基本稳定
	黑河干流	山区增加显著;中下游减少显著	山区增加显著,约为13mm/10a;中下游增幅相对较小	1960~2013年流域升温显著,升幅约为3.0℃	山区蒸散发量减少不显著,为4.6mm/10a	冰川融水径流增加显著,过去50年平均贡献率为3.5%;冻土退化流域调蓄能力加强,基流增加;积雪融水径流增加显著	山区植被总体呈好转趋势;中下游绿洲扩张,荒漠带绿洲总体好转	中游气候为25%,人类活动为75%(何旭强等,2012)	山区径流呈增加趋势,绿洲耗水增制,下游径流基本稳定	降水增加,蒸散发量增加,2050年前后冰川消失,积雪融水增加,冻土退化,到2100年径流呈微弱增加趋势	山区径流总体稳定并微弱增加;中下游河川径流受人类活动干扰较大
	北大河	山区增加显著;中下游减少显著	山区增加显著,约为13mm/10a;中下游增幅相对较小	1960~2013年流域升温显著,升幅约为2.0~3.0℃		冰川融水径流增加显著,过去50年贡献率为23%;冻土退化流域调蓄能力加强,基流增加;积雪融水径流增加显著	山区植被总体呈好转趋势;中下游绿洲扩张,荒漠带绿洲总体好转		山区径流呈增加趋势,绿洲耗水增制,下游径流基本稳定	降水、蒸散发量降低,2050年前后冰川消失,积雪融水增加,冻土退化,冰川的消失将会导致流域径流显著减少	山区径流在冰川消失后会显著减少;中下游河川径流保持稳定
	石羊河	总体减少显著	山区流域降水显著增加,但增幅较小	升温显著,为1.5~2.0℃/60a	流域蒸散发量增加显著	冰川融水已经到达下降拐点,冻土退化,基流增加;积雪融水略有增加	山区植被总体呈好转趋势,中下游绿洲扩张严重	下游气候为37%,人类活动为63%(董平年等,2010)	流域径流总体呈持续减少趋势;山区径流总体受气候变化,生态治理使得中下游用水减少	未来山区径流总体呈减少趋势,但不会恶化;人类生态治理措施可使中下游河川径流呈现增加趋势	山区径流总体减少但保持稳定;中下游河川径流受制于气候变化和人类活动

续表

水系	流域	径流变化	降水变化	气温变化	蒸发变化	冰冻圈	植被变化	气候与人类活动贡献比	现状综合评估	未来变化	综合评估
塔里木河	塔里木河干流	河流源区总体增加显著,浅山区减少显著,中下游总体增加显著	总体增加显著,特别是天山地区	升温显著,升幅约为1.5℃/60a;山区升幅可达2.0℃/60a	蒸发量增加(傅丽昕等,2010)	冰川融水比例约为40%,1961~2006年径流增加的约86%来自于冰川加速消融(高鑫等,2011);冻土退化导致枯水径流增加,但不显著(牛丽等,2011)	山区植被总体呈现增加趋势;中下游绿洲扩张严重	中游气候为33%,人类活动为67%(郝兴明等,2008)	冰川融水量较为稳定,但冰川融水比例持续增加;部分河流呈持续减少趋势,中下游地区河川径流会在稳定中减少	2050年后冰川融水快速减少的趋势减缓,降水量的增加不会抵消冰川融水的减少,将导致山区径流的持续减少	山区总产水量到2100年将会持续减少;中下游用水紧张趋势明显
	昆马力克河	径流增加显著	降水增加5~10mm/10a	升温显著,但升幅较小,约为0.5~1.0℃/60a	蒸发量增加	冰川融水比例约为26%,1996年之前径流增加主要由冰川加速消融引起,之后85%来自于降水增加明显;冻土退化不显著,积雪融水增加加快	山区植被总体呈现变好趋势	主要为气候变化引起	冰川加速消融引起的径流增加趋势变缓,降雪量增加一定程度上缓解了冰川的消融	径流增加趋势将会持续一段时间,随着冰川的消失,小型冰川的消失,径流会出现减少拐点	径流将会出现先增后减的趋势
	乌鲁木齐河源	增加显著	1996~2006年与1980~1995年相比,降水增加了84.8mm(焦克勤等,2011)	1996~2006年与1980~1995年相比,年气候不变,夏季气温升高了0.9℃	蒸发量增加	冰川覆盖率为4.1%,融水比例约为11%,1980~2006年冰面面积萎缩增加了15%的融水径流(杨淑萍,2012),冰川径流深增加了256.6mm;降雪量增加,导致融水径流增加;冻土退化,冻土退化引起的枯水径流变化不显著	植被总体呈现变好趋势		冰川覆盖率高的小型河流,降水增加的同时,冰川融水增加,径流呈现持续增加趋势	未来10~30年冰川融水可能出现峰值,之后持续下降,将导致流域总水量减少	冰川萎缩甚至消失将会导致总流域产水量减少,径流量减少程度取决于降雪量的增加情况

11.2.2　冰冻圈变化对径流的影响

中国西北地区是中国冰冻圈的核心区，多数冰川、多年冻土、稳定性积雪分布在该区，冰冻圈水文过程是该区河流发源地的主要水文过程。在全球变暖背景下，冰川萎缩、冻土退化、积雪面积和雪水当量的波动变化，已经并继续影响该区河流的水文过程和可用水资源量。

11.2.2.1　冰川变化对径流的影响

冰川是重要的固态水库，并具有调丰补枯作用。在全球变暖的背景下，冰冻圈萎缩造成的河川径流变化，在很大程度上影响流域的水资源分配，特别是在干旱内陆河流域。流域冰川覆盖率及冰川规模等的不同，冰川融水及其变化对河川径流的变化影响也有较大差异。叶柏生等（1999）的统计结果表明，若流域冰川覆盖率高于5%，则冰川融水径流对于稳定流域径流具有很大的作用（图11.5）。

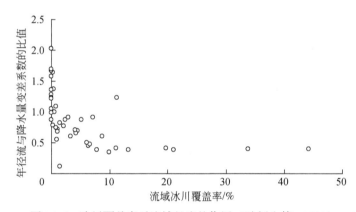

图 11.5　冰川覆盖率对流域径流的作用（叶佰生等，1999）

中国西部地区冰川融水比例如图11.6所示。在西北地区，冰川融水量较多的流域主要为天山、阿尔泰山和青海东南部地区，年冰川融水径流深可达1000mm以上。冰川融水对寒区流域径流量的贡献多少，主要看流域内的冰川覆盖率、冰川规模及组合形态。冰川融水比例高的流域主要分布在西风带气候区，特别是疏勒河、渭干河、阿克苏河等流域。

冰川具有重要的调丰补枯作用。在丰水年份，降水时间比例较大，相应的气温相对偏低，冰川消融相对较慢，而且积累了较多的水量；这些水量在干旱少雨年份释放，而且由于气温较高，冰川消融量较大，从而补给流域更多的冰川融水量。以黑河干流山区流域为例，该流域多年均冰川融水比例仅为3.5%，但在干旱年份可高达5.4%，在干旱月份则高达16%（平均2.4%，如图11.7所示）。

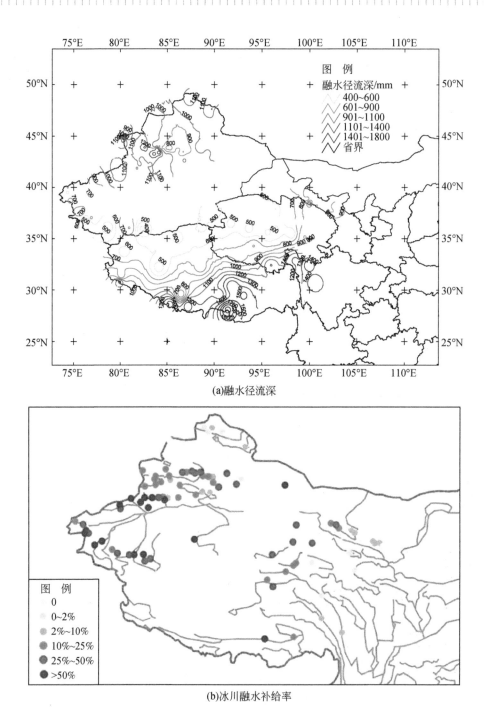

(a)融水径流深

(b)冰川融水补给率

图 11.6　中国西部流域冰川融水径流深及融水径流贡献率（高鑫，2010）

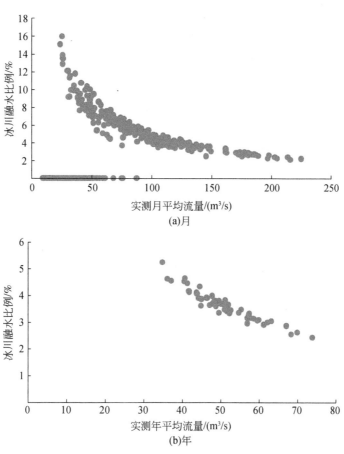

(a)月

(b)年

图11.7 黑河干流山区流域冰川融水比例-流域径流关系图

中国小于0.5 km²的小型冰川条数约占冰川总数的61%，但面积大于5 km²的冰川占冰川总面积的51%。小型冰川更容易受气候变化的影响。在 IPCC CMI5 RCP2.6、RCP4.5和 RCP8.5 三种情景下，冰川区气温在2030年前几乎同步升高，到2050年三种情景下气温仍然具有升高趋势，但有所差异（图11.8），2090~2100年相对于1960~2005年分别升高约0.5℃、2.0℃和4.5℃。未来3种气候情景下，到2100年中国冰川条数分别约缩减0.8%（约300条；总体变化不大）、16%（约7300条）和35%（约15 800条）；其中小冰川减少最多，在 RCP4.5 情景下，面积小于0.5km²的冰川约占总消失冰川数量的71.2%，2km²以下的约占总消失冰川数量的90%（图11.9）。尽管完全消失的冰川条数相对较少，但冰川面积萎缩严重。3种情景下，中国冰川总面积分别缩减约34%、61%和74%；尽管小型冰川的面积萎缩比例最大，但大型冰川萎缩面积占总萎缩面积的比例最大（大型冰川面积比例也大）。相应的冰川储量减少约45%、75%和85%（图11.8）。

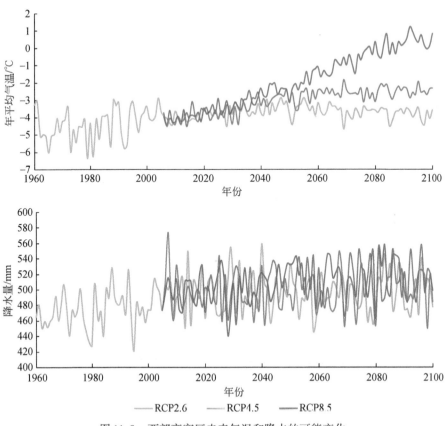

图 11.8　西部高寒区未来气温和降水的可能变化

　　冰川数量、面积和体积减小导致冰川融水径流（包括到达冰川的降水量）持续减少，3 种情景下，相对于 1960 年，2100 年冰川融水分别约减少 156 亿 m³、278 亿 m³ 和 335 亿 m³（图 11.10）。在西北干旱区，阿尔泰山冰川覆盖率较小（1960 年约为 0.4%），3 种情景下到 2100 年，冰川融水相对于 1960 年分别约减少 0.1 亿 m³、0.7 亿 m³ 和 1.0 亿 m³（图 11.10），而该区现年地表径流量约为 124 亿 m³，冰川萎缩影响程度较小。天山北坡冰川覆盖率也较小（1960 年约为 2.2%），3 种情景下到 2100 年，冰川融水相对于 1960 年分别约减少 1.3 亿、6.1 亿和 8.6 亿 m³（图 11.10），而该区现年地表径流量约为 106 亿 m³，冰川萎缩对区域径流有一定的影响。天山南坡冰川覆盖率 1960 年约为 3.6%，3 种情景下到 2100 年，冰川融水相对于 1960 年分别约减少 4.2 亿 m³、21 亿 m³ 和 29 亿 m³（图 11.10），而该区现年地表径流量约为 365 亿 m³，冰川萎缩对区域径流影响不大，但对于部分冰川融水比例较高的流域，影响则较大。昆仑山北坡冰川覆盖率尽管较小（1960 年约为 1.8%），但该区总地表径流量仅为 46 亿 m³，3 种情景下到 2100 年，冰川融水相对于 1960 年分别约减少 1.4 亿 m³、7.0 亿 m³ 和 10 亿 m³（图 11.10），冰川萎缩对区域径流影响较大。祁连山北坡冰川覆盖率也较小（1960 年约为 1.5%），但该区总地表径流量仅为 57 亿 m³，3 种情景下到 2100 年，冰川融水相对于 1960 年分别约减少 0.4 亿 m³、2.1 亿 m³ 和 3.1 亿 m³（图 11.10），冰川萎缩对区域径流影响较大。总体来看，冰川萎缩对不同区域的影响程度差异较大，特别是冰川融水比例较高的河流，在干旱年份可能会出现断流现象。

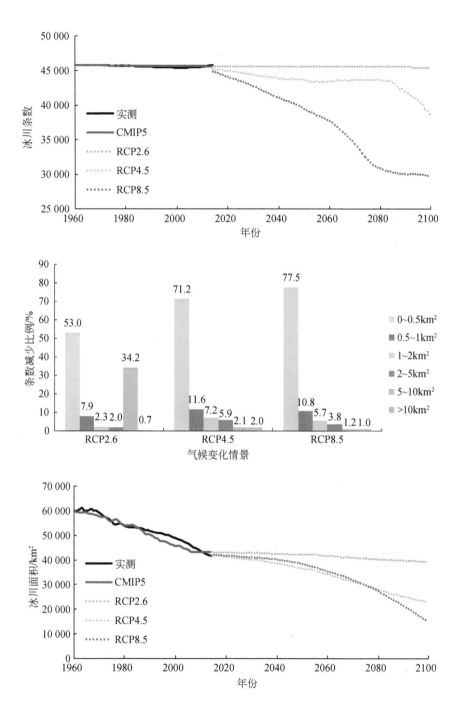

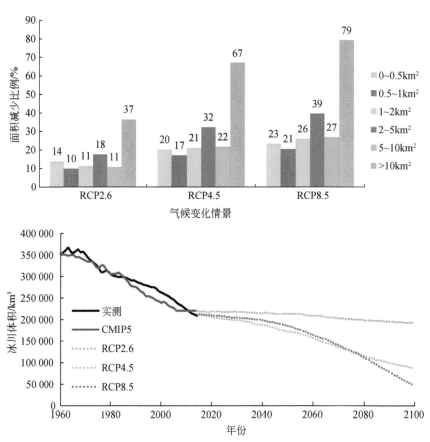

图 11.9　未来中国冰川数量、面积和体积的可能变化

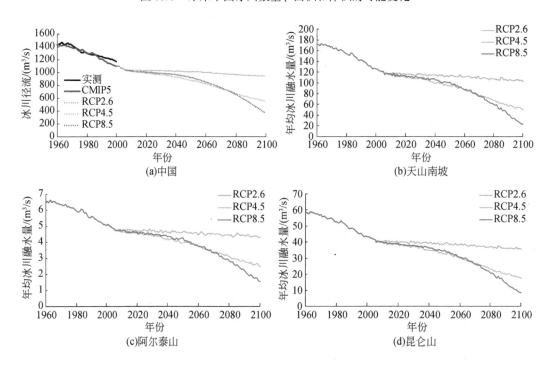

(a)中国　　(b)天山南坡

(c)阿尔泰山　　(d)昆仑山

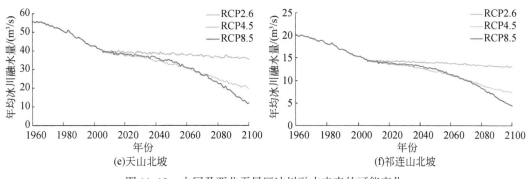

(e)天山北坡   (f)祁连山北坡

图 11.10 中国及西北干旱区冰川融水未来的可能变化

11.2.2.2 冻土变化对径流的影响

全球气候的持续变暖会导致多年冻土温度升高、活动层加深、面积减少的退化趋势，而季节冻土的最大冻结深度则明显变浅（Cheng and Wu，2007；Wu and Zhang，2008），这会导致冻土水热耦合过程发生改变从而影响了寒区流域的产汇流过程，冻土隔水底板作用减弱，浅层壤中流可能会减少，流域调蓄水的能力增强，从而改变了流域径流年内和年际的变化，最明显的现象是流域枯水径流增加（Liu et al.，2003；巩同梁等，2006；刘景时等，2006；牛丽等，2011）。图 11.11 为西北地区主要河流近 60 年来枯水径流（11 月 ~次年 2 月）的变化。黄河源枯水径流呈现不显著的增加趋势（唐乃亥站和大通站）。黄河源枯水径流的变化，应该还与生态变化有关。阿克苏河流域枯水径流变化也呈不显著的增加趋势。多年冻土退化的影响还不十分明显，这应该与新疆山区气温较低有关。河西走廊内陆河流域枯水径流增加趋势显著，特别是疏勒河流域，黑河流域枯水径流的增加幅度没有疏勒河山区流域明显。

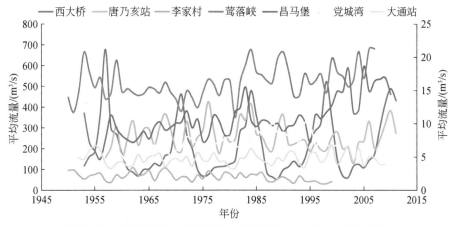

图 11.11 西北地区主要河流枯水径流变化（11 月 ~次年 2 月）

冻土对流域径流变化的影响也取决于流域冻土的比例及其特征，相关研究表明，若流域多年冻土覆盖率较大（约>40%），则冻土退化对流域径流具有较大的影响，而对多年冻土分布较小的流域影响较小（图11.12；叶柏生等，2012）。

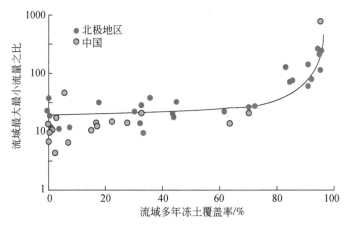

图11.12　北极地区和中国主要寒区径流峰谷比值与流域冻土覆盖率的关系（叶柏生等，2012）

11.2.2.3　积雪变化对径流的影响

积雪是陆地上重要的淡水资源，在中国的三大积雪区中，西北干旱区积雪水资源效应尤为重要，其融雪径流是中国西北中纬度山区流域水资源的重要组成部分。积雪是冰冻圈最为活跃的组成部分，春季大部分以融雪径流形式补给河流，成为河道春季径流的主要补给源之一，具有季节调丰补枯的作用。河西内陆河水系积雪融水比例相对较低，黑河上游流域以冰雪融水补给为主，尤其在春季消融季节，降水稀少，来水量的75%左右来源于积雪消融（王建和李硕，2005），1960~2013年平均积雪融水比例占25%，而且近54年来升高了约12%（图11.13）；石羊河融雪径流只占10%左右（沈永平等，2007）；而天山北坡地区，积雪融水比例较高，如额尔齐斯河支流克兰河，年内积雪融水可占年径流量的45%；在乌鲁木齐河流域，尽管其河源冰川面积不大，冰川融水补给量仅为11%左右，但融雪水占36%（沈永平，2009）。

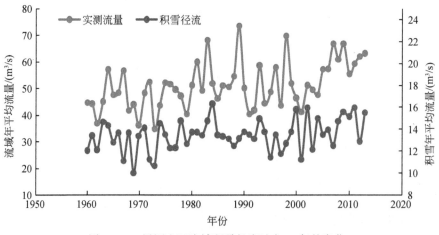

图11.13　黑河山区流域积雪径流过去50年的变化

气候变暖和我国西北西中部从暖干向暖湿转型趋势已经对当地流域的融雪径流分配产生了较为明显的影响（王建和李硕，2005）。气候变暖使流域融雪过程提前，导致径流年内分配发生变化，春季径流呈现显著增加趋势，不同流域变化幅度取决于流域的融雪补给率（王建和李硕，2005；沈永平等，2007）。天山北坡额尔齐斯河支流克兰河自20世纪90年代以来春季融水径流总量增加约15%，最大月径流由6月提前到5月，4~6月融雪径流量也由占年流量的60%增加到近70%（沈永平等，2007）；分析表明祁连山黑河流域1987~2000年积雪消融时间较1970~1986年提前，融雪径流量增大，3~7月流量有较为显著的增长（王建和李硕，2005）。

西北地区5月份径流量的变化，基本能够反映该区融雪径流的变化（图11.14）。总体看，江河源等高原季风影响区以及东亚季风区，5月径流呈现下降趋势，而西风带的河流，径流量呈现增加趋势。气温升高提高了雪线，但在西风带降雪量伴随着降水量的增加而增加，融雪径流呈现一定程度的增加趋势。

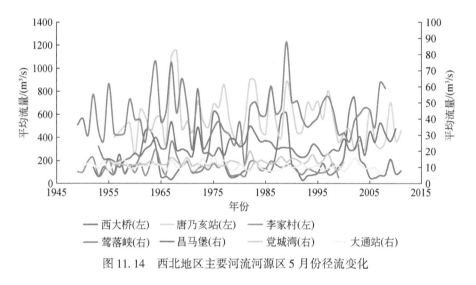

图11.14 西北地区主要河流河源区5月份径流变化

11.2.3 植被变化对流域上游径流的影响

全球变暖已经导致北极地区植被扩张，中国部分高山地区呈现植被带上移现象，以高山寒漠带和草甸交界带最为敏感。高山寒漠带是西部高山区的主产流区，对于多数大型山区流域来说，占流域面积20%左右的高山寒漠带，其径流贡献率则高达60%，而占流域70%左右的草地（草甸和草原），径流贡献不超过30%。森林年蒸散发量一般大于区域降水量，但其具有重要的水源涵养能力，而且蒸腾于森林的水汽，通过内循环绝大多数转换为区域降水。沼泽、草地等下垫面类型，也就有重要的水源涵养作用。若全球变暖引起植被带上移，则山区流域蒸散/降水比例增大、径流系数必然减小（陈仁升等，2014）。以黑河干流山区流域为例，其径流主要来自于占流域面积19.9%的高山寒漠带，其径流贡献比率约为60.5%，而占流域面积69.7%的高寒草甸和草原，其径流贡献率仅为26.9% ［图11.15

（a）］；模拟结果表明，若高寒草甸向高山寒漠带上移，则导致流域蒸散发量加大，丰水年份和季节径流增多，而其他年份或季节径流减少，流域径流量总体减少［图11.15（b）］。

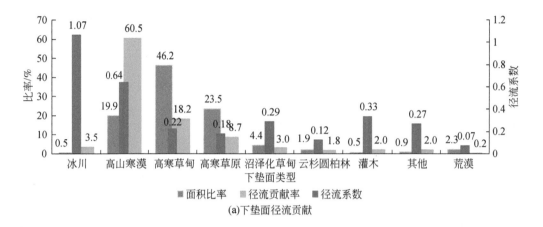

(a)下垫面径流贡献

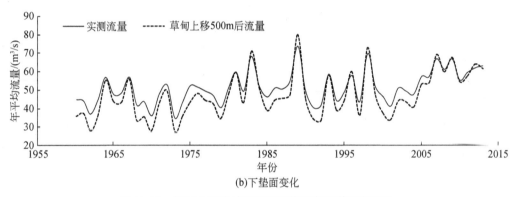

(b)下垫面变化

图11.15　黑河山区流域下垫面径流贡献及其可能变化

　　黄河源20世纪90年代以前土地覆被变化对径流影响很小，气候变化对径流的影响在95%以上。20世纪70~90年代，气候变化的水文效应大约为65%~80%；土地利用变化的影响大致为6%~16%；生态退化、冻土融化等的水文效应大约为14%~20%（陈利和刘昌明，2007）。气候变化及其影响下的冻土变化，驱动长江源区高寒草甸与高寒沼泽草甸生态系统退化了5%和13%，严重退化的高寒草甸和高寒沼泽草甸使得大致49%的降水量不能形成径流，导致区域降水-径流的减少（王根绪等，2007）。土地覆被变化对长江源水资源循环过程及配置影响显著，总体讲长江源流域林地和草地面积增加，导致径流减少，而沙地和裸地面积增加导致径流量增加。模型模拟结果表明：若流域林地和草地面积增加到最大，则径流量减少了17%，达到304.12 m³/s，径流深减少14.02mm；当林地和草地面积减少，并逐步变为沙地、裸地，流域径流量增加16%，达到424.32 m³/s，径流深也增加了13.49mm；当林地和草地面积消失，将使流域径流量增加28%，达到469.67 m³/s，径流深增加23.88 mm；在草地覆被最佳状况下，径流量有所增加，但增加幅度不大，只有6%，达到385.98 m³/s，径流深增加4.72mm（李佳等，2012年）。

11.2.4 气候和冰冻圈变化对山区流域径流的综合影响

在 RCP4.5 情景下，相对于 1960～2000 年，西部高寒区流域 2090～2100 年平均气温约升高 2.0℃。在此情景下，气候和冰冻圈变化可导致西北河川径流呈现减少趋势，但不同地区变化量及原因互异，大约存在 4 种情况（图 11.16）：①长江源和黄河源等高原季风影响区，降水基本稳定、冰川覆盖率低，冰川融水减少、蒸散发量增加可导致流域径流分别较 2005～2010 年减少约 30% 和 20%；②天山南北坡、昆仑山北坡、疏勒河等冰川覆盖较高的西风带地区，冰川萎缩超过了降水增加的影响，未来径流约减少 10%～30%；③地处西风、东亚季风和高原季风交叉影响区的黑河干流山区，降水增加的影响基本和蒸散发量增加、冰川融水径流减少的影响相当，径流基本稳定；④石羊河流域以东的东亚季风影响区地区，河源区未来径流减少主要是由降水减少、蒸散发增加引起。

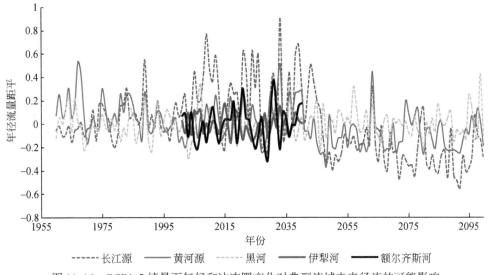

图 11.16 RCP4.5 情景下气候和冰冻圈变化对典型流域未来径流的可能影响

11.2.5 绿洲变化对流域中下游径流的影响

西北内陆寒区出山径流量的变化主要受气候变化的影响，而出山口以下的平原和盆地径流消耗区的水资源变化主要受人类活动因素控制。西北内陆河流域绿洲自发展农业以来，随着人类活动干预加强，绿洲稳定性面临日益严峻的挑战，其影响主要通过绿洲耗水间接作用于绿洲人口、资源、环境和协调发展。本书中的绿洲耗水量并非山区全部径流与下游径流之差，仅指流域主干河流出山与下游径流之差，在一定程度上能够反映绿洲消耗河川径流的情况。

总体来看，塔里木河新慢渠站以上绿洲耗水呈增加趋势，但增幅较小（图 11.17）。黑河中游绿洲耗水自 20 世纪 80 年代（改革开放）以来持续增加，2000 年以后，黑河流域分水计划实施（调整中游用水以供给下游），绿洲消耗河川径流情况基本平稳，但绿洲仍在扩张；黑河绿洲面积从 1963 年的 4448.6 km² 增加到 2009 年的 6766.5 km²，40 多年间，增加了 2317.9 km²，变化率高达 52%，年均增加率为 1%（赵晓冏，2012）。绿洲增加，除了少量的节水技术以外，主要是消耗地下水。从 2000 年实施调水后，中游盆地地下水资源与出山径流的关系发生了显著变化，中游盆地地下水平均水位持续下降，地下水资源量呈减少的趋势；而下游盆地由于流入的地表水数量增加，相应对地下水的补给量有所增加，盆地地下水水位则有不同程度的上升（席海洋等，2007；魏智等，2008）。冬季下游河道径流明显大于山区径流量，主要为中游绿洲排泄水量补给下游河流（图 11.18）。而在开发程度较小的塔里木河流域，不存在这种现象（图 11.18）。石羊河山区和下游径流均呈现减少趋势，但中游绿洲消耗河川径流情况持续增加（图 11.17）。自 2005 年以后，受国家相关政策——《石羊河流域综合治理方案》实施的影响（熊伟，2008），尽管山区流量减少，但下游流量增加，中游绿洲消耗河水情况呈现减弱趋势。流域地表径流量的变化与绿洲各时段演变规律一致。1975~1990 年石羊河流域径流量呈增加趋势，该时期流域绿洲面积增加 167.6 km²；1990~2000 年，其径流量呈减小趋势，对应的绿洲面积也缩小近 600km²；2000~2010 年，其径流量又再次增加，绿洲规模也再次扩大（文星等，2013）。

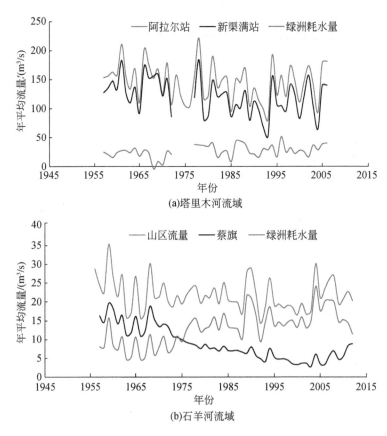

(a)塔里木河流域

(b)石羊河流域

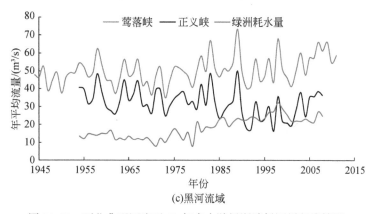

图 11.17　西北典型河流近 60 年来中游绿洲消耗河川径流情况

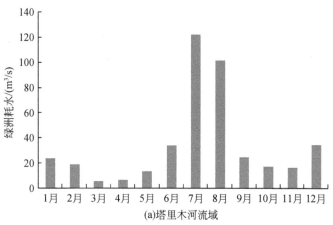

(a)塔里木河流域

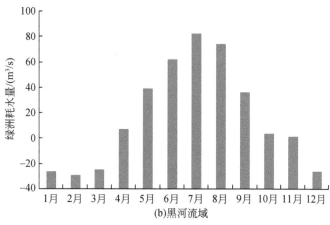

(b)黑河流域

图 11.18　西北典型河流中游绿洲消耗河川径流月变化

综上所述，西北地区降水趋势变化的分界线与径流趋势变化的分界线基本一致，河川径流的变化主要受气候变化大背景下降水变化的影响，气温升高在增加区域蒸散发量的同时，加速了冰川、积雪的消融和冻土的退化，但这些影响随冰冻圈空间分布的不同有所差异。冰川数量、面积及储量持续减少，除个别情景下部分面积级别的冰川融水出现峰值外，冰川融水量持续减少，将会导致多数以小冰川为主的、冰川覆盖率较高流域的径流急剧减少，需引起重视。随着降水增加和雪水当量增加，过去50年和未来100年，西北山区积雪融水径流会有所增加。冻土退化减少了地表径流，增加了流域基流和流域蒸散发量。总体看，在高原季风和西风带影响区，以冰川融水为主的河流，未来河川径流将会减少；积雪融水–降雨混合型补给的河流，河川径流较为稳定。在东亚季风区，未来西北河川径流减少的可能性较大。高山区植被退化会短期引起河川径流增加，但长期影响尚无定论。全球变暖植被带上移，将会引起流域蒸散发量/降水量比例增加，流域径流系数和产流量减少。西北内陆寒区出山口以下的平原和盆地径流消耗区的水资源变化主要受人类活动因素控制。近年来，由于人类活动的加剧，主要表现为在河道内取水用水、水利工程及对流域下垫面的影响，人类活动对径流的影响日益显著。

11.3 核心结论与认识

（1）西北河源区过去50年河川径流存在着明显的东西差异性变化界线，反映出过程几十年气候变化对径流的不同影响。分界线略西于降水趋势变化的分界线，大约在河西走廊黑河东部—青海湖东部—黄河唐乃亥水文站一线。该线以西过去50年出山径流呈现增加趋势，降水增加、气温升高冰川融水增多是主要原因；以东地区则为减少趋势，蒸散发、人类活动增加是关键影响因素。

（2）冰冻圈萎缩、调丰补枯作用减弱对西北河川径流变化具有重要的影响。西北干旱区冰川对大多数流域的径流贡献率达20%~80%，在干旱月份、年份是维系河川径流稳定的关键；冰川萎缩将会导致冰川覆盖率高的部分小型河流断流，未来北大河、疏勒河、塔里木河山区总径流在枯水年将大幅减少。冻土退化减少了地表径流，增加了流域基流和蒸散发量。未来西北地区融雪径流总体呈现一定增加趋势，在冰川显著萎缩后，积雪的调丰补枯作用将更加重要。

（3）未来气候和冰冻圈变化可导致西北河川径流总体呈现减少趋势。相对于1960~2000年，到2100年升温2℃时：①长江源和黄河源等冰川覆盖率低的高原季风影响区，降水增加较少，冰川融水减少、蒸散发增加使流域径流减少约20%~30%；②天山、昆仑山、祁连山西段等冰川覆盖率较高的西风带地区，冰川萎缩、融水减少超过了降水增加的影响，未来径流减少16%~30%；③地处西风、季风边缘区的黑河干流，降水增加基本和蒸散发增加、冰川融水径流减少的影响相当，出山径流基本稳定；④石羊河流域以东的东亚季风影响区，河源区未来径流减少主要是由降水减少、蒸散发增加引起。

（4）针对未来西北河川径流可能减少的潜在影响，应增加山区水库以加强径流的年调节能力，弥补冰川减少而导致的年调节能力下降所带来的问题；在山区修建地下水库，储存目前冰川融水增加及丰水年的水资源量，用于枯水年水资源缺少带来的问题，以增强多年调节能力。

第 **12** 章

西北地区土地沙漠化变化

　　导读：西北地区是我国受沙漠化威胁最严重的地区，了解其沙漠化现状、动态和成因机制，对沙漠化防治、西北生态屏障及"丝绸之路经济带"建设具有重要意义。本章基于文献的总结和再研究，分析了西北地区沙漠化现状及动态变化趋势，并选取典型区，研究沙漠化演变趋势和成因，总结防沙治沙的成功经验与模式。经研究认为，西北地区沙漠化处于整体逆转阶段，而新疆沙漠化持续扩展，人为作用是沙漠化逆转扩张的主要驱动力。沙漠化的防治应在厘清沙漠化成因的基础上，结合当地的地理条件，因地制宜地制定有针对性的防治措施。未来沙漠化防治的重点地区中新疆是核心。

　　荒漠化是在干旱、半干旱和亚湿润干旱区，由于气候变异和人类活动等多种因素造成的土地退化（UNCCD，1998）。截至 2014 年年底，全国荒漠化土地总面积为 261.16 万 km²，占国土总面积的 27.20%，分布于 18 个省（自治区、直辖市）的 528 个县（旗、市、区）（国家林业局，2015）。全国约有 4 亿人口受到荒漠化危害，每年因荒漠化危害造成的直接经济损失达 1200 亿元（国家林业局，2011）。

　　根据"土地退化"的主要形式，荒漠化又可分为风蚀荒漠化、水蚀荒漠化、土地盐渍化和冻融荒漠化 4 种类型。风蚀荒漠化，即沙质荒漠化，通常被称为沙漠化，是指干旱、半干旱及部分半湿润地区由于人地关系不相协调所造成的以风沙活动为主要标志的土地退化过程（王涛，2003）。沙漠化是我国影响最大，分布最广的荒漠化类型。截至 2014 年年底，全国沙漠化土地面积为 172.12 万 km²，占全国荒漠化土地总面积的 65.91%，国土总面积的 17.93%，其中 85.85% 的沙漠化土地分布在西北地区（国家林业局，2015）。因此，了解西北地区的沙漠化空间分布格局、动态变化过程及成因机制，对我国的沙漠化防治和治理具有重要意义。

12.1
沙漠化的分布规律及区域特征

12.1.1　西北地区沙漠化时空分布特征

　　我国西北地区共有荒漠化土地 212.11 万 km²，占全国荒漠化土地总面积的 81.22%，是我国受荒漠化侵袭最严重的地区（图 12.1）。其中，沙漠化土地面积最多，达 142.60 万 km²，占西北地区荒漠化土地总面积的 67.02%，占全国沙漠化土地总面积的 85.85%（国家林业局，2015）。

　　沙漠化土地是西北地区最主要的荒漠化类型，1999 年、2004 年、2009 年和 2014 年西北地区沙漠化土地面积分别为 143.87 万 km²、143.42 万 km²、143.13 万 km² 和 142.60 万 km²，分别占西北地区荒漠化土地总面积的 67.82%、67.61%、67.47% 和 67.23%（国家林业局，2005；2011；2015）。1999~2014 年，沙漠化土地整体呈持续减少趋势 [图 12.2(a)]；其中，1999~2004 年减少了 0.44 万 km²，2004~2009 年减幅变缓，仅减少了 0.29×10⁴ km²，而 2009~2014 年减幅最大，为 0.52 万 km²。1999~2014 年，西北地区沙漠化土地面积约占全国沙漠化土地总面积的 83.34%，而同时期减少的沙漠化土地面积却仅占 52.06%，表明西北地区沙漠化土地面积广、程度重且恢复难。

　　尽管 1999~2014 年，西北地区沙漠化土地呈现持续减少的趋势，但在不同省份却表现出不同的区域变化特征 [图 12.2（b）]：新疆 1999~2014 年沙漠化土地都持续增加，三段时期分别增加了 0.05 万 km²、0.04 万 km² 和 0.04 万 km²；青海省 1999~2004 年沙漠化土地增加了 0.12 万 km²；甘肃省 2009~2014 年沙漠化土地增加了 0.25 万 km²；其余省份的变化趋势与西北沙漠化土地变化趋势一致——沙漠化面积持续减少，尤以内蒙古沙漠化逆转最为明显，其中 1999~2004 年和 2009~2014 年的减少幅度较大，分别为 0.49 万

km² 和 0.68 万 km²，超过同时期西北地区减少的沙漠化土地总面积。

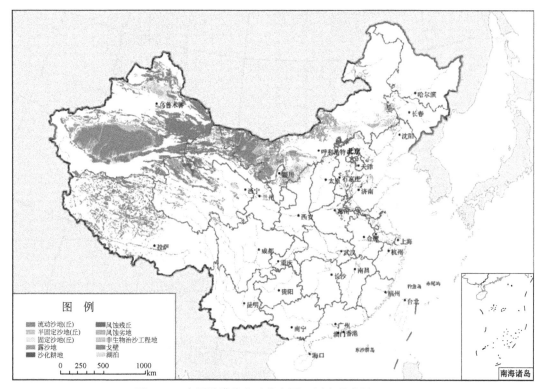

图 12.1　中国沙漠化土地分布图（国家林业局，2009）

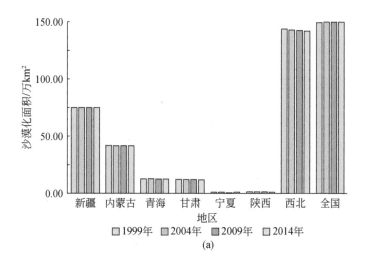

(a)

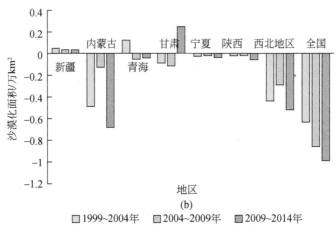

图 12.2　1999～2009 年西北各省份沙漠化土地变化

12.1.2　西北各省区沙漠化现状及分布特征

12.1.2.1　新疆沙漠化现状及分布特征

截至 2009 年年底，新疆荒漠化土地面积共达 107.12 万 km²，占新疆土地总面积的 64.34%。其中，沙漠化土地面积为 74.67 万 km²，占新疆土地总面积的 44.84%，荒漠化土地总面积的 69.71%，西北地区沙漠化土地总面积的 52.52%，是西北地区同时也是全国沙漠化土地分布最为集中的地区。此外，新疆沙漠化的严重性还表现在严重和重度沙漠化土地所占比重较高，两者合计高达 83.11%，严重和重度沙漠化面积分别为 45.39 万 km² 和 16.63 万 km²；新疆沙漠化土地有绝对面积大，程度严重的特点，这给该地区沙漠化的防治工作带来极大的挑战。在新疆，虽然沙漠化防治相对容易的轻度沙漠化土地仅占 3.63%，但其面积也达到了 2.71 万 km²，它们将是今后新疆进行沙漠化防治工作的重点目标。

沙漠化土地在新疆地区空间分布范围极广，主要分布在巴音郭楞、和田、哈密、阿克苏、阿勒泰及喀什 6 个地（州），面积分别为 24.48 万 km²、13.25 万 km²、9.3 万 km²、6.21 万 km²、4.49 万 km² 和 4.11 万 km²，6 地（州、市）沙漠化土地面积占全区沙漠化土地总面积的 82.8%；其余地（州、市）共 12.83 万 km²，占 17.2%（图 12.3）。其中，严重沙漠化土地主要集中分布在塔里木盆地和吐鲁番盆地，在这两个盆地严重沙漠化土地的外围则分布中度和重度沙漠化土地；此外，重度沙漠化土地在准噶尔盆地也有大片分布；中度和轻度沙漠化土地则主要集中分布在准噶尔盆地，且中度沙漠化土地主要分布在乌伦古河以南的区域，而轻度沙漠化土地则集中分布在乌伦古河与额尔齐斯河之间的区域。此外，中度和轻度沙漠化土地在绿洲区的外围也有零星分布。

12.1.2.2　内蒙古沙漠化现状及分布特征

内蒙古荒漠化土地面积合计为 61.77 万 km²，占内蒙古土地总面积的 52.20%。沙漠

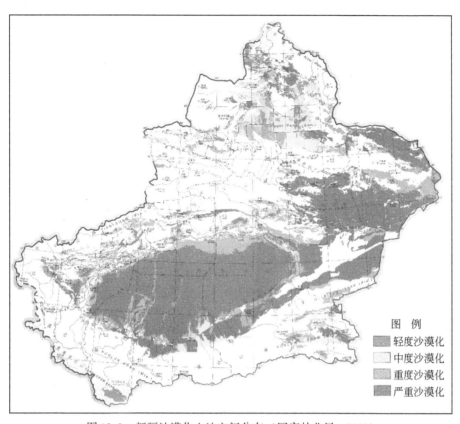

图 12.3　新疆沙漠化土地空间分布（国家林业局，2009）

化是内蒙古最重要的荒漠化类型，面积有 41.47 万 km²，占内蒙古土地总面积的 35.05%，占荒漠化土地总面积的 67.14%，且以重度和严重沙漠化土地为主，分别为 8.94 万 km² 和 17.05 万 km²，共占沙漠化土地总面积的 62.67%，以严重沙漠化土地面积最大，占沙漠化土地总面积的 41.11%。其次分别为中度和轻度沙漠化土地，分别为 9.84 万 km² 和 5.64 万 km²。与 2004 年相比，轻度沙漠化土地面积增加了 8460 km²；中度沙漠化土地面积减少了 3304 km²；重度沙漠化土地面积减少了 2701 km²；严重沙漠化土地面积减少了 3708 km²。

内蒙古沙漠化土地主要分布在阿拉善盟、锡林郭勒盟、鄂尔多斯市、巴彦淖尔市、通辽市、赤峰市、乌兰察布市和呼伦贝尔市 8 个盟（市），这 8 个盟（市）的沙漠化土地面积占全区沙漠化土地总面积的 97.93%。阿拉善盟沙漠化土地面积最大，为 20.43 万 km²，占全区沙漠化土地总面积的 49.26%。沙漠化土地的空间分布规律性较强，首先几乎所有的沙漠化土地都分布在多年平均降水量低于 400mm 的区域，且随着降水量自东向西逐渐递减，沙漠化土地的程度逐渐增加（图 12.4）。严重沙漠化土地主要分布在贺兰山以西地区，包括巴丹吉林沙漠和腾格里沙漠及其周边地区，此外在库布齐沙漠也有分布；重度沙漠化土地主要分布在苏尼特草原以及后山地区；中度沙漠化土地分布在毛乌素沙地、浑善达克沙地；而轻度沙漠化土地则主要分布在东部降水量较高的科尔沁沙地和呼伦贝尔沙地。

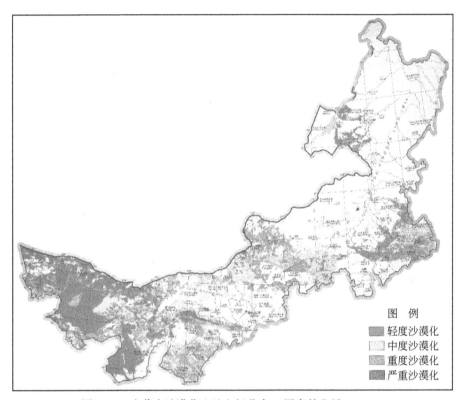

图 12.4　内蒙古沙漠化土地空间分布（国家林业局，2009）

12.1.2.3　青海沙漠化现状及分布特征

青海省荒漠化土地共计 19.17 万 km²，占青海省土地总面积的 26.54%，其中沙漠化土地为 12.55 万 km²，占青海省土地总面积的 17.38%，占荒漠化土地总面积的 65.47%。相对新疆和内蒙古，青海省沙漠化土地所占行政区域比例较小，但青海省的沙漠化形式依然不容乐观。在 4 种程度沙漠化土地中，严重沙漠化土地所占比例最大，达到 55.16%，面积有 6.93 万 km²；其次分别为中度、重度和轻度沙漠化土地，分别有 2.65 万 km²、2.37 万 km² 和 0.61 万 km²。

青海沙漠化土地空间分布广泛（图 12.5）。面积最大的严重沙漠化土地集中分布在柴达木盆地内，此外在共和盆地、青海湖东北岸以及玛多等地都有分布；重度沙漠化土地在柴达木盆地内的托肃湖周边地区分布最为集中；中度沙漠化土地主要分布在青海省西南部的高原区，分布相对较为零散；轻度沙漠化土地面积较少，分布不集中，一般在中度沙漠化土地的外围零星分布。

12.1.2.4　甘肃沙漠化现状及分布特征

甘肃省荒漠化土地共 19.34 万 km²，占甘肃省土地总面积的 42.64%，沙漠化土地面积为 12.03 万 km²，占甘肃省土地总面积的 26.52%，占荒漠化土地总面积的 62.20%。

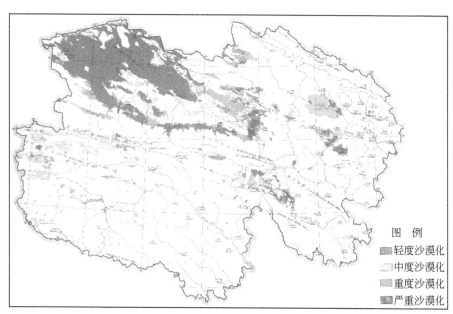

图 12.5　青海荒漠化土地空间分布（国家林业局，2009）

严重沙漠化土地面积为 7.80 万 km²，占沙漠化土地总面积的 64.83%，是西北 6 省区中严重沙漠化土地所占比重最大的地区；加上排在第二位的重度沙漠化土地（2.30 万 km²），两者比重高达 83.93%。甘肃省不仅沙漠化分布面积广，且程度严重，沙漠化形势不容乐观。中度和轻度沙漠化土地分别为 1.52 万 km² 和 0.41 万 km²，其中轻度沙漠化土地仅占 0.039 万 km²。

空间上，沙漠化土地主要分布在石羊河、黑河和疏勒河三大内陆河流域中、下游的广大地区（图 12.6）。严重和重度沙漠化土地分布广泛，但总体上分布于绿洲的外围区域，越靠近绿洲沙漠化土地程度相对较轻。此外，在环县的西北角也分布少片沙漠化土地，但总体上程度较轻，以中度和轻度沙漠化土地为主。

12.1.2.5　宁夏沙漠化现状及分布特征

宁夏仅有荒漠化土地 2.97 万 km²，占宁夏土地总面积的 17.78%，沙漠化土地 1.18 万 km²，占荒漠化土地总面积的 39.73%。宁夏沙漠化土地以轻度为主，有 0.72 万 km²，占沙漠化土地总面积的 60.76%；剩下依次为中度、严重和重度沙漠化土地，分别为 0.19 万 km²、0.14 万 km² 和 0.13 万 km²。宁夏沙漠化土地面积少，且轻度和中度沙漠化土地所占比例较大（共 76.81%），在西北 6 省（自治区）沙漠化形势较为乐观。

宁夏占主导的轻度沙漠化土地主要分布在河东沙地，这也是沙漠化土地在该地区分布最集中的地区；中度和重度沙漠化土地主要分布在银川平原绿洲区的外围；严重沙漠化土地大部分布在中卫沙坡头一带，位于腾格里沙漠的东南缘（图 12.7）。

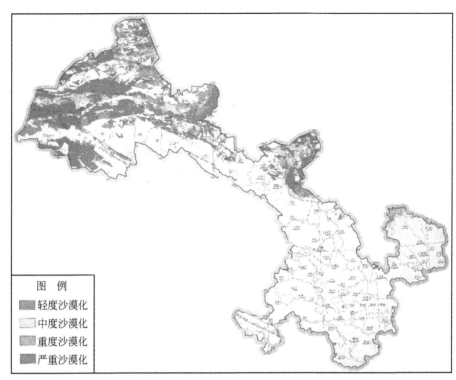

图 12.6　甘肃沙漠化土地空间分布（国家林业局，2009）

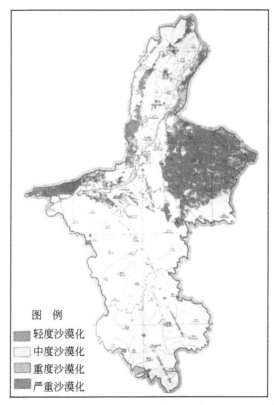

图 12.7　宁夏沙漠化土地空间分布（国家林业局，2009）

12.1.2.6 陕西沙漠化现状及分布特征

陕西省荒漠化土地面积为 2.99 万 km²，在西北 6 省（自治区）中排名倒数第二，仅略高于宁夏荒漠化土地面积，荒漠化土地面积仅占该省国土面积的 14.53%，是西北 6 省（自治区）中荒漠化土地比重最小的省份。

陕西省共有沙漠化土地 1.43 万 km²，占陕西省荒漠土地总面积的 47.83%，占国土总面积的 6.95%，也是西北 6 省（自治区）中沙漠化土地比重最小的省份。陕西省沙漠化土地以轻度和中度为主，分别为 0.66 万 km² 和 0.54 万 km²，共占沙漠化土地总面积的 83.70%；且中度沙漠化土地比重最大，占沙漠化总面积的 45.88%。重度沙漠化土地所占比重最小，仅有 5.85%，面积为 0.08 万 km²。轻度和中度沙漠化土地由于程度相对较轻，人工干预后容易恢复，应是沙漠化治理中最优先治理的对象。陕西省沙漠化土地面积少，且轻度和中度沙漠化土地所占比例是西北 6 省（自治区）中最大的，因而沙漠化形势较为乐观。

空间上，陕西省沙漠化土地集中分布在"定边—靖边—横山—榆林—神木"一线以北的地区，属于毛乌素沙地的东南缘（图12.8）。在这一线以南地区也有部分沙漠化土地分布，多为山前缓坡区域的流沙堆积。各种程度的沙漠化土地交错分布，规律性不明显。

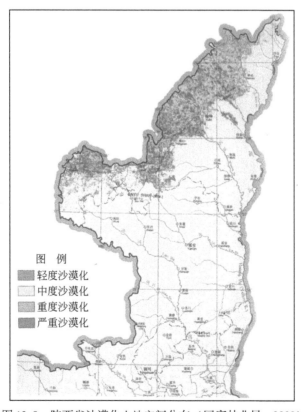

图 12.8 陕西省沙漠化土地空间分布（国家林业局，2009）

12.2

典型区沙漠化过程及成因分析——毛乌素沙地

本书中的西北地区包含了农牧交错区、西北干旱区和青藏高寒区，因此在综合考虑了各地区的沙漠化严重性、公众关注度、数据完整性及可获取性等指标，分别选择了毛乌素沙地、石羊河流域和柴达木盆地作为以上三大区域的典型代表，深入分析沙漠化过程和成因。

12.2.1 毛乌素沙地沙漠化土地变化趋势

根据内蒙古草场资源遥感应用考察队伊克昭盟（现鄂尔多斯市）分队（1990）的考察研究结果，毛乌素沙地在 1949 年的沙漠化土地面积约为 12 900 km^2。到了 20 世纪 70 年代中期，利用航片分析的结果显示，当时的沙漠化土地面积已达 41 108 km^2，其中严重沙漠化土地面积为 2376 km^2，中度沙漠化土地为 10 216 km^2，轻度沙漠化土地为 8561 km^2；到了 80 年代后期，沙漠化土地的总面积为 35 559 km^2，区域分布上以内蒙古的伊克昭盟境内沙漠化程度为最高，陕北榆林地区次之。与 70 年代相比较，沙漠化土地面积减少了 5549 km^2（朱震达和陈广庭，1994）。

吴波和慈龙骏（1998）分析了 20 世纪 50～90 年代毛乌素沙地景观分类及景观动态变化，结果表明，70 年代末至 90 年代初的沙漠化速度远远低于 50 年代末至 70 年代末，并且某些地方出现沙漠化土地明显负增长，如榆阳区的芹河、金鸡滩、牛家梁。吴薇等（1997）的研究也表明，1987～1993 年沙漠化土地由 32 586 km^2 下降到 30 650 km^2，减少了 1936 km^2，总体上处于沙漠化的逆转过程中，平均每年约 276.6 km^2 的沙漠化土地得到了治理。

根据郭坚等（2008）的研究结果（表 12.1），1977～2005 年毛乌素沙地及周边地区无论是沙漠化土地总面积还是不同程度的沙漠化土地面积都呈持续、显著的下降趋势。1977 年是该地区沙漠化最为严重的时期，共有沙漠化土地 64 247.96 km^2，占到了总面积的 78.95%；其他 3 个时期，沙漠化土地面积分别占总面积的 72.42%、50.01% 和 48.77%。自 1977 年以来，沙漠化土地快速逆转，到 2005 年共减少沙漠化土地 24 561.25 km^2，年均减少了 846.94km^2；1986～2000 年是沙漠化土地逆转最迅速的时期，年减少率为 1215.6 km^2/a，共减少沙漠化土地 18 233.79 km^2，占减少总面积的 74.24%。Yanbing 等（2012）研究了 1986～2003 年毛乌素沙地东南部陕北 7 个区县的沙漠化土地变化，结果也显示自 1986 年以来的沙漠化土地呈现持续的逆转趋势。

表 12.1 毛乌素沙地及周边地区不同时期沙漠化土地面积　　　　　（单位：km^2）

程度	1977 年	1986 年	2000 年	2005 年
轻度沙漠化	27 954.45	26 385.9	12 917.5	12 322.9
中度沙漠化	14 108.71	14 708.28	10 134.41	10 008.68
重度沙漠化	22 184.8	17 836.47	17 644.95	17 355.13
总计	64 247.96	58 930.65	40 696.86	39 686.71

尽管上述结果因为研究区范围以及监测方法结果的差异，各个时期的沙漠化面积存在较大差异，难以进行横向比较，但纵向来看，沙漠化动态变化趋势却较为一致，即在过去60 年中，20 世纪 50 ~ 70 年代是毛乌素沙地沙漠化土地的扩张时期，自 80 年代开始，进入持续的沙漠化逆转时期。

12.2.2　毛乌素沙地沙漠化土地空间分布及动态变化特征

毛乌素沙地沙漠化土地集中分布在沙地西北部的鄂托克前旗、鄂托克旗和乌审旗，且这三个地区的沙漠化程度较高。其中尤以乌审旗的沙漠化情况最为严重，沙漠化率达到了92.71%，且严重沙漠化土地在四种程度的沙漠化土地中面积最大，达 1.07 万 km²，占乌审旗沙漠化土地面积的 29.59%。沙漠化土地在毛乌素沙地西北部的集中分布与它们地处荒漠化草原向草原化荒漠的过渡带，气候相对东南部较为干旱，易于发生沙漠化有关。沙漠化情况较轻的是沙地东南水分条件较好的横山、靖边和定边，且轻度和中度沙漠化土地所占比重较大。沙漠化程度最轻的横山，沙漠化率为 18.77 %（郭坚等，2006）。

20 世纪 70 年代末至 80 年代末，流动沙地中分别有 2451.5 km² 和 984.4 km² 逆转为半固定沙地和固定沙地（主要分布在乌审旗东北部），同时有 4207.2km² 半固定沙地和 333.9 km² 固定沙地转入为流动沙地（主要分布在榆阳区北部、神木县西部和定边县北部）。半固定沙地中除了部分面积转出为流动沙地外，有 4518.6 km² 转出为固定沙地，新增的半固定沙地主要来自流动沙地（2451.5 km²）、固定沙地（1522.9 km²）和耕地（544.3 km²）。转出的半固定沙地主要分布于伊金霍洛旗南部、神木县西部、榆阳区北部、盐池县东部、定边县北部和鄂托克前旗东南部；转入的半固定沙地主要分布在鄂托克旗东南部和鄂托克前旗中部。固定沙地有 1522.9 km² 和 333.9 km² 转变为半固定沙地和流动沙地，另有256.06 km² 的固定沙地转变为耕地水体和城镇，新增的固定沙地主要来自半固定沙地（4518.6 km²）、流动沙地（984.4 km²）、耕地（511.0 km²）。转出的固定沙地分布在鄂托克前旗中部；转入的固定沙地主要分布在鄂托克前旗东南部和乌审旗南部（图 12.9）（闫峰和吴波，2013）。

从 20 世纪 80 年代末到 90 年代末，流动沙地中分别有 2712.0 km² 和 954.2 km² 转出为半固定沙地和固定沙地，主要分布在定边县北部、乌审旗东南部和靖边县北部；有 4252.6 km² 和 1690.4 km² 半固定沙地和固定沙地转入为流动沙地，主要分布在乌审旗东北、鄂托克旗东南、鄂托克前旗中部。半固定沙地中除了有部分面积转出为流动沙地外，另有2517.4 km² 和 692.6 km² 分别转出为固定沙地和耕地。新增的半固定沙地主要来自固定沙地（3199.2 km²）和流动沙地（2712.0 km²）。转出的半固定沙地主要分布在鄂托克旗东南、鄂托克前旗中部和定边县北部；转入的半固定沙地主要分布在鄂托克前旗东和乌审旗南和靖边县北部。固定沙地中分别有 3199.2 km²、1690.4 km² 和 373.3 km² 转出为半固定沙地、流动沙地和耕地，转入的固定沙地主要来自半固定沙地（2517.4 km²）和流动沙地（954.2 km²）。转出的固定沙地主要分布在鄂托克前旗中东部和乌审旗南部，转入的固定沙地主要分布在伊金霍洛旗南和定边县北部（图 12.9）（闫峰和吴波，2013）。

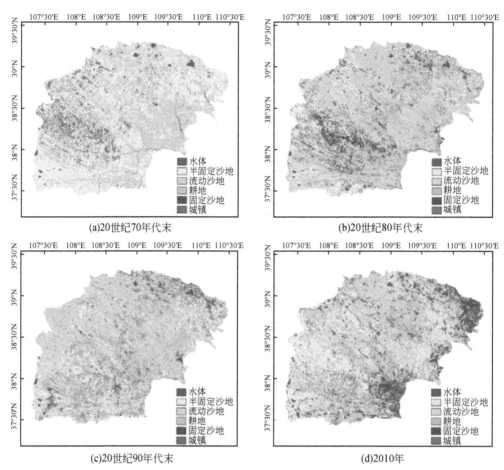

图 12.9 近 40 年毛乌素沙地地表覆被分布土地利用/土地覆被变化图（闫峰和吴波，2013）

20 世纪 90 年代末至 2010 年，流动沙地中有 8545.5 km² 和 1792.0 km² 分别转出为半固定沙地和固定沙地，同时有 891.0 km² 半固定沙地转入为流动沙地。转出的流动沙地主要分布在鄂托克旗东南、鄂托克前旗中、乌审旗北、神木县西南和榆阳区中西部；转入的流动沙地主要分布在鄂托克前旗东和乌审旗南部。区域内半固定沙地中有 3495.1 km² 和 891.0 km² 转出为固定沙地和流动沙地，新增的半固定沙地主要来自流动沙地（8545.5 km²）、固定沙地（2424.9 km²）和耕地（467.2 km²）。转出的半固定沙地主要分布在定边县北、乌审旗南、靖边县北和神木县西南部，转入的半固定沙地分布较广，主要分布在鄂托克旗东南、鄂托克前旗中东部、定边县北、乌审旗北、榆阳区中西部和神木县西部等地区。固定沙地中分别有 2424.9 km²、336.3 km² 和 775.7 km² 转出为半固定沙地、流动沙地和耕地，转入的固定沙地主要来自半固定沙地（3495.1 km²）和流动沙地（1792.0 km²）。转出的固定沙地主要分布在定边县北、乌审旗南和伊金霍洛旗西南部，转入的固定沙地主要分布于靖边县北、横山县西和神木县中部（图 12.9）（闫峰和吴波，2013）。

12.2.3 毛乌素沙地沙漠化成因分析

丰富的沙源及当地特有的气候条件是毛乌素沙地沙漠化发生发展的前提条件。已有研究成果揭示毛乌素沙地埋藏有第四纪古风成砂，而这些古风成砂为历史时期毛乌素沙地沙漠化的发生提供了沙源（董光荣等，1983；孙继敏等，1995，1996）。另外，频繁出现的起沙风（>5m/s）与干旱季节同步，为毛乌素沙地沙漠化的发生提供了动力条件。虽然毛乌素沙地具备沙源和特定的动力条件，但沙漠化的发生、发展与人类活动有直接联系，这些自然与人为因素的相互作用是沙漠化过程得以实现的关键，否则，沙漠化过程要慢得多，其沙地的范围要小得多，甚至不会出现（北京大学地理系等，1983）。因此，本节将分析过去几十年来毛乌素沙地的气候及人类活动变化，以揭示毛乌素沙地沙漠化土地动态变化的主要驱动因素。

12.2.3.1 自然因素变化

1）降水量变化

由表12.2可见，毛乌素沙地降水分布极不均匀，且降水年际变率也很大。毛乌素沙地降水量自东南向西北逐渐降低，榆阳区降水较为丰富，大约为400mm，次之为乌审旗、盐池县，降水最小的鄂托克旗，仅250mm左右。不同年代四个地区降水趋势各异，盐池县20世纪60年代降水较高，70年代有所下降，之后开始回升；榆阳区60年代降水较高，70年代有所下降，80年代稍微回升，90年代又呈现下降，21世纪大幅度升高；乌审旗在20世纪60年代降水量很高，70年代下降，80年代稍有回升，90年代又下降，进入21世纪大幅度回升；鄂托克旗在20世纪六七十年代降水量升高，90年代下降，21世纪升高。从毛乌素沙地不同地区的降水量变化趋势来看，降水在20世纪60年代到70年代呈现下降趋势，干旱有利于沙漠化的发生；之后，从80年代普遍回升，尤其是21世纪降水量大幅度升高。

表12.2 1961~2005年毛乌素沙地不同地区不同年代降水量变化

降水/mm	1961~1970年	1971~1980年	1981~1990年	1991~2000年	2001~2005年
盐池县	335.3	243.8	271.7	292.7	304.7
榆阳区	449.8	365.2	385.2	345.5	478.5
乌审旗	369.9	322.2	332.7	285.6	395.3
鄂托克旗	275.6	280.2	275.9	238.1	246.9

2）气温变化

由图12.10可见，毛乌素沙地气温呈现上升趋势，且进入20世纪八九十年代以后增温趋势更为显著，其中冬季和春季增温最明显，夏季和秋季次之。冬春季节植被覆盖度较低，气温升高会导致地表蒸发增加，导致干旱化趋势加剧，可能促进沙漠化的发生发展；

但是，温度升高同时也会延长植被生长期，如较高的春季温度会导致牧草生长季开始日期提前，同时较高的冬季温度会导致植被生长季结束日期延后。因此，单独的气温变化很难判定对沙漠化是促进还是抑制作用。

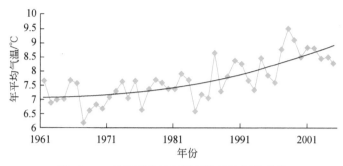

图 12.10　毛乌素沙地不同年份年均气温变化

3）大风日数变化

由图 12.11 可见，毛乌素沙地大风日数从 20 世纪 60 年代到 80 年代减少速度较快，而 80 年代之后无明显变化趋势。大风日数减少，沙漠化发生发展的动力减弱，将有利于该地区沙漠化逆转。

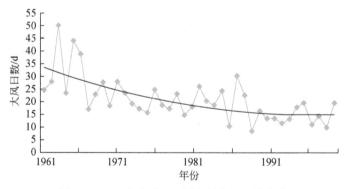

图 12.11　毛乌素沙地不同年份大风日数变化

4）蒸发量变化

由图 12.12 可见，该地区的蒸发量远远大于降水量，不同年份蒸发量变化较大，但总体趋势在 20 世纪 80 年代之前呈波动变化，但无明显变化趋势，80 年代以后开始逐渐下降。这一现象对该地区沙漠化的固定很有利。

通过以上分析，结果表明该地区温度在逐年升高，进入 80 年代后更加明显，增温效果主要表现在冬春季节；降水量在 80 年代之前下降，80 年代以后趋于平稳；大风日数在60 年代最高，之后下降很快，到 80 年代之后趋于平稳；蒸发量在 80 年代之前波动变化无明显趋势，80 年代后呈现下降趋势。说明 70 年代到 80 年代毛乌素沙地气候变化趋于植被恢复和流沙固定，对毛乌素沙地沙漠化逆转较为有利。

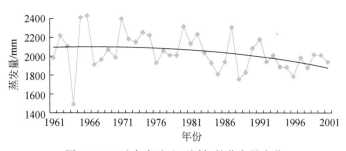

图 12.12　毛乌素沙地不同年份蒸发量变化

12.2.3.2　人为因素变化

1）人口数量变化

毛乌素沙地的人口和我国人口总体变化趋势一样，呈持续上升趋势。由图 12.13 可知，乌审旗、盐池县及榆阳区人口都呈线性上升趋势，其中榆阳区的人口基数大且增加速度快，乌审旗人口基数小且增速慢，而盐池县介于两者之际。人口数量增加的可能原因如下：①自然增长率多年偏高；②该地区矿物、能源等资源丰富，随着资源的开发，城市化发展迅速，外省人口大量迁入。

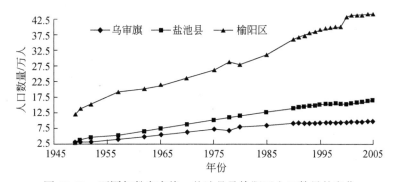

图 12.13　不同年份乌审旗、盐池县及榆阳区人口数量的变化

2）耕地面积变化

由表 12.3 可知，毛乌素沙地各旗县耕地面积呈现波浪式变化，1978 年之前，乌审旗、榆阳区及盐池县耕地面积较大，1978 年之后逐渐下降，到 2000 年各旗县耕地面积有所回升，到 2004 年耕地面积又下降。耕地面积的变化与人口压力逐渐加大及当时的政策有直接关系。1978 年之前，耕地面积增长一方面归因于新中国成立以后人口迅速增长，另一方面归因于 10 年"文化大革命"动乱时期（1966～1976 年）的政策。当时在"深挖洞、广积粮""以粮为纲""牧民不吃亏心粮"等一系列的错误向政策指导下，毛乌素沙地遭到了大规模的农垦破坏。

表 12.3　毛乌素沙地部分旗县年末耕地面积变化　　　（单位：万 hm²）

旗县	1965 年	1970 年	1978 年	1980 年	1990 年	2000 年	2003 年
鄂托克旗	—	—	2.890	1.477	0.663	0.958	1.034
杭锦旗	—	—	2.805	2.672	2.555	6.494	5.556
乌审旗	5.276	2.162	1.029	1.037	1.109	2.664	2.973
伊金霍洛旗	—	—	2.463	2.135	2.357	4.413	3.968
榆阳区	7.541	6.849	5.757	5.731	6.165	5.755	5.358
神木县	9.055	8.263	7.187	7.229	6.822	5.657	4.501
府谷县	9.770	8.061	6.110	5.957	5.475	4.737	4.280
横山县	7.350	7.066	6.694	6.542	6.389	5.922	5.723
靖边县	7.630	6.712	6.246	6.407	5.813	5.695	5.275
定边县	9.850	8.540	10.953	10.987	10.618	10.218	8.350
盐池县	5.711	6.300	6.074	5.946	5.912	8.382	8.953

　　事实证明大规模开垦草地的结果是农牧业两败俱伤，1978 年"拨乱反正"之后，耕地面积开始减少。其中鄂托克旗、乌审旗耕地面积变化最为明显，1965 年乌审旗的耕地面积为 5.276 万 hm²，1978 年鄂托克旗为 2.890 万 hm²，到 1980 年分别减为 1.037 万 hm² 和 1.477 万 hm²。之后，伴随着人口的增加及城镇化的发展，特别是水利建设的发展，农垦又一次加强，耕地面积开始增加。而自 1998 年以来"退耕还林还草工程"工程的实施，耕地面积又开始逐渐下降。

　　3）牲畜数量变化

　　由表 12.4 可见，毛乌素沙地部分旗县的大畜和小畜发展变化趋势不同，大畜在 20 世纪 80 年代之前呈上升趋势，之后逐渐下降；小畜的发展呈现波浪式变化，在 80 年代之前呈现上升趋势，之后波动变化，2000 年后快速减少。1965 年以前，毛乌素沙地基本保持草畜平衡，尽管当时有大旱情况，但畜牧业很快恢复正常。在 80 年代以后常出现"夏饱、秋肥、冬瘦、春死"的现象，而且牲畜生产性能退化非常严重，1958 年羊个体产肉 10.65kg，到 1981 年降为 9.4 kg。伊金霍洛旗草场适宜载畜量约 40 万绵羊单位，自 1957 年开始出现超载过牧现象，到 1985 年年底，存栏牲畜约 70 万羊单位，是解放初期的 3.2 倍；到 1990 年，该旗草场超载率高达 170.6%。过度放牧会严重破坏地表植被和土壤结构，对土地沙漠化产生加速和加剧作用。由于严重过牧，植被群落稀疏、低矮、种类减少，草场沙化严重。

表 12.4　毛乌素沙地部分旗县年末牲畜头数　　　（单位：万头）

旗县	类型	1949 ~ 1953 年	1955 ~ 1965 年	1978 年	1980 ~ 1984 年	1985 ~ 1989 年	1990 ~ 1994 年	1995 ~ 1999 年	2000 ~ 2023 年
鄂托克旗		—	—	12.57	7.61	5.48	3.28	2.64	1.27
杭锦旗		—	—	5.67	6.92	5.37	3.27	3.51	1.98
乌审旗	大畜	9.16	9.26	5.28	5.27	4.56	3.45	3.76	2.87
伊金霍洛旗		—	—	3.15	4.16	3.94	3.64	3.41	2.22
盐池		2.69	3.03	3.24	3.42	3.02	2.96	2.78	1.61

旗县	类型	1949 ~ 1953 年	1955 ~ 1965 年	1978 年	1980 ~ 1984 年	1985 ~ 1989 年	1990 ~ 1994 年	1995 ~ 1999 年	2000 ~ 2023 年
鄂托克旗	小畜	—	—	154.29	109.81	115.20	106.79	105.83	75.56
杭锦旗		—	—	65.88	84.90	83.07	76.71	99.04	73.09
乌审旗		35.16	56.19	69.15	75.04	64.93	62.82	71.40	54.21
伊金霍洛旗		—	—	39.53	66.51	64.82	60.25	62.97	41.25
盐池县		39.02	51.12	51.19	48.89	44.00	40.17	39.25	44.36

12.3

典型区沙漠化过程及成因分析——石羊河流域

石羊河流域位于河西走廊东部，介于 36°29′N ~ 39°27′N，101°41′E ~ 104°16′E，行政区划包括古浪县、凉州区、民勤县、永昌县和金川区，总面积约为 $4.06 \times 10^4 km^2$。石羊河流域地势南高北低，自西南向东北倾斜。石羊河流域深居大陆腹地，属大陆性温带干旱气候，气候特点是：太阳辐射强、日照充足，温差大、降水少、蒸发强烈、空气干燥。流域自南向北大致划分为三个气候区。南部祁连山高寒半干旱湿润区，海拔为 2000 ~ 5000m，年降水量为 300 ~ 600mm，年蒸发量为 700 ~ 1200mm，干旱指数为 1 ~ 4；中部走廊平原温凉干旱区，海拔为 1500 ~ 2000m，年降水量为 150 ~ 300mm，年蒸发量为 1300 ~ 2000mm，干旱指数为 4 ~ 15；北部温暖干旱区，包括民勤全部，古浪北部，武威东北部，金昌区龙首山以北等地域，海拔为 1300 ~ 1500m，年降水量小于 150mm，民勤北部接近腾格里沙漠边缘地带年降水量 50mm，年蒸发量为 2000 ~ 2600mm，干旱指数为 15 ~ 25。石羊河流域自东向西由大靖河、古浪河、黄羊河、杂木河、金塔河、西营河、东大河、西大河八条河流及多条小沟、小河组成，河流补给来源为山区大气降水和高山冰雪融水，产流面积为 1.11 万 km^2，多年平均径流量为 15.60 亿 m^3。

12.3.1　1978 ~2007 年石羊河流域沙漠化总体变化特征

石羊河流域 1978 年、1990 年、2000 年及 2007 年沙漠化土地总面积分别为 5057 km^2、4869 km^2、4713 km^2 和 4874 km^2。按多年平均值计算，沙漠化土地约占研究区总面积的 12.04%。总体变化趋势上，1978 ~2000 年沙漠化土地面积持续减少，共减少了 344 km^2；2000 ~2007 年沙漠化土地面积又快速上升，增加了 161 km^2；整个时期，研究区沙漠化土地面积总共减少了 183 km^2（图 12.14）。

1978 ~2007 年期，轻度、中度和重度沙漠化土地的变化趋势与总沙漠化土地面积变化趋势一致，在不同时期虽各有增减，但总面积分别减少了 181 km^2、105 km^2 和 55 km^2。严重沙漠化土地在过去 30 年中持续增加（图 12.14），从 1978 年的 1970 km^2 增加到 2007 年

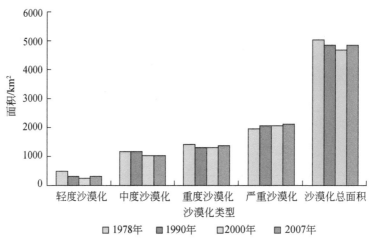

图 12.14　1978～2007 年石羊河流域沙漠化土地动态变化

的 2128 km²，总共增加了 158 km²；几乎与研究区 30 年来净减少的沙漠化土地面积相当。

12.3.2　1978～2007 年石羊河流域沙漠化土地时空动态特征

1）不同时期石羊河流域沙漠化土地空间分布特征

石羊河流域各时期沙漠化土地空间分布如图 12.15 所示，总体上在 4 个研究时段石羊河流域沙漠化土地的空间分布格局基本一致，没有发生显著的改变。主要分布在绿洲的外围，或零星分布于绿洲内部。

石羊河下游的民勤县是沙漠化土地的集中分布区，4 期平均占研究区沙漠化土地总面积的 79.08%；4 个监测时段为 1978 年、1990 年、2000 年及 2007 年，民勤县沙漠化土地面积分别为 5057 km²、4896 km²、4713km² 及 4874 km²，分别占同时期研究区沙漠化土地总面积的 76.35%、78.94%、80.07% 和 81.10%；民勤县沙漠化土地在石羊河流域所占比重呈不断上升之势。

2）1978～2007 年石羊河流域沙漠化土地动态变化特征

1978～1990 年，石羊河流域以逆转为主，总共 324km² 沙漠化土地得到逆转，其中以重度沙漠化土地逆转为主占 51.2%（166 km²）。在沙漠化逆转的同时，沙漠化程度持续恶化，有 181 km² 沙漠化土地程度进一步恶化，以轻度沙漠化土地发展到严重沙漠化土地为主，共 115 km²，占沙漠化土地恶化总面积的 63.5%。

空间上，沙漠化逆转主要集中分布在三个区域，研究区东南部古浪县的裴家营镇–海子滩镇一带，古浪县北部的吴家井乡及永昌县的双湾镇［图 12.16（a）］。沙漠化恶化主要集中分布在红水河西岸，凉州区的长城乡一带。此外还零星分布在民勤盆地。新增沙漠化分散分布在永昌县、金川区及民勤县区。

1990～2000 年，石羊河流域沙漠化土地以沙漠化逆转和沙漠化恶化为主，分别有 225 km² 和 224 km²，其中以重度和严重沙漠化逆转为主，分别有 77 km² 和 78 km² 得到逆

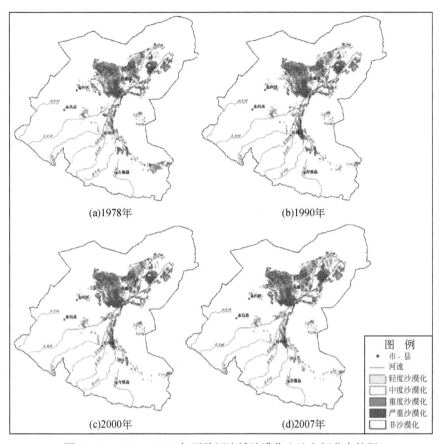

图 12.15　1978～2007 年石羊河流域沙漠化土地空间分布特征

转，共占 68.9%。空间上，逆转的沙漠化土地分布比较分散，程度恶化的沙漠化土地则集中分布在民勤县境内，尤其是重兴乡至昌宁乡一带［图 12.16（b）］。

2000～2007 年，以沙漠化扩张为主，共新增沙漠化土地 197 km²。尤其值得注意的是，新增的沙漠化土地以重度和严重沙漠化土地为主，分别为 84 km² 和 67 km²，分别占新增沙漠化土地面积的 42.6% 和 34.0%。所有的新增沙漠化土地都发生在民勤县境内。其他沙漠化动态变化类型呈零星分布［图 12.16（c）］。

3）1978～2007 年石羊河流域沙漠化土地变化动态性强度分析

上述分析了石羊河流域沙漠化土地不同时期的空间分布格局和两两对比的动态变化过程，但对于在整个 30 年（1978～2007 年）研究期的 4 个监测时段，研究区沙漠化土地如何变化，呈现出怎样的空间格局缺乏深入研究。而且，在过去的沙漠化监测研究中，如何能在一张图表上展示大于 2 个时期的监测结果依然未有较好的办法。在此，提出沙漠化土地变化动态性强度的概念，即在某一段时期的几个监测时段内沙漠化土地发生变化的频繁程度，可以通过这段时间内一种程度的沙漠化土地变化为另一种不同程度的沙漠化土地的次数来量度。

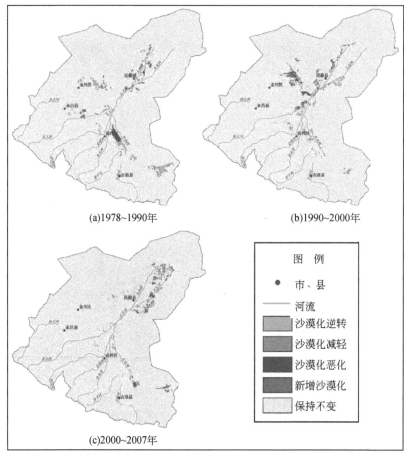

(a)1978~1990年 (b)1990~2000年

图　例

● 市、县

—— 河流

▨ 沙漠化逆转

▨ 沙漠化减轻

▨ 沙漠化恶化

▨ 新增沙漠化

□ 保持不变

(c)2000~2007年

图 12.16　1978~2007 年石羊河流域沙漠化土地动态变化

　　1978~2007 年，共有 1551 km² 的沙漠化土地发生变化（包括由非沙漠化土地变为沙漠化土地、沙漠化土地变为非沙漠化土地或者沙漠化程度的改变），占研究区多期平均沙漠化土地总面积的 31.74%。其中，轻度变化的沙漠化土地最多，有 1401 km²，占变化沙漠化土地的 90.36%；中度和重度变化为 145.99 km² 和 3.44 km²，分别占变化沙漠化土地的 9.41% 和 0.22%。石羊河流域的沙漠化土地的年均变化率仅 1.06%，且轻度变化的沙漠化土地占绝大多数，因此石羊河流域的沙漠化土地总体处为较为稳定的状态。

　　空间上，发生变化的沙漠化土地集中分布的地区为古浪县东部、凉州区红水河西岸及金川区与民勤县的交界处（图 12.17）。民勤县由于沙漠化面积基数大且行政区域面积也是所有区县中最大的，发生变化的沙漠化土地面积也最大，有 872 km²，占总变化沙漠化土地面积的 56.20%。其次是古浪县和凉州区，发生变化的土地分别为 354 km² 和 276 km²，占总变化沙漠化土地面积的 22.81% 和 17.78%。民勤县沙漠化土地占研究区沙漠化土地总面积的 79.08%，然而其发生变化的沙漠化土地仅占发生变化沙漠化土地总面积的 56.20%，表明民勤的沙漠化土地稳定性高于研究区平均水平。同时，中游地区的沙漠化土地稳定性较差。

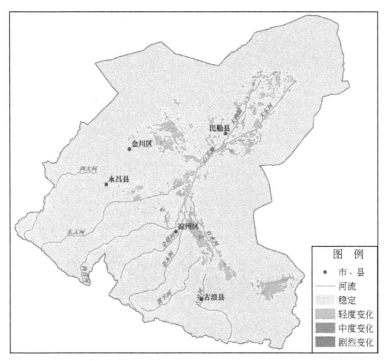

图 12.17 1978～2007 年石羊河流域沙漠化土地动态性空间格局

12.3.3 石羊河流域沙漠化成因分析

石羊河流域下游的民勤县沙漠化土地面积约占全流域沙漠化土地总面积的 80%，是研究区沙漠化土地分布最集中且受沙漠化威胁最严重的地区。因而，以民勤县为例对石羊河流域沙漠化成因进行分析很有典型性。

12.3.3.1 人口与耕地面积变化

1953 年的人口普查结果显示，民勤县只有 11 万人。截至 2004 年年底，人口数已增至 30.9 万人，平均每年增加人口近 4000 人。民勤县的平均人口密度已达到 19 人/km²，其中绿洲区人口密度高达 215 人/km²。目前的人口已严重超过了民勤县这片生态脆弱地区的环境承载能力。更多的人口则意味着需要开垦更多的耕地。如图 12.18 所示，民勤县耕地面积自 20 世纪 70 年代以来至 2000 年呈持续增加趋势。为了开垦更多的耕地，毁林开荒的情况十分严重，同时也破坏了植被对地表的保护，从而加速了沙漠化的发生发展。此外，快速扩张的耕地也需要更多的水源来进行灌溉。

12.3.3.2 水资源变化

在石羊河下游民勤耕地不断扩大的同时，流域上游祁连山 8 条河流出山口径流量却在不断减少。石羊河出山口径流量 20 世纪 90 年代与 50 年代比较，平均每年递减 0.105×10^8 m³（图 12.19）。

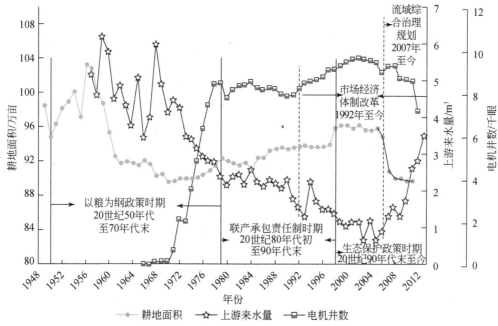

图 12.18 民勤县耕地面积、上游来水量和电机井数变化（黄珊等，2014）

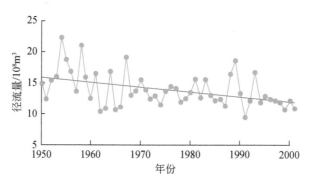

图 12.19 石羊河上游 8 条小河径流量变化曲线（常兆丰等，2005）

石羊河流域自 20 世纪 50 年代在上中游修建水库、河道渠网化、对灌溉渠道进行防渗处理等灌区建设与改造，地表水利用率不断提高、灌溉面积不断扩大、用水量不断增大，不但大幅度减少了从地表进入下游的水量，同时，由于减少了对地下水的补给，流入下游的地下径流也逐渐减少（图 12.20）。上游出山口径流量的减少，中游用水量的增加，最终结果导致民勤县来水量的持续减少（图 12.18）。据统计进入民勤绿洲的径流量每况愈下，20 世纪 50 年代为 5.46 亿 m^3，60 年代为 4.485 亿 m^3，70 年代为 3.226 亿 m^3，80 年代为 2.217 亿 m^3，每隔 10 年减少 1.081 亿 m^3（薛娴等，2005）。

为了灌溉需要，地表水已远远不能满足人们的需求，地下水不断被超采。自 1970 年开始，民勤县机井数量快速增加，尤其是在 1970~1979 年增幅最为剧烈（图 12.18）。据统计，民勤县年采地下水量高达 5 亿 m^3，年超采量达 2.5 亿 m^3（张建东等，2007），这种

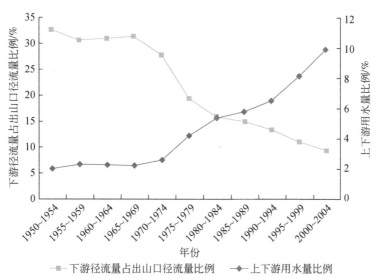

图 12.20　石羊河下游径流量比例及上/下游用水量变化（郭承录等，2010）

大规模的超采导致区域性地下水位下降 10～20m，局部地方已达 40m，造成 2.3 万 hm² 的白刺、红柳等天然植被处于死亡和半死亡状态，0.8 万 hm² 人工灌木林死亡，1.2 万 hm² 的防风固沙林成片死亡或枯梢，沙漠化快速发展。

随着超采量的不断增加，地下水矿化度进一步上升。民勤地下水矿化度存在着显著的上升趋势（图 12.21）。根据民勤绿洲实地调查的情况，主要植物生长良好的地下水矿化度一般在 3～5 g/L，生长较差的在 5～8 g/L，大于 10 g/L 的绝大多数死亡（郭承录等，2010）。地下水矿化度的持续升高，使民勤绿洲北部草地植被的生长条件不断恶化，与地下水水位的持续下降共同作用，显著影响了草地退化的进程和范围。伴随着草地退化、沙漠化扩大，绿洲北部的生存环境不断恶化，人畜饮水普遍发生困难，大部分耕地丧失灌溉水源而被迫弃耕，3 万多农民沦为"生态难民"。

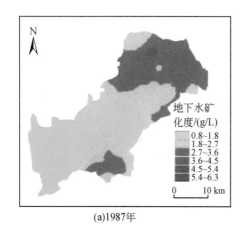

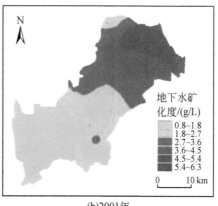

(a)1987年　　　　　　　　　　　(b)2001年

图 12.21　民勤县地下水矿化度时空变化（宋冬梅等，2004）

12.4

典型区沙漠化过程及成因分析——柴达木盆地

12.4.1 柴达木盆地土地沙漠化分布规律及动态变化过程

柴达木盆地是我国沙漠土地化分布最高的地区之一，最主要的环境地质问题就是土地沙漠化。由于盲目开垦、不合理灌溉和植被破坏等原因，使得盆地生态平衡失调，促使沙漠化不断扩张。

12.4.1.1 柴达木盆地土地沙漠化分布规律

柴达木盆地由于其特殊的地形条件，土地沙漠化的发生、发展有着很强的规律性，可以归纳为以下五点。

（1）由盆地边缘到盆地中心，沙漠景观具有明显的分带性。

（2）沙漠化土地主要分布于绿洲周围，即砾漠与绿洲之间。

（3）受地下水呈环状分布影响，草场类型也相应呈环状分布。盆地南北两侧山坡，仅有少量超旱生植物生存；戈壁带，仅在局部河漫滩上有少量灌木生长；固定、半固定沙丘和细土带，生长着以怪柳、白刺为主的植被。

（4）盆地边缘到盆地中心，依次分布着固定、半固定沙丘和细土带。

12.4.1.2 柴达木盆地土地沙漠化动态变化过程

1）土地沙漠化

柴达木盆地土地资源受自然和人为因素影响表现为土地沙漠化面积大，沙化严重。沙漠化土地主要分布在冷湖-茫崖-甘森-乌图美仁一带，其次为盆地的绿洲带（主要在盆地东部），非沙漠化与沙漠化土地相间分布，以盆地底部盐漠为中心，从北部怀头他拉、德令哈，东部乌兰县，南部夏日哈、察汗乌苏、宗加、巴隆、大格勒至格尔木、乌图美仁基本呈带状分布（图12.22）。通过对研究区土地沙漠化的遥感监测发现（图12.23），截至2000年，研究区沙漠化总面积达1005.9万 hm^2，占全省沙漠化总面积的84%。1959~1994年盆地沙漠化土地面积从580.0万 hm^2 增加到1025.4万 hm^2，年增长率为2.13%，远远高于全国平均0.195%的增长率；1994年以后沙漠化面积有所下降，1994~2004年十年间沙漠化土地面积从1025.4万 hm^2 下降到949.5万 hm^2，年下降率为0.67%，尽管盆地沙化面积占全省沙化面积的百分比由1994年的86.6%下降到2004年的75.6%，但总体来说，1959~2004年盆地土地沙漠化面积年增长率仍高达1.38%（表12.5）。其中流动沙丘面积增长了400%，半固定沙丘面积增长了180%，风蚀残丘面积增长了290%。1978年开始的三北防护林工程及1998年开始的天然林保护、退耕还林等林业生态工程的实施，促成了1994年以后土地沙漠化面积的减少，1998~2003年柴达木盆地共治理沙漠化土地面积为 8.2 万 hm^2，封山育林面积为 6.3 万 hm^2，营造乔灌木林 1.7 万 hm^2，种草面积为 1000 hm^2，设置沙障 1000 hm^2。虽然盆地土地沙化整体扩展的趋势得到初步遏制，但形势仍然十分严峻（赵串串等，2009）。

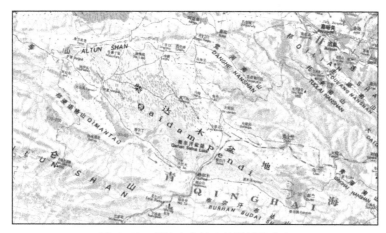

图 12.22　柴达木盆地土地沙漠化分布

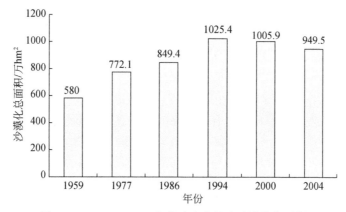

图 12.23　1959～2004 年柴达木盆地土地沙漠化面积

表 12.5　1959～2004 年柴达木盆地不同类型土地沙漠化面积（单位：万 hm^2）

年份	流动沙地	半固定沙地	固定沙地	风蚀残丘	戈壁	合计
1959	20.3	31.1	60.6	88.0	380.0	580.0
1977	90.2	82.1	71.8	88.0	440.0	772.1
1986	64.3	45.8	76.4	215.5	447.4	849.4
1994	153.8	116.9	91.6	204.5	458.7	1025.4
2000	104.8	90.6	66.8	337.4	406.3	1005.9
2004	101.4	86.4	55.6	347.3	358.8	949.5

从沙漠化程度来看（表 12.6），不同程度沙漠化土地总面积从 1959 年占盆地总面积

的 23.2% 上升到 1994 年的 41.0%，达到峰值，然后呈逐渐下降趋势，到 2004 年下降为 38.0%，但与 1959 年相比，总体上增长了 14.8%，沙漠化面积有所扩大。其中各个时期中度沙漠化土地所占比例最高，其次为严重沙漠化，轻度沙漠化土地所占比重最小，由此可见，研究区土地沙漠化程度较为严重，局部地区沙化仍在加剧和扩展，随时有恶化的趋势。1959～2004 年严重沙漠化土地一直呈增加趋势，中度沙漠化和轻度沙漠化土地呈明显减少趋势，说明对土地沙漠化的治理工作主要集中在治理难度相对容易的中度和轻度沙漠化地区。

表 12.6   1959～2004 年柴达木盆地不同程度土地沙漠化面积

年份	严重沙漠化		中度沙漠化		轻度沙漠化		沙漠化总面积/万 hm²	占盆地百分比/%
	面积/万 hm²	百分比/%	面积/万 hm²	百分比/%	面积/万 hm²	百分比/%		
1959	108.3	18.7	411.1	70.9	60.6	10.4	580.0	23.2
1977	178.2	23.1	522.1	67.6	71.8	9.3	772.1	30.9
1986	279.8	32.9	493.2	58.1	76.4	9.0	849.4	34.0
1994	358.3	34.9	575.6	56.1	91.6	8.9	1025.4	41.0
2000	442.2	44.0	496.9	49.4	66.8	6.6	1005.9	40.2
2004	448.7	47.3	445.2	46.9	55.6	5.9	949.5	38.0

2）草场退化

柴达木盆地大部分地区海拔在 3500m 以上，属荒漠、半荒漠及高寒草甸类草场，生态系统极为脆弱，一旦破坏，不易恢复。近年来，由于自然和不合理的人为因素使草场严重退化，可食牧草减少，草地生产力下降，草畜矛盾加剧，影响了草地畜牧业的发展，造成农牧民生活困难，而且严重破坏了当地生态环境，草原沙化面积剧增，地表裸露，风沙风暴频繁发生。据统计，目前全区草地退化面积占草场面积的 30%，草地产草量连续 20 年来下降了 40% 左右（杨海伟等，2002）。

柴达木盆地的草场主要分布于细土带与盐漠之间，一般呈条带状或片状，各草场均存在不同程度的草场退化现象。由于盆地土壤含有较多的盐分，且盆地风沙大，所以草场存在不同程度的沙化现象。在草场和戈壁之间的地带沙化现象严重，同时，由于公路建设，公路两侧的草场均遭到不同程度的破坏，并且遭到这种破坏的草场短时期内很难恢复。

12.4.2   柴达木盆地土地沙漠化成因分析

对于沙漠化的形成，主要存在两种观点：一种是基于自然因素的土地破坏是沙漠化扩展的原因；另一种是由于人为因素使非沙漠化地区变成沙漠状态，二者在本质上是不同的（张骏等，2002）。柴达木盆地沙漠化的产生既有自然因素，又有人为因素。在盆地这个干旱、生态环境极其脆弱的地区，干旱等异常的自然条件是沙漠化产生的主要原因，然而人类活动对沙漠化的进程起了加速和扩大的作用，尤其是近几十年来，沙漠化加剧、生态环境恶化与不适当的人为活动关系密不可分（苏军红，2003）。

12.4.2.1　自然因素

沙漠化的存在和形成都与自然因素有着不可分割的联系，严酷的自然环境是沙漠化形成的最基本条件和基础。

1）气候极端干旱

干旱是盆地形成沙漠的前提。根据1991年制定的干旱通用评价方法，由降雨量/蒸发量的比值可以判断盆地为干旱、半干旱地区，且在我国西部比东部更干旱，西北部是我国最干旱的地区之一（图12.24）。柴达木盆地特殊的地理位置和地形条件，决定了盆地气温的分布具有南部高、北部低，中间高、四周低的特点。盆地气温随经度的增加而增高，随海拔的增加而降低，四周地势高峻，气候寒冷（夏薇，2013）。1月和7月初是各地平均气温的低谷和峰顶，气温最低的1月盆地平均气温为−9.8～−13.9℃，7月盆地平均气温为13.6～19.2℃，盆地气温年较差在25.2～30℃。降水稀少，蒸发旺盛是造成沙漠化的主要自然原因之一（苏军红，2003）；盆地外营力主要为干燥剥蚀作用和风蚀作用。盆地常年风力强劲（图12.25），又由于西部岩土体松散、破碎，含沙量较高，在干旱和大风的作用下，平坦的地表和稀疏的植被覆盖加剧了地表物质的风蚀。风蚀作用的结果是极易形成新的风沙源，而风的搬运作用使流动沙丘发生迁移，另外，由于局部大气环流的作用，盆地易形成高速旋转的龙卷风，将地表松散物质高高扬起，形成高速的流沙，不断旋转前进、运移，常淤埋农田、牧场、盐湖和盐沼，使土地沙漠化面积不断增大。盆地多风季节与干旱季节在时间上具有同步性，这加剧了两种加害力的作用。

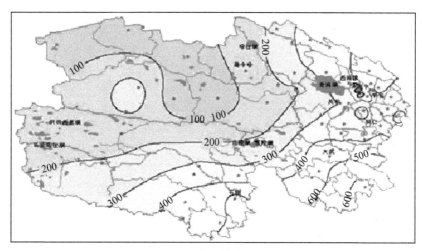

图12.24　柴达木盆地年降水等值线图（田广庆，2011）

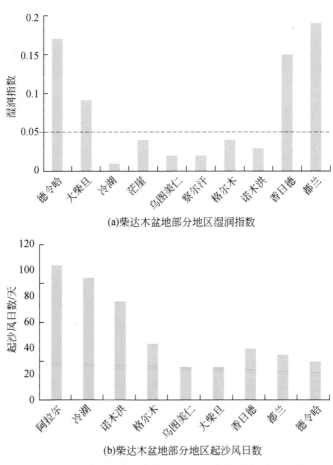

(a)柴达木盆地部分地区湿润指数

(b)柴达木盆地部分地区起沙风日数

图12.25 柴达木盆地部分地区湿润指数及起沙风日数

2）盆地效应

盆地效应是由于盆地本身特殊的地貌结构造成的。盆地与周围的山地高低悬殊，地形闭塞，不仅阻挡了湿润的西南季风，而且有利于冷空气的堆积，使盆地形成独特的干燥、半干燥沙漠气候环境。日夜温差较大，这主要是由于盆地地表多为裸露的砂砾，白天增温迅速，而夜间辐射降温急剧所致，昼夜温差悬殊极易使岩土体破碎、松散，形成新的风沙源。

盆地内部平原区地形平缓，没有使其形成降水条件（张骏等，2002）。山区基岩（主要为花岗岩类，钾的平均含量为3.1%）为盐渍土的形成提供了盐源，大量的风化壳及析出的盐类经水流携带进入盆地以冲洪积物构成土壤母质，加上封闭的地貌水文，土壤盐分无法外泄，且地表蒸发强烈，土壤及矿化地下水（特别是表潜水）的可溶盐借助毛管作用力源源不断积聚于表层，造成土壤积盐，形成盐漠或盐碱地。

3）降水量与蒸发量

青藏高原的隆起，阻挡了来自印度洋的水汽，而强度较弱的北冰洋水汽由于路途遥远，加上阿尔泰山及新疆西部诸山脉的阻挡，很难影响到柴达木盆地地区，使这里成为中国乃至亚洲降水量最为稀少的地区。青藏高原南麓年降水量高达 2000～3000mm，而在海拔近 3000m 的格尔木，年降雨量不足 100mm。柴达木盆地的年均降水量为 89.9mm，降水呈从东到西，自南向北逐渐减小的趋势，降水量随海拔和经度的增加而增大。盆地的蒸发量与降水量正好相反，冷湖的年蒸发量达 3278.7mm，是降水量的 184 倍，东南部的蒸发量大都在 2000～2500mm，最大区域高达 3600mm 及以上。盆地蒸发量呈中间高，四周低的变化特征，但整个盆地蒸发量较高。

由于蒸发量极大，使现代积盐作用得以进行，通过强烈的蒸发，地下水中的易溶盐分在地表层中产生积累，加速土地沙化的发生。此外，由于土壤表层脆弱，植被稀疏，使得盆地对于降水的抵抗力相对较弱，所以阵发性大雨对盆地影响极大，很容易发生土壤侵蚀。

4）鼠害

草原鼠主要有两种，一种是在地面活动的高原鼠兔，另一种是在地下活动的高原鼢鼠。高原鼠兔不仅吃草，而且钻洞穴挖掘草根，造成地面鼠害；高原鼢鼠食草根茎，封堵洞口的土丘覆盖草地会破坏植被，造成地下鼠害。研究区内存在鼠害的草场约 400 万亩，平均每 666m² 的草场分布草原鼠 25 只左右，被草原鼠打洞翻出的土丘在风吹日晒雨淋下，导致土壤养分流失，水土流失，自然环境趋于旱化、沙化，严重地段变为不毛之地。

12.4.2.2 人为因素

由于人为因素使非沙漠化土地变成沙漠状态与基于自然因素的土地破坏结果类似，但在本质与理论成因上是不同的。人类活动对于土地沙漠化的影响主要表现在掠夺性的水资源滥用和粗放型的生产方式，如滥牧、滥垦、滥樵采、滥开矿等多种原始的利用资源方式（田广庆，2011）。

1）过度放牧

过度放牧导致草场严重退化，进而发生土地沙漠化。当牲畜对植被的需求量超过植物生长的界限时，将会加速植被的破坏，从而使地表裸露容易发生风蚀与水蚀。本来肥美的草原，经过长时间、多次数、超载掠夺式放牧，牧草被牲畜啃食、践踏，根系出露地表，干枯死亡，失去自我修复能力。

盆地内虽然草场面积有 630 多万 hm²，但由于盆地降水稀少，气候干旱，植物种类少，覆盖率低，天然草场的实际负载能力很低。自 20 世纪 50 年代至今草场的放牧强度增大 9 倍多，但草场面积却有减无增，一些草场由于过度放牧，甚至引起鼠、虫害，造成约 1/3 的草场退化，还有部分草场沙化。特别要指出，如果鼠害问题不尽快解决，严重的草场将演化为寸草不生的次生裸地，土壤沙化形势加剧。

2）盲目开垦与不合理的水资源利用

不合理的开荒是造成土地沙漠化的另一个重要因素。盲目开垦一方面破坏了大面积的优良草场和林地，加剧了草畜矛盾；另一方面由于缺乏对土地的合理保护与规划，新开垦的土地受次生盐渍化、土壤肥力下降，以及劳动力不足等因素的影响，使粮食产量低而不稳，新开垦的耕地短时期内被撂荒，由于干旱多风，地表植被很难恢复，土壤侵蚀和沙化加剧。盆地从1953年开始开荒到1965年为止累计开荒8.39万 hm²，因缺水、低温、水利设施不配套和缺乏防护林保护等原因，导致大片撂荒。到1995年的实际耕地面积是3.74万 hm²，从而造成弃荒地达55%以上。

不合理的水资源利用方式，往往会改变土壤的理化性质，形成盐渍化土地，在风力作用下进而发展为沙漠化土地。由于不合理的灌溉与严重渗漏，加之缺乏有效的排水设施，补给地下水的水量远远超过了它的排泄能力，灌溉农业最终导致水文地质条件的严重恶化，很快就出现了地下水位升高，加之蒸发强烈，造成土壤盐分在地表大量聚集，土壤发生次生盐渍化，大片农作物缺苗、死亡，草场植被严重破坏，造成大面积土地因弃耕而沙化。

3）过度樵采

过度樵采也是沙漠化形成的一个重要原因。由于人口数量的急剧增长，游牧民的集中引起家畜的集中化，居民为了获取燃料，不惜采伐周围树木及沙生植被，对土地破坏作用极大，加速了土地的沙漠化过程。以居民点为中心，方圆十几公里乃至几十公里范围内的植物几乎全被挖尽，而这些旱生植被正是维持沙漠化草原的柱石，对防风固沙保持沙漠地区的生态平衡具有极其重要的作用，因此，这些沙生植被被砍伐后，导致草场退化和土地沙化等现象发生。据调查，1954年前，盆地南侧西起乌图美仁，东至宗加一带是原始成片茂密怪柳，东西长300～400km，南北宽50～60km。但后来由于对生活燃料的需求，自夏日哈至诺木洪公路两侧的沙生植被破坏接近一半，在公路沿线能见到许多樵采痕迹，在每户农家院前都能见到樵采的红柳树根，红柳树根较深，而且比较粗，能够起到很好的固沙作用，是很好的保护屏障，一旦被破坏，很难恢复，沙丘立即活化。与20世纪50年代相比，柴达木盆地近70%的沙生植被已经遭到破坏，如不采取有效措施，现有的植被很快也会被砍挖殆尽。

生长于高海拔地区的柏树、胡杨等高大乔木，由于人类长期的滥砍滥伐，森林面积骤降，使其气候调节和固定土壤的作用明显下降。1954年以来，由于大肆的砍伐，已使50%以上的乔木林遭到破坏，森林面积减少20%以上。由于对原有生态系统的破坏，大量耕地被沙化，导致沙漠化进一步加剧。

4）不合理的工业经济活动

柴达木盆地由于其独特的地理环境和脆弱的生态系统，在人类不合理的经济活动影响下，引起了严重的土地沙漠化，主要集中在盆地的细土平原地带。人类不合理的工业经济活动主要表现在以下几个方面：①水利工程建设引起的沙漠化问题。水库建库时设计不周或施工方法不当致使坝基出现渗漏，库水大量渗入地下，使地下水水位上升引起次生盐渍化，导致大片土地弃耕，从而发生沙化问题；②矿业开发和工业生产活动引起的沙漠化问题。矿业开发及工业生产破坏了地表植被和岩土体，在风化侵蚀、雨水冲刷等各种侵蚀作用下成为风沙灾害的物质来源，从而引起草地退化和土地沙化；③城镇和基础设施建设活动引起的沙漠化问题。在城镇和基础设施建设中，一般认为开挖土石而破坏植被，使原本脆弱的自然环境恶化，引起并加重土地沙漠化。

5）人口激增

随着盆地的陆续开发，人口剧增，使生活所需的食物、燃料等的需求增长，土地压力不断增加，人口数量远远超出生态环境的容量，这必然造成资源的过度利用，最终导致生态环境的破坏，从而导致土地沙漠化的迅速发展。联合国曾在 1977 年建议（UNEP，1977），人口密度在干旱区不应超过 7 人/km²，在半干旱区不应超过 20 人/km²，并提出在上述地区进行适度开发的原则。但是在我国，长期以来，人们对此缺乏足够的认识，沙漠化地区人口增长速度明显高于其他地区。

柴达木盆地人口由 1959 年的 2.5 万人增加到 2004 年的 34 万人，增加了 13 倍，同时牲畜增长了 6~8 倍，畜牧草场却下降了约 11 倍。强大的人口压力已经造成了多处草场退化、沙化，人口的快速增长导致很多地区人口密度严重超标，而相关研究表明（林年丰，1998），沙漠化扩展与人口密度之间存在着密切的联系，以草地为例，草地的退化率和退化程度随着人口密度的增加而增加，人口密度又是载畜量的一个标志，较高密度的人口，要求有与其相适应的较多的牲畜以满足其生活和经济发展的需要，草地退化与人口密度的关系实质上是草地退化率与牲畜头数的关系。

6）政策因素

不合理的政策因素加快了土地沙漠化的进程。新中国成立以来，导致环境破坏、沙漠化扩展的较大政策失误就有多次。柴达木盆地土地沙漠化大致经历了四个阶段的人为政策影响（曹玉新等，2006；张登山和高尚玉，2007）：①20 世纪 50 年代末 60 年代初，盲目的大规模垦荒使地表植被遭到破坏，土地利用结构发生变化，从而导致沙漠化的发生；②六七十年代，挖草皮建草库；③ 80 年代以来大量开采砂金及过度放牧破坏了地表土层，使沙漠化进程加剧；④近期兰西光缆的铺设、输油管线的开挖及青藏公路的改建也使土地沙漠化程度有所加剧。

整体而言，柴达木盆地的沙漠化是自然因素和人类活动共同作用的结果，二者相互影响，交替演变。而近代由于人类对自然界的干扰能力达到空前水平，人类活动对自然环境的冲击使本已向沙漠环境演变的变化过程加剧，使沙漠化面积不断扩大，并成为影响该地区可持续发展的重大问题。

12.5

沙漠化防治成功的典型模式

根据我国多年来的沙漠化防治经验，可将我国治理沙漠化的战略途径和技术措施概括为一些模式，这些模式是建立在不同气候带、不同自然条件、不同沙丘分布地区及类型的实验站的研究成果和群众治沙实践基础上的（王涛，2011）。

12.5.1 干旱区绿洲防沙治沙典型模式

1）新疆和田荒漠绿洲防护林体系建设模式

防治思路：绿洲保护是干旱区生态环境建设的根本任务，在生态环境极为恶劣的和田绿洲，应利用绿洲水分条件相对较好的特点，如利用本区的引洪灌溉条件，进行封育、保护和营造多层次的防风固沙体系，阻沙与防风结合，层层设防，保护沙漠绿洲。在农田防护林营造的同时，选择适生的经济树种与果树营建生态经济型防护林带。

主要技术措施：①营建引洪封育保护区。在风沙前沿、戈壁荒漠和三滩（碱滩、河滩、沙滩）荒地上引洪封育，封禁保护、恢复发展以胡杨、红柳为主的天然荒漠植被，巩固和扩大绿洲。形成保护绿洲农田的第一道防护屏障，以遏制流沙南移。②营建大型环绿洲防风固沙体系。在绿洲边缘与沙漠衔接部营造乔灌草、带片网、多树种相结合的防风固沙体系。③营建窄林带、小网格的农田防护林网。在绿洲内部的1000多块条田上（一块条田为150~250亩），营造高标准的农田防护林林网。④在原有的防护林基础上进行更新时，栽植1~2行的经济树种，如核桃、杏、巴旦杏、红枣等，可增加林带的经济效益。

适宜推广区：适用于干旱区荒漠绿洲的保护与开发，如塔里木盆地及河西走廊地区的绿洲。

2）甘肃临泽平川绿洲流沙固定及治理模式

防治思路：该区风力大，加之过度樵采与放牧，植被破坏严重，沙丘活化；农田风蚀，有机质及细颗粒物质损失极大，弃耕地广泛发育着新月形沙丘、沙丘链、灌丛沙堆及风蚀地。考虑到绿洲北部的流沙侵害，应该建立防沙阻沙防护林体系，以保护绿洲。

主要技术措施：①在绿洲边缘沿干渠营造防沙林带。利用临泽平川绿洲北部流动沙丘之间具有狭长的丘间低地和可以利用灌溉余水浇灌丘间低地的有利条件，营造防沙林带。②在绿洲边缘丘间低地及沙丘上营造固沙片林。在流动沙丘上先设置黏土沙障或芦苇（包括其他植物枝条等）沙障，在沙障的保护下，营造固沙灌木林。树种以梭梭、柽柳、柠条、花棒等为主。③在绿洲内部建立农田防护林网。规格为300~500m，窄林带2行；树种以二白杨、箭干杨、旱柳、白榆为主。④在上述的防护林体系外，建立封沙育草带。封育促进天然植被更新，禁止樵采与放牧，封育带的宽度一般为800~1000m，冬季农田有灌溉余水的条件下引入灌溉沙地加速植被的恢复。

适宜推广区：可适用于干旱区有沙害的绿洲地区，塔克拉玛干沙漠边缘诸绿洲，新疆准格尔盆地、青海柴达木盆地及甘肃河西走廊诸绿洲等地。

12.5.2　干旱区铁路、公路防沙治沙典型模式

1）宁夏中卫沙坡头铁路固沙模式

防治思路：为保障包兰铁路线中卫段不受沙丘前移掩埋的侵害，在铁路沿线设置防风阻沙带，以防风蚀沙埋。

主要技术措施：防护体系由固沙防火带、灌溉造林带、草障植物带、前沿阻沙带和封沙育草带五带组成，上风方向300多米，下风方向200多米，总宽500多米，概称"五带一体"，其中的无灌溉防护林带是必备的核心部分。

适宜推广区：荒漠、半荒漠地带的铁路防沙。例如，兰新线三十里井-巩昌河区间、西宁-格尔木铁路之间。本模式宜在各地局部有灌溉条件的铁路沙害防护体系建设中推广应用，无灌溉条件地区亦可参考本模式的技术思路。

2）新疆塔中油田沙漠公路防风固沙模式

防治思路：公路防沙要确立"以机械固沙、保证公路畅通为基础；以生物固沙、建立和恢复生态平衡为奋斗目标；以化学固沙为辅助措施"的指导方针。沙漠公路（包括沙漠公路防沙工程）及沙漠腹地生物防沙和绿化要求以简便易行的方法进行。

主要技术措施：①建立以阻沙栅栏、平铺草方格沙障为主的阻固结合机械防沙体系。②采用滴灌、渗灌等先进灌溉技术，试用咸水灌溉，寻求和培育既耐干旱又耐盐的植物，在公路两侧建立绿色走廊。③在整地的同时，设置高立式沙障（栅栏）是必不可少的先行措施；沙面高温，植物幼苗期难以承受，必须采取遮盖和灌溉降温等综合措施。引进适宜固沙造林的植物进行造林时，选择合理的配置。主要植物种有柽柳（13个种）、沙拐枣（6个种）、梭梭柴、蒙古沙冬青，沙木蓼等共22种灌木，灰杨、青杨、沙枣、白榆4种乔木，盐生草、沙蔗茅、大颖三芒草3种草本植物等。

适宜推广区：适用于大部分沙漠和沙漠腹地公路生物防沙及绿化。

12.5.3　半干旱区农牧交错带防沙治沙典型模式

1）陕西榆林沙地综合治理模式

防治思路：考虑到降水及气候特点，根据不同的立地条件，因地制宜地建立综合防治及开发利用模式，先固定流沙，然后综合进行农业利用与开发，充分利用沙地光、热、水、沙自然资源，组合各种技术，配置为可操作的技术进行沙地的治理与开发。

主要技术措施：①划分不同的利用土地类型。将大面积位于黄河及其支流无定河流域的沙化土地分为两大类：一类是沿河流及河谷阶地两岸的河岸沙化土地，另一类为远离河谷的间地、河源沙滩及其周边的沙化土地。②建立不同结构的防护体系。防护体系依沙地水分特点，沙地植物特性，充分考虑防风固沙，蓄水减沙，经济高效和改善生态环境而设

立。一是草灌乔结合的固沙片林，在流沙外缘人工植草或飞播种草，在条件较好的地段建立灌木、针阔混交乔木林，以固沙改土，提供饲草及薪炭用材为主。二是在沿河河谷沙岸、沙坡营造宽带阻沙林，环沙滩营造环滩防风固沙林，乔灌混交，针阔混交。三是在坝、渠、水库、农田、道路结合处及其周围建立以阔叶乔木为主的防护林网，充分利用灌溉的优越条件，发挥水、肥、光、热优势进行防护林网建设。③建立综合开发利用模式。在乔灌草结合的防护体系下，建立坝、库、池、井、渠、电、路结合的排灌网络；建立以水浇地为中心，应用现代节水及其他农业技术为核心的农业丰产方阵；发展农林复合经营综合模式。

适宜推广区：该模式适宜于陕西北部、内蒙古南部的毛乌素沙地，年降水为300~400mm，且降水不均的干旱、半干旱沙漠化土地较多的沙区以及覆沙黄土丘陵沟壑区、农区及农牧交错区。

12.5.4 半干旱区草原地带防沙治沙典型模式

1）内蒙古鄂尔多斯市飞播治沙模式

防治思路：在生态条件脆弱的半干旱风沙区，采用飞播治沙造林，覆盖范围广、效率高、效益大，是适宜地区大面积防沙治沙的一种理想方法。

主要技术措施如下：①飞播区的选择。选择适宜的飞播区对提高飞播成效具有重要的作用。一般选取以沙丘比较低矮、稀疏，丘间地比较宽阔，地下水位较高的地段为播区较好。②飞播植物种的选择。流动性大、干旱、少雨是流沙地的生态环境特征，而种子裸露流沙表面上飞播，因而飞播植物种的选择必须做到植物与环境的统一，这是飞播治沙成败的关键技术之一。用于飞播的植物应具有如下特点，种子有利于自然覆沙，吸水力强，发芽迅速，扎根快。适于流沙地生长，对不利因素有较强的抗逆能力。自然更新容易，具有较强的种子和萌蘖能力。具有较高的经济价值，收益早，并能长期利用。种源丰富又是乡土植物种。飞播治沙试验的植物种主要有羊柴、花棒、籽蒿、柠条、沙打旺、草木樨和紫穗槐。③适宜飞播期的选择：5月下旬至6月上、中旬是本地区季风过渡期，东南风与亚北风交替吹刮且风力不大，有利于种子自然覆沙。同时，该时期临近雨季，一次中等以上的降水既可满足种子发芽所需的水分条件。

适宜推广区：天然植被盖度为3%~12%，地下水埋深为5~10m，沙丘高度在15m以下，沙丘密度0.6以下的沙区沙地。

2）内蒙古伊金霍洛沙地生物经济圈建设模式

防治思路：由于该区地广人稀，生态条件相对较差。但水分条件相对较好，为沙地的改造和利用提供了有利条件。根据区位理论，以住户或居民点为核心，分（圈）层构建具有不同生态、生产作用的功能区，在营建防护林带防治草场沙化、治理流沙的基础上，恢复和建设草场植被，发展畜牧业，保护和促进核心区段的农牧业生产，在区域水平上实现可持续发展。

　　主要技术措施：生物经济圈是在半干旱草原沙区，选择适宜地块，采取水、草、林、机、粮（料）五配套措施，进行综合治理，开发利用沙地的一种模式。生物经济圈一般由核心区和保护区构成。各地的具体建设内容因地而异。内蒙古伊金霍洛旗的生物经济圈建设模式建设的主要技术包括：①生物经济圈的选址。地下水位较高，开发潜力大的丘间低地周围或起伏较小的平缓沙地，土壤经改良后适宜乔灌木、农作物、优良牧草及其他经济作物生长的地段。圈与圈要相对集中。选址要因地制宜，先易后难。②建设内容。生物经济圈由核心区和保护区组成，面积以 60～150 亩为宜，须在 3～5 年内建成。③核心区。面积不低于 30 亩，区内包括房舍、棚圈、农田、果园、菜园和人工草场等。核心区周围要营造乔灌草结合的防护林带，风沙大的地区应采用紧密型防护林带。

　　根据各景观元素不同的生态特点，该地发展了三圈模式的生物经济圈。第一圈，在浅层地下水资源较为丰富、土壤相对肥沃、生态条件相对优越的中心滩地，建立集约经营的、高投入高效益的农、林、果、牧、药试验区，引种高产作物、牧草、经济植物，使用微喷、中喷、滴灌等节水灌溉技术，采用组织培养、温棚进行良种的快速繁殖与集约栽培，把滩地建成景观单元中能量与物质的主要提供区域；第二圈，在环绕滩地的低缓沙丘，建立依靠天然降水的径流经济园，采用国内外先进的径流集水技术，并配以保水剂、地表硬化剂等新材料，遵循水分平衡原则，选择高效益的树种，建立经济与生态效益并重的复合系统；第三圈，在第二圈外部生态条件较恶劣的高大沙丘，建立灌木防护体系，形成内、外两圈的防护体系，必要时还可作为适度轮牧区加以利用。三圈的大致面积比为1：3：6。

　　适宜推广区：本模式的典型区在内蒙古的伊金霍洛旗、乌审旗、翁牛特旗和科左后旗。可以在毛乌素沙地、浑善达克沙地及科尔沁沙地等草原沙区推广。

12.6
核心结论与认识

　　（1）西北地区沙漠化土地现状特征表现为分布广、面积大、程度重；动态特征表现为整体逆转、局部发展、速率较慢。西北地区是我国沙漠化土地分布最为集中的地区，而新疆沙漠化最为严峻。1999～2014 年西北地区沙漠化土地整体呈减少趋势，而同期新疆沙漠化土地却持续增加，因而新疆应是今后国家制定沙漠化防治战略时重点关注的地区。

　　（2）毛乌素沙地、石羊河流域和柴达木盆地等反映气候和人类活动不同影响程度的典型案例表明，西北地区土地沙漠化对气候和人类活动表现出高度的敏感性，在降水和人类活动双重影响下，土地沙漠化的消长取决于两者的作用程度，气候的影响具有缓变、广泛、波动性的特点，人类活动的影响具有剧变、局地、单向性的特点，保护生态政策对抑制沙漠化至关重要。

　　（3）目前风沙治理中的问题主要表现在：生态建设的科学理念在具体实践中贯彻不够，短期"绿"与长期"黄"的不可持续建设成为生态治理的怪象；风沙治理的标准与规范落后于生态建设的需求，新材料、新技术的应用缺乏国家层面的引导和支持；生态治理成效的科学评价体系尚没有完全建立，高效的跨部门协调机制亟待强化；没有形成风沙治理的整体观，生态建设与经济效益协调并进、生态文明与社会和谐发展的科学理念尚未得到足够重视。

（4）明确以"水土定植被"的生态建设原则，因地制宜、科学治沙，切忌片面追求高盖度、重树轻草的建设行为；坚持"雨养植被"建设为主体的指导思想，严禁大面积灌溉治沙，维持生态系统的可持续性；建立可持续的后效评估体系，强化工程长效监督和管理体制；制定"惠民保生态"的补偿机制，实现生态与民生双赢。

第 13 章

西北地区生态治理的得与失：典型案例中的经验与教训

　　导读：正确评估西北地区生态治理的经验与教训，可为大力推进"丝绸之路经济带"生态文明建设和绿色发展提供理论指导和实证范式，有助于促进西北地区生态经济的协调发展。本章选取江河源区生态治理、晋陕蒙能源基地开发、内陆河流域水资源开发、黄土高原退耕还林工程和荒漠草原带沙漠化治理作为典型案例，系统分析了各典型案例在生态治理中的"得"与"失"。通过综合评估发现：解决好生态脆弱区的农民生计问题是关系生态建设成败的关键；生态保护政策的实施有助于退化生态系统的恢复；政策导向和适当的资金投入有助于调节农民与企业的发展困境，同时生态保护与社会经济可持续发展的关键是完善的生态补偿机制。

　　西北地区是"丝绸之路经济带"建设的主体区域，但其资源与环境系统脆弱，社会经济发展的短板在于区域资源环境的承载力。由于人类不合理的资源开发利用等原因，西北地区生态环境问题日益突出，如过度开垦、过度放牧导致的荒漠草原、高寒生态系统退化；资源粗放开发利用导致的水土流失、环境污染问题；工程建设导致的内陆河流域水源减少、绿洲生态系统退化等。近十几年来，得益于国家和地方政府一系列生态治理措施，西北地区的生态环境有了很大改善。如何进一步促进西北地区生态经济的协调发展，是大力推进"丝绸之路经济带"生态文明建设的关键。因此，深入辨识区域生态变化中重大政策对生态系统影响的利与弊，从政策与生态变化关系中汲取生态文明建设的经验与教训是非常有意义的。本章选取西北地区具有代表性的生态治理项目（图13.1）：荒漠草原带沙漠化治理、江河源区生态治理、晋陕蒙能源基地开发、内陆河流域水资源开发和黄土高原退耕还林工程，通过对以上生态治理项目的综合评价，探讨重大生态工程实施过程中可贵的经验及存在的问题，以期为后续生态治理项目提供对策建议，并为国家生态建设提供参考。

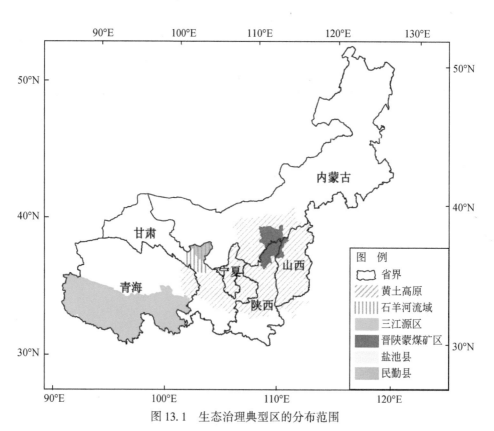

图 13.1　生态治理典型区的分布范围

13.1

生态工程建设对生态环境变化的影响——以三江源区为例

13.1.1 三江源区概况

三江源地区位于青海省南部，地处青藏高原腹地，是长江、黄河、澜沧江三大河流的发源地。严酷的自然条件，敏感、脆弱的生态环境是该区的主要特点（李迪强和李建文，2002；赵新全和周华坤，2005；徐新良等，2008）。近几十年来，由于受到全球气候变暖和人类活动加剧的双重影响，三江源地区生态系统发生了严重退化，冰川退缩、雪线上升、湖泊减少、江河断流、水土流失、草地退化，直接威胁到长江、黄河和澜沧江流域的生态安全。

2010 年三江源区内总人口 79.64 万人，以藏族人口为主，占源区总人口的 90% 左右（李芬等，2013）。该区人口增速较快，1949～2000 年，人口总规模增长了 1.75 倍，年均增长率达 28.25‰（景晖和徐建龙，2005）。三江源区产业结构大致表现为第一产业>第三产业>第二产业，第一产业以草地畜牧业为主。2007 年全区生产总值为 43.73 亿元，其中，农牧业产值为 24.61 亿元，占总产值的 56.3%，牧民人均可支配收入为 2100 元。

13.1.2 三江源生态保护和建设工程总体成效

为保护和改善三江源区的生态环境，2005 年 8 月国家启动了三江源自然保护区生态保护和建设工程，建设范围是三江源国家级自然保护区（图 13.2），占三江源区总面积的

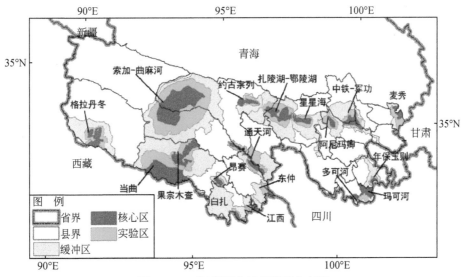

图 13.2 三江源区自然保护区分布图

42%，总投资约 75 亿元。工程确定以生态保护与建设、农牧民生产生活基础设施建设和相关支撑项目为主要建设项目，其中，生态保护与建设包括退牧还草、已垦草原还草、退耕还林、生态恶化土地治理、森林草原防火、草地鼠害治理、水土保持和保护管理设施与能力建设八项建设内容；农牧民生产生活基础设施建设包括生态搬迁工程、小城镇建设、草地保护配套工程和人畜饮水工程 4 项建设内容；支撑项目主要包括人工增雨工程、生态监测和科技支撑 3 项建设内容（邵全琴等，2012）。

生态工程实施后，截至 2009 年，三江源土地覆被变化主要表现为沙地、戈壁与裸地转为低覆盖草地，低覆盖草地转为中覆盖草地和水体与沼泽，中覆盖草地转为高覆盖草地。整体表现为低生态级别向高生态级别转移（刘纪远等，2008；邵全琴等，2010）。表13.1 为三江源地区整体土地覆被变化。

表 13.1　三江源地区整体土地覆被变化

0408 时段转类比例/%	水体与沼泽	林地	灌丛	高覆盖草地	中覆盖草地	低覆盖草地	荒漠	沙地戈壁与裸地
水体与沼泽	99.96	0	0	0	0.01	0.02	0	0
林地	0	100	0	0	0	0	0	0
灌丛	0	0	99.95	0.04	0.01	0	0	0
高覆盖草地	0	0	0	99.91	0.05	0.03	0	0
中覆盖草地	0.01	0	0	0.12	99.84	0.02	0	0
低覆盖草地	0.05	0	0	0.02	0.08	99.85	0	0
荒漠	0.09	0	0	0	0	0	99.91	0
沙地、戈壁与裸地	0.03	0	0	0.01	0	0.4	0	99.56

13.1.3　重点工程区生态成效

整体上，1990~2004 年重点生态建设工程区的草地面积减少了 378.99km²，2004~2009 年草地锐减趋势得到极大遏制，仅减少了 2.60km²，尤其以黄河源重点工程区最为明显。湿地面积增幅明显，1990~2004 年减少了 19.53km²，2004~2009 年增加了 57.59km²，黄河源重点工程区和长江源重点工程区表现突出（表 13.2）。荒漠化土地面积呈现减少趋势，其中黄河源重点工程区由前期的增加到后期的减少变化，长江源重点工程区持续减少（王根绪等，2002；潘竟虎等，2005；邵全琴等，2012）。

表 13.2　重点工程区生态类型面积变化　　　　　　　　（单位：km²）

区域	农田		森林		草地		湿地		荒漠		其他	
	1990~2004 年	2004~2009 年	1990~2004 年	2004~2009 年	1990~2004 年	2004~2009 年	1990~2004 年	2004~2009 年	1990~2004 年	2004~2009 年	1990~2004 年	2004~2009 年
黄河源	-3.28	0	-1.67	0	-477.27	-25.97	-21.88	50.17	503.52	-24.20	0.57	0
长江源	0	0	0	0	99.92	23.37	2.43	7.42	-102.35	-30.79	0	0
中南	0	0	-5.77	0	-8.59	0	-0.08	0	13.34	0	1.09	0
东南	0	0	-5.64	0	6.94	0	0	0	-1.33	0	0.03	0

13.1.4　三江源生态建设的经验教训

（1）针对高寒气候特征，养护为主、治理为辅。三江源区海拔高，气候寒冷，加之成土母质差，植被稀疏，使得土壤瘠薄，生态系统极为脆弱。三江源生态保护和建设工程结合当地生态气候条件，以自然修复为主，以工程治理措施为辅，有效保护和改善了该区生态环境。总体思路是通过降低人类活动对三江源区生态系统的干扰，使生态系统结构得以改善。主要采取的措施有：①通过生态移民和退牧还草措施，减轻草地压力；②通过封山育林/湿地封育保护工程来增加森林面积、郁闭度和蓄积量；③通过建设养畜/太阳能利用等措施，减小自然保护区的人类干扰，降低土地利用强度等。

（2）针对不同生态类型，划分相应自然保护区。按照保护区内的生态系统类型，划分为草地类自然保护区、森林类自然保护区、湿地类自然保护区等，进行有针对性的生态保护和建设措施。草地类自然保护区主要保护对象是高寒植被生态系统、野生动物、高原峡谷灌丛草地；森林类自然保护区主要保护对象是暗针叶林、区内水体、森林动物等；湿地类自然保护区主要保护对象是沼泽湿地以及栖息的珍稀动物。

（3）针对主导生态系统，重点规划建设。高寒草地生态系统是三江源区的主体生态系统，占全区土地总面积的65.37%。为遏制草地植被的退化、沙化，主要采取天然草地的恢复、退化草地的综合治理、退牧还草、沙漠化防治、调整产业结构、生态移民、以草定畜等措施。工程实施后，三江源地区的家畜数量有一定程度上的减少，草地载畜压力减轻；黑土滩退化草地治理和鼠害防治工程，有效促进了退化草地的恢复。

（4）针对工程建设实施，健全制度管理。为更好地实施三江源生态保护建设工程，青海省首先成立分级监管机构，并按项目性质组建专业工作组，有力支撑了工程的实施；其次，详细制定监管办法和实施细则，包括技术规程和验收规范等，为各项工程有序管理奠定了基础；再次是出台配套政策，除了国家延长对退耕还林（草）农户的补助期限，颁布实行草原保护补助奖励机制等政策外，青海省出台了对禁牧户实施生活困难补助、燃料补助和子女就学补助等政策，有力地支持了生态工程的实施；最后是保障建设资金。除国家的工程建设资金外，青海省亦投入相应配套资金，保障了建设工程有序实施。

总体而言，虽然三江源生态工程取得了初步的成效，但生态系统的恢复还远未达到理想的状态。受气候变化导致的冰川、冻土融水量增加，有可能给该区脆弱的生态系统带来长期的负面影响。尽管目前植被的覆盖度和生产力有所提高，但土壤保持功能并没有实质性提高，对于水土保持意义重大的植被根系层恢复极其缓慢，土壤理化性状的恢复则更为缓慢。草地退化态势好转的面积仅占原有退化草地面积的12%，且仅是长势好转，群落结构未见好转；草地退化态势遏制的面积占原有退化草地面积的86%（邵全琴等，2012）。由于降雨侵蚀力增加，土壤侵蚀敏感性提高，因此该地区的水土流失趋势未能得到有效控制。此外，三江源地区舍饲畜牧业基础设施建设薄弱，牧业生产仍以传统放牧为主，退牧还草饲料粮补助、草原奖补机制等补助只能满足农牧民的基本生活水平，难以保障实现脱贫致富的目标，至今超载问题尚未得到根本解决，草畜矛盾依然存在，禁牧减畜任务繁重。这都说明三江源地区的生态恢复是一项长期、艰巨的工作，需要进行持续的努力。

综合三江源生态建设的经验教训，并结合邵全琴等（2012）对三江源区生态系统综合监测与评估结果，凝练协调发展途径如下。

（1）完善综合检测体系。目前，空间遥感与地面监测站点网络一体化的综合监测体系尚不完善，建议以生态保护和建设工程设置的短期定位观测站为基础，构建完整、系统的生态系统地面长期监测体系，建立生态系统遥感监测、生态系统评估与生态安全预警系统，以便更好地为三江源区的生态保护和可持续发展服务。

（2）推广现有经验。伴随工程的实施，已取得了许多生态恢复和建设方面的好的经验和措施，如人工增雨、减压减畜等，对该地区生态恢复起到了重大作用，建议对工程实施以来取得的有效措施和经验加以提炼和总结，并采用机制化的方式坚持和推广，以保证生态成效的稳定性和连续性。

（3）继续草地载畜减压工作。尽管三江源区草地的超载状况已得到明显改观，但目前全区草地仍处于超载状态中，减畜工作仍任重道远。建议继续采取积极的减压增效措施，在促进农牧业产业升级、资源优化配置和有效解决生态移民生计的基础上，真正实现草畜平衡，达到生态保护的目的。

（4）中央给予长期稳定支持。三江源区通过自然保护区生态保护与建设工程的实施，生态系统总体上表现出"初步遏制，局部好转"的态势，但是，工程的实施仅是起步，具有局部性、初步性的特点。同时，由于生态系统的恢复是一个长期的过程，建议中央在三江源自然保护区生态保护和建设工程的已有基础上，给予长期稳定的支持，建立长效的生态保护和恢复机制。

（5）重视冰冻圈对生态的影响作用。三江源区冰川众多，多年冻土广布，两者变化对该区生态系统稳定性有重大影响。其中，不合理的人类工程活动是引起冻土环境退化的主要原因之一。未来在工程活动中应采取有效的冻土环境保护措施，如严禁在多年冻土区放牧等，不仅对高原冻土工程稳定性具有深刻影响，而且对于维护高寒生态系统也至关重要。

13.2

资源开发对生态环境变化的影响——以晋陕蒙接壤区煤矿开发为例

13.2.1 晋陕蒙接壤区概况

晋陕蒙接壤地区是指晋西北黄土高原、陕北与鄂尔多斯高原的接壤地带，包括山西省沂州市河曲县、保德县、偏关县和吕梁市兴县，陕西省榆林市神木县、府谷县、榆阳区和横山县，内蒙古自治区呼和浩特市托克托县和鄂尔多斯市达拉特旗、准格尔旗、东胜区、伊金霍洛旗十三县（旗、区），总面积为 5.44 万 km^2（图 13.3）。区域内以黄土丘陵沟壑和风沙滩地地貌为主，属半干旱大陆性季风气候，干旱少雨多风，蒸发量大，植被稀疏，水土流失严重，自然灾害频繁，生态环境脆弱，是黄河粗泥沙集中来源区，属国家级水土流失重点治理区（秦大河，2002）。

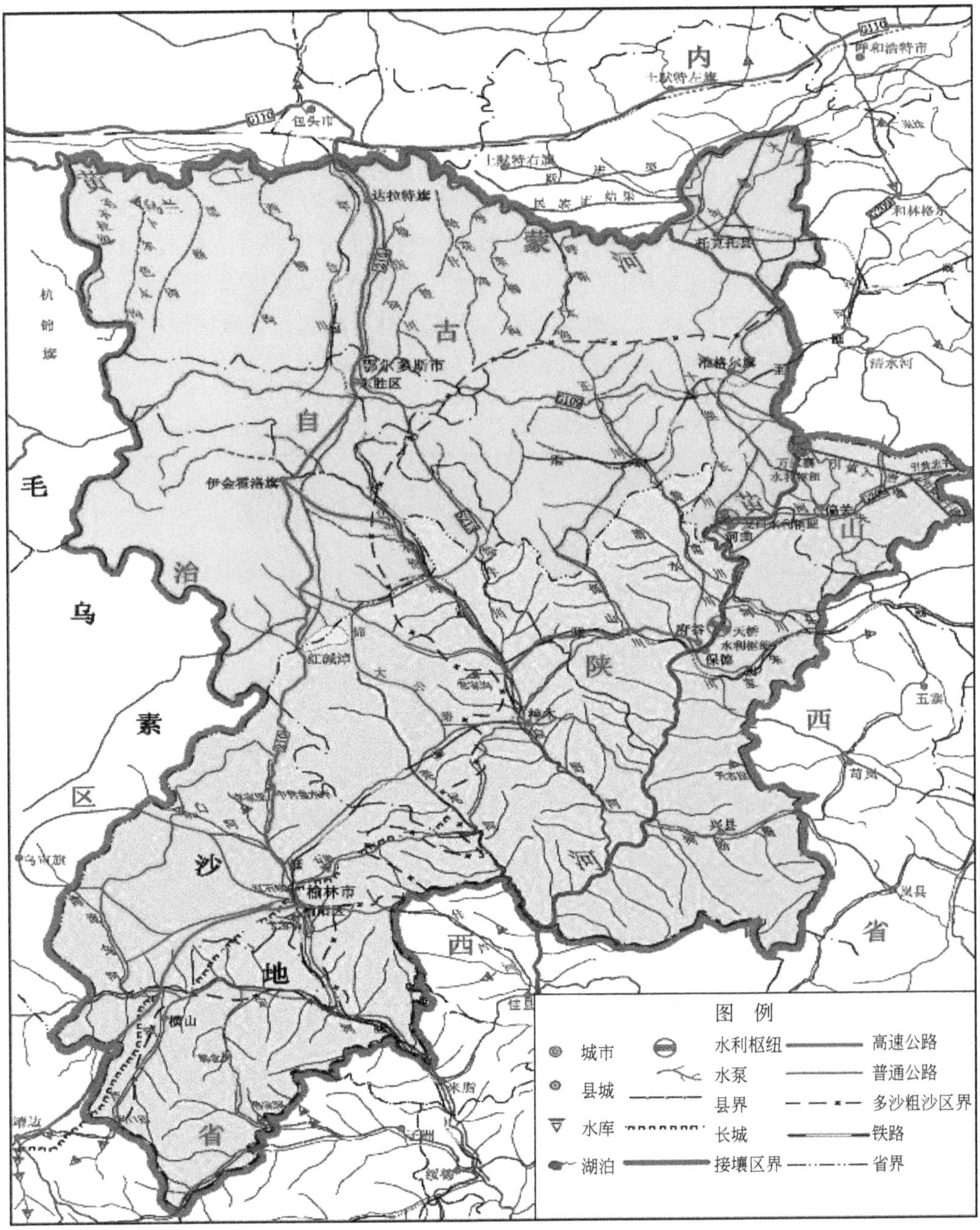

图 13.3　晋陕蒙接壤地区行政区划图

该区域自然资源十分丰富，富含 8 类 48 种矿产资源，尤以煤炭、石油、天然气储量丰富而著称，神府、东胜、准格尔及河东四大煤田分布其间，储煤面积达 3.3 万 km²，已探明储量近 2800 亿 t，是我国"西电东送"的重要起点、"北煤南运"的核心源地和重要的能源重化工基地，在国家经济建设中具有重要的战略地位（表 13.3）。

春秋战国前，该地区草茂林丰，河湖广布，先民们以渔猎生活为主，生态环境呈良性循环。秦汉、唐宋及清末时期，由于各统治阶级都想扩大和巩固自己的疆域，时常发生民族战争，而每次战争都得实行移民实边屯垦政策，以解决士兵粮食供给问题，这对生态环境均有不同程度影响。新中国成立后，由于长期以来受重粮思想的影响，也出现过三次较严重的开垦高潮，使本区域植被再一次遭到破坏，环境质量急剧下降，生态环境变得很脆弱。20世纪80年代后，伴随着综合机械化采煤法的发展，该区煤炭资源大量开采，导致生态环境进一步恶化。20世纪90年代，虽然国家及地方政府在该区域相继实施了一系列生态环境保护措施，但其生态环境仍是局部改善，整体十分脆弱（王广智，1995）。近年来，随着区域经济社会快速发展，生产建设活动日趋频繁，大规模能源开发及基础设施建设等引发了严重的人为水土流失、地面塌陷、河流干枯等问题，导致区域内生态环境日益恶化，出现了一系列新的生态问题和社会问题（吴晓军，2004）。

表 13.3　2002～2010 年全国煤炭生产消费及晋陕蒙三省煤炭产出贡献情况

年份	煤炭生产 /万 t 标准煤	占能源生产 总量比重 /%	煤炭消费 /万 t 标准煤	占能源消费 总量比重 /%	晋陕蒙三省煤炭产量占 全国原煤产量比重 /%
2002	103 903	72	107 321	68	42
2003	122 996	75	123 718	70	45
2004	142 304	76	143 681	70	48
2005	157 495	77	158 850	71	48
2006	169 506	78	174 113	71	49
2007	180 351	77	187 767	71	51
2008	199 843	77	204 888	70	52
2009	212 280	77	215 879	70	50
2010	227 141	77	220 956	68	58

13.2.2　晋陕蒙资源开发中存在的问题

1）资源开发效率低，浪费严重

晋陕蒙地区能源开发过程中，存在大量采富弃贫、掠夺开挖、浪费资源等现象。此外，煤炭回采率低、伴生矿产资源利用率低等资源浪费现象也普遍存在。究其原因，除粗放的生产方式外，机器设备和生产技术落后也是制约该区资源高效利用的主要原因。

2）产业结构趋同，无序竞争矛盾凸显

晋陕蒙地区资源密集，资源禀赋和经济结构相似，因此该区产业结构同构现象严重。各地方政府和企业为追求高利润，重复建设高获益产业，严重影响资源配置的效率，最终限制了行业规模效益的发挥。同时，地方政府为最大化地获取经济利益，运用一切手段封锁市场，限制外地产品的进入，这种地方保护主义直接导致市场分割，是区内市场竞争低效的主要原因之一。

3）利益分配体制不健全

首先，资源开发所得的税收和利润，基本上缴中央，影响了地方的积极性。其次，该区开发的资源主要输送到东部地区，限制了当地资源的利用。再次，由于资源国有，当地居民难以分享资源开发的利益，而且生态补偿存在低估居民损失的现象。

4）生态环境破坏严重

晋陕蒙地区大规模的开采资源和配套基础设施建设，导致该区生态环境极端脆弱。近年来，受一系列生态保护措施的影响，虽有一定改善，但整体形势依然较差。主要表现为大气、水、土壤污染严重，植被破坏严重，地面沉降及塌陷频发，等等（郭绍礼，1995）。

13.2.3 资源开发中生态环境保护的经验教训

1）政府行为和政策法规的作用明显

首先，各级政府高度重视，先后投入大量人力、物力、财力。例如，黄河中游水土保持委员会每2年召开1次会议，专题研究水土保持中的问题，其余各省份每两三年召开省级会议，晋陕蒙水保治理面积规模走在了全国前列（陈雄龙，2006）。其次，国家各部门依法强化能源开发区的预防监督，晋陕蒙接壤区作为全国水保监督执法规范化建设试点，"九五"时期仅该区就查处水保违法案件710多起，审批各类水保方案1300多个，督促开发建设项目投入水保资金数十亿元。再次，政府积极推进水土保持生态补偿。例如，山西省从煤炭开发收益中按吨煤提取一定比例资金用于水土保持，陕西省每月从企业实际产量中按吨（煤陕北5元/t、关中3元/t、陕南1元/t，原油30元/t，天然气0.008元/m³）收取一定的费用用于水土保持，内蒙古神东煤炭分公司在采前、中、后各环节都采取了有效的保护生态、恢复生态的措施，每年从煤炭成本中吨煤提取0.45元用于治理水土流失，从成本中列专项资金在塌陷区种植沙棘等水土保持植物进行生态恢复。

2）积极调动企业和民众广泛参与

近年来，晋陕蒙接壤区大力推进生态自然修复，三省（自治区）通过封山禁牧、舍饲圈养，生态移民等措施来进行生态恢复，促进农民增收。同时不断探索生态治理与农民增收紧密结合的建设模式，涌现了许多成功范例。例如，晋陕蒙地区砒砂岩沙棘生态工程开发中，利用"地球癌症"的砒砂岩，来用于控制水土流失，大大提高了该区人民生活水平，实现了人均500元/年收入。生态经济良性互动，真正实现了"开发一种植物，修复一片生态，培育一项产业，造福一方百姓"的良好局面。

3）"重视程度"和"参与度"尚不能满足全面生态恢复的需要

首先，组织机构不健全、制度不完善。新开工建设单位内部无水保管理组织、无相应规章制度、部门间推诿，有的也不完善且缺乏监管问责制度。项目变更不履行手续，后续设计工作严重滞后的现象十分突出。其次，防护意识薄弱，水保治理缓慢。建设单位对水土保持工作重视不够，且缺少专业性指导。在检查中发现，本区建设项目中不同程度地存在防洪工程建设滞后，水保措施不到位，弃渣弃土场施工不规范，对水保监理监测工作认识不足，对专项验收要求认识不到位等问题，亟须大力解决。再次，该区资源开发中有些项目存在严重违法行为。例如，无批复水保方案文件而擅自开工建设、向沟道弃渣、弃渣场未建设拦渣坝、未履行变更手续、未缴纳水保补偿费、未开展监督工作等。最后，有关部门监督工作不力、不规范。水土保持监理、监测单位存在工作主动性不够、技术力量薄弱、工作方法陈旧及单位之间沟通协调不够等突出问题，这些问题的存在大大增加了晋陕蒙接壤区资源开发中生态修复的难度。由此可见，必须各方参与大力解决，才能实现晋陕蒙接壤区资源开发和环境保护的良性发展和可持续发展。

13.2.4 资源可持续开发的对策及建议

为了更好地解决晋陕蒙接壤区资源开发中生态环境保护问题，特提出以下对策和建议。

（1）要从体制上协调好国家、地方与个体之间的利益关系。国家、集体与个人的积极开发推动了区域经济的发展，但也存在利害分配与责任的突出问题。因此，制定这类地区的国土综合开发与整治法规，以法为准，促进合理开发，共同致富。在法律的约束下，在这类地区建设内陆开放试验区，享受东部开放试验区的政策，并可采取"计划单列市"的管理体制，实施"一区两制"的运行机制，即凡属国家能源与重化工基地建设的产业，如道路、煤炭、电力、天然气、石油化工等统一规划，将各方的建设投入融为一体，实施股份制，限制低水平的重复建设项目，提高开发的规模与技术进步的水平，这就是实施"企业集团管理体制"。对与上述建设有关的配套产业或社会设施，由所在地的地方建设，即根据统一规划，采取市场竞争的机制，存优淘劣；对于劳动力资源的保障，以及企业农副产品的供应则根据建设的需要，由地方按计划布局和生产，这就是实施"地方配套与保障的市场竞争与计划体制"，即行政级别管理体制。"企业集团管理"与"行政级别管理"相结合运行，建设与整治通过法律与经济的杠杆协调，从而进一步促进发展。因此，可先在晋陕蒙接壤地区的16个县首先进行试验。

（2）转变能源开发生产方式，优化能源开发结构。晋陕蒙能源开发目前面临诸多问题，主要是能源开发格局难以优化，能源生产方式比较粗放，技术标准较低，能源开发结构单一等问题能源开发一直是简单地输出一次能源产品，缺乏延伸产业和共生产业，能源开发存在高能耗、高排放、高污染的问题，必须转变粗放式能源生产方式和消费方式，加快调整能源结构，实施大集团战略，加强能源资源的集约开发，增加清洁能源比重，建立高效、集约、内涵的开发利用方式，提高资源综合利用水平，促进晋陕蒙地区能源开发可持续发展（田山岗等，2008）。例如，山西省煤矿发展改变了以往长期形成的"多、小、散、乱"的格局及落后粗放的生产方式，按照"关小、改中、上大"的策略整合煤炭资源，提升煤炭产业集中度和产业整体素质。具体措施包括：①强制淘汰年产不足9万t的小煤矿，对达不到30万t/a生产规模的煤矿不再增层扩界；②布局不合理又未能进行资源整合的煤矿，到期后不延续采矿许可证；③通过多种途径，逐步形成"集煤炭、电力、化工、冶金、建材、交通等为一体"的综合性"四跨"集团；④积极推进大型煤炭企业的战略性重组和中小煤矿企业的组织结构优化。

（3）转变发展模式，促进晋陕蒙能源可持续发展。晋陕蒙三省（自治区）都是以煤炭产业为主导的资源型经济发展模式，在以往的发展过程中，都走了先污染，后治理的发展老路，使能源开发一度陷入被动。转变能源开发发展模式，走绿色、协调的能源开发可持续发展道路迫在眉睫，关键要提高对生态环境因素的重视程度，消除以牺牲生态获得经济效益的传统经济思维模式。不可否认，煤炭产业一定会对环境造成一定程度上的破坏，但破坏者一定程度上也能成为生态环境的保护者和修复者。例如，内蒙古在新矿区和新井严格控制新增工业污染。大中型煤矿推广清洁生产，土地复耕率达到100%，由工程复耕转向生态复耕。矿井水外排达标率为100%，选煤厂的煤泥水实现闭路循环，洗中煤、煤泥和煤矸石综合利用达到90%以上；其次，对老矿区和老矿井进行重点补偿式的环境建设，2010年前大型煤矿的土地复耕率为40%，煤矸石利用率占当年排放总量的90%，大型煤矿矿井水外排达标率达到100%，中型煤矿达到75%。

（4）注重生态修复，促进晋陕蒙能源开发健康发展。以往晋陕蒙能源开发中，人为因素对生态环境的破坏较为严重，且忽视了对生态修复的问题。在今后的能源开发中，要处理好农民增收与生态自然修复的关系和人工治理与生态自然修复的关系，才能促进晋陕蒙能源开发健康发展。首先，将生态治理与当地经济发展和特色产业开发相结合，提高群众积极性，找准生态治理与特色产业发展的结合点。例如，山西省沙棘产业开发走规模开发、集约经营、扩大沙棘资源总量，搞好沙棘加工产业的整合以形成竞争有序、开发合理、利用高效的开发格局，同时在整个区域层面构建交流合作平台，实现资源、技术、服务共享。其次，晋陕蒙水土流失面积大，仅靠人工治理远不够，需要封育保护，要坚决推进封山禁牧、能源替代、舍饲圈养、生态移民，把水土保持工程重点放在提高农牧业产出能力上，综合整治生产用地，对自然无法修复的荒沟、荒坡人工治理（蔺明华和慕成，2006）。同时还要处理好资源开发与生态保护的关系。一要有强烈的保护意识、加大监督管理力度，切实落实"三同时"，减少新增水土流失；二要在政策层面健全生态补偿机制，如适当调高资源税对资源所在地给予一定补偿。例如，陕西省拿出相当数量的资金和人力投入生态环境的治理工作中，运用生化科技的最新成果保护、修复生态环境，同时加强法律层面上对生态环境的保护和修复，以减少人类活动对自然环境的破坏。通过立法、执法监督企业对环境的保护、遏制对生态环境肆无忌惮的破坏，同时加强宣传，运用舆论的力量保护和修复生态环境。

总之，晋陕蒙煤矿资源开发导致该区生态严重恶化，作为国家试点治理区域后，政府政策行为作用显著，因地制宜地探索出了生态经济"双赢"的建设模式，有效调节了当地农民与企业的发展困境。但资源开发与生态保护的博弈关系，以及生态效益长期性与农户追求短期经济效益的矛盾仍然是该区域的根本问题。协调好各级利益相关方的关系，优化开发结构，以及注重生态修复，是今后实现绿色发展的关键。

13.3

内陆河流域水资源开发利用与管理的经验教训——以石羊河流域民勤绿洲为例

13.3.1 民勤绿洲概况

民勤绿洲（图13.4）位于河西走廊东部、石羊河流域下游，地理位置为 38°03′N ~ 39°28′N，101°49′E ~ 104°12′E，其东北面是腾格里沙漠，西北面是巴丹吉林沙漠。绿洲中部是石羊河冲积、洪积形成的绿洲带，狭长而趋平坦。全县总面积约为1.6万 km²，其中沙漠、戈壁占82%，绿洲平原占9%（李晓洋等，2013）。受青藏高原气候和温带大陆性气候的综合影响，民勤绿洲具有降水稀少（年降水量约为113.0 mm）、蒸发量大（年蒸发能力约为2 623.0 mm）、降水时空分布不均、日照时间长等气候特征。民勤绿洲基本无径流产生，仅有的地表水资源是南部凉州区的灌溉余水、下泄洪水和部分泉水汇入石羊河进入红崖山水库的水（李晓洋等，2013）。跃进渠是民勤县的输水总动脉（孟有荣，2012），1958年兴修水利之后，县内河流由自然水系进入到人工水系阶段，除了各种交织如网的人工渠道外，该区并无天然水面存在，生态环境十分脆弱。

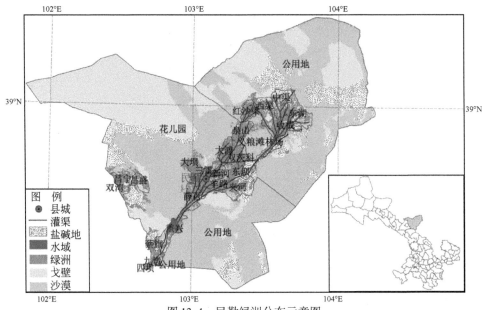

图 13.4 民勤绿洲分布示意图

至2013年年末，全县国内生产总值为59.05亿元，其中，第一、第二、第三产业分别占35.99%、33.36%和30.65%。城镇居民人均可支配收入为14683元，农村居民人均纯收入为7893元。农业方面，全县农作物播种面积为499.33km²，其中粮食作物为132.87km²，主要经济作物为350.87km²。大牲畜存栏为4.78万头，肉类总产量为1.67万 t。

历史上民勤绿洲水草丰盛（张凯等，2006），西汉之前曾是内流河湿地生态系统，之后由于各种自然和人为原因，水源减少、湖水干涸、沙漠入侵、植被退化，逐渐演变为现在的荒漠绿洲生态系统，且沙漠化的趋势和危害现今依然存在。

13.3.2 生态环境变化的水资源利用政策因素分析

1）"以粮为纲"时期政策的影响

这一时间段为 20 世纪 50 年代至 70 年代末。"以粮为纲"政策是新中国建立初期，为从根本上解决粮食供应困难问题而制定的一项国家政策。期间，民勤绿洲政策的执行主要有两个措施：一是垦荒，二是农田水利建设。政策实施期间，民勤粮食总产量从起初的 3.84 万 t 上升到 10.68 万 t（1959~1961 年三年困难时期除外），但同时也为民勤生态环境的退化埋下了隐患。

垦荒扩大了绿洲面积。作为西北内陆地区人口最为集中、灌溉农业较为发达的区域之一，石羊河流域在"以粮为纲"政策的指导下，为了完成国家规定的粮食产量指标，想方设法扩大耕地面积，出现了十分普遍的毁林开荒现象（高芸，2007）。民勤绿洲也进行了大面积的开荒活动。面积较大的开垦活动有 1956 年的昌宁区开荒造田，完成开荒任务 10 万亩；1958~1959 年，勤峰农场、扎子沟农场、小西沟农场 3 个国营农场的建设（民勤县编撰委员会，1994）。此时全县耕地面积达到第一个高峰，为 102.8 万亩（图 13.5），民勤绿洲规模迅速扩展。

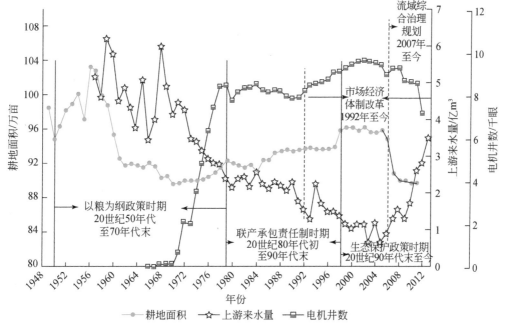

图 13.5 耕地、上游来水量、电机井数随政策变化示意图

农田水利建设为绿洲面积的扩大提供了有利条件。该时期，为了实现粮食生产的"大跃进"，中央要求掀起一个农田水利建设的高潮（高芸，2007）。民勤在1958年也开始建设红崖山水库和跃进总干渠，随后陆续建设了各种大小的干、支、斗、农、毛渠。完善的渠道建设，为绿洲的扩张提供了水源保证。

流域中上游的垦荒，增加了灌溉用水量，致使进入民勤的来水量减少，开垦的耕地因无水灌溉出现撂荒，耕地面积到1959年的高峰期后开始迅速减少，严重地影响了当地的粮食总产量。为提供民勤农业用水，增加粮食产量，民勤政府从1965年开始打井抽取地下水。在第一个打井高峰期（1968～1976年）期间，民勤的耕地面积也随之增加。

在"以粮为纲"政策的指引下，随着垦荒力度的加强，民勤的耕地面积增加，绿洲面积扩大，但上游来水量反而减少，只有大力开采地下水才能保证农业用水，进而保证粮食总产量，而这些行为又给生态环境的恶化埋下了隐患。

2）改革开放时期政策的影响

这一时间段为20世纪70年代末至90年代末。改革开放是1978年以来中国实行的一项重大政策。农村家庭联产承包责任制的确立，拉开了我国对内改革的大幕，它改变了单一经营的"以粮为纲"的方法，积极发展多种经营方式（姜帆，2006）。它实行多劳多得、按劳分配为主的原则，极大地调动了农民的生产积极性，解放了农村劳动力。1992年市场经济体制确立，国家区域发展政策进入第二次调整阶段，要求加快中西部地区的发展，减缓地区差距扩大的趋势（陆大道等，1999），西部经济得到空前发展。

民勤县于1979年开始实施家庭联产承包责任制，1981年有92%的生产队实行联产责任制，其中"大包干"到户的生产队占64%（民勤县编撰委员会，1994）。改革开放以来，民勤经济发展迅速，至2000年国内生产总值达84 863万元，是1978年的24倍。农民人均纯收入达2216元，是1978年的21倍。

经济利益的驱动刺激了新一轮的开荒热，使绿洲生态环境日益恶化。期间，经济作物的引进与大量种植，改变了民勤粮经作物的种植比例，由1978年的64∶6转变为2000年的40∶18（图13.6）。经济作物带来的可观收入，又进而引发了民勤的新一轮开垦高峰，至2000年耕地面积增加了4.64万亩。开荒种地意味着消耗更多的水资源，此时，石羊河流域上游的来水量仍与日剧减，为满足农业生产，引发了第二次以地下水开采为主的水利工程的建设高峰（1992～2000年）。打机井过度开采地下水，使地下水位持续下降，至2000年地下水位已下降至13.6 m，比1978年下降10 m左右。地下水的开采直接导致了地下水矿化度的增加，从而加剧了土地盐碱化，植被大量死亡的现象随处可见。此时，民勤生态恶化已达到了新中国成立以来的最严重时期（颉耀文和陈发虎，2008）。

3）生态保护时期政策的影响

这一时间段为20世纪末至今。我国广大的西部地区自然条件严酷、生态脆弱，经济和社会发展长期滞后（秦大河等，2002），鉴于此，我国于2000年开始实施西部大开发战略，在提高经济和社会发展水平的同时，还积极开展生态文明建设，以政策引导加强资源节约和管理，重视生态环境保护和建设，相继启动实施了退耕还林、天然林保护、退牧还

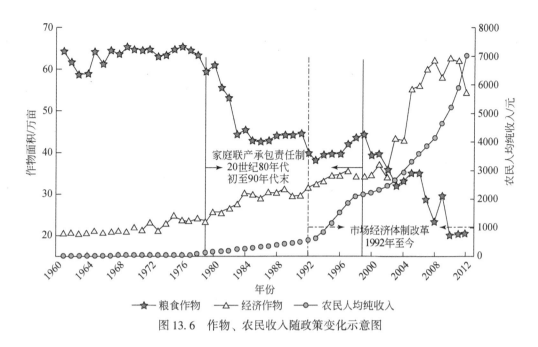

图 13.6　作物、农民收入随政策变化示意图

草等一批重点生态建设工程。这一时期与民勤绿洲水资源利用有关的政策措施主要有退耕还林工程和石羊河流域重点治理工程。

2002 年民勤县首次被列为全省退耕还林工程建设区，政策实施后期，从以退耕地为主转变为以荒滩造林为主。经过十多年的政策实施，民勤的风沙沿线已经初步建立起了乔灌草、带片网相结合的立体防护体系（姜有虎，2009），不仅能够调节气候、降低风速减小风蚀侵害（马永欢和樊胜岳，2005），更重要的是避免绿洲边缘的水土流失，保护珍贵的水资源，进而遏制流沙向绿洲的蔓延。

石羊河流域重点治理规划以全面建设节水型社会为主线，以生态环境的保护为根本，以水资源的合理配置、节约及保护为核心，以经济社会的可持续发展为目标，按照下游抢救民勤绿洲、中游修复生态环境，上游保护水源的总体思路，对整个石羊河流域进行重点治理。该工程规划中最主要的举措就是"关井压田"（关闭机井和压减耕地），关闭机井是减少对绿洲地下水资源的开采，压减耕地是从总量上减少对水资源的需求。

上述一系列措施实施后，民勤县上游来水量明显增多，从 2002 年起以 0.26 亿 m³/a 的速度增加，至 2012 年已上升到 3.48 亿 m³；地下水水位下降的势头得到遏制，尤其从 2007 年开始，下降速度是改革开放以来的最慢时期，且部分区域出现了自流井，干涸了 54 年的青土湖开始出现季节性水面。地下水矿化度上升速度减小，其中昌宁、环河灌区地下水矿化度开始下降；电机井数减少，至 2012 年减少了 2451 眼；森林覆盖率达 11.82%，是 60 年来的最高值；沙尘暴次数减少，比三北防护林建设之前减少了 3 倍多；荒漠化面积较 2000 年减少了 162.37 km²。但耕地面积从 2007 年起迅速减少，至 2011 年仅为 89.73 万亩，是历史最低值。总体综合来说，民勤的生态环境有所改善。

13.3.3　水资源利用与管理的经验教训

从 20 世纪 50 年代以来至今的 60 余年来，民勤绿洲水资源政策的实施可以被划分为三个时期，即"以粮为纲"时期（20 世纪 50 年代~70 年代末）、改革开放时期（20 世纪 70 年代末~90 年代末）和生态保护时期（20 世纪 90 年代末至今）。各种与水资源管理有关的政策措施被实施，政策通过影响农户行为而对当地的自然环境和社会经济产生复杂的影响，得到的经验教训可以从以下两个方面进行总结。

首先从水利建设工程、农户行为变化的角度总结如下。

（1）水利建设工程对当地社会经济的发展起到了支撑作用。在农业方面，水利建设工程促进了包括种植业、林业和牧业在内产业的发展，也在近年开始的农业节水转化中起到了支持作用。在三次产业结构方面，水利建设工程的硬件支撑作用使民勤县耗水严重（孙雪涛，2004）的第一产业比重下降而耗水较少的第二、第三产业比重上升，三次产业产值之比从 1956 年的 13.9：3.2：1，发展调整到 2012 年的 1.2：1.1：1。

（2）水利建设工程对当地的生态环境产生了负面影响。50 余年来对地下水的大规模超采直接导致了地下水位下降和水质恶化，长期大规模的打井和输水渠道的局限性造成具有生态保护作用的植被的退化，过度的机井建设和使用地下咸水灌溉导致民勤绿洲大片土地的沙漠化和盐碱化。

（3）水资源政策对农户行为产生了较大影响。政策通过规章制度规范和引导农户的行为，从 20 世纪 50 年代以来，民勤当地的农户行为发生了巨大的变化，表现在自由开荒逐渐转变为限制开荒兼压减耕地；自由打井逐渐转变为限制打井兼关闭机井；漫灌沟灌为主逐渐转变为多种灌溉方式并存；自由放牧逐渐转变为舍饲和半舍饲养殖。

接着按照时间脉络，从总体政策的执行实施、作用效果及阶段性演变的角度，以水资源利用的生态、经济和社会效益变化为关键点，总结如下。

（1）"以粮为纲"时期，民勤当地单纯重视农业发展，生态效益开始下降，经济效益和社会效益仅有微小增加。开始出现地下水位下降和矿化度增加等现象，而农户的社会生活和经济生活并没有很大改善，这一时期水资源利用的效果欠佳。

（2）改革开放时期，民勤逐渐开始重视经济发展和人民生活水平的提高，经济效益和社会效益都有明显增长但生态效益出现新一轮下降。这一时期当地经济发展、社会进步，农户生活逐年好转，但与此同时，原有的水位下降、植被退化、土地沙化盐碱化等生态问题也逐年加重，这一时期水资源利用的效果有利有弊。

（3）生态保护时期，尤其在 2005 年前后石羊河流域重点治理规划实施之后，民勤的生态、经济和社会效益都开始上升。植被退化等生态问题得到一定程度的遏制，部分区域出现生态环境改良的现象（李传华和赵军，2013），农户生活水平也逐年上升，这一时期水资源利用的效果在三个时期中最好，趋向均衡、可持续的发展状态。

总的来说，目前石羊河流域重点治理规划的实施达到了预期目标，民勤绿洲的水资源利用开始走向可持续发展之路。然而这并不表明只要继续实行现有水资源利用的政策措施，就能保证该区未来综合效益的长期、持续增长。应当注意到，民勤的生态问题依然严重且很难在短期内得到解决(张凯等,2006;王开录和阎有喜,2011),而且新的问题也会不断出现。另外,还有一些已经提出的政策措施尚未得到真正落实,如在整个石羊河流域设置权威性的水资源管理机构,对地表和地下水资源进行统一规划、管理和调配。由此可见,政策的改进和完善还有很长的路要走。

总之,水资源是民勤绿洲的关键影响因素,只有发挥好国家政策对农户行为的导向作用,不断解决好与水资源有关的各种问题,制定和实施有针对性的政策措施,兼顾水资源利用的生态、经济和社会效益,才能真正实现民勤绿洲的可持续发展。

13.4
退耕还林政策对生态环境影响的经验教训——以黄土高原为例

13.4.1 黄土高原概况

黄土高原是中国的四大高原之一,东起于太行山西坡,西至青海民和,北抵长城,南迄秦岭北坡(103°54′E ~ 114°33′E,33°43′N ~ 401°16′N),涉及河南、内蒙古、山西、陕西、宁夏、甘肃、青海 7 省(自治区),50 个地市,317 个县(旗),总面积为 62.9 万 km² (图 13.7),其中水土流失面积为 45.4 万 km²,占区域面积的 70.9%,侵蚀模数大于 8000t/(km²·a)的极强度水蚀面积达 3.67km²,占全国同类面积的 89%,风蚀面积为 11.7 万 km²,是我国乃至世界上水土流失最严重、生态环境最脆弱的地区之一。

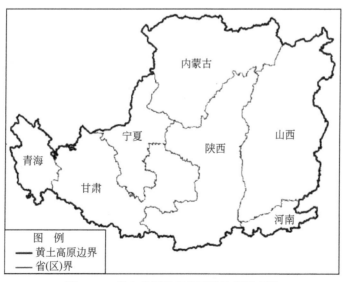

图 13.7 黄土高原地理范围及边界示意图

13.4.2　黄土高原退耕还林政策的总体成效

为了控制水土流失、减缓土地荒漠化、减轻风沙危害、改善生态环境，1999 年国家对黄土高原开展了以"退耕还林"为主体的生态保护建设工程。通过 15 年的建设，根据国家林业局《退耕还林工程生态效益监测国家报告（2014）》的评估，黄河流域中上游的黄土高原地区，涵养水源 64.09 亿 m^3/a、固土 1.27 亿 t/a、保肥 412.28 万 t/a、固碳 901.35 万 t/a、释放氧气 2063.08 万 t/a、林木积累营养物质 28.43 万 t/a、提供空气负离子 1719.76×10^{22} 个/a、吸收污染物 80.95 万 t/a、滞尘 9390.01 万 t/a [其中，吸滞 TSP（总悬浮颗粒）7512.06 万 t/a，吸滞 $PM_{2.5}$ 达 375.61 万 t/a]、防风固沙 1.27 亿 t/a，该工程年产生态效益价值量为 2674.9 亿元。因此，退耕还林工程的实施，对于从根本上解决黄土高原水土流失问题，改善区域生态环境，为黄河流域下游提供有效的生态保障发挥了重要作用（国家林业局退耕还林办公室，2015）。

13.4.3　黄土高原退耕还林政策的经验总结

黄土高原经过 15 年的退耕还林政策治理，取得了显著的生态效益，同时区域经济发展、社会文明水平明显提升。总结该项工程在黄土高原实施的主要经验有以下几点。

第一，加大宣传力度，用政策调动农民积极性。通过向群众发放各种退耕还林宣传资料等多种形式，提高农民对该政策的认知度从而激励了农民退耕还林的积极性。基层同志反映退耕还林的宣传力度是自改革开放联产承包以来宣传力度最大的一次，甚至有的省将退耕还林列为农村工作 3 大任务（退耕还林、结构调整、城镇建设）之一，群众参与力度前所未有，以树活、山绿为中心，真抓实干的行动也是前所未有（焦居仁，2006）。

第二，制定规章制度，保证规范操作。实施退耕还林工程的各省份在国家退耕政策的基础上，结合当地自然条件及社会经济发展的实际情况，制定出对应各自生态问题和实际发展情况的退耕还林的规章制度和具体操作办法，制定党纪、政纪处分规定，加大案件查处力度，保障工程健康有序发展和有序操作。各个工程实施县在不断总结该地区和其他地区退耕还林经验的基础上，逐步改进并形成新的制度和管理方式。例如，陕西子长县推出了退耕复垦追究制度、成活率达标申报制度、封山禁牧管理制度；陕西吴起县出台了乡镇党政一把手总负责的实施办法（焦居仁，2006）。

第三，落实个体承包，创新运行机制。个体承包是工程顺利推进的核心，也是工程运营机制的主题，得到政府和农民的共同重视。在此基础上，各地还创建了灵活的运行机制。有的地区在坚持个体承包的原则下，根据退耕任务集中、退耕户劳力不足的特点，采用了市场化运作、工程化管理、专业化施工、大户承包（育苗、营造）的灵活运行机制。在延安地区种苗供应方面，随着苗源的丰富，采取了市场化运行机制，为承包户获得高质量低成本的苗木创造了条件。在林种的选择上，正在改变过去农村植被建设一切由政府安排的行政手段。在吴起等县，吸收有关生态建设的经验，对还林的布局和种类采取农户参与的决策途径，进一步体现了退耕还林以农民为本的思想。

第四，示范带动，完善配套措施，正确处理几个关系。通过树立典型的退耕还林示范区（流、域、村），来带动其他地区和农户的参与积极性。基层政府应重视不同渠道的农村项目相结合的实施思路，注意退耕还林与调整产业结构相结合；发扬艰苦奋斗精神与依靠科技进步相结合；行政推动与利益调动相结合；工作进度与工程质量相结合；规划、计划与作业设计相结合（焦居仁，2006），从而有效地促进当地退耕还林政策的顺利实施和综合效益的最大化。陕西省绥德县龙湾和靖边县东坑镇等地就是这些实施措施的示范典型。

13.4.4　黄土高原退耕还林过程中存在的问题及协调发展途径

国家退耕还林工程的主要目标是，将全国1.1亿亩25度以上水土流失比较严重的坡耕地上的粮食生产停止下来，用于恢复林木植被，以防止水土的进一步流失，改善生态环境，实现经济的可持续发展（杨巧红，2005）。该工程在黄土高原实施过程中虽取得了一定的社会经济效益与成功经验，但也还存在着一系列问题。

第一，退耕还林和还草的比例问题。由于国家对还林还草的补贴期限不同，按照规定，"粮食和现金的补贴年限，还草2年，还经济林5年，还生态林8年，一些地区为了享受更长的退耕优惠政策，大面积退耕还林，忽视还草，生态重建的效果很不理想。其次，生态林和经济林的比例问题也较为突出，按照国家要求，生态林的比例应保持在80%，但是生态林的生长期较长，一般在10年以上，而国家对生态林的补贴期限只有8年，并且成林后禁止采伐，所以，大部分农户更愿意选择经济林。目前退耕还林中经济林比重偏高的情况也说明了这一点。然而，经济林的生态功能明显弱于生态林，从而使还林偏离国家"以粮食换生态"的目标。同时，随着经济林面积的不断扩大，林果供给的过剩将不可避免，经济学上"果贱伤农"的现象将再次重演。大面积种植经济林且产业结构趋同，从长远来看，农民难以获得预期的收益，增产不增收同样会导致毁林复耕现象出现。

第二，提前完成退耕任务问题。2002年8月，宁夏盐池县提出"将八年的任务三年完成"，使2010年全区森林覆盖率达到18%，2020年达到25%。为了实现这一目标，每年退耕数以倍数在递增。而这一行为的直接后果之一就是退耕农户补偿不到位。仅固原市，2003年和2004年已退耕还林但未兑现粮款的面积就达到91万亩，2004年提前整地65.7万亩，两项合计156.7万亩。甚至有些地方出现极端的行为，例如，吴忠市红寺堡开发区南川乡马段头村把即将成熟的千余亩小麦全部用推土机推平，其目的是为了将三年的退耕还林任务一年完成。大面积超标造林使监管落后，苗木成活率很低。按照固原市退耕还林办法，树苗成活率在85%以上才算合格，退耕农户才能完全拿到补贴（杨巧红，2005）。

第三，种苗费补贴问题。国家退耕还林政策规定的一亩地种苗补助费用为50元，补助标准过低，"一刀切"的种苗费补贴并没有因地制宜地考虑农户的生产成本、劳动成本及自然条件的制约。以宁夏南部山区为例，该地区气候干旱，年降雨量低于400mm，降雨量集中在7～9月，而幼苗成长期降雨量不足，无法保证幼苗成活，因而亩成活率低，需要经常补栽，亩种苗成本大大超过国家规定的50元标准。对于年降雨量低于400mm的干旱、半干旱地区，应因地制宜地制定相应的补偿标准。

第四，部分退耕农户的依赖思想严重。退耕还林使农民得到了实惠，也使部分农民产生了依赖思想。从目前的情况看，几乎所有退耕农户都要求国家延长钱粮补助期限（毛军等，2006）。据统计，全国 1.23 亿农民直接从退耕还林中受益，人均获得粮食和生活费补助 700 多元。在"退耕还林第一县"陕西吴起，退耕农户享受国家兑现补助折合 12.8 亿余元，人均 1 万余元；川西高寒民族地区，退耕还林补助占人均纯收入的 30% 左右，部分农户甚至达到一半以上；还有部分农户的吃粮问题全靠退耕还林的政策补助来解决。国家退耕还林补助政策的出台有其历史背景，不可能永久地执行下去。要巩固退耕还林成果，应实行政策补助"软着陆"，适当延长退耕还林补助期限，逐步降低退耕农户对现有政策的依赖程度。

第五，还林后相关技术问题。对基层干部和农民进行退耕还林还草方针政策和先进实用技术等方面的培训是提高政策的稳定性和持续性的关键。只有农民充分认识和掌握了政策的相关内容和相应的实施措施，才能有效地适应退耕还林政策对其生产生活带来的冲击。2002 年固原地区 64 万亩退耕还林草地中，已有 50 万亩遭到鼹鼠危害，林木平均受害率达到了 14%。其中，严重危害区，幼林危害致死率达 30%~50%，部分受灾严重地区高达 40%~60%，最高达到 70%。固原市农户在签订"退耕还林合同书"时明确规定，政府要为农户提供技术指导，负责检查验收，但事实上并没有相应的技术培训实施（杨巧红，2005）。

第六，缺乏生态用水量的核算。制约黄土高原生态环境建设最为重要的问题是实现区域尺度、流域尺度水资源的平衡，目前的退耕还林对水资源的考虑不够。如果继续扩大退耕还林草面积，已经退耕还林的植被不断生长，对土壤水分需求量越来越大，将导致黄土高原土壤水分亏缺越来越严重，从而影响植被生长发育，甚至导致群落衰败和生态系统退化（Chen et al.，2015），引起黄河下游水量减少，影响中下游的工农业生产活动，使退耕还林成果大打折扣。

总之，退耕还林生态保护政策的实施有效促进了黄土高原生态环境的改善。各省（自治区）因地制宜的制度设计及操作规范，有效促进了该政策的实施。为实现退耕还林政策的稳定性，促进生态环境持续改善，关键是搞好后续产业，核心是增加农民收入，根本是解决好农民的可持续生计问题，本质是尊重事物发展的自然规律，重点是制定科学的统一规划，配套农民增收、农村发展、基本农田建设相应的政策措施，要注重造林与封育相结合，不能只重造林忽视封山禁牧等措施的作用。

13.5
荒漠草原带沙漠化治理的经验教训——以宁夏盐池县为例

13.5.1 盐池县沙漠化治理概况

宁夏盐池县位于宁夏回族自治区东部（106°30′E~107°39′E，37°05′N~38°10′N），

东西宽约为 102 km，南北长为 120 km（李瑞等，2007），北接毛乌素沙地，南靠黄土高原，处于鄂尔多斯台地西南边缘向黄土高原的过渡地带。盐池是我国北方典型的农牧交错地带，是我国土地沙漠化的主要分布区（邹亚荣等，2003）。盐池县具有典型的大陆性气候特征，降水从南到北、从东到西逐渐减少，境内的年降水量范围在 200～450 mm。盐池县水资源贫乏，全县地表水除苦水河、萌城河从环县流经本县外，基本无河流，水资源的利用主要依靠地下水的开发。盐池县土地总面积为 0.713 万 km²，占宁夏回族自治区土地面积的 10.74%。2000 年，盐池县辖 16 个乡镇、99 个行政村、679 个自然村，12 个居民委员会、47 个村民小组。全县总人口为 15 万人，其中，汉族人口占 96.78%，回族人口占 2.5%，是一个以汉族为主的多民族地区。盐池县经济结构以农牧业为主，具有半农半牧的特点（马永欢等，2009）。

盐池县的气候特点主要为干旱且多大风天气，土壤母质多属含沙量较高的新黄土，容易就地起沙，加之近几十年来的过度开垦、过度放牧及过量采挖甘草，导致土地沙漠化问题十分严重（王涛，2003）。历史上盐池县就是我国沙漠化危害最严重的地区之一，公元 1540 年开始出现流动沙丘，在以后的 400 多年里，土地沙漠化扩展很快，特别是新中国成立以来，由于人类数量的增加和生产活动的加剧，沙漠化更是迅速发展。据统计，1961 年盐池县各类沙丘及浮沙地面积共 188 310.49hm²，1983 年上升至 258 338.73hm²，1987 年沙地面积继续扩大，达到 329 260hm²，1999 年各类沙丘及浮沙地面积共 477 048.2hm²，1961～1999 年盐池县荒漠化土地面积平均每年增加 7613.33hm²，年平均增长率达到 4.04%（张克斌等，2003）。随着国家经济的建设和人民生活水平的提高，生态环境问题逐渐成为影响社会发展的主要问题。

为改善盐池县的生态环境，自 20 世纪 70 年代以来国家出台了一系列的生态治理政策。例如，1978 年国家把盐池县列为"三北防护林"体系重点县。2000 年开始实施天然林资源保护工程，工程涉及 8 个乡镇，3 万农户，近 13 万人；一期工程于 2010 年结束，累计飞播造林 42.9350 万亩，封山（沙）育林 12 万亩，森林管护 138.3 万亩，并于 2011 年开始实施第二期工程。2001 年盐池县被列为退耕还林政策试点县，2002 年退耕还林政策全面启动，工程涉及全县 8 个乡镇，99 个行政村，约 3.1 万农户、13.1 万农民，截至 2010 年年底，全县完成退耕还林面积 168.8 万亩；2002 年在花马池、高沙窝、惠安堡、冯记沟等乡镇进行了一年的草原禁牧试点工作，于 2002 年 11 月起在全县率先全面实行草原禁牧舍饲养殖，政策共涉及 8 个乡镇，约 3.7 万农户，13 万农民，截至 2010 年累计完成面积 713.7 万亩，占全县草原面积的 85.55%。经过多年的恢复与治理，盐池全县的林木覆盖度达到了 30%，植被覆盖度达到 68%（黄文广等，2011；徐裕财，2013），鲜草产量由 48kg/亩提高到 147kg/亩。

生态保护政策，尤其是禁牧政策的实施是盐池县草原生态得以恢复的关键（周立华等，2012）。总体来说，盐池县禁牧政策的主要内容包括草原围栏，强制将羊群驱离草原进行舍饲养殖，并适时对草原进行更新补播，通过改变农民传统的生产经营模式，使其逐步摆脱对草原的依赖，从而减少人类生产活动对草原的破坏，使生态系统实现自我修复。禁牧政策的实施取得了一定的阶段性效果，也为荒漠草原带的沙漠化治理提供了许多经验及教训。

13.5.2　荒漠草原带沙漠化主要治理措施

1）以国家大规模的生态工程建设为动力，带动荒漠草原带沙漠化治理

大规模的生态工程建设是荒漠草原带沙漠化治理取得成效的基础。盐池县位于荒漠草原带，生态环境异常严酷，属于典型的生态脆弱带，自然生态系统稳定性较差，容易遭到破坏，加之该县经济基础薄弱，产业结构单一，财政收入低且财政预算内支出的大部分依靠上级政府的补贴，而草原荒漠化治理需要大量的资金支撑，尤其是需要大量管护费用和其他配套工程费用的投入，仅依靠盐池县自身的财政力量很难实现，因此要依靠国家大规模的生态工程建设，以确保荒漠草原带沙漠化治理工作的持续、稳定开展（包利民，2006）。盐池县以1978年开始的"三北"防护林工程，20世纪80年代后期开始的飞播造林工程，2000年开始的"退耕还林"工程，2006年开始的京津风沙源治理等生态工程为契机，合理调配资金，加速农林网及绿色通道建设，实现草、灌、乔相结合，生态-经济-社会效益并重，实现大规模综合治理，以生态工程建设带动荒漠草原带沙漠化治理。

2）建立健全草原生态补偿机制，推进草原承包

20世纪90年代我国开始实施的"退牧还草工程"，标志着是我国在草原生态补偿领域的巨大实践中进入了一个新的历史阶段（黄河等，2004）。在此期间内蒙古鄂尔多斯市落实了禁牧休牧补贴政策；西藏那曲地区安排专项资金对牲畜出栏进行补贴，并实行免收工商和税务等费用的政策；从2011年起，在内蒙古、新疆（含新疆生产建设兵团）、西藏、青海、四川、甘肃、宁夏和云南8个主要草原牧区省（自治区），全面建立的草原生态保护补助奖励机制，形成了配套的禁牧补助、草畜平衡奖励、牧草良种补贴等措施。一系列生态补偿措施的落实为我国实现和推进草原生态补偿奠定了良好的基础（刘振虎等，2014）。基于国家政策，盐池县提出以"谁受益、谁补偿，谁破坏、谁恢复，谁污染、谁治理"为核心的生态补偿机制的原则，即以市场和经济手段调节相结合，形成破坏者付费、保护者受补偿的局面（刘兴元等，2010）。长期以来，草原被作为一种公共物品无偿使用和肆意开发，没有解决草原的"管、建、用、责、权"问题，导致对草原采取了掠夺式的开发和利用。因此，要使草原充分发挥其价值并不以草原沙漠化为代价，必须确保草原包产到户或联户，做到权责分明。盐池县将全县可围栏草原全部承包到户或联户，并保证50年不变，发放《草原使用许可证书》，签订草原承包合同，充分调动了群众的参与草原建设和草原沙漠化治理的积极性。位于荒漠草原带的各区域也可参考盐池县的有效经验，并结合当地实际情况，建立合理的政策措施，确保草原在使用和保护过程中的权责。

3）发展非农产业，增加就业机会

盐池县农业人口占到总人口的75%以上，而农业人口对土地的依赖程度极高，因此在保护生态环境的同时也要保证当地生产活动的顺利进行，即保证农户有稳定的收入来源。盐池县地下矿产资源种类多，储量大，品质高、易开采。地下蕴藏的矿产资源已发现有16

种之多，其中已探明石油储量为 4500 万 t，煤炭储量 81 亿 t，石膏 4.5 亿 m^3，白云岩 3.2 亿 m^3，石灰石 11 亿 m^3，开发利用前景十分广阔。在这样的背景下，盐池县建立工业园区，下设六个功能区，其中县城功能区重点发展石化、生物制药及农副产品深加工产业，高沙窝功能区重点发展油气化工、机械装备制造和维修产业，王乐井功能区建立光伏发电园，冯记沟功能区重点发展煤炭开采及深加工、火电产业等，惠安堡功能区发展高新技术煤化工、新型建材等产业，青山功能区则重点发展石膏深加工工业，截至 2014 年年底，已有 164 家企业进驻工业园，完成工业总产值 56 亿元。另外，盐池县借助革命老区、长城遗址等优势发展旅游业，在促进盐池县产业机构优化调整的同时，为当地部分农户提供了就业机会。

4）建立自然保护区，促进生态系统自然修复

盐池县盐池哈巴湖为国家级自然保护区，是荒漠草原地区一处不可多得的野生物种基因库，具有特殊的气候条件和在极端严酷环境下形成的耐旱、耐寒、耐辐射、耐盐碱等生物学特性的动植物基因资源，保护区内共有维管束植物 54 科 168 属 314 种；动物资源涉及鸟类、爬行类、鱼类、兽类等多种类别，共有脊椎动物 24 目 50 科 140 种，可极大地维护该地区的生物多样性，具有重要的保护价值。它也是研究荒漠草原地区生态系统自然过程的基本规律、研究物种生态特性的重要基地和当地群众接受环境保护教育的重要场所。另外，建立盐池哈巴湖国家级自然保护区有利于维持半干旱荒漠草原生态系统的稳定，还通过对湿地的保护及水资源的管理与协调，遏制了湿地周边土地的沙漠化趋势。最后，保护区内保存完好的灌丛植被和湿地，具有很好的防风固沙、蓄水、集水和保水功能。总之，自然保护区的建立，促进了资源保护、科学研究、科普宣传及生态旅游发展，有助于最终实现自然资源的持续利用和自然生态系统的良性循环。

13.5.3 荒漠草原带沙漠化治理的经验教训

经过一系列政策措施的实施，盐池县沙漠化治理取得一定成效，同时也暴露出许多问题，这些问题严重影响着当地草原和生态环境的保护，具体如下。

（1）当地对草原粗放的利用方式没有得到根本性的改变。同多数禁牧区类似，盐池县的禁牧政策并未完全起到约束农户的效果。尽管当地有 67.7% 的农户认可禁牧政策对生态环境保护的作用，但当其影响到农户的经济利益时，农户还是选择了"偷牧"，据调查该县 70% 的农户有过"偷牧"行为（陈勇等，2013）。

（2）当地财政收入贫乏，对农户退牧、禁牧的补偿只有依赖国家政策的扶持，农户普遍反映补偿金额过低，难以弥补其舍饲养殖的成本的增加，为改善家庭生活环境，违规"偷牧"的现象频繁发生，不利于沙漠化治理成果的巩固。

（3）由于当地农户资金缺乏，受教育程度较低，畜牧业基础设施建设薄弱，存在圈舍改建缓慢、机械化不配套、无法适应现代化养殖等问题（刘艳华等，2007）。

（4）盐池县是滩羊生产基地和保种核心区，但滩羊是一个不适合圈养的品种，禁牧在一定程度上制约了盐池县滩羊的发展，导致滩羊品种退化和生产性能低下。

综上所述，对荒漠草原带的治理应充分结合当地的实际情况，采用禁牧手段进行草原沙漠化治理时，结合其他生态环境保护措施，同时完善农民绿色信贷体系，进一步保障农户生活和生产的资金需求，解决好当地农牧协调问题、农户的经济需求问题和农户的经营行为问题（徐建英等，2010）因地制宜，对地方特有品种提供专项保护经费，建立地方品种保护区，加强对地方特有品种的保护。

13.6

核心结论与认识

（1）政策对西北地区生态环境具有重要、甚至主导作用。20世纪50年代以来各项国家重大政策对西北地区极度脆弱的生态系统产生了好坏迥异的效果。当前西北地区生态治理项目的实施表明政府行为和政策法规的作用明显，生态保护政策的实施有助于退化生态系统的恢复，生态保护政策法规的可操作性也在逐渐提升。未来生态建设项目要更多地依靠科学规划，突出地域特点和区域差异，将保护与发展相结合。

（2）重大生态保护工程和生态保护政策对农户行为的导向作用明显，解决好生态脆弱区的农民生计问题是关系生态建设成败的关键；建立生态治理的制度经济保障机制，推动生态治理的产业化发展，通过产业发展方式转变农户生产方式，有助于促进区域生态与经济的协调发展。

（3）政府导向和适当的经济补偿有助于调节农民与企业的发展困境，但生态保护与社会经济可持续发展的关键是完善的生态补偿机制。建立和完善生态补偿的许可制度，激励企业参与生态治理和国家生态公园的建设管理将是生态治理产业的有效途径之一。

（4）生态治理项目的后续管理问题突出，重建设轻管理成为生态治理项目的普遍问题；建立可持续的后效评估体系，强化工程长效监督和管理体制是今后西北地区生态治理的重点；建议构建生态保护工程和政策的长效机制和第三方评估机制，统筹生态保护和资源开发的利益关系。

第 **14** 章

14.1

生态变化的总体特征

总体来看，西北地区生态变化的特点主要表现在以下几方面。

（1）整体的自然波动与局部的显著退化是近 2000 年来西北生态变化的总格局。由于西北地广人稀，近 2000 年来，生态与环境总体受气候变化影响呈自然波动变化，但局部地区受人类活动影响突出。随着人类活动对生态与环境的影响的持续增加，受影响的生态范围不断扩大，生态退化面积不断向荒漠、坡地推进，明清是人类活动影响超过自然因素影响的转折期，生态剧烈、快速变化的范围明显扩大，生态脆弱的特点在较大范围明显显现，有些地区的影响持续至今。

（2）近 60 年起落式的变化过程中 2000 年是西北各种生态类型趋好的转折点。近 60年，西北地区生态脆弱的特点暴露无遗，各类生态系统表现出对外部扰动的高度敏感性，呈现出大范围、高强度、全方位、大变幅的变化特点。总体上森林、草地、荒漠、绿洲呈现出较为一致的变化过程，20 世纪五六十年代，生态大范围退化，土壤侵蚀加剧，沙漠化土地面积急速扩张，20 世纪 70 年代至 90 年代，生态退化的范围持续扩大，影响范围已经波及广袤的荒漠区和无人区，达到历史上最大。2000 年以来，各类生态趋于好转，植被面积扩大，土壤侵蚀面积减少，沙漠化整体出现逆转。

（3）生态恢复过程中量变显著、质变缓慢。受损生态系统的恢复总体表现为植被盖度、生物量增加显著，但大多数地区生态系统的功能、多样性、稳定性还没有得到较好恢复。土壤侵蚀强度减小带来的水沙平衡关系、沙漠化治理中物种与生境的不适应问题隐藏的植被短期"绿"与长期"黄"风险较大。

14.2

生态变化驱动因素综合分析

西北地区过去几十年气温与全球一样，表现为增加趋势，从全国来看，是除东北地区外增温最显著的地区。降水变化尽管表现出一定的差异性，但总体来看，西北地区西部大部分地区降水表现出增加趋势，而西北地区东部为减少趋势。降水增加地区主要是受西风带影响区，降水减少地区主要为东亚季风影响的尾闾区。

在上述气候变化背景下，伴随着西北地区社会经济发展，人类活动的不断增强，生态系统发生了显著变化。总结西北地区生态变化的原因，绿洲与农业、森林、草地和荒漠植被生态系统及沙漠化和土壤侵蚀等主要受人类活动影响突出，冰冻圈主要受气候变化影响，河川径流和湖泊湿地在高寒地区和山区主要受气候变化影响，而在平原地区则受人类活动影响较大（图 14.1、表 14.1）。

西北地区受脆弱的自然环境影响，生态变化对外部振动十分敏感。由于西北地区除人类聚集影响区外，还有广袤的荒漠和高原无人区，这些地区生态变化无疑主要受气候变化的驱动，其表现为自然的波动性变化，而人类活动影响所及范围内，对生态变化的影响程度整体远超自然因素的影响。

西北地区植被生态系统变化宏观受控于气候变化的影响，近 60 年来人类活动影响强度已经超过气候变化的影响，局地受人类活动影响变化巨大。西北地区森林主要集中在少数高山区，对气候变化响应敏感，气候变化对森林结构、组成和分布、物候、生产力、碳汇等方面产生影响，但这种影响具有是较为缓慢的过程。大面积砍伐和退耕还林等人为政策对于森林面积和蓄积量的变化起重要作用。人类活动干扰是导致草地生态系统退化的主要因素，而气候变化加剧了草地退化的程度。脆弱的生境和多风的自然环境，气候变暖、变干是导致高寒草甸退化的主导因子，也导致山地草原呈现荒漠化、山地草甸呈现草原化，以及伴随的生物多样性受损，覆盖率降低，草层高度降低，草地生物量下降，鼠、虫害损失增大等。荒漠区植被由于气候变暖，春季植物返青提前，秋季植物枯黄期推迟，促进了植物生长。降水是荒漠区宏观植被变化的主导因素。人类活动，特别是 20 世纪八九十年代荒漠区内陆河流域中下游地区的生态用水剧减、地下水位下降、水质恶化、生态用水缺口大等导致荒漠与绿洲交错带以及内陆河中下游荒漠植被退化。荒漠植被整体上在 20 世纪 80 年代到 20 世纪末整体变化较为缓慢，局地植被退化严重。21 世纪以来，荒漠植被盖度和生产力增加趋势明显，特别在新疆北部等山前荒漠区以及内陆河中下游。

总体来看，西北地区植被在 20 世纪 80 年代年均 NDVI 呈缓慢减小趋势，90 年代呈大振幅的波动增加趋势，2000 年以来增加趋势明显。除内蒙古西北部外，1990 ~ 2010 年西北各省（自治区）植被均经历了先退化后恢复的过程。

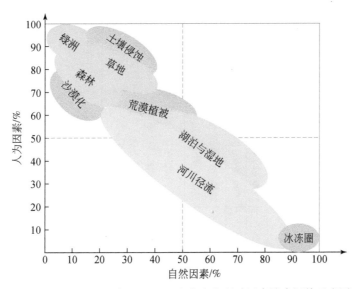

图 14.1 1950 ~ 2015 年西北地区生态变化驱动因素综合评估示意图

表 14.1　西北地区生态与环境变化的驱动力分析

生态类型	区域/流域	变化特征	主要原因
植被宏观变化	西北地区	2000年是转折,之前趋差,之后趋好	重大政策
森林	西北地区	20世纪50~80年代森林面积与蓄积量锐减	毁林开荒
	西北地区	1990年以来,森林面积与蓄积量均增加,其中人工林面积快速增长	植树造林
草地	内蒙古西部	1990~2000年面积减少,2000~2010年面积少量增加;退化与恢复同时发生,退化为主	过牧
	新疆	1990~2010年草地面积持续减少;退化面积扩大了近10倍	开垦与撂荒
	青海	1990~2000年面积少量增加,2000~2010年面积少量增加;退化面积占比56%	过牧
	甘肃	1990~2000年面积少量减少,2000~2010年面积少量增加;退化面积占比47.8%	过牧
	宁夏	1990~2000年面积少量减少,2000~2010年面积少量增加;退化面积高达97.0%	过牧
荒漠植被	西北地区	2000年以前,荒漠区植被覆盖度总体呈善端呈下降趋势,2000年以后,整体上荒漠植被覆盖度变化呈明显增加趋势,局部区域有持续退化趋势。植物生长季延长	整体气候变化,局部人类活动为主
绿洲	西北地区	干旱区绿洲总面积比例从20世纪60年代的8.43%增加到2010年的8.92%;人工绿洲面积持续增加,人工绿洲占干旱区面积的比例从2.76%增加到3.75%;2000~2010年是干旱区绿洲化最为迅速的十年,干旱区绿洲总面积比例增加到10.09%;人工绿洲占干旱区面积的比例增加到5.59%,是绿洲规模膨胀的主因	绿洲边缘耕地扩张和绿洲内部建设用地增加
土壤侵蚀	西北地区	20世纪八九十年代水土流失面积增加。随后显著减小;风蚀强度总体上呈现下降,黄土高原水蚀强度显著下降	不合理的土地利用和过牧是前期增加主因;退耕还林还草是后期减少主因
沙漠化土地	西北地区	沙漠化土地整体逆转,新疆、塔河流域2000年后持续退缩	人类活动
冰冻圈		冰川显著退缩,2000年后加速退缩	气候变化
		冻土持续退化,2000年后加速退化	
		积雪没有明显趋势,但年际波动大,冬季积雪显著增加,春季积雪显著减少,2000年后没有明显趋势	

续表

生态类型	区域/流域	变化特征	主要原因
河川径流	新疆山区河流	1990年前后降水增加,气温增加,径流增加显著	气候变化
	新疆河流中下游	下降显著	人类活动
	黑河及疏勒河上游	增加显著,1980年前后降水增加	气候变化
	石羊河山区	下降显著	气候变化
	河西内陆河中下游	下降显著	人类活动
湖泊	内蒙古和新疆	20世纪70~90年代,内蒙古东南和新疆西部的湖泊呈现萎缩的趋势,其余部分在扩张;20世纪90年代至2000年,内蒙古东南部湖泊呈萎缩的趋势,内蒙古北部和新疆全区湖泊呈现扩张的趋势;2000~2010年,内蒙古东北部和新疆西部的湖泊呈萎缩的趋势,其余地区湖泊呈现扩张的趋势	气候变化
	三江源区	萎缩,2000年后有所恢复,但小于前期萎缩程度	气候变化
	可可西里	20世纪70年代初期至2011年,可可西里地区湖泊经历了"先萎缩后扩张"的变化过程	气候变化
	天山	冰湖面积增大,数量增多	气候变化
湿地	西北5省(自治区)	1978~1990年,西北地区湿地面积普遍减少;1990~2000年,新疆和青海湿地面积增加,其余4省(自治区)湿地面积减少;2000~2008年,宁夏略有增加,其他5省(自治区)减少	气候变化,局地人工湿地

西北地区沙漠化、水土流失与土地覆盖在气候变暖影响的大背景下，人类活动影响成为其强烈变化的主要因素。气候变化对沙漠化起着决定性作用，人为干预只能调节其进程的速度。西北地区近30年土壤风蚀强度总体上呈现下降的变化态势，1981~1995年平均风速和各季节风速表现为显著下降的变化趋势是其主要原因。而1995~2000年土壤风蚀强度和快速增加与2000年之后的土壤风蚀强度减少均与两个时段植被覆盖度的急剧下降，以及水土保持工程大规模实施后导致的土地覆盖变化、植被覆盖度的增加密切相关。黄土高原区2000~2010年黄土丘陵沟壑区和黄土高原沟壑土壤水蚀强度的显著下降与植被覆盖度的明显增加有密切关系。西北地区绿洲变化主要受政策、人口数量、科技水平等人文因素影响，其中政策起主导作用，耕地面积、灌溉体系、农产业结构、水利工程是影响绿洲面积的直接驱动。

西北地区河川径流、湖泊和湿地的变化受气候变化及人类活动影响均十分显著，不同地区水域变化的驱动主因不同。山区径流、高寒区湖泊和沼泽湿地主要受气候变化影响。在气候变暖和降水显著增加影响下，冰川退缩显著，多年冻土温度升高、活动层加深、冰川融水增加显著，流域枯水径流增加，冰湖扩张明显。气候变暖使流域融雪过程提前，导致径流年内分配发生变化，春季径流呈现显著增加趋势，不同流域变化幅度取决于流域的融雪补给率。此外，部分高山地区由于气候变暖导致植被带上移，可能导致流域蒸散发量加大，丰水年份和季节径流增多，而其他年份或季节径流减少，流域径流量总体减少。降水增多很可能导致了可可西里地区2000~2011年不同规模等级湖泊的扩展。出山口以下的平原和盆地径流消耗区的水资源变化主要受人类活动因素控制。西北地区绿洲中灌溉农业占重要地位，政策性分水调节对于下游绿洲、尾闾湖泊湿地的稳定起重要作用。

14.3

若干启示

总结西北地区生态变化的宏观特点，剖析变化的驱动机制，评估生态治理中的经验教训，从中吸取未来生态保护和治理的科学养分，为可持续的生态恢复和治理提供有力支撑和保障，是对西北地区开展生态变化评估的主要目的。为此，总结和提炼出西北地区生态变化科学认识基础上的一些启示，对未来生态保护和治理提供参考和借鉴。

（1）脆弱性特点突出，一切人类活动需立足于最大限度降低生态扰动。西北地区生态系统十分脆弱，从过去2000多年的演变及近60年的变化过程来看，各类生态系统无论对气候变化，还是人类活动影响均十分敏感。气候变化的影响主要表现在宏观尺度上生态系统的波动性，生态质量下降或趋好，在气候变幅的可控范围，即表现为干旱年份变差，湿润年份变好，生态系统的变化并没有偏离西北地区干旱和半干旱的自然生境。人类活动影响具有剧烈、扩张、突变和质变等特点。受人类活动影响，脆弱环境下的生态系统表现出变化快速、剧烈、由地方向区域扩张、甚至突变的特点，由此往往导致一些生态系统在主要影响范围内发生根本性变化。人类活动影响无论是使生态趋好或趋差，都表现得要比气候变化的影响要突出和显著，而且导致的生态恢复过程也十分缓慢，有些甚至很难恢复。

因此，在西北地区脆弱生态环境下，人类活动对生态系统的影响具有更大损伤性和破坏性。基于西北地区自然环境特点，未来的开发与建设均应考虑生态脆弱这一本基本属性，应以最大限度地减少对生态影响为前提。

（2）量变显著，质变缓慢，西北地区生态恢复任重道远。由于西北地区生态系统的脆弱性特点突出，导致受损生态系统恢复过程较为缓慢。过去几十年生态恢复和重建的实践表明，西北地区生态"受损容易恢复难"，生态恢复过程"量变容易质变难"，森林盖度的增加、黄土高原植被显著的恢复等植被的量变均十分明显，但大多数森林受损地区，经过近二三十年的不断努力，森林质量尚没有得到恢复；黄土高原植被盖度尽管得到了显著增加，但其是否是一个稳定的生态系统，以及其水沙效应的平衡点等问题需要认真研究、审慎评估。影响生态质量恢复的另一主要原因是，生态建设的科学理念在具体实践中贯彻不够，短期"绿"与长期"黄"的不可持续建设成为生态治理的怪象。植被建设是风沙区生态建设的一种重要的方法与途径，能有效地固定流沙、减轻风沙危害、遏制沙漠化的发展和促进局地生态恢复。这其中的关键是适度人工干预下的自然恢复。人工植被建设必须遵循生物气候地带性分布规律。在风沙危害区，降水是植被建设的基础，水量平衡是决定植被建设成败的关键。不同生物气候带的土壤水分承载力和水分平衡规律是确定选择什么样的植物种类、采取什么样的配置方式及建设规模的重要科学依据。由于这些问题没有得到足够的重视，在物种选择、配置、密度控制等方面对地带性的水热规律缺乏科学指导，特别是采用高密度栽植，尤其在草原带营造了大量的乔木植被，无论是在降水较多的东部沙区，还是在降水少的西部沙区，在植被建设的初期虽大范围出现一片生机的绿色景观，但随着土壤水分条件恶化、地下水位下降，导致植被大面积死亡、生态退化，以至于出现新沙化的现象。

（3）政策对生态变化具有巨大驱动力和广泛影响度，重大政策的出台需要考虑西北地区脆弱生态系统的本底条件。近60年一系列国家重大政策的推行均对西北地区生态产生了显著影响，不同阶段的人类活动对生态系统起到推动、增强或遏制、逆转作用。政策推动的群众性大规模人类活动对生态系统强烈变化影响巨大，具有影响程度大、范围广、变化快、变幅大等特点。其影响的深度和广度超出了生态系统的承载能力，其影响的强度和力度超过了气候变化的影响范围，重大政策对脆弱的西北生态系统具有强大的驱动能力。因此，总结已有的经验教训，未来针对西北的重大政策，包括国家丝绸之路经济带战略的实施，均应体现生态优先的建设思路。

（4）在干旱区发展农业与保护生态的矛盾，需要在生态功能、价值链上重新审视。干旱区内陆河流域，生态系统在流域内以水为依托，在自然环境下上、中、下游形成有机整体。但随着人类活动的不断加剧，尤其是在中游绿洲带农业活动的不断扩张，导致流域内生态系统联系链条的断裂和破坏，下游植被、湖泊、湿地等生态系统受损严重，有些是毁灭性的破坏，从而引发一系列生态问题。随着国家经济发展，经济实力的提高到了应该重新审视干旱区内陆河流域可持续发展问题的时候。干旱区是发展农业的价值高，还是保护生态系统带来的价值更高，这需要从提升干旱区生态服务功能、提高服务价值上重新去考量，也需要从丝绸之路建设的具体举措中认真审视。

（5）从2000年生态演变的历史中挖掘生态建设的更大空间，需要高智慧的政府领导力和决策力。从历史演变的视角来看，西北地区生态恢复具有较大空间，这一空间的可利用程度取决于未来经济发展的思路和方式。经济快速发展和人口的增长会导致空间变小；转变传统发展方式、提升生态服务功能及城市化促进农业向生态转化，可为生态恢复确保建设的空间。总之，如何从生态历史的演变中挖掘更大的生态建设空间，取决于国家的发展战略，也取决于地方政府的发展理念和决策的科学性。

参 考 文 献

安娜，高乃云，刘长娥. 2008. 中国湿地的退化原因、评价及保护. 生态学杂志, 27 (5)：821-828.

巴图娜存，胡云锋，艳燕，等. 2012. 1970 年代以来锡林郭勒盟草地资源空间分布格局的变化. 资源科学, 34 (6)：1017-1023.

白爱娟，黄融，程志刚. 2014. 气候变暖情景下的青海湖水位变化. 干旱区研究, 31 (5)：792-797.

白爱娟，假拉，徐维新. 2011. 基于潜在蒸散量对青海湖流域干旱气候以及影响因素的分析. 干旱区地理, 34 (6)：949-957.

白军红，欧阳华，崔保山，等. 2008. 近 40 年来若尔盖高原高寒湿地景观格局变化. 生态学报, 28 (5)：2245-2252.

白可喻，彭秀芬. 2000. 内蒙古草地资源的现状与持续利用对策. 中国农业资源与区划, 21 (6)：40-44.

白林波，白明生，石云. 2011. 基于 RS 与 GIS 的银川市湿地景观变化研究. 水土保持研究, 18 (4)：79-81.

白林波，石云. 2011. 基于 3S 的湿地景观格局动态变化研究——以银川平原为例. 测绘与空间地理信息, 34 (6)：29-32.

包利民. 2006. 我国退牧还草政策研究综述. 农业经济问题, (8)：62-65.

包文忠，山薇，杨晓东，等. 1998. 我国北方草地资源面临的生态危机及对策. 中国草地, (2)：68-71.

北京大学地理系. 1993. 毛乌素沙区自然条件及其改良利用. 北京：科学出版社.

别强，赵传燕，强文丽，等. 2013. 祁连山自然保护区青海云杉林近四十年动态变化分析. 干旱区资源与环境, 27 (4)：176-180.

蔡崇法，丁树文，史志华，等. 2000. 应用 USLE 模型与地理信息系统 IDRISI 预测小流域土壤侵蚀量的研究. 水土保持学报, (2)：19-24.

曹泊，潘保田，高红山，等. 2010. 1972—2007 年祁连山东段冷龙岭现代冰川变化研究. 冰川冻土, 32 (2)：242-248.

曹国栋，陈接华，夏军，等. 2013. 玛纳斯河流域扇缘带不同植被类型下土壤物理性质. 生态学报, 1 (33)：195-204.

曹琦. 2014. 黑河中游水-土资源变化的人文因素驱动力分析及多目标情景模拟. 兰州：兰州大学博士学位论文.

曹玉新，许兰民，李西亚. 2006. 青藏铁路沙害成因及对策新模式研究//中国铁道学会. 2006 年中国交通土建工程学术论文集. 成都：西南交通大学出版社.

曹志超，王新平，李卫红，等. 2012. 基于水热平衡原理的塔里木河下游绿洲适宜规模分析. 干旱区地理, 35 (5)：806-814.

常国刚，李林，朱西德，等, 2007. 黄河源区地表水资源变化及其影响因子. 地理学报, 62 (3)：312-320.

常兆丰，韩福贵，仲生年，等. 2005. 石羊河下游沙漠化的自然因素和人为因素及其位移. 干旱区地理, 28 (2)：150-155.

常兆丰，韩福贵，仲生年，等. 2008. 民勤荒漠草场植物群落自然更新和退化演替初探. 草业科学,

25（8）：13-18.

常兆丰，韩福贵，仲生年.2012.民勤荒漠植被对气候变化的响应.应用生态学报，23（5）：1210-1218.

陈福军，沈彦俊，李倩，等.2011.中国陆地生态系统近30年NPP时空变化研究.地理科学，31（11）：1409-1414.

陈桂琛，黄志伟，卢学峰，等.2002.青海高原湿地特征及其保护.冰川冻土，24（3）：254-259.

陈利，刘昌明.2007.黄河源区气候和土地覆被变化对径流的影响.中国环境科学，27（4）：559-565.

陈敏建，王浩，王芳.2004.内陆干旱区水分驱动的生态演变机理.生态学报，24：2108-2114.

陈秋红.2013.中国北方草地资源可持续管理：基于制度和政策视角的研究.北京：中国社会科学出版社.

陈仁升，康尔泗，丁永建.2014.中国高寒区水文学中的一些认识和参数.水科学进展，25（3）：307-317.

陈善科，保平，张学英，等.2000.阿拉善荒漠生态危机及其治理对策.草原与草坪，（3）：9-11.

陈善科，陈善科，庄光辉，等.2004.禁牧休牧是阿拉善荒漠草地生态环境治理的根本途径.内蒙古草业，16（3）：49-51.

陈维强.2010.额济纳绿洲景观格局、动态变化及其驱动力研究.北京：北京林业大学博士学位论文.

陈晓光，李剑萍，李志军，等.2007.青海湖地区植被覆盖及其与气温降水之间的关系.中国沙漠，27（5）：797-804.

陈效逑，王恒.2009.1982~2003年内蒙古植被带和植被盖度的时空变化.地理学报，64（1）：84-94.

陈新海.1990.南北朝时期黄河中下游的主要农业区.中国历史地理论丛，（2）：5-16.

陈雄龙.2006.晋陕蒙接壤地区水保预防监督工作存在的问题及对策.中国水土保持，（10）：14-16.

陈学琴.2007.中国区域森林资源变动的影响因素研究.北京：北京林业大学硕士学位论文.

陈雅如，康慕谊，宋富强.2013.延安市退耕还林前后土壤保持功能价值评估.北京林业大学学报，（6）：67-73.

陈亚宁，陈忠升.2013.干旱区绿洲演变与适宜发展规模研究——以塔里木河流域为例.中国生态农业学报，（1）：134-140.

陈亚宁，崔旺诚，李卫红，等.2003.塔里木河的水资源利用与生态保护.地理学报.58（2）：215-222.

陈亚宁.2009.干旱荒漠区生态系统与可持续管理.北京：科学出版社.

陈勇，周立华，张秀娟，等.2013.禁牧政策的生态经济效益——以盐池县为例.草业科学，（2）：291-297.

陈正，蒋峥.2012.中亚五国优势矿产资源分布及开发现状.中国国土资源经济，（5）：34-39.

陈佐忠.2008.走进草原.北京：中国林业出版社.

程国栋，肖洪浪，徐中民，等.2006.中国西北内陆河水问题及其应对策略——以黑河流域为例.冰川冻土，28（3）：406-413.

程弘毅，黄银洲，韩宇翔，等.2011.历史时期人类活动对环境影响强度的定量研究.中国人口、资源与环境，（S1）：360-363.

程弘毅.2007.河西地区历史时期沙漠化研究.兰州：兰州大学博士学位论文.

程曼，王让会，薛红喜，等.2012.干旱对我国西北地区生态系统净初级生产力的影响.干旱区资源与环境，26（6）：1-7.

程维明，周成虎，刘海江，等.2005.玛纳斯河流域50年绿洲扩张及生态环境演变研究.中国科学（D辑：地球科学），35（11）：1074-1086.

程序.1999.农牧交错带研究中的现代生态学前沿问题.资源科学，21（5）：1-8

程瑛，徐殿祥，郭铌.2008.近20年来祁连山区植被变化特征分析.干旱区研究，25（6）：772-777.

储茂东，师守祥.1997. 论西北地区资源优势与可持续发展. 地域研究与开发，16（3）：28-31.

戴声佩，张勃，王海军，等.2010b.1999～2007 年祁连山区植被指数时空变化. 干旱区研究，27（4）：585-591.

戴声佩，张勃，王海军，等.2010. 中国西北地区植被时空演变特征及其对气候变化的响应. 遥感技术与应用，25（1）：69-76.

戴晓苏.2006.IPCC 第四次评估报告中对不确定性的处理方法. 气候变化研究进展，2（5）：233-237.

邓振镛，张强，赵红岩，等.2012. 气候暖干化对西北四省（区）农业种植结构的影响及调整方案. 高原气象，31（2）：498-503.

丁宏伟，王贵玲.2007. 巴丹吉林沙漠湖泊形成的机理分析. 干旱区研究，24（1）：1-7.

丁宏伟，张荷生.2002. 近 50 年来河西走廊地下水资源变化及对生态环境的影响. 自然资源学报，17：691-697.

丁宏伟，张举，吕智，等.2006. 河西走廊水资源特征及其循环转化规律. 干旱区研究.23（2）：241-248.

丁一汇，王守荣.2001. 中国西北地区气候与生态环境概论. 北京：气象出版社.

丁永建，刘时银，叶柏生，等.2006. 近 50 年中国寒区与旱区湖泊变化的气候因素分析. 冰川冻土，28（5）：623-632.

丁永建，李新荣，李忠勤，等.2015. 中国寒旱区地表关键要素监测. 北京：气象出版社.

丁志刚，张志军.2000. 从地缘经济安全的角度规划我国西部大开发战略. 开发研究，（5）：8-10.

董光荣，李保生，高尚玉，等.1983. 鄂尔多斯高原的第四纪风成砂. 地理学报，34（4）：341-347.

董光荣，张信宝，邹学勇，等.2000.137Cs 法在土壤风蚀研究中的应用——以青海共和盆地为例. 中国沙漠，（1）：103.

董贵华，何立环，刘海江，等.2013. 生态系统管理中生态环境评价的关键问题. 中国环境监测，4（2）：23-28.

董世魁，江源，黄晓霞.2002. 草地放牧适宜度理论及牧场管理策略. 资源科学，24（6）：35-41.

董旭.2009. 青海省森林资源评价. 安徽农业科学，37（12）：5727-5728，5751.

董治宝，董光荣，陈广庭.1996. 以北方旱作农田为重点开展我国的土壤风蚀研究. 干旱区资源与环境，（2）：31-37.

董智新，刘新平.2009. 新疆草地退化现状及其原因分析. 河北农业科学，13（4）：89-92，96.

窦燕，陈曦，包安明.2008. 近 40 年和田河流域土地利用动态变化及其生态环境效应. 干旱区地理，31：449-455.

杜凤梅.2006. 总结经验 完善政策切实巩固退耕还林成果. 内蒙古林业调查设计，（6）：12-14.

杜际增，王根绪，杨燕 等.2015. 长江黄河源区湿地分布的时空变化及成因分析. 生态学报，35（18）：1-12.

段建军，王彦国，王晓风，等.2009.1957～2006 年塔里木河流域气候变化和人类活动对水资源和生态环境的影响. 冰川冻土，31（5）：781-791.

俄有浩，严平，仲生年，等.1997. 民勤沙井子地区地下水动态研究. 中国沙漠，17（1）：72-78.

樊江文，钟华平，员旭疆.2002.50 年来我国草地开垦状况及其生态影响. 中国草地，24（5）：69-72.

樊自立.1996. 新疆土地开发对生态与环境的影响及对比研究. 北京：气象出版社.

方精云，朴世龙，贺金生，等.2003. 近 20 年来中国植被活动在增强. 中国科学（C 辑：生命科学），33（6）：578-579.

方荣，张蕊兰.2005. 甘肃人口史. 兰州：甘肃人民出版社.

费杰.2012. 卤阳湖的干涸//周杰，李小强，等. 关中-天水经济区环境与可持续发展. 北京：科学出版社.

封玲.2009.玛纳斯河流域草地资源变化及其对生态环境的影响.石河子大学学报（自然科学版），27（5）：588-592.

冯传林，2006.黑河源区土地荒漠化的人为因素分析.青海国土经略，（3）：32-33.

冯尕才.2012.民国时期西北地区森林变迁及林业建设研究.北京：北京林业大学博士学位论文.

冯瑞萍，张学艺，舒志亮，等.2012.宁夏季节性最大冻土深度的分布和变化特征.宁夏大学学报（自然科学版），33（3）：314-318.

冯松，汤懋苍，王冬梅.1998.青藏高原是我国气候变化启动区的新证据.科学通报，43（6）：633-636.

冯松，汤懋苍，周陆生.2000.青海湖近600年的水位变化.湖泊科学，12（3）：205-210.

冯童，刘时银，许君利，等.2015.1968～2009年叶尔羌河流域——基于第一二次中国冰川编目数据.冰川冻土，37（1）：1-13.

冯钟葵，李晓辉.2006.青海湖近20年水域变化及湖岸演变遥感监测研究.古地理学报，8（1）：1-5.

符传博，丹利，吴涧，等.2013.全球变暖背景下新疆地区近45a来最大冻土深度变化及其突变分析.冰川冻土，35（6）：1410-1418.

傅伯杰，吕一河，高光耀.2012.中国主要陆地生态系统服务与生态安全研究的重要进展.自然杂志，（5）：261-272.

傅伯杰，周国逸，白永飞，等.2009.中国主要陆地生态系统服务功能与生态安全.地球科学进展，24（6）：571-576.

傅伯杰，刘国华，陈利顶，等.2001.中国生态区划方案.生态学报，21（1）：1-6.

傅伯杰，刘世梁，马克明.2001.生态系统综合评价的内容与方法.生态学报，21（11）：1185-1892.

傅丽昕，陈亚宁，李卫红，等.2010.塔里木河源流区近50a径流量与气候变化关系研究.中国沙漠，30（1）：204-209.

高斌斌.2013.民勤县青土湖现状及其保护对策研究.甘肃科技，29（20）：8-9，40.

高翠霞，陈忠升，陈亚鹏，等.2011.近50多年来新疆伊犁河谷产业结构演进特征.山地学报，29：459-468.

高吉喜，栗忠飞.2014.生态文明建设要点探索.生态与农村环境学报，30（5）：545-551.

高家祥.2008.地缘经济与中国的中亚地缘战略.西宁：西北师范大学硕士学位论文.

高洁.2006.四川若尔盖湿地退化成因分析与对策研究.四川环境，25（4）：48-53.

高明.2011.艾比湖面积变化及影响因素.盐湖研究，19（2）：16-19.

高尚玉，张春来，邹学勇，等.2012.京津风沙源治理工程效益.北京：科学出版社.

高鑫，2010.西部冰川融水变化及其对径流的影响.北京：中国科学院研究生院硕士学位论文.

高鑫，张世强，叶柏生，等，2011.河西内陆河流域冰川融水近期变化.水科学进展，22（3）：344-350.

高芸.2007."以粮为纲"政策的实施对陕北黄土丘陵沟壑区水土保持工作的影响——以绥德县为例.西安：陕西师范大学硕士学位论文.

葛剑雄，等.2005.中国人口史.上海：复旦大学出版社.

葛全胜，等.2011.中国历朝气候变化.北京：科学出版社.

宫鹏，牛振国，程晓，等.2010.中国1990和2000基准年湿地变化遥感.中国科学（D辑：地球科学），40（6）：768-775.

龚家栋，董光荣，李森，等.1998.黑河下游额济纳绿洲环境退化及综合治理.中国沙漠，18（1）：46-52.

龚家栋.2005.阿拉善地区是生态环境综合治理意见.中国沙漠，25（1）：99-105.

巩同梁，刘昌明，刘景时.2006.拉萨河冬季径流对气候变暖和冻土退化的响应.地理学报，61（5）：

519-526.

古丽克孜·吐拉克,李新国,刘彬,等.2014.开都河流域下游绿洲景观格局变化分析.干旱区资源与环境,28（3）：174-180.

古丽努尔·沙布尔哈孜,尹林克,严成,等.2004.塔里木河下游人工胡杨林生态恢复过程的初步研究.干旱区地理.3（27）：384-387.

顾峰雪,潘晓玲,潘伯荣,等.塔克拉玛干沙漠腹地人工植被土壤肥力变化.生态学报,8（22）：1179-1188.

郭承录,李宗礼,陈年来,等.2010.石羊河流域下游民勤绿洲草地退化问题分析.草业学报,19（6）：62-71.

郭坚,王涛,韩邦帅,等.2008.近30a来毛乌素沙地及其周边地区沙漠化动态变化过程研究.中国沙漠,28（6）：1017-1021.

郭坚,王涛,薛娴,等.2006.毛乌素沙地荒漠化现状及分布特征.水土保持研究,13（3）：198-203.

郭明,李新.2006.基于遥感和GIS绿洲发育适度规模分析——以酒泉绿洲为例.遥感技术与应用,（4）：312-316.

郭铌,杨兰芳,王涓力.2002.黑河流域生态环境气象卫星遥感监测研究.高原气象,21（3）：267-273.

郭铌,朱燕君,王介民,等.2008.近22年来西北不同类型植被NDVI变化与气候因子的关系.植物生态学报,32（2）：319-327.

郭绍礼.1995.加快晋陕蒙接壤区生态环境改善的步伐.自然资源,（5）：1-3.

郭思加,辛中直,曹宏国.1995.宁夏草地的沙化现状与防治对策.干旱资源与环境,9（2）：70-73.

郭万钦,刘时银,许君利,等.2012.木孜塔格西北坡鱼鳞川冰川跃动遥感监测.冰川冻土,34（4）：765-774.

郭小芹,刘明春.2011.河西走廊近40a气候生产潜力特征研究.中国沙漠,31（5）：1323-1329.

国家环保总局,国家测绘局.2002.中国西部地区生态环境现状遥感调查图集.北京：科学出版社.

国家林业局.2008.三北防护林体系建设30年发展报告（1978—2008）.北京：中国林业出版社.

国家林业局.2014.中国森林资源报告（2009—2013）.北京：中国林业出版社.

国家林业局森林资源管理司.2010.第七次全国森林资源清查及森林资源状况.林业资源管理,2（1）：1-8.

国家林业局退耕还林办公室.2014.退耕还林工程生态效益监测国家报告.http：//www.forestry.gov.cn/main/435/content-766370.html［2015-12-20］.

国家文物局.1996.中国文物地图集：青海分册.北京：文物出版社.

国家文物局.2012.中国文物地图集：新疆维吾尔自治区分册.北京：文物出版社.

韩路,王海珍,彭杰,等.2010.塔里木荒漠河岸林植物群落演替下的土壤理化性质研究.生态环境学报,19（12）：2808-2814.

郝璐,王静爱,满苏尔,等.2002.中国雪灾时空变化及畜牧业脆弱性分析.自然灾害学报,11（4）：42-48.

郝兴明,李卫红,陈亚宁,等.2008.塔里木河干流年径流量变化的人类活动和气候变化因子甄别.自然科学进展,18（12）：1409-1416.

郝志新,葛全胜,郑景云.2009.宋元时期中国西北东部的冷暖变化.第四纪研究,29（5）：871-879.

何国琦,朱永峰.2006.中国新疆及其邻区地质矿产对比研究.中国地质,33（3）：251-260.

何旭强,张勃,孙力炜,等.2012.气候变化和人类活动对黑河上中游径流量变化的贡献率.生态学杂志,31（11）：2884-2890.

何雨,贾铁飞.1999.中国干旱半干旱地区地理环境建设战略意义初探.宁夏大学学报（自然科学版）,

20（2）：145-147.

贺庆堂.1999.森林环境学.北京：高等教育出版社.

侯鹏.2013.基于中外经验完善我国生态状况定期综合评估机制.环境保护，41（23）：71-73.

侯向阳.2005.中国草地生态环境建设战略研究.北京：中国农业出版社.

侯学煜.2008.中国植被图集（1：100万）.北京：科学出版社.

胡东生.1992.可可西里地区湖泊资源调查研究.干旱区地理，15（3）：50-58.

胡宁科.2009.基于3S技术的绿洲景观变化研究.北京：中国石油大学硕士学位论文.

胡汝骥，姜逢清，王亚俊，等.2007.论中国干旱区湖泊研究的重要意义.干旱区研究，24（2）：
137-140.

黄秉维.1955.编制黄河中游流域土壤侵蚀分区图的经验教训.科学通报，（12）：15-21.

黄桂林.2005.青海三江源区湿地状况及保护对策.林业资源管理，4：63-93.

黄河，李永宁.2004.关于西部退耕还林还草工程可持续性推进问题的几点思考：基于相关现实案例分
析.理论导刊，（2）：25-27.

黄领梅，沈冰，张高锋.2008.新疆和田绿洲适宜规模的研究.干旱区资源与环境，22（9）：1-4.

黄森汪.2011.三北防护林工程区土地退化的时空变化和驱动力分析.阜新：辽宁工程技术大学硕士学位
论文.

黄森旺，李晓松，吴炳方，等.2012.近25年三北防护林工程区土地退化及驱动力分析.地理学报，
67（5）：589-598.

黄珊，周立华，陈勇，等.2014.近60年来政策因素对民勤生态环境变化的影响.干旱区资源与环境，
28（7）：73-78.

黄文广，刘晓东，于钊，等.2011.禁牧对草地覆盖度的影响——以宁夏盐池县为例.草业科学，
28（8）：1502-1506.

姬亚芹，单春艳，王宝庆.2015.土壤风蚀原理和研究方法及控制技术.北京：科学出版社.

纪中奎，刘鸿雁.2009.天山北坡玛纳斯河流域晚冰期以来植被垂直带推移.古地理学报，11（5）：
534-541.

季宇红，宁虎森，王让会，等.2010.干旱区土壤理化性质与人工植被性状的关系——以新疆和田墨玉生
态产业区为例.水土保持研究，6（17）：21-30.

贾春光，王晓峰，金海龙，等.2006.新疆艾比湖湖面动态变化及其影响研究.干旱区资源与环境，
20（4）：152-156.

贾慧聪，曹春香，马广仁，等.2011.青海省三江源地区湿地生态系统健康评价.湿地科学，9（3）：
209-217.

建洪，李晶，任志远.2011.陕北农牧交错带草地面积时空演变与趋势预测.干旱地区农业研究，
29（3）：209-212，264.

姜帆.2006.从农业合作化到家庭联产承包责任制的进步.边疆经济与文化，（4）：31-34.

姜加虎，黄群.2004.我国西部地区湖泊水资源利用与湖水咸化状况分析.干旱区地理，27（3）：
300-304.

姜有虎.2009.民勤县退耕还林工程社会经济效益分析.河北农业科学，13（5）：96-97.

蒋菊芳，魏育国，刘明春，等.2015.1950—2011年石羊河流域中，下游气候和农业水资源变化分析.中
国农学通报，31：166-173.

蒋庆丰，季峻峰，沈吉，等.2013.赛里木湖孢粉记录的亚洲内陆西风区全新世植被与气候变化.中国科
学（D辑：地球科学），（2）：243-255.

蒋庆丰，沈吉，刘兴起，等.2010.2.5ka来新疆吉力湖湖泊沉积记录的气候环境变化.湖泊科学，

22（1）：119-126.

蒋晓辉，刘昌明．2009．黑河下游植被对调水的响应．地理学报，64（7）：791-797．

焦居仁．2006．西北地区退耕还林工程主要经验和问题．中国水土保持科学，（3）：83-86．

焦克勤，叶柏生，韩添丁，等，2011．天山乌鲁木齐河源1号冰川径流对气候变化的响应分析．冰川冻土，33（3）：606-611．

颉耀文，姜海兰，王学强，等．2014.1963—2012年黑河下游额济纳绿洲的时空变化．干旱区地理，37（4）：786-792．

颉耀文，陈发虎．2008．民勤绿洲的发展与演变．北京：科学出版社．

金晓媚，高萌萌，柯珂，等．2014．巴丹吉林沙漠湖泊遥感信息提取及动态变化趋势．科技导报，32（8）：15-21．

金晓媚．2005．黑河流域天然植被的面积变化研究．地学前缘，12（zl）：166-169．

荆耀栋．2007．艾比湖干涸湖底沙尘暴形成与运行机制研究．乌鲁木齐：新疆师范大学硕士学位论文．

井学辉．2008．新疆额尔齐斯河流域植被景观格局与生物多样性空间变化规律研究．北京：中国林业科学研究院博士学位论文．

景晖，徐建龙．2005．中清以来人类经济活动对三江源区生态环境的影响．攀登，24（3）：87-92．

康兴成，程国栋，康尔泗，等．2002．利用树轮资料重建黑河近千年来出山口径流量．中国科学（D辑：地球科学），32（8）：675-685．

来婷婷，王乃昂，黄银洲，等．2012.2002年腾格里沙漠湖泊季节变化研究．湖泊科学，24（6）：957-964．

蓝永超，康尔泗，仵彦卿，等．2001．气候变化对河西内陆干旱区出山径流的影响．冰川冻土，23（3）：276-282．

黎浩许．2013．黑河下游绿洲变化的时空过程与驱动机制．兰州：兰州大学硕士学位论文．

李并成．2000．历史上祁连山区森林的破坏与变迁考．中国历史地理论丛，1：1-16．

李并成．2002．河西走廊历史时期沙漠化研究．北京：科学出版社．

李传华，赵军．2013．基于GIS的民勤县生态环境脆弱性演化研究．中国沙漠，33（1）：302-307．

李迪强，李建文．2002．三江源生物多样性（三江源自然保护区科学考察报告）．北京：科学出版社．

李飞，赵军，赵传燕，等．2011．中国干旱半干旱区潜在植被演替．生态学报，31（3）：689-697．

李飞，赵军，赵传燕，等．2011．中国西北干旱区潜在植被模拟与动态变化分析．草业学报，20（4）：42-50．

李芬，张林波，徐延达，等．2013．冬虫夏草采集对三江源区农牧民收入的贡献研究．中国人口-资源与环境，23（11）：439-443．

李凤霞，常国刚，肖建设，等．2009．黄河源区湿地变化与气候变化的关系研究．自然资源学报，24（4）：683-690．

李海花，刘大锋，段淑芳，等．2014．新疆阿勒泰地区1963—2012年最大冻土深度的时空分布及其对气温变化的响应．干旱地区农业研究，32（5）：251-258．

李虎，吕巡贤，陈蜀疆，等．2003．新疆森林资源动态分析——基于RS与GIS的森林资源动态研究．地理学报，58（1）：133-138．

李晖，肖鹏峰，冯学智，等．2010．近30年三江源地区湖泊变化图谱与面积变化．湖泊科学，22（6）：862-873．

李辉霞，刘国华，傅伯杰．2011．基于NDVI的三江源地区植被生长对气候变化和人类活动的响应研究．生态学报，31（19）：5495-5504．

李吉玫，张毓涛．2013．近60年新疆吐鲁番盆地坎儿井衰败的影响因素及环境效应．水土保持通报，

33（5）：239-244.

李佳，张小咏，杨艳昭，2012. 基于SWAT模型的长江源土地利用/土地覆被情景变化对径流影响研究. 水土保持研究，19（3）：119-124，128，301.

李江风.1985. 新疆三千年来的气候变化. 干旱区新疆第四纪研究论文集. 乌鲁木齐：新疆人民出版社.

李静，孙虎，邢东兴，等.2003. 西北干旱半干旱区湿地特征与保护. 中国沙漠，23（6）：670-674.

李均力，姜亮亮，包安明，等.2015.1962-2010年玛纳斯流域耕地景观的时空变化分析. 农业工程学报，31：277-285.

李利平，刘怿宁，唐志尧，等.2011. 新疆山地针叶林的群落结构及其影响因素. 干旱区研究，28（1）31-39.

李林，朱西德，王振宇，等.2005. 近42a来青海湖水位变化的影响因子及其趋势预测. 中国沙漠，25（5）：689-696.

李林懋，欧阳芳，戈峰，等.2014. 虫害对草地生态系统生物量危害损失评估. 生物灾害科学，37（1）：13-19.

李韧，赵林，丁永建.2012. 青藏公路沿线多年冻土区活动层动态变化及区域差异特征. 科学通报，57（30）：2864-2871.

李瑞，刘云芳，张克斌，等.2007. 半干旱区湿地植物群落α多样性分析——以宁夏盐池为例. 中国水土保持科学，5（6）：65-69.

李仕华.2011. 梯田水文生态及其效应研究. 西安：长安大学博士学位论文.

李天义，谢继忠.2009. 对张掖市湿地资源保护与合理利用的思考. 河西学院学报，25（2）：38-40.

李万寿，冯玲，孙胜利.2001. 扎陵湖、鄂陵湖对黄河源头年径流的影响. 地理学报，56（1）：75-82.

李卫红，陈忠升，李宝富，等.2012. 新疆开都-孔雀河流域绿洲需水量与稳定性分析. 冰川冻土，34：1470 1477.

李卫红，黎枫，陈忠升，等.2011. 和田河流域平原耗水驱动力与适宜绿洲规模分析. 冰川冻土，（5）：1161-1168.

李希来.2002. 青藏高原"黑土型"形成的自然因素与生物学机制. 草业科学，（2）：20-22.

李霞.2004. 我国北方气候变化对植被NDVI的影响. 广州：中国地理学会学术年会暨海峡两岸地理学术研讨会.

李小玉，肖笃宁，何兴元，等.2006. 内陆河流域中、下游绿洲耕地变化及其驱动因素——以石羊河流域中游凉州区和下游民勤绿洲为例. 生态学报，26（3）：671-680.

李晓兵，陈云浩，张云霞，等.2002. 气候变化对中国北方荒漠草原植被的影响. 地球科学进展，17（2）：254-261.

李晓东，傅华，李凤霞，等.2011. 气候变化对西北地区生态环境影响的若干进展. 草业科学，28（2）：286-295.

李晓丽，申向东，张雅静.2006. 内蒙古阴山北部四子王旗土壤风蚀量的测试分析. 干旱区地理，（2）：292-296.

李晓洋，成自勇，张芮，等.2013. 河西走廊石羊河流域民勤县水资源优化配置研究. 干旱地区农业研究，31（3）：217-221.

李新荣，肖洪浪，刘立超，等.2005. 腾格里沙漠沙坡头地区固沙植被对生物多样性恢复的长期影响. 中国沙漠，2（25）：173-181.

李新荣，张志山，谭会娟，等.2014. 我国北方风沙危害区生态重建与恢复：腾格里沙漠土壤水分与植被承载力的探讨. 中国科学，44（3）：257-266.

李新荣.2005. 干旱沙区土壤空间异质性变化对植被恢复的影响. 中国科学，35（4）：361-370.

李新贤, 党新成, 李红, 等. 2005. 新疆主要湖泊、水库的水质综合特征评价模式及营养状态分析. 干旱区地理, 28 (5): 588-591.

李旭. 2001. 额济纳绿洲生态抢救和保护刻不容缓. 中国水利, (9): 14-15.

李旭谱, 张福平, 魏永芬. 2013. 黑河流域植被覆盖程度变化研究. 地域研究与开发, 32 (3): 108-114.

李燕, 段水强, 金永明. 2014. 1956~2011年青海湖变化特征及原因分析. 人民黄河, 36 (6): 87-90.

李永乐, 罗晓辉, 刘庆军. 2006. 南水北调西线工程生态环境效应预测研究. 中国水土保持, (1): 25-27.

李珍存, 马明国, 张峰, 等. 2006. 1982~2003年中国西北地区植被动态变化格局分析. 遥感技术与应用, 21 (4): 332-337.

李震, 阎福礼, 范湘涛. 2005. 中国西北地区 NDVI 变化及其与温度和降水的关系. 遥感学报, 9 (3): 308-313.

李志威, 王兆印, 张晨笛, 等. 2014. 若尔盖沼泽湿地的萎缩机制. 水科学进展, 25 (2): 172-180.

梁友嘉, 钟方雷, 徐中民. 2010. 基于 RS 和 GIS 的张掖市土地利用景观格局变化及驱动力. 兰州大学学报 (自然科学版), 46 (5): 24-30.

林年丰. 1998. 第四纪地质环境的人工再造作用与土地荒漠化. 第四纪研究, (2): 128-135.

蔺明华, 慕成. 2006. 晋陕蒙接壤地区煤炭开发产生的生态环境问题及其对策. 中国水土保持, (12): 26-28.

凌红波, 徐海量, 刘新华, 等. 2012. 新疆克里雅河流域绿洲适宜规模. 水科学进展, 23 (4): 563-568.

刘鸣. 2010. 系统评价、Meta 分析设计与实施方法. 北京: 人民卫生出版社.

刘宝康, 卫旭丽, 杜玉娥, 等. 2013. 基于环境减灾卫星数据的青海湖面积动态. 草业科学, 20 (2): 178-184.

刘潮海, 康尔泗, 刘时银. 1999. 西北干旱区冰川变化及其径流效应研究. 中国科学 (D 辑: 地球科学), 29 (增刊1): 55-62.

刘春芳. 2014. 青海省退耕还林工程经验和问题思考. 南方农业, (7): 100-101.

刘戈, 章金钊, 赵永国. 2008. 气候变化对多年冻土变化的影响. 公路, (9): 321-323.

刘桂环, 董贵华, 马良. 2014. 英国国家生态系统评估及对我国的启示. 环境与可持续发展, 39 (6): 91-95.

刘海燕, 方创琳, 蔺雪芹. 2008. 西北地区风能资源开发与大规模并网及非并网风电产业基地建设. 资源科学, 30 (11): 1667-1676.

刘吉峰, 霍世青, 李世杰, 等. 2007. SWAT 模型在青海湖布哈河流域径流变化成因分析中的应用. 河海大学学报 (自然科学版), 35 (2): 159-163.

刘纪远, 齐永青, 师华定, 等. 2007. 蒙古高原塔里亚特-锡林郭勒样带土壤风蚀速率的 137Cs 示踪分析. 科学通报, 23: 2785-2791.

刘纪远, 徐新良, 邵全琴. 2008. 近30年来青海三江源地区草地退化的时空特征. 地理学报, 63 (4): 364-376.

刘纪远, 邵全琴, 樊江文. 2009. 三江源区草地生态系统综合评估指标体系. 地理研究, 28 (2): 273-283.

刘纪远, 岳天祥, 鞠洪波, 等. 2006. 中国西部生态系统综合评估. 北京: 气象出版社.

刘杰, 骆婵娟, 曹江源, 等. 2010. 青海三江源区土壤侵蚀现状及其分布. 中国水土保持, (9): 49-51.

刘景时, 魏文寿, 黄玉英, 等. 2006. 天山玛纳斯河冬季径流对暖冬和冻土退化的响应. 冰川冻土, 28 (5): 656-662.

刘敏超, 李迪强, 温琰茂, 等. 2005. 三江源地区土壤保持功能空间分析及其价值评估. 中国环境科学,

（5）：627-631.

刘乃君．2008.人工梭梭林对沙地土壤理化性质的影响.土壤通报，6（39）：1480-1482.

刘普幸，程英．2008.近60年来敦煌绿洲耕地动态变化与预测研究.土壤，40：890-893.

刘琴．2015.冰川移动吞没新疆万亩草场.环境教育，（6）：26.

刘时银，鲁安新，丁永建，等．2002.黄河上游阿尼玛卿山区冰川波动与气候变化.冰川冻土，24（6）：
    701-707.

刘时银，姚晓军，郭万钦，等．2015.基于第二次冰川编目的中国冰川现状.地理学报，70（1）：3-16.

刘宪锋，任志远，林志慧，等．2013.2000～2011年三江源区植被覆盖时空变化特征.地理学报，
    68（7）：897-908.

刘宪锋，任志远．2012.西北地区植被覆盖变化及其与气候因子的关系.中国农业科学，45（10）：
    1954-1963.

刘晓宏，秦大河，邵雪梅，等．2004.祁连山中部过去近千年温度变化的树轮记录.中国科学（D辑：地
    球科学），34（1）：89-85.

刘兴土．2007.我国湿地的主要生态问题及治理对策.湿地科学与管理，3（1）：18-22.

刘兴元，尚占环，龙瑞军．2010.草地生态补偿机制与补偿方案探讨.草地学报，18（1）：126-131.

刘艳华，宋乃平，陶燕格，等．2007.禁牧政策影响下的农村劳动力转移机制分析——以宁夏盐池县为
    例.资源科学，29（4）：41-45.

刘玉红，白云芳．2006.若尔盖高原湿地资源变化过程与机制分析.自然资源学报，21（5）：810-818.

刘振虎，郑玉铜，李捷，等．2014.浅析草原生态补偿机制.草食家畜，（5）：72-75.

刘子刚，马学慧．2006.湿地的分类.湿地科学与管理，2（1）：60-63.

龙瑞军，董世魁，胡自治．2005.西部草地退化的原因分析与生态恢复措施探讨.草原与草坪，（6）：
    3-7.

陆大道，刘毅，樊杰．1999.我国区域政策实施效果与区域发展的基本态势.地理学报，6（54）：
    496-508.

陆健健．1990.中国湿地.上海：华东师范大学出版社.

罗栋梁，金会军，林琳，等．2012.青海高原中、东部冻土退化及寒区环境退化.冰川冻土，34（3）：
    538-546.

罗来兴，朱震达．1965.编制黄土高原水土流失与水土保持图的说明与体会//中国地理学会.1965年地貌
    专业学术讨论会论文集.北京：科学出版社.

骆书飞，李忠勤，王璞玉，等．2014.近50年来中国阿尔泰山友谊峰地区冰川储量变化.干旱区资源与
    环境，28（5）：180-185.

吕世海，陈贵廷，叶生星．2009.基于GIS的呼伦贝尔地区土壤侵蚀动态变化研究.水土保持学报，（5）：
    56-60.

马国青，宋菲．2004.三北防护林工程区森林状况综合评价.干旱区资源与环境，18（5）：108-111.

马海艳，龚家栋，王根绪，等．2005.干旱区不同荒漠植被土壤水分的时空变化特征分析.水土保持研
    究，6（12）：231-234.

马琨，马远远，马斌，等．2008.宁南黄土高原土壤137Cs分布与相关影响因子研究.水土保持学报，
    22（1）：52-59.

马丽娟，秦大河．2012.1957—2009年中国台站观测的关键积雪参数时空变化特征.冰川冻土，34（1）：
    1-11.

马明国，董立新，王雪梅．2003.过去21a中国西北植被覆盖动态监测与模拟.冰川冻土，25（2）：
    232-236.

马全林，孙坤，王继和.2004.石羊河流域的生态环境问题、引发原因与治理对策.安全与环境学报，4（5）：64-68.

马荣华，杨桂山，段洪涛，等.2011.中国湖泊的数量、面积与空间分布.中国科学：地球科学，41（3）：394-401.

马荣华.2013.中国面积10km²以上湖泊面积动态变化数据集.地球系统科学数据共享平台——湖泊–流域科学数据共享平台.

马永欢，周立华，朱艳玲，等.2009.近50年来盐池县土地沙漠化驱动因素的时间变化.干旱区研究，（2）：249-254.

马永欢，樊胜岳.2005.沙漠化地区退耕还林政策的生态经济效应分析——以民勤县为例.自然资源学报，20（4）：590-596.

马玉寿，郎百宁，王启基.1999."黑土型"退化草地研究工作的回顾与展望.草业科学，（2）：5-9.

麦麦提吐尔逊·艾则孜，海米提·依米提，祖皮艳木·买买提，等.2013.近60年来克里雅绿洲耕地动态变化驱动力及生态环境效应.干旱地区农业研究，31（3）：200-206.

毛军，张克斌，刘刚.2006.世界粮食计划署2605项目对巩固退耕还林成果的启示.防护林科技，（6）：63-65.

孟有荣.2012.我对修建跃进总干渠与红崖山水库两大工程的回忆.http：//zx.minqin.gov.cn/Item/32085.aspx［2015-11-25］.

民勤县编撰委员会，1994.民勤县志.兰州：兰州大学出版社.

穆少杰，李建龙，杨红飞，等.2013.内蒙古草地生态系统近10年NPP时空变化及其与气候的关系.草业学报，22（3）：6-15.

穆兴民，巴桑赤烈，Zhang Lu，等.2007.黄河河口镇至龙门区间来水来沙变化及其对水利水保措施的响应.泥沙研究，4（2）：36-41.

内蒙古草场资源遥感应用考察队伊克昭盟分队.1990.内蒙古鄂尔多斯高原自然资源与环境研究.北京：科学出版社.

牛竞飞，刘景时，王迪.2011.2009年喀喇昆仑山叶尔羌河冰川阻塞湖及冰川跃动监测.山地学报，29（3）：276-282.

牛丽，叶柏生，李静，等，2011.中国西北地区典型流域冻土退化对水文过程的影响.中国科学（D辑：地球科学），41（1）：85-92.

牛生明，李忠勤，怀宝娟.2014.近50年来天山博格达峰地区冰川变化分析.干旱区资源与环境，28（9）：134-138.

牛振国，宫鹏，程晓，等.2009.中国湿地初步遥感制图及相关地理特征分析.中国科学（D辑：地球科学），39（2）：188-203.

牛振国，张海英，王显威，等.2012.1978—2008年中国湿地类型变化.科学通报，57（16）：1400-1411.

潘竟虎，刘菊玲.2005.黄河源区土地利用和景观格局变化及其生态环境效应.干旱区资源与环境，19（4）：69-74.

庞丙亮，崔丽娟，马牧源，等.2014.若尔盖高寒湿地生态系统服务价值评价.湿地科学，12（3）：273-278.

彭鸿嘉，傅伯杰，陈利顶，等.2004.甘肃民勤荒漠区植被演替特征及驱动力研究——以民勤为例.中国沙漠，24（5）：112-117.

彭茹燕，刘连友，张宏.2003.人类活动对干旱区内陆河流域景观格局的影响分析——以新疆和田河中游地区为例.自然资源学报，18：492-498.

濮励杰，包浩.1998.137Cs应用于我国西部风蚀地区土地退化的初步研究——以新疆库尔勒地区为例.

土壤学报, 35 (4): 441-449.

朴世龙, 方精云, 陈安平. 2003. 我国不同季节陆地植被 NPP 对气候变化的响应. 植物学报, 45 (3): 269-275.

齐善忠, 王涛, 2003. 黑河流域中下游地区土地沙漠化现状及其原因分析. 土壤保持学报, 17 (4): 98-109.

钱宁, 龚时旸. 1981. 黄河中游粗泥沙来源区来水来沙对黄河下游冲淤的影响//中国水利学会. 第一次河流泥沙国际学术讨论会论文集. 北京: 水利出版社.

钱拴, 吴门新, 程路, 等. 2014. 2001 年以来中国主要草原生态环境质量评估研究. 中国农学通报, 30 (增刊): 81-86.

钱云. 2010. 丝绸之路: 绿洲研究. 乌鲁木齐: 新疆人民出版社.

强明瑞, 陈发虎, 张家武, 等. 2005. 2ka 来苏干湖沉积碳酸盐稳定同位素记录的气候变化. 科学通报, 50 (13): 1385-1393.

乔鹏海. 2014. 红碱淖水生生物物种多样性及生物量调查研究. 西安: 陕西师范大学硕士学位论文.

秦大河, 丁一汇, 苏纪兰, 等. 2005. 中国气候与环境演变 (上卷: 气候与环境的演变及预测). 北京: 科学出版社.

秦大河, 丁一汇, 王绍武, 等. 2002. 中国西部环境演变及其影响研究. 地学前缘, 9 (2): 321-328.

秦大河. 2002. 中国西部环境演变评估综合卷. 北京: 科学出版社.

瞿王龙, 裴世芳, 周志刚, 等. 2004. 放牧与围封对阿拉善荒漠草地土壤有机碳和植被特征的影响. 甘肃林业科技, 29 (2): 4-6.

冉江洪, 刘少英, 曾宗永, 等. 1999. 四川辖曼自然保护区黑颈鹤 (*Grusnigricollis*) 的数量及分布. 应用与环境生物学报, 5 (1): 40-44.

热波海提. 2011. 基于 RS 和 GIS 的阿克苏绿洲近 20 年土地利用景观格局动态变化分析. 乌鲁木齐: 新疆师范大学硕士学位论文.

任鸿昌, 吕永龙, 姜英, 等. 2004. 西部地区荒漠生态系统空间分析. 水土保持通报, 24 (5): 54-59.

茹克亚·萨吾提. 2014. RS/GIS 的喀什市城市扩展与耕地变化研究. 乌鲁木齐: 新疆师范大学硕士学位论文.

沙占江, 马海州, 李玲琴, 等. 2009. 基于遥感和 137Cs 方法的半干旱草原区土壤侵蚀量估算. 中国沙漠, 29 (4): 589-595.

上官冬辉, 刘时银, 丁永建, 等. 2005. 喀喇昆仑山克勒青河谷近年来发现有跃动冰川. 冰川冻土, 27 (5): 641-644.

邵宁平, 刘小鹏, 渠晓毅. 2008. 银川湖泊湿地生态系统服务价值评估. 生态学杂志, 27 (9): 1625-1630.

邵全琴, 赵志平, 刘纪远, 等. 2010. 近 30 年来三江源地区土地覆被与宏观生态变化特征. 地理研究, 29 (8): 1439-1451.

邵全琴, 樊江文, 等. 2012. 三江源区生态系统综合监测与评估. 北京: 科学出版社.

邵雪梅, 梁尔源, 黄磊, 等. 2006. 柴达木盆地东北部过去 1437a 的降水变化重建. 气候变化研究进展, 2 (3): 122-126.

申元村, 王久文, 伍光和. 2001. 中国绿洲. 开封: 河南大学出版社.

沈德福, 李世杰, 姜永见, 等. 2012. 黄河源区湖泊水环境特征及其对气候变化的响应. 干旱区资源与环境, 26 (7): 91-97.

沈松平, 王军, 杨铭军. 2003. 若尔盖高原沼泽湿地萎缩退化要因初探. 四川地质学报, 23 (2): 123-125.

沈永平，2009. 中亚天山是全球气候变化和水循环变化的热点地区. 冰川冻土，31（4）：780.

沈永平，王国亚，苏宏超，等，2007. 新疆阿尔泰山区克兰河上游水文过程对气候变暖的响应. 冰川冻土，29（6）：845-854.

师庆东，肖继东，潘晓玲，等. 2004. 近20a来新疆植被覆盖变化特征研究. 干旱区研究，21（4）：389-394.

师尚礼. 2003. 甘肃省天然草地植物种质资源潜势分析与保护利用. 草业科学，20（5）：1-5.

石春娜，王立群. 2009. 我国森林资源质量变化及现状分析. 林业科学，45（11）：90-97.

时兴合，李栋梁，马林，等. 2005. 长江源头地区冰川变化的气候成因研究. 青海气象，（3）：7-13.

时兴合，李林，汪青春，等. 环青海湖地区气候变化及其对湖泊水位的影响. 气象科技，33（1）：58-62.

时忠杰，高吉喜，徐丽宏，等. 2011. 内蒙古地区近25年植被对气温和降水变化的影响. 生态环境学报，20（11）：1594-1601.

史念海. 2001. 黄土高原历史地理研究. 郑州：黄河水利出版社.

史培军，孙劭，汪明，等. 2014. 中国气候变化区划（1961—2010年）. 中国科学：地球科学，44：2294-2306.

水利部黄河水利委员会《黄河水利史述要》编写组. 1982. 黄河水利史述要. 北京：科学出版社.

宋冬梅，肖笃宁，张志城，等. 2004. 石羊河下游民勤绿洲生态安全时空变化分析. 中国沙漠，24（3）：335-343.

宋冬梅，张茜，杨秀春，等. 2011. 三江源区MODIS植被指数时空分布特征. 地理研究，30（11）：2067-2075.

苏大学. 1996a. 1：1000000中国草地资源图的编制与研究. 自然资源学报，11（1）：75-82.

苏大学. 1996b. 1：400万中国草地资源图的编制. 草地学报，4（4）：252-259.

苏大学. 2013. 中国草地资源调查与地图编制. 北京：中国农业大学出版社.

苏大学. 2004. 我国草地资源快速消失与保护对策. 草地科学，（增刊）：28-31.

苏军红. 2003. 柴达木盆地荒漠化及生态保护与建设. 青海师范大学学报（自然科学版），2：74-76.

粟晓玲，康绍忠，魏晓妹，等，2007. 气候变化和人类活动对渭河流域入黄径流的影响. 西北农林科技大学学报（自然科学版），35（2）：153-159.

孙广友，邓伟，邵庆春. 1990. 长江河源区冰缘环境沼泽的研究. 地理科学，10（1）：86-92.

孙继敏，丁仲礼，袁宝印. 1995. 2000aBP来毛乌素地区的沙漠化问题. 干旱区地理，18（1）：36-41.

孙继敏，刘东升，丁仲礼，等，1996. 五十万年来毛乌素沙漠的变迁. 第四纪研究，4（1）：359-367.

孙万忠，周兴佳，樊自立. 1988. 叶尔羌河、喀什噶尔河流域绿洲环境变化及环境治理. 干旱区地理：33-37.

孙雪涛. 2004. 民勤绿洲水资源利用的历史、现状和未来. 中国工程科学，6（1）：1-9.

孙颖，秦大河，刘洪滨. 2012. IPCC第五次评估报告不确定性处理方法的介绍. 气候变化研究进展，8（2）：150-153.

孙占东，王润，黄群. 2006. 近20年博斯腾湖与岱海水位变化比较分析. 干旱区资源与环境，20（5）：56-60.

唐克丽，席道勤，孙清芳，等. 1984. 杏子河流域的土壤侵蚀方式及其分布规律. 水土保持通报，4（5）：10-19.

唐克丽. 1999. 中国土壤侵蚀与水土保持学的特点及展望. 水土保持研究，6（2）：3-8.

唐克丽. 2004. 中国水土保持. 北京：科学出版社.

唐小平，黄桂林. 2003. 中国湿地分类系统的研究. 林业科学研究，16：531-539.

陶梦，张洪江.2011.新疆福海县草地资源变化研究.草原与草坪，31（2）：49-51.

陶士臣，安成邦，陈发虎，等.2009.新疆巴里坤湖 8.8cal kaBP 以来植被演替的花粉记录.古生物学报，（2）：194-199.

陶希东，石培基，李鸣骥.2001.西北干旱区水资源利用与生态环境重建研究.干旱区研究，18（1）：18-22.

田广庆.2011.青海柴达木地区荒漠化现状及防治对策研究.杨陵：西北农林科技大学硕士学位论文.

田均良，刘国彬.2004.黄土高原退耕还林工程中的现存问题及有关建议.水土保持通报，（1）：63-65.

田山岗，尚冠雄，李季三.2008.晋陕蒙煤炭开发战略研究——中国区域煤炭开发战略之新探索.中国煤炭地质，20（3）：1-15.

瓦哈甫，哈力克，海米提，等.2004.绿洲耕地变化趋势及其驱动力——塔里木盆地南部策勒绿洲为例.地理学报，59：608-614.

汪有奎，杨全生，郭生祥，等.2014.祁连山北坡森林资源变迁.干旱区地理，37（5）：966-979.

汪泽鹏.2010.宁夏森林资源趋势变化分析与评价.林业资源管理，（4）：17-21.

王保忠，李忠民，王保庆.2012.基于代际公平视角的煤炭资源跨期配置机制研究.资源科学，34（4）：704-710.

王澄海，靳双龙，施红霞.2014.未来 50a 中国地区冻土面积分布变化.冰川冻土，36（1）：1-8.

王迪，刘景时，胡林金.2009.近期喀喇昆仑山叶尔羌河冰川阻塞湖突发洪水及冰川变化监测分析.冰川冻土，31（5）：808-814.

王东清，李国旗.2010.近 30 年宁夏森林资源的发展变化分析.林业调查规划，35（5）：98-102.

王芳，高永刚，白鸣祺.2011.近 50 年气候变化对七星河湿地生态系统自然植被第一性净生产力的影响.中国农学通报，27（1）：257-262.

王根绪，程国栋，沈永平.2002.近 50 年来河西走廊区域生态环境变化特征与综合防治对策.自然资源学报，17（1）：78-86.

王根绪，李元寿，王一博.等.2007.近 40 年来青藏高原典型高寒湿地系统的动态变化.地理学报，62（5）：481-491.

王根绪，郭晓寅，程国栋.2002.黄河源区景观格局与生态功能的动态变化.生态学报，22（10）：1587-1598.

王根绪，李元寿，王一博，等.2007.长江源区高寒生态与气候变化对河流径流过程的影响分析.冰川冻土，29（2）：159-168.

王广智.1995.晋陕蒙接壤区生态环境变迁初探.中国农史，14（4）：78-86.

王贵忠.2010.近 50a 来石羊河流域出山径流变化趋势分析.人民黄河，32（8）：45-47.

王国梁，张继红.1991.关于四十年来黄土高原治理的反思.山西师范大学学报自然科学版，5（2）：68-74.

王红霞.2013.中国两种草地分类系统类的归并及在内蒙古草地类划分中的应用.兰州：甘肃农业大学硕士学位论文.

王建，李硕，2005.气候变化对中国内陆干旱区山区融雪径流的影响.中国科学（D 辑：地球科学），35（7）：664-670.

王建文.2006.中国北方森林、草原变迁和生态灾害的历史研究.北京：北京林业大学博士学位论文.

王杰，王俊，申金玉.2013.新疆博斯腾湖入湖水量变化及其对湖水位的影响分析.水资源与水工程学报，24（4）：199-203.

王景荣.1990.新疆叶尔羌河冰川突发性洪水成因调查与分析.水土保持通报，10（5）：33-38.

王娟，李宝林，余万里.2010.基于 NOAA 和 MODIS 数据的近 30 年中国半干旱区植被变化研究//中国遥感委员会.第十七届中国遥感大会摘要集.杭州：杭州师范大学遥感与地球科学研究院.

王俊,陈亚宁,陈忠升.2012.气候变化与人类活动对博斯腾湖入湖径流影响的定量分析.新疆农业科学,49（3）：581-587.

王开录,阎有喜.2011.浅析石羊河流域青土湖的恢复与保护//中国科学技术协会.首届中国湖泊论坛论文集.南京：东南大学出版社.

王力,邵明安.2004.黄土高原退耕还林条件下的土壤干化问题.世界林业研究,（4）：57-60.

王鹏祥,杨金虎,张强,等.2007.近半个世纪来中国西北地面气候变化基本特征.地球科学进展,22（6）：649-656.

王让会.1999.塔里木河流域生态环境演变概念模型.南京林业大学学报（自然科学版）.23（6）：15-18.

王荣军,谢余初,张影,等.2015.基于 PSR 模型的旱区城市湿地生态安全评估.生态科学,34（3）：133-138.

王绍武,蔡静宁,穆巧珍,等.2002.中国西部年降水量的气候变化.自然资源学报,17（4）：415-422.

王绍武,董光荣.2002.中国西部环境特征及其演变.北京：科学出版社.

王苏民,窦鸿身.1998.中国湖泊志.北京：科学出版社.

王苏民,冯敏.1991.内蒙古岱海湖泊环境变化与东南季风强弱变化的关系.中国科学（B 辑：化学）,（7）：759-768.

王苏民,林而达,佘之祥.2002.环境演变对中国西部发展的影响及对策.北京：科学出版社.

王涛.2003.中国沙漠与沙漠化.石家庄：河北科学技术出版社.

王涛.2011.中国风沙防治工程.北京：科学出版社.

王欣,吴鲲鹏,蒋亮宏,等.2013.近 20 年天山地区冰湖变化特征.地理学报,68（7）：983-993.

王旭梅,原幅力.2011.畅通新欧亚大陆桥构建新疆向西大通道的对策思考.新疆广播电视大学学报,15（54）：44-47.

王雪梅,柴仲平,塔西甫拉提·特依拜,等.2010.渭干河-库车河三角洲绿洲景观格局动态变化及其对生态系统服务功能的影响.干旱区资源与环境,24（6）：10-15.

王亚俊,孙占东.2007.中国干旱区的湖泊.干旱区研究,24（4）：422-427.

王媛,吴立宗,许君利,等.2013.1964—2010 年青藏高原长江源区格拉丹冬地区冰川变化及其不确定性分析.冰川冻土,35（2）：255-262.

王占礼.2000.中国土壤侵蚀影响因素及其危害分析.农业工程学报,（4）：32-36.

王振宇,李林,汪青春,等.2005.树轮记录的 500 年来青海地区夏半年降水变化特征.气候与环境变化,10（2）：250-256.

王志超,陈亚宁,由希尧.1989.新疆叶尔羌河突发性洪水初步研究.自然资源学报,41（1）：60-70.

韦振锋,王德光,张翀,等.2014.1999—2010 年中国西北地区植被覆盖对气候变化和人类活动的响应.中国沙漠,34（6）：1665-1670.

卫智军,双全.2001.内蒙古草地生态环境退化现状及治理对策浅议.内蒙古草业,（1）：24-27.

魏娜,巩远发,孙娴,等.2010.西北地区近 50a 降水变化及水汽输送特征.中国沙漠,30（6）：1450-1457.

魏智,金会军,蓝永超,等,2008.黑河实施分水后中游灌区地下水资源量的变化分析.冰川冻土,30（2）：344-350.

文星,王涛,薛娴,等,2013.1975—2010 年石羊河流域绿洲时空演变研究.中国沙漠,33（2）：478-485.

吴波,慈龙骏.1998.五十年代以来毛乌素沙地荒漠化扩展及其原因.第四纪研究,（2）：166-176.

吴发启，张玉斌，王健. 2004. 黄土高原水平梯田的蓄水保土效益分析. 中国水土保持科学，2（1）：34-37.

吴征镒. 1980. 中国植被. 北京：科学出版社.

吴慧. 1985. 中国历代粮食亩产研究. 北京：农业出版社.

吴吉春，盛煜，于晖. 2007. 祁连山中东部的冻土特征（Ⅱ）：多年冻土特征. 冰川冻土，29（3）：426-432.

吴敬禄，沈吉，王苏民，等. 2003. 新疆艾比湖地区湖泊沉积记录的早全新世气候环境特征. 中国科学（D辑：地球科学），33（7）：569-575.

吴俏燕，何应学，陈海鹰，等. 2011. 乱采滥挖野生药用植物对甘南草原生态环境的破坏. 草业科学，28（12）：2225-2227.

吴素霞，常国刚，李凤霞，等. 2008. 近年来黄河源头地区玛多县湖泊变化. 湖泊科学，20（3）：364-368.

吴薇，王熙章，姚发芬. 1997. 毛乌素沙地沙漠化的遥感监测. 中国沙漠，17（4）：415-421.

吴晓军. 2004. 改革开放后中国生态环境保护历史评析. 甘肃社会科学，（1）：167-170.

吴莹，吴世新，张娟，等. 2014. 基于多重时空数据的新疆绿洲研究. 干旱区地理，37（2）：333-341.

吴永红，李倬，张信宝，等. 1994. 黄土高原沟壑区谷坡农地侵蚀及产沙的137Cs法研究. 水土保持通报，（2）：22-25.

伍光，潘晓玲. 2002. 西北地区土地利用/土地覆被若干理论与实践问题的思考. 北京：全国土地覆被变化及其环境效应学术研讨会.

武正丽，贾文雄，刘亚荣，等. 2014. 近10a来祁连山植被覆盖变化研究. 干旱区研究，31（1）：80-87.

席海洋，冯起，司建华. 2007. 实施分水方案后对黑河下游地下水影响的分析. 干旱区地理，30（4）：487-495.

席海洋，冯起，司建华，等. 2011. 额济纳绿洲不同植被覆盖下土壤特性的时空变化. 中国沙漠，31（1）：68-75.

夏露，刘咏梅，柯长青. 2008. 基于SPOT4数据的黄土高原植被动态变化研究. 遥感技术与应用，23（1）：67-71.

夏倩柔，熊黑钢，张芳. 2013. 绿洲不同尺度地下水时空动态变化特征及成因分析. 新疆农业科学，50：1137-1144.

夏薇. 2013. 柴达木盆地植被覆盖的动态变化研究. 北京：中国地质大学硕士学位论文.

相小霞，马巧红. 2003. 河南退耕还林的经验及问题. 中国水土保持，（7）：16-17.

肖开提·阿不都热衣木，汤世珍. 2010. 新疆艾比湖水矿化度变化过程及原因分析. 水资源保护，26（4）：35-38.

肖生春，肖洪浪，蓝永超，等. 2011. 近50a来黑河流域水资源问题与流域集成管理. 中国沙漠，31（2）：529-535.

肖桐，邵全琴，孙文义，等. 2013. 三江源高寒草甸典型坡面草地退化特征综合分析. 草地学报，（3）：452-459.

谢昌卫，赵林，吴吉春，等. 2010. 兰州马衔山多年冻土特征及变化趋势分析. 冰川冻土，33（5）：883-890.

谢家丽，颜长珍，李森，等. 2012. 近35a内蒙古阿拉善盟绿洲化过程遥感分析. 中国沙漠，32：1142-1147.

谢立新. 2009. 乌伦古湖泊水位及水质变化原因分析. 水资源与水工程学报，20（2）：148-150.

谢伟，姜逢清. 2014. 哈密地区冰川变化趋势分析. 干旱区研究，31（1）：27-31.

谢屹，温亚利 . 2005. 我国湿地保护中的利益冲突研究 . 北京林业大学学报（社会科学版），4（4）：60-63.

辛有俊 . 2013. 青海草地资源 . 西宁：青海人民出版社 .

信忠保，许炯心，郑伟 . 2007. 气候变化和人类活动对黄土高原植被覆盖变化的影响 . 中国科学（D辑：地球科学），37（11）：1504-1514.

熊波，陈学华，宋孟强，等 . 2009. 基于 RS 和 GIS 的沙漠湖泊动态变化研究——以巴丹吉林沙漠为例 . 干旱区资源与环境，23（8）：91-98.

熊奎山 . 2005. 甘肃省天然林区森林资源蓄积量及用材林消长变化 . 甘肃林业科技，30（1）：5-7.

熊伟，2008. 石羊河流域综合治理方案研究 . 甘肃水利水电技术，44（6）：453-455.

徐浩杰，杨太保，曾彪 . 2012. 2000—2010 年祁连山植被 MODIS NDVI 的时空变化及影响因素 . 干旱区资源与环境，26（11）：87-91.

徐浩杰，杨太保 . 2013. 1981—2010 年柴达木盆地气候要素变化特征及湖泊和植被响应 . 地理科学进展，32（6）：868-879.

徐建英，柳文华，常静，等 . 2010. 基于农户响应的北方农牧交错带生态改善策略 . 生态学报，30（22）：6126-6134.

徐黎丽 . 2009. 中国西北地区民族关系的几个特点 . 学术探索，（6）：110-111.

徐利岗，周宏飞，梁川，等 . 2009. 中国北方荒漠区降水多时间尺度变异性研究 . 水利学报，40（8）：1002-1011.

徐新良，刘纪远，邵全琴，等 . 2008. 30 年来青海三江源生态系统格局和空间结构动态变化 . 地理研究，27（4）：829-839.

徐兴奎，陈红，张凤 . 2007. 中国西北地区地表植被覆盖特征的时空变化及影响因子分析 . 环境科学，28（1）：41-47.

徐亚清，秦伟江 . 2006. 中国西北地缘战略的发展演变 . 西北师大学报（社会科学版），43（6）：131-136.

徐艳 . 2008. 我国西北地区与中亚五国地缘经济合作发展研究 . 重庆：西南师范大学硕士学位论文 .

徐裕财 . 2013. 制度对沙漠化影响的定量分析 . 北京：中央民族大学硕士学位论文 .

许剑辉，舒红，刘艳 . 2014. 2000—2010 年新疆雪灾时空自相关分析 . 灾害学，29（1）：221-227.

许靖华 . 1998. 太阳、气候、饥荒与民族大迁移 . 中国科学（D辑：地球科学），（4）：366-383.

许炯心，孙季 . 2003. 黄河下游 2300 年以来沉积速率的变化 . 地理学报，58（2）：247-254.

许君利，刘时银，张世强，等 . 2006. 塔里木盆地南缘喀拉米兰河克里雅河流内流区近 30a 来的冰川变化研究 . 冰川冻土，28（3）：312-318.

许玉凤，杨井，陈亚宁，等 . 2015. 近 32 年来新疆地区植被覆盖的时空变化 . 草业科学，（5）：702-709.

薛娴，王涛，姚正毅，等 . 2005. 从石羊河流域沙漠化土地分布看区域协调发展 . 中国沙漠，25（5）：682-688.

闫峰，吴波 . 2013. 近 40a 毛乌素沙地荒漠化过程研究 . 干旱区地理，36（6）：987-996.

闫俊杰，乔木，田长彦，等 . 2013. 新疆典型绿洲阜康地区土地利用/覆被及景观格局变化分析 . 水土保持通报，（1）：139-145.

闫立娟，郑绵平 . 2014. 我国蒙新地区近 40 年来湖泊动态变化与气候耦合 . 地球学报，35（4）：463-472.

严赓雪 . 1986. 近百年来天山北麓山前平原绿洲与荒漠植被的变化 . 干旱区地理，9（4）：42-45.

严平，董光荣，张信宝，等 . 2000. 137Cs 法测定青藏高原土壤风蚀的初步结果 . 科学通报，（2）：199-204.

严平，董光荣 . 2003. 青海共和盆地土壤风蚀的 137Cs 法研究 . 土壤学报，（4）：497-503.

颜东海, 李忠勤, 高闻宇, 等. 2012. 祁连山北大河流域冰川变化遥感监测. 干旱区研究, 29 (2):
  245-250.

颜长珍, 吴炳方, 王一谋. 2005. 陕甘宁青草地变化的遥感动态分析. 干旱区资源与环境, 19 (4):
  23-29.

杨桂山, 马荣华, 张路, 等. 2010. 中国湖泊现状及面临的重大问题与保护策略. 湖泊科学, 22 (6):
  799-810.

杨海伟, 王红荣, 李岩. 2002. 柴达木盆地草场退化的原因及防治对策. 青海畜牧兽医杂志,
  32 (4): 50.

杨丽雯, 周海燕, 樊恒文, 等. 2009. 沙坡头人工固沙植被生态系统土壤恢复研究进展. 中国沙漠,
  6 (29): 1116-1123.

杨森, 叶柏生, 彭培好, 等, 2012. 天山乌鲁木齐河源区1号冰川径流模拟研究. 冰川冻土, 34 (1):
  130-138.

杨巧红. 2005. 世界粮食计划署2605项目对实施退耕还林 (草) 工程的启示 (以宁夏为例). 调研世界,
  (4): 17-20.

杨青, 雷加强, 魏文寿, 等. 2004. 人工绿洲对夏季气候变化趋势的影响. 生态学报, (12): 2728-2734.

杨汝荣. 2002. 我国西部草地退化原因及可持续发展分析. 草业科学, (1): 23-27.

杨挺博, 王素玲, 杨文辉. 2014. 机修梯田的施工组织设计与成本估算. 中国水土保持, (1): 25-27.

杨文治, 唐克丽. 1996. 黄土高原杏子河流域自然资源与水土保持. 西安: 陕西科学技术出版社.

杨小平. 2001. 绿洲演化与自然和人为因素的关系初探——以克里雅河下游地区为例. 地学前缘, 8 (1):
  83-89.

杨晓玲, 马中华, 马玉山, 等. 2013. 石羊河流域季节性冻土的时空分布及对气温变化的响应. 资源科
  学, 35 (10): 2104-2111.

杨新民, 李玲燕. 2005. 西北地区生态环境存在的问题与生态修复对策. 水土保持研究, 12 (5):
  98-106.

杨依天, 郑度, 张雪芹, 等. 2013. 1980-2010年和田绿洲土地利用变化空间耦合及其环境效应. 地理学
  报, (6): 813-824.

杨依天. 2013. 西北干旱区绿洲化趋势及其环境效应评估——以和田河流域为例. 北京: 中国科学院大学
  博士学位论文.

姚檀栋, 秦大河, 田立德, 等. 1996. 青藏高原2ka来温度和降水变化-古里雅冰芯记录. 中国科学 (D
  辑: 地理科学), 26 (4): 348-353.

姚檀栋. 1997. 古里雅冰芯近2000年来气候环境变化记录. 第四纪研究, (1): 52-61.

姚晓军, 刘时银, 李龙, 等. 2013. 近40年可可西里地区湖泊时空变化特征. 地理学报, 68 (7):
  886-896.

姚晓军, 刘时银, 孙美平, 等. 2014. 20世纪以来西藏冰湖溃决灾害事件梳理. 自然资源学报, 29 (8):
  1377-1390.

姚晓军, 刘时银, 孙美平, 等. 2012. 可可西里地区库赛湖变化及湖水外溢成因. 地理学报, 67 (5):
  689-698.

叶佰生, 韩添丁, 丁永建. 1999. 西北地区冰川径流变化的某些特征. 冰川冻土, 21 (1): 54-58.

伊丽努尔·阿力甫江, 海米提·依米提, 麦麦提吐尔逊·艾则孜, 等. 2015. 1958~2012年博斯腾湖水位
  变化驱动力. 中国沙漠, 35 (1): 1-8.

郭明, 李新. 2006. 基于遥感和GIS绿洲发育适度规模分析——以酒泉绿洲为例. 遥感技术与应用, (4):
  312-316.

殷书柏，吕宪国，武海涛．2010．湿地定义研究中的若干理论问题．湿地科学，8（2）：182-188．

尹林克．1997．中国温带荒漠区的植物多样性及其易地保护．生物多样性，5（1）：40-48．

尹泽生，杨逸畴，王守春．1992．西北干旱地区全新世人地关系的空间表现与时序特征∥尹泽生等．西北干旱地区全新世环境变迁与人类文明兴衰．北京：地质出版社．

于金娜．2010．西北地区三北防护林工程综合效益评价．杨陵：西北农林科技大学硕士学位论文．

于丽政．2008．宁夏三北防护林综合评价与分析研究．杨陵：西北农林科技大学硕士学位论文．

于洋，贾志清，朱雅娟，等．2013．高寒沙地植被恢复区乌柳人工防护林对土壤的影响．林业科学，11（49）：9-15．

于云江，林庆功，石庆辉，等．2002．包兰铁路沙坡头段人工植被区生境与植被变化研究．生态学报，3（22）：433-439．

袁国映．1986．阿尔泰山西部地区的垂直自然带．地理学报，41（1）：32-40．

曾大林，李智广．2000．第二次全国土壤侵蚀遥感调查工作的做法与思考．中国水土保持，（1）：30-33．

曾光，高会军，朱刚．2013．近32年塔里木盆地与准噶尔盆地湿地演化遥感分析．国土资源遥感，25（3）：118-123．

曾海鳌，吴敬禄．2010．蒙新高原湖泊水质状况及变化特征．湖泊科学，22（6）：882-887．

曾庆江．1994．博尔塔拉谷地对径流的调节作用．干旱区地理，17（4）：9-14．

张百平，张雪芹，郑度．2013．关于严格限制西北干旱区荒地开垦的若干对策与建议．干旱区研究，30：1-4．

张博，秦其明，张永军，等．2010．扎陵湖鄂陵湖近三十年变化的遥感监测与分析．测绘科学，35（4）：54-56．

张春轶，瓦哈甫·哈力克，马燕．2007．和田绿洲耕地变化的人口驱动因素研究．干旱区资源与环境，（2）：85-89．

张春轶．2007．环境友好型土地利用模式研究．乌鲁木齐：新疆大学硕士学位论文．

张德二，蒋光美．2004．中国三千年气象记录总集．南京：江苏教育出版社．

张登山，高尚玉．2007．青海高原沙漠化研究进展．中国沙漠，27（3）：367-372．

张飞，塔西甫拉提·特依拜，孔祥德，等．2006．干旱区绿洲土地利用景观空间格局动态变化研究——以渭干河—库车河三角洲绿洲为例．资源科学，（6）：167-174．

张飞，塔西甫拉提·特依拜，丁建丽，等．2009．干旱区绿洲土地利用/覆被及景观格局变化特征——以新疆精河县为例．生态学报，29（3）：1251-1263．

张国平，张刘．2001．中国土壤风力侵蚀空间格局及驱动因子分析．地理学报，（2）：146-158．

张红侠．2004．张掖绿洲耕地资源时空变化与驱动要素研究．兰州：西北师范大学硕士学位论文．

张宏锋，欧阳志云，郑华，等．2009．新疆玛纳斯河流域景观格局变化及其生态效应．应用生态学报，20：1408-1414．

张济世，康尔泗，姚尽忠，等．2003．气候变化对洮河流域水资源的影响．中国沙漠，23（3）：57-61．

张建东，张勃，张华．2007．反思近50年来石羊河流域沙漠化治理．生态环境，（10）：394-397．

张骏，曾金华，孙亚乔，等．2002．柴达木盆地土地荒漠化成因分析．工程地质学报，（10）：190-194．

张凯，韩永翔，司建华，等．2006．民勤绿洲生态需水与生态恢复对策．生态学杂志，25（7）：813-817．

张凯，司建华，王润元，等．2008．气候变化对阿拉善荒漠植被的影响研究．中国沙漠，28（5）：879-885．

张科．2010．西部地区纹层湖泊高分辨率孢粉记录的晚全新世环境变化．兰州：兰州大学博士学位论文．

张克斌，王锦林，侯瑞萍，等．2003．我国农牧交错区土地退化研究——以宁夏盐池县为例．中国水土保持科学，1（1）：85-90．

张明杰，秦翔，杜文涛，等.2013.1957—2009年祁连山老虎沟流域冰川变化遥感研究.干旱区资源与环境，27（4）：70-75.

张丕远.1996.中国历史气候变化.济南：山东科学技术出版社.

张强，陈丽华，王润元，等.2012.气候变化与西北地区粮食和食品安全.干旱气象，30（4）：509-513.

张青青，徐海量，樊自立，等.2012.北疆玛纳斯河流域人工绿洲演变过程及其特点.冰川冻土，（1）：72-80.

张如龙，毕建龙，巴建文.2010.张掖城市湿地土壤盐渍化分布特征及成因浅析.甘肃农业，（10）：19-20.

张素.2015.黄河年均输沙量减少，黄河高原水土流失仍然严重 http：//www.powerfoo.com/news/sdkx/sdkx2/2015/1110/1511108431072C19H4IDF8F6DA61120.html［2015-12-30］

张钛仁，张佳华，申彦波，等.2010a.1981—2001年西北地区植被变化特征分析.中国农业气象，31（4）：586-590.

张钛仁，张明伟，多福学.2010b.中国西北地区植被时空动态及其影响因子分析.高原气象，29（5）：1148-1152.

张小燕.2003.西北地区植被背景值及演替规律研究.杨陵：西北农林科技大学博士学位论文.

张晓云，吕宪国，顾海军.2005.若尔盖湿地面临的威胁、保护现状及对策分析.湿地科学，3（4）：292-297.

张严俊，张飞，塔西甫拉提·特依拜，等.2013.塔里木河中游典型绿洲土地利用/覆被及水资源动态变化研究.干旱地区农业研究，（4）：200-206.

张彦平.2007.陕西草地类型的生态经济价值.上海畜牧兽医通讯，（3）：46.

张耀生，赵新全，李春喜，等.2004.黑河上游生态建设的模式与效益.中国沙漠，24（4）：456-460.

张镱锂，丁明军，张玮，等.2007.三江源地区植被指数下降趋势的空间特征及其地理背景.地理研究，26（3）：500-507，639.

张煜星.2006.中国森林资源1950—2003年结构变化分析.北京林业大学学报，28（6）：80-86.

张展赫，来风兵，陈蜀江.2015.新疆和田河中游和-墨-洛绿洲时空变化特征研究.安徽农业科学，（8）：220-222.

张振克，吴瑞金，王苏民，等.1998.近2600年来内蒙古居延海湖泊沉积记录的环境变迁.湖泊科学，10（2）：44-51.

张振克，杨达源.2001.中国西北干旱区湖泊水资源—环境问题与对策.干旱区资源与环境，15（2）：7-10.

张振瑜，王乃昂，吴月，等.2013.1973—2010年巴丹吉林沙漠腹地湖泊面积空间变化的遥感分析.湖泊科学，25（4）：514-520.

张中琼，吴青柏.2012.气候变化情景下青藏高原多年冻土活动层厚度变化预测.冰川冻土，34（3）：505-511.

章文波，谢云，刘宝元.2002.利用日雨量计算降雨侵蚀力的方法研究.地理科学，（6）：705-711.

赵爱桃，郭思加.1996.宁夏草地类型、特点及其利用.中国草地，（6）：17-21，37.

赵串串，董旭，辛文荣，等.2009.柴达木盆地土地沙漠化现状分析与治理对策研究.水土保持通报，29（1）：196-199.

赵峰，刘华，张怀清，等.2012.近30年来三江源典型区湿地变化驱动力分析.湿地科学与管理，8（3）：57-60.

赵海迪，刘世梁，董世魁，等.2014.三江源区人类干扰与湿地空间变化关系研究.湿地科学，12（1）：

22-28.

赵静，姜琦刚，陈凤臻，等.2009.青藏三江源区蒸发量遥感估算及对湖泊湿地的响应.吉林大学学报（地球科学版），39（3）：507-513.

赵林，程国栋，俞祁浩，等.2010.气候变化影响下青藏公路重点路段的冻土危害及其治理对策.自然杂志，32（1）：9-12.

赵林，刘广岳，焦克勤.2010.1991—2008年天山乌鲁木齐河源区多年冻土的变化.冰川冻土，32（5）：223-229.

赵铭石，勾晓华，周非飞，等.2011.黑河中上游地区NDVI对气象因子的响应分析.兰州大学学报（自然科学版），47（6）：33-38.

赵士洞，张永民.2004.生态系统评估的概念、内涵及挑战——介绍《生态系统与人类福利：评估框架》.地球科学进展，19（4）：650-657.

赵松乔.1953.察北、察盟及锡盟一个农牧过渡地区经济地理调查.地理学报，19（1）：43-60.

赵士洞，张永民.2006.生态系统与人类福利——千年生态系统评估的成就、贡献和展望.地球科学进展，21（9）：895-902.

赵万羽.2002.新疆草地资源的劣化、原因及治理对策.草业科学，19（2）：19-22.

赵文智，李秋艳，常学向，等.2004.我国北方沙漠化生态系统修复案例.中国水利，（10）：37-39.

赵霞，谭琨，方精云.2011.1982～2006年新疆植被活动的年际变化及其季节差异.干旱区研究，28（1）：10-16.

赵晓冏.2012.近60年黑河流域绿洲时空变化特征研究.兰州：兰州大学硕士学位论文.

赵晓英，侯扶江.2001.甘肃省"两西"地区草地退化的成因.草业科学，（6）：12-15.

赵新全，周华坤.2005.三江源区生态环境退化、恢复治理及其可持续发展.中国科学院院刊，20（6）：471-476.

赵宗琛，刘静.1998.呼伦贝尔盟土壤侵蚀及防治对策.水土保持通报，（4）：33-38.

郑度.2007.中国西北干旱区土地退化与生态建设问题.自然杂志，29（1）：7-13.

郑逢令，董新光，李霞.2005.焉耆绿洲景观格局变化分析.新疆农业大学学报，28（4）：5-10.

郑逢令.2006.焉耆绿洲景观格局变化与生态安全分析.乌鲁木齐：新疆农业大学硕士学位论文.

郑淑丹，阿布都热合曼·哈力克.2011.且末绿洲适宜规模研究.水土保持研究，（6）：240-244.

中国科学院兰州沙漠研究所沙坡头沙漠科学研究站.1991.包兰铁路沙坡头段固沙原理与措施.银川：宁夏人民出版社.

中国科学院水资源领域战略研究组.2009.中国至2050年水资源领域科技发展路线图.北京：科学出版社.

中华人民共和国农业部畜牧兽医司，中国农业科学院草原研究所，中国科学院自然资源综合考察委员会.1994.中国草地资源数据.北京：中国农业科技出版社.

中华人民共和国水利部，2013.第一次全国水利普查水土保持情况公报.中国水土保持，（10）：2-3.

钟巍，熊黑钢.1999.塔里木盆地南缘4 ka B.P.以来气候环境演化与古城镇废弃事件关系研究.中国沙漠，19（4）：343-347.

周丹，沈彦俊，陈亚宁，等.2015.西北干旱区荒漠植被生态需水量估算.生态学杂志，34（3）：670-680.

周刚.2011.新疆博斯腾湖记录的我国西北干旱区过去2000年气候变化研究.兰州：兰州大学硕士学位论文.

周华坤，赵新全，周立，等.2005.层次分析法在江河源区高寒草地退化研究中的应用.资源科学，27（4）：63-70.

周可法, 吴世新, 李静, 等. 2004. 新疆湿地资源时空变异研究. 干旱区地理, 27 (3): 405-408.

周立华, 朱艳玲, 黄玉邦. 2012. 禁牧政策对北方农牧交错区草地沙漠化逆转过程影响的定量评价. 中国沙漠, 32 (2): 308-313.

周陆生, 汪青春. 1997. 青海湖流域全新世以来气候变化的初步探讨// 孙国武. 中国西北干旱气候研究. 北京: 气象出版社.

周绪纶. 2001. 四川西部湿地的灾变与防治. 四川地质学报, 24 (2): 99-103.

周杨明, 于秀波, 鄢帮有. 2013. 生态指标研究的若干问题. 生态环境学报, 22 (3): 541-546.

周杨明, 于秀波, 于贵瑞. 2008. 生态系统评估的国际案例及其经验. 地球科学进展, 23 (11): 1209-1217.

周幼吾, 郭东信, 邱国庆, 等. 2000. 中国冻土. 北京: 科学出版社.

朱慧, 焦广辉, 王哲, 等. 2011. 新疆 31 年来耕地格局时空演变研究. 干旱地区农业研究, 29: 185-190.

朱金峰, 王乃昂, 李卓仑, 等. 2011. 巴丹吉林沙漠湖泊季节变化的遥感监测. 湖泊科学, 23 (4): 657-664.

朱显谟, 陈代中, 杨勤科. 1999. 1:1500 万中国土壤侵蚀图//《中华人民共和国自然地图集》编辑委员会. 中华人民共和国自然地图集第二版. 北京: 中国地图出版社.

朱显谟, 陈代中. 1989. 中国土壤侵蚀类型及分区图//国家环境保护局主持中国科学院长春地理研究所. 中国自然保护地图集. 北京: 科学出版社.

朱显谟. 1982. 黄土高原水蚀的主要类型及其有关因素. 水土保持通报, (1): 25-30.

朱长明, 张新, 李均力, 等. 2014. 生态调水前后塔河下游湿地时空变化监测. 资源科学, 36 (2): 420-425.

朱震达, 吴正, 刘恕, 等. 1980. 中国沙漠概论. 北京: 科学出版社.

朱震达, 陈广庭. 1994. 中国土地沙质沙漠化 北京: 科学出版社.

朱震达. 1985. 中国北方沙漠化现状及发展趋势. 中国沙漠, 5 (3): 3-10.

祝合勇, 杨太保, 田洪阵. 2013. 1973—2010 年阿尔金山冰川变化. 地理研究, 32 (8): 1430-1438.

孜来汗·达吾提, 努尔巴依·阿布都沙力克. 2010. 新疆水土流失时空分布规律性研究与防治对策. 新疆农业科学, 47 (3): 600-606.

邹亚荣, 张增祥, 周全斌, 等. 2003. 中国农牧交错区土地利用变化空间格局与驱动力分析. 自然资源学报, 18 (2): 222-227.

邹亚荣, 张增祥, 周全斌, 等. 2002. 遥感与 GIS 支持下的中国草地动态变化分析. 资源科学, 24 (6): 42-47.

An C B, Tang L Y, Barton L, et al. 2005. Climate change and cultural response around 4000 cal yr BP in the western part of Chinese Loess Plateau. Quaternary Research, 63: 347-352.

Baker P A, Fritz S C, Garland J, et al. 2005. Holocene hydrologic variation at Lake Titicaca, Bolivia/Peru, and its relationship to North Atlantic climate variation. Journal of Quaternary Science, 20: 655-662.

Bao W J, Liu S Y, Wei J F, et al. 2015. Glacier changes during the past 40 years in the Weat Kunlun Shan. Journal of Mountain Science, 12 (2): 344-357.

Bernstein L, Bosch P, Canziani O, et al. 2007. IPCC, 2007: climate change 2007: synthesis report. Contribution of working groups I. II and III to the Fourth Assessment Report of the Intergovernmental Panel on Climate Change. Intergovernmental Panel on Climate Change, Geneva. http://www.ipcc.ch/ipccreports/ar4-syr.htm [2007-12-31].

Binford M W, Kolata A L, Brenner M, et al. 1997. Climate variation and the rise and fall of an Andean civilization. Quaternary Research, 47: 235-248.

Bond G, Kromer B, Beer J, et al. 2001. Persistent solar influence on North Atlantic climate during the Holocene. Science, 294: 2130-2136.

Bond G, Showers W, Cheseby M, et al. 1997. A pervasive minnennial-scale cycle in North Atlantic Holocene and glacial climates. Science, 278 (14): 1257-1266.

Brendan F, Turner R K, Morling P. 2009. Defining and classifying ecosystem services for decision making. Ecological economics, 68 (3): 643-653.

Che T, Li X, Jin R, et al. 2008. Snow depth derived from passive microwave remote- sensing data in China. Annals of Glaciology, 49: 145-154.

Chen F H, Huang X Z, Zhang J W, et al. , 2006. Humid Little Ice Age in arid central Asia documented by Bosten Lake, Xinjiang, China Science in China. Series D: Earth Sciences, 49 (12): 1280-1290.

Chen F H, Wu W, Holmes J A, et al. 2003. A mid-Holocene drought intervals as evidenced by lake desiccation in the Alashan Plateau, Inner Mongolia China. Chinese Science Bulletin, 48 (14): 1401-1410.

Chen Y P, Wang K B, Lin Y S, et al. 2015. Balancing green and grain trade. Nature Geoscience, 08: 739-741.

Cheng G, Wu T. 2007. Responses of permafrost to climate change and their environmental significance, Qinghai-Tibet Plateau. Journal of Geophysical Research-Atmospheres, (112): 93-104.

Cheng H, Zhang P Z, Spotl C, et al. 2012. The climate cyclicity in semiarid-arid central Asian over the past 500, 000 years. Geophysical Research Letters, 39: L01705-L01709.

Cooper H, Hedges L V. 1994. The Handbook of Research Synthesis. New York: Russell Sage Foundation.

Cullen H M, deMenocal P B, Hemming S, et al. 2000. Climate change and the collapse of the Akkadian empire: evidence from the deep sea. Geology, 28 (4): 379-382.

Curtis P, Wang X Z. 1998. A Meta-analysis of elevated CO_2 effects on woody plant mass, form and physiology. Oecologia, 113: 299-313.

Dalfes N, Kukla G, Weiss H. 1996. Third Millennium BC Climate Change and Old World Collapse. Berlin, Heidelberg, New York: Springer.

deMenocal P B, Ortiz J, Guilderson T, et al. 2000. Abrupt onset and termination of the African Humid Period: Rapid climate response to gradual insolation forcing. Quaternary Science Reviews, 19: 347-361.

deMenocal P B. 2001. Cultural responses to climate change during the late Holocene. Science, 292: 667-673.

Fang J Q. 1993. Lake evolution during the last 3000 years in China and its implications for environment change. Quaternary Research, 39: 175-185.

Fu B J, Liu Y, Lu Y H. 2011. Assessing the soil erosion control service of ecosystems change in the Loess Plateau of China. Ecological Complexity, 8 (4): 284-293.

Gao H K, He X B, Ye B S, et al. 2012. Modeling the runoff and glacier mass balance in a small watershed on the Central Tibetan Plateau, China, from 1955 to 2008. Hydrol Process, 26: 1593-1603.

Gao X, Ye B S, Zhang S Q, et al. 2010. Glacier runoff variation and its influence on river runoff during 1961— 2006 in the Tarim River Basin, China. Sci China Earth Sci, 53: 880-891.

Gardelle J, Berthier E, Arnaud Y. 2012. Slight mass gain of Karakoram glaciers in the early twenty-first century. Nat Geosci, (5): 322-325.

Glass G V. 1976. Primary, secondary, and meta-analysis of research. Educational researcher, 5 (10): 3-8.

Gurevitch, Hedges L V. 1993. Meta-Analysis: Combining the Results of Independent Experiments. New York: Chapman and Hall.

Hall D K, Riggs G A, Salomonson V V, et al. 2002. MODIS snow-cover products. Remote Sensing of Environment, 83: 181-194.

Hassan A, Ignatescu M, Ullrich R, et al. 1997. High rates of apoptosis in human coronary atherosclerotic lesions lacking compensatory enlargement. Journal of the American College of Cardiology, 29: 7336-7336.

Haug G H, Günther D, Peterson L C, et al. 2003. Climate and collapse of Maya civilization. Science, 299: 1731-1735.

He Z B, Zhao W Z, Zhang L J, et al. 2013. Response of tree recruitment to climatic variability in the alpine treeline ecotone of the Qilian Mountains, Northwestern China. Forest Science, 59: 118-126.

Hong B, Gasse F, Uchida M, et al. 2014. Increasing summer rainfall in arid eastern-Central Asia over the past 8500 years. Scientific Reports, (4): 52-79.

Huang J P, Yu H P, Guan X D, et al. 2015. Accelerated dryland expansion under climate change. Nature Climate Change, (10): 1-7.

IPCC, 2013. Climate Change 2013: The Physical Science Basis. Contribution of Working Group I to the Fifth Assessment Report of the Intergovernmental Panel on Climate Change. Cambridge University Press, Cambridge, United Kingdom and New York, NY, USA, P409.

Stocker T F, Qin D H, Plattner G K, et al. 2013. Climate Change: The Physical Scientific Basis. Cambridge and New York: Cambridge University Press.

Jin X, Hu G, Li W. 2008. Hysteresiseffect of runoff of the Heihe River on vegetation cover in the Ejina Oasis in Northwestern China. Earth Science Frontiers, 15 (4): 198-203.

Kohler G, Perner J, Schumacher J. 1999. Grasshopper population dynamics and meteorological parameters-lessons from a case study. Ecography, 22: 205-212.

Lei Y, Li X, Ling H. 2015. Model for calculating suitable scales of oases in a continental river basin located in an extremely arid region, China. Environmental Earth Sciences, 73: 571-580.

Li X Q, Sun N, Dodson J, et al. 2012. Human activity and its impact on the landscape at the Xishanping site in the western Loess Plateau during 4800-4300 cal yr BP based on the fossil charcoal record. Journal of Archaeological Science, 39: 3141-3147.

Liu Q, Liu S Y, Guo W Q, et al. 2015. Glacier Changes in the Lancang River Basin, China, between 1968−1975 and 2005−2010. Arctic, Antarctic, and Alpine Research, 47 (2): 335-344.

Li X Q, Zhou X Y, Zhang H B, et al. 2007 The record of cultivated rice from archaeobiological evidence in northwestern China 5000 cal a BPago, Chinese. Science Bulletin, 52: 1372-1378.

Li X Y, Ding Y J, Ye B S, et al. 2011. Changes in physical features of Glacier No. 1 of the Tianshan Mountains in response to climate change. Chinese Science Bulletin, 56: 2820-2827.

Li Y, Yan Z, Gao S J, et al. 2011. The peatland area change in past 20 years in the Zoige basin, eastern Tibetan Plateau. Frontiers of Earth Science, 5 (3): 271-275.

Lin Z J, Niu F J, Liu H, 2011. Disturbance-related thawing of a ditch and its influence on roadbeds on permafrost. Cold Regions Science and Technology, 66 (40942): 105-114.

Ling H, Xu H, Fu J, et al. 2013. Suitable oasis scale in a typical continental river basin in an arid region of China: A case study of the Manas River Basin. Quaternary International, 286: 116-125.

Ling H, Xu H, Fu J. 2013. Evaluation of oasis land use security and sustainable utilization strategies in a typical watershed in the arid regions of China. Environmental Earth Sciences, 70: 2225-2235.

Liu J, Hayakawa N, Lu M, et al. 2003. Hydrological and geocryological response of winter streamflow to climate warming in Northeast China. Cold Regions Science and Technology, 37 (1): 15-24.

Liu J Y, Masataka W, Yue T X, et al. 2002. Integrated ecosystem assessment for western development of China. Journal of Geographical Sciences, 12 (2): 127-134.

Lu Y, Ma Z, Zhao Z, et al. 2014. Effects of land use change on soil carbon storage and water Consumption in an Oasis-Desert Ecotone. Environmental Management, 53: 1066-1076.

Ma R H, Duan H T, Hu C M et al. 2010. A half-century of changes in China's lakes: Global warming or human influence? Geophysical Research Letters, 37 (24): L24106.

Marchenko S S, Gorbunov A P, Romanovsky V E. 2007. Permafrost warming in the Tien Shan mountains, Central Asia. Global and Planetary Change, 56: 311-327.

Mayewski P A, Rohling E E, Stager J C, et al. 2004. Holocene climate variability. Quaternary, 62 (3): 243-255.

Millennium Ecosystem Assessment. 2003. Ecosystems and Human Well-being: A Framework for Assessment. Washington D C: Island Press.

Millennium Ecosystem Assessment. 2005. Ecosystems and Human Well-being: Synthesis. Washing D C: Island Press.

Millennium Ecosystem Assessment. 2005. Our Human Planet: Summary for Decision Makers. Washing D C: Island Press.

National Research Council. 2000. Ecological indicators for the nation. Washington D C: National Academies Press.

Neff U, Burns S J, Mangini A, et al. 2001. Strong coherence between solar variability and the monsoon in Oman between 9 and 6 kyr ago. Nature, 411: 290-293.

Niu F J, Luo J, Lin Z J, et al. 2014. Thaw-induced slope failures and susceptibility mapping in permafrost regions of the Qinghai-Tibet Engineering Corridor, China. Natural Hazard, 74 (3): 1667-1682.

Niu F J, Lin Z J, Lu J H, 2011. Characteristics of roadbed settlement in embankment-bridge transition section along the Qinghai-Tibet Railway in permafrost regions. Cold Regions Science and Technology, 65 (3): 437-445.

Niu L, Ye B S, Li J, et al. 2011. Effect of permafrost degradation on hydrological processes in typical basins with various permafrost coverage in Western China. Science China, 54 (4): 615-624.

Ortloff C, Kolata A. 1993. Climate and collapse: Agroecological perspectives on the decline of the Tiwanaku state. Journal of Archaeological Science, 20: 195-221.

Owen L A, Chen J, Hedrick K A, et al. 2012. Quaternary glaciation of the Tashkurgan Valley, Southeast Pamir. Quaternary Science Reviews, 47: 56-72.

Pan B T, Zhang G L, Wang J, et al. 2012. Glacier changes from 1966-2009 in the Gongga Mountains, on the south-eastern margin of the Qinghai-Tibetan Plateau and their climatic forcing. Cryosphere, (6): 1087-1101.

Peterson A G, Ball J T, Luo Y, et al. 1999. The photosynthesis-leaf nitrogen relationship at ambient and elevated atmospheric carbon dioxide: A Meta-analysis. Global Change Biology, (5): 331-346.

Pieczonka T, Bolch T, Wei J F, et al. 2013. Heterogeneous mass loss of glaciers in the Aksu-Tarim Catchment (Central Tien Shan) revealed by 1976 KH-9 Hexagon and 2009 SPOT-5 stereo imagery. Remote Sens Environ, 130: 233-244.

Qi Y B, Chang Q R, Jia K, et al., 2012. Temporal-spatial variability of desertification in an agro-pastoral transitional zone of northern Shaanxi Province, China. Catena, 88: 37-45.

Rhodes T E, Gasse F, Lin R F, et al. 1996. A late Pleistocene-Holocene lacustrine record from lake Manas, Zunggar (northern Xinjiang, western China). Palaeogeogr. Palaeoclimatol. Palaeoecol., 120 (1-2): 105-121.

Scheiner S M, Samuel M, Gurevitch J. et al. 1993, Design and Analysis of Ecological Experiments. New York: Chapman and Hall.

Schiller A, Hunsake C T, Kane M A, et al. 2001. Communicating ecological indicators to decision makers and the public. Conservation Ecology, 5 (1): 19.

Shangguan D, Liu S Y, Ding Y J, et al. 2009. Glacier changes during the last forty years in the Tarim Interior River basin, northwest China. Prog Nat Sci, 19: 727-732.

Sheppard P R, Tarasov P E, Graumlich L J, et al. 2004. Annual precipitation since 515 BC reconstructed from living and fossil juniper growth of northeastern Qinghai Province, China. Clim Dyn, 23: 869-881.

Steinhilber F, Abreu J A, Beer J, et al. 2012. 9, 400 years of cosmic radiation and solar activity from ice cores and tree rings. Proceedings of the National Academy of Sciences, 109 (16): 5967-5971.

Sun W Y, Shao Q Q, Liu J Y, et al. 2014. Assessing the effects of land use and topography on soil erosion on the Loess Plateau in China. Catena, 121 (7): 151-163.

Sun W Y, Shao Q Q, Liu J Y. 2013. Soil erosion and its response to the changes of precipitation and vegetation cover on the Loess Plateau. Journal of Geographical Sciences, 23 (6): 1091-1106.

Tan L C, Cai Y J, Yi L, et al. 1999. Precipitation variations of Longxi, northeast margin of Tibetan Plateau since AD 960 and their relationship with solar activity. Geofísica Internacional, 20 (2): 19-28.

The Heinz Center. 2002. The State of the Nation's Ecosystems: Measuring the Lands, Waters, and Living Resources of the United States. New York: Cambridge University Press.

The Heinz Center. 2008 The state of the nation's ecosystems measuring the lands, waters, and living resources of the United States. Washington D C: Island Press.

UK National Ecosystem Assessment Follow-on. 2014. The UK National Ecosystem Assessment Follow-on: Synthesis of the Key Findings. Cambridge: UNEP-WCMC.

UK National Ecosystem Assessment. 2011. Synthesis of the Key Findings. Cambridge: UNEP-WCMC.

UNCCD. 1998. United Nations Convention to Combat Desertification in Countries Experiencing Serious Drought and/or Desertification, Particularly in Africa. http://www.unccd.int [2000-3-12].

UNDP, 2006. Human Development Report. New York: Katamgari Balaiah.

UNEP, 1977. World Map of Desertification at scale of 1:25000000. UNCCD, van Campo E, Cour P, Sixuan H. 1996. Holocene environmental changes in Bangong Co basin (Western Tibet). Part 2: the pollen record Palaeogeography, 120 (1): 49-63.

Vandenberghe J, Renssen H, Huissteden K V, et al. 2006. Penetration of Atlantic westerly winds into Central and East Asia. Quaternary Science Reviews, 25: 2380-2389.

Wang Qiao, Peng Hou, Feng Zhang, et al. 2014. Integrated monitoring and assessment framework of regional ecosystem under the global climate change background. Advances in Meteorology, (3): 1-8.

Wang S, Fu B J, Piao S L, et al. 2016. Reduced sediment transport in the Yellow River due to anthropogenic changes. Nature Geoscience, (9): 38-41.

Wang Y K, Stevenson R J. 2002. An ecological assessment framework for watershed management. Journal of the Chinese Institute of Environmental Engineering, 12 (3): 209-215.

Wang Y M, Cheng H, Edwards R L, et al. 2005. The Holocene Asian monsoon: links to solar changes and North Atlantic climate. Science, 308: 854-857.

Wang Y, Li Y. 2013. Land exploitation resulting in soil salinization in a desert-oasis ecotone. Catena, 100: 50-56.

Wang Y, Xiao D, Li Y. 2007. Temporal-spatial change in soil degradation and its relationship with landscape types in a desert-oasis ecotone: a case study in the Fubei region of Xinjiang Province, China. Environmental Geology, 51: 1019-1028.

Wang Y, Zhou L. 2005. Observed trends in extreme precipitation events in China during 1961-2001 and the associated changes in large-scale circulation. Neuromuscular Disorders Nmd, 18（12）: 982.

Wang Y H, Yu P T, Karl-Heinz F, et al. 2011. Annual runoff and evapotranspiration of forestlands and Non-forestlands in Selected Basins of the Loess Plateau of China. Ecohydrology, （4）: 277-287.

Wang Y B, Feng Q, Su J H, et al. 2011. The changes of vegetation cover in Ejina Oasis based on water resources redistribution in Heihe River. Environmental Earth Sciences, 64: 1965-1973.

Wanner H, Beer J, Bütikofer J, et al. 2008. Mid- to Late Holocene climate change: an overview. Quaternary Science Reviews, 27: 1791-1828.

Wei J F, Liu S Y, Guo W Q, et al. 2014. Surface-area changes of glaciers in the Tibetan Plateau interior area since the 1970s using recent Landsat images and historical maps. Ann Glaciol, 55: 213-222.

Weiss H, Bradley R S. 2001. What drives societal collapse? Science, 291: 609-610.

Wilkinson A V, Waters A J, Bygren L O, et al. 2007. Are variations in rates of attending cultural activities associated with population health in the United States? Bmc Public Health, 7（1）: 226.

Wischmeier W H, Smith D D. 1978. Predicting rainfall erosion losses- A guide to conservation planning. Agricultural Handbook No. 537; USDA: Science and Education Administration.

World Bank, 2005. World Development Indicators 2003. Washington D C:

Wu Q B, Zhang T J. 2010. Changes in active layer thickness over the Qinghai-Tibetan Plateau from 1995 to 2007. Journal of Geophysical Research-Atmospheres, 115（D9）: 736-744.

Wu Q, Zhang T, 2008. Recent permafrost warming on the Qinghai-Tibetan Plateau. Journal of Geophysical Research-Atmospheres, 113（D13）: 3614.

Wu Q, Zhang T, Liu Y. 2012. Thermal state of the active layer and permafrost along the Qinghai-Xizang（Tibet）Railway from 2006 to 2010. Cryosphere, （6）: 607-612.

Xu J L, Liu S Y, Zhang S Q, et al. 2013. Recent Changes in Glacial Area and Volume on Tuanjiefeng Peak Region of Qilian Mountains, China. Plos One, 8（8）: e70574.

Xu J L, Liu S Y, Guo W Q, et al. 2015. Glacial Area Changes in the Ili River Catchment（Northeastern Tian Shan）in Xinjiang, China, from the 1960s to 2009. Advances in Meteorology, （4）: 1-12.

Yao T, Thompson L G, Mosley-Thompson E, et al. 1996. Climatological significance of $\delta^{18}O$ in north Tibetan ice cores. Journal of Geophysical Research: Atmospheres, 101（D23）: 29531-29537.

Yang B, Qin C, Wang J L, et al. 2014. A 3, 500- year tree- ring record of annual precipitation on the northeastern Tibetan Plateau. Proceedings of the National Academy of Sciences, 111（8）: 2903-2908.

Ye B S, Ding Y J, Kang E S, et al. 1999. Response of the snowmelt and glacier runoff to the climate warming-up in the last 40 years in Xinjiang Autonomous Region, China. Sci China Ser, 42: 44-51.

Ye B S, Ding Y J, Liu F J, et al. 2003. Responses of various-sized alpine glaciers and runoff to climatic change. J Glaciol, 49: 1-7.

Ye B S, Ding Y J, Shi Y F, et al. 1999. A study of the climate and the environment during the last glacial maximum in western China. Interactions between the Cryosphere, Climate and Greenhouse Gases, 256: 217-225.

Ye B S, Yang D Q, Ding Y J, et al. 2004. A bias-corrected precipitation climatology for China. J Hydrometeoro, （5）: 1147-1160.

Ye B S, Yang D Q, Jiao K Q, et al. 2005. The Urumqi River source Glacier No. 1, Tianshan, China: Changes over the past 45 years. Geophys Res Lett, 32（21）: 154-164.

Ye B S, Yang D Q, Ma L J. 2012. Effect of precipitation bias correction on water budget calculation in Upper Yellow River, China. Environ Res Lett, 7（7）: 25201-25210.

Yi S, Z Zhou, S Ren, et al. 2011. Effects of permafrost degradation on alpine grassland in a semi-arid basin on the Qinghai-Tibetan Plateau, Environ. ResLett, 6 (4): 45403-45409.

Yu Y T, Yang T B, Li J J, et al. 2006. Millennial-scale Holocene climate variability in the NW China drylands and links to the tropical Pacific and the North Atlantic. Palaeogeography, 233: 149-162.

Zharkova V V, Shepherd S J, Popova E, et al. 2015. Heartbeat of the Sun from Principal Component Analysis and prediction of solar activity on a millenium timescale. Scientific Reports, 5: 15689.

Zhang P Z, Cheng H, Edwards R L, et al. 2008. A test of climate, sun, and culture relationships from an 1810-year Chinese cave record. Science, 322: 940-942.

Zhang Q, Xu H, Li Y, et al. 2012. Oasis evolution and water resource utilization of a typical area in the inland river basin of an arid area: a case study of the Manas River valley. Environmental Earth Sciences, 66: 683-692.

Zhang Q Y, WuS H, Zhao D S, et al. 2013. Temporal-spatial changes in inner Mongolian grassland degradation during past three decades. Agricultural Science & Technology, 14 (4): 676-683.

Zhang S Q, Gao X, Ye B S, et al. 2012. A modified monthly degree-day model for evaluating glacier runoff changes in China. Hydrol Process, 26: 1697-1706.

Zhao L, Wu Q, Marchenko S S, et al. 2010. Thermal state of permafrost and active layer in Central Asia during the international polar year. Permafrost and Periglacial Processes, 21: 198-207.

Zhao Q D, Ye B S, Ding Y J, et al. 2013. Coupling a glacier melt model to the Variable Infiltration Capacity (VIC) model for hydrological modeling in north-western China. Environ Earth Sci, 68: 87-101.

Zhou X Y, Li X Q, John Dodson, et al. 2012, Land degradation during the Bronze Age in Hexi Corridor (Gansu, China). Quaternary International, 254: 42-48.

Zhou X Y, Li X Q, Zhao K L, et al. 2011. Early agricultural development and environmental effects in the Neolithic Longdong basin (eastern Gansu). Chinese Science Bulletin, 56: 762-771.

Zhou X Y, Li X Q. 2012, Variations in spruce (Picea sp.) distribution in the Chinese Loess Plateau and surrounding areas during the Holocene. The Holocene, 22 (6): 687-696.

Zhou H J, van Rompaey A, Wang J. 2009. A detecting the impact of the " Grain for Green" program on the mean annual vegetation cover in the Shaanxi province, China using SPOT-VGT NDVI data. Land Use Policy, 26 (4): 954-960.